中国数论名家著作选系列

"十三五"国家重点图书

域论

Field Theory

戴执中　编著

由黑龍江省精品圖書出版工程專項資金資助出版

HITP
哈爾濱工業大學出版社
HARBIN INSTITUTE OF TECHNOLOGY PRESS

内容简介

本书系统地介绍了代数扩张、方程的Galois理论、无限Galois理论以及Kummer扩张与Abel p—扩张，并且着重地介绍了超越扩张、赋值和实域，最后讨论域的拓扑结构.论述深入浅出，简明生动，读后有益于提高数学修养，开阔知识视野.

本书可供从事这一数学分支相关学科的数学工作者、大学生以及数学爱好者研读.

图书在版编目(CIP)数据

域论/戴执中编著.—哈尔滨：哈尔滨工业大学出版社，2018.5

ISBN 978－7－5603－6803－0

Ⅰ.①域…　Ⅱ.①戴…　Ⅲ.①分歧(域论)　Ⅳ.①O153.4

中国版本图书馆CIP数据核字(2017)第179522号

策划编辑　刘培杰　张永芹
责任编辑　张永芹　陈雅君
封面设计　孙茵艾
出版发行　哈尔滨工业大学出版社
社　　址　哈尔滨市南岗区复华四道街10号　邮编150006
传　　真　0451－86414749
网　　址　http://hitpress.hit.edu.cn
印　　刷　哈尔滨市石桥印务有限公司
开　　本　787mm×1092mm　1/16　印张18　字数321千字
版　　次　2018年5月第1版　2018年5月第1次印刷
书　　号　ISBN 978－7－5603－6803－0
定　　价　68.00元

前言

作为代数学的一个分支，域论的重要性无论从它本身的发展，或是与其他数学分支的关系而言，都是无可置疑的，但与群论，或者环论相比，域论方面的书籍却相对缺少，在国内尤其如此. 本书的目的是为对域论有兴趣的读者提供一本读物. 它的内容绝大部分是基本的，因此，读者只需具有一般抽象代数的知识就可阅读. 全书共分八章，第一章是全书的基础. 如果用于大学高年级的选修课程，那么前五章，甚至第一、二、五这三章也就够了. 后面三章属于域的非代数结构，其中六、七两章稍长，第八章是在上述两章的基础上来讨论域的拓扑结构. 至于拓扑域的一般理论，则不在本书的范围之内，书末列举了各章的参考文献，它们仅仅是直接引用到的，或者是该章的一些参考读物，或者是某一方面的最早的论文. 中国科技大学冯克勤教授曾对本书提出非常宝贵的意见，谨在此对他表示衷心的感谢. 限于作者的水平，本书虽在试用过程中几经修改，但必然还有错误与不妥之处，希望读者批评指正.

戴执中

⊙ 目录

代数扩张

第一章

1.1 一些基本事实

设 K 是一个域，F 是它的子集，且至少包含两个元素. 若对于 K 的加法与乘法运算，F 也成一个域，而且与 K 有公共的乘法单位元素 1，则称 F 是 K 的子域，K 是 F 的扩张(或扩域). 这种关系常简记成 $F\subseteq K$. 由 K 中所有子域所组成的交，仍然是 K 的子域，而且是按包含关系的最小子域. 这个唯一的子域称为 K 的**素子域**. 在 $F\subseteq K$ 的情形下，F 的素子域也就是 K 的素子域. 一个域，如果它的素子域就是它自身，那么称为**素域**. 素域可分为两类，一类同构于有理数域 $\mathbf{Q}$，我们称它的特征为 0. 另一类同构于整数环 $\mathbf{Z}$ 关于某个素主理想 (p) 的剩余类域 $\mathbf{Z}/(p)$，我们称它的特征为 $p(\neq 0)$. 后者只含 p 个元素，有时记作 $\mathbf{F}_p$. 域的特征是指它的素子域的特征.

设 K 是域 F 的扩张. 它可以作为 F 上的向量空间，所以也写作 K/F. 我们称它的维数 $\dim K/F$(或 $\dim_F K$) 为 K 关于 F 的**扩张次数**(也可称 K/F 的扩张次数)，记作 $[K:F]$. 当 $[K:F]$ 是一个有限数时(简记作 $[K:F]<\infty$)，称 K 是 F 的**有限扩张**.

设 S 是域 K 的一个子集，K 中所有包含 S 以及子域 F 的子域，它们的交仍然是 K 的子域，而且是具有此性质的最小子域

(按包含关系而言). 我们称这个确定的子域是添加 S 于 F 上生成的域,记作 $F(S)$. 此时存在如下的关系

$$F \subseteq F(S) \subseteq K$$

考虑 $F(S)$ 的元素,作单项式

$$au_1^{r_1}\cdots u_m^{r_m} \tag{1.1.1}$$

其中 $a \in F, u_j \in S, r_j \geqslant 0$ 是整数. 按 K 中的加法与乘法,所有具有形式 (1.1.1) 的单项式生成一个子环,记作 $F[S]$. 从而 $F(S)$ 的元素都可以表如

$$f(S)/g(S)$$

其中 $f(S), g(S) \in F[S]$. 这就是说,$F(S)$ 的元素可表如 $F[S]$ 中两个元素的商. 因此,称 $F(S)$ 为子环 $F[S]$ 的**商域**.

对于 K 中两个元素集 S_1, S_2,由上面的定义,可知 $S_1 \cup S_2$ 在 F 上生成的域 $F(S_1 \cup S_2)$,与 S_2 在 $F(S_1)$ 上生成的域 $F(S_1)(S_2)$ 是相同的. 因此,不妨记作 $F(S_1, S_2)$. 据此,当 S 是有限集 $\{u_1, \cdots, u_n\}$ 时,$F(S)$ 可以写如 $F(u_1, \cdots, u_n)$. 我们称后者在 F 上是**有限生成的**;特别当 $S = \{u\}$ 只含一个元素时,称 $F(u)$ 为 F 上的**单扩张**,从而 F 上有限生成的域 $F(u_1, \cdots, u_n)$ 可以经有限个单扩张而得到

$$F \subseteq F(u_1) \subseteq F(u_1, u_2) \subseteq \cdots \subseteq F(u_1, \cdots, u_n)$$

命题 1 若 K 是 F 的一个有限扩张,则 K 在 F 上是有限生成的.

证明 设 $[K:F] = n$, $\{w_1, \cdots, w_n\}$ 是 K/F 作为向量空间的一个基. 于是 K 的元素都可以表如

$$\alpha = \sum_{j=1}^{n} a_j w_j,\ a_j \in F$$

因此有 $F(w_1, \cdots, w_n) \subseteq K \subseteq F(w_1, \cdots, w_n)$,从而 $K = F(w_1, \cdots, w_n)$. ■

这个命题的逆命题一般是不成立的,以后将见到.

定理 1.1 若域 F, E, K 满足 $F \subseteq E \subseteq K$,则有等式

$$[K:F] = [K:E][E:F] \tag{1.1.2}$$

证明 设 $\{\alpha_1, \cdots, \alpha_r\}$ 是 K/E 的一组线性无关元,$\{\beta_1, \cdots, \beta_t\}$ 是 E/F 的一组线性无关元. 于是

$$\{\alpha_i\beta_j \mid i = 1, \cdots, r; j = 1, \cdots, t\}$$

是 K/F 的 rt 个线性无关元(证明略). 这表明了,从 $[K:E] \geqslant r$ 以及 $[E:F] \geqslant t$,可以导出 $[K:F] \geqslant rt$,从而有 $[K:F] \geqslant [K:E][E:F]$. 若 (1.1.2) 的右边有一个是无限数,定理即成立. 设 $[K:E] = n < \infty$, $[E:F] = m < \infty$. 任取 K/E 的一个基 $\{\alpha_1, \cdots, \alpha_n\}$ 与 E/F 的一个基 $\{\beta_1, \cdots, \beta_m\}$. 于是 K 的每个元素都可由

$$\{\alpha_i\beta_j \mid i = 1, \cdots, n; j = 1, \cdots, m\}$$

在 F 上的线性组合表出,故又有

$$[K:F] \leqslant [K:E][E:F]$$ ■

推论 1 对于由有限多个域所成的列

$$F = E_0 \subseteq E_1 \subseteq \cdots \subseteq E_{n-1} \subseteq E_n = K$$

有

$$[K:F] = [K:E_{n-1}][E_{n-1}:E_{n-2}]\cdots[E_1:F]$$ ■

推论 2 在定理的所设下,若 K/F 是有限扩张,则 E/F 也是有限扩张. ■

定理中的域 E,以及推论中的 E_j,都称作 K/F 的**中间域**.

1.2 代数元与代数扩张

定义 1.1 设 K 是 F 的扩张,$x \in K$. 若 x 满足 F 上的方程

$$f(X) = a_0X^n + a_1X^{n-1} + \cdots + a_n = 0$$

$$a_j \in F, a_0 \neq 0 \tag{1.2.1}$$

则称 x 是 F 上的**代数元**,或者 x 关于 F 是**代数的**;否则,如果 x 不满足 F 上任何一个方程,那么就称 x 是 F 上的**超越元**,或者关于 F 是**超越的**. 如果 K 的每个元素都是 F 上的代数元,那么就称 K 是 F 的一个**代数扩张**;否则,称 K 是 F 的**超越扩张**.

设 $u \in K$ 是 F 上的一个代数元. 在所有满足 $f(u)=0$ 的多项式 $f(X) \in F[X]$ 中,令 $m(X)$ 是次数最低,且首系数是 1 的一个多项式. 易知,这个 $m(X)$ 是唯一确定的,而且满足:(1) 它在 F 上是不可约的;(2) 若 $f(X) \in F[X]$,使得 $f(u)=0$,则必有 $m(X) \mid f(X)$. 我们称这个 $m(X)$ 是 u 在 F 上的**极小多项式**. F 上的代数元 u_1, u_2,如果在 F 上有相同的极小多项式,那么就称 u_1 与 u_2 是 F 上的**共轭元**,或者说,它们是**$F-$共轭的**.

命题 1 F 上的有限扩张都是代数扩张.

证明 设$[K:F]=n<\infty$. 任取 $0 \neq u \in K$,并且考虑 K 中的元素组

$$\{1, u, u^2, \cdots, u^n\} \tag{1.2.2}$$

如果其中出现相等的,例如 $u^r = u^t (r < t)$,那么 u 显然是 F 上的代数元. 设 (1.2.2) 中的元素全不相等. 由于它所含的元素数是 $n+1$,按所设,在 F 上应是线性相关的,即

$$a_0u^n + a_1u^{n-1} + \cdots + a_n = 0,\ a_j \in F$$

因此 u 是 F 上的代数元. 从 u 的任意性,知 K 是 F 上的代数扩张. ■

从这个命题可以知道,F 上有限生成的扩张不必是有限扩张. 如若 $x \in K$ 是 F 上的超越元,则 $F(x)$ 就不能是 F 上的有限扩张. 例如在实数域 $\mathbf{R}$ 中,由超越数 π 在 $\mathbf{Q}$ 上生成的子域 $\mathbf{Q}(\pi)$ 就是一个例子.

当 u 是 F 上的代数元时，$F(u)$ 称作 F 上的**单代数扩张**. 现有以下定理：

定理 1.2 设 u 是 F 上的一个代数元，它的极小多项式为 $m(X)$. 于是有 $[F(u):F]=\deg m(X)$，以及 $F(u)=F[u]$.

证明 设 $m(X)=X^n+a_1X^{n-1}+\cdots+a_n$. 于是有

$$u^n=-a_1u^{n-1}-\cdots-a_n \tag{1.2.3}$$

从而在子环 $F(u)$ 中，每个元素都可以表作 $1,u,\cdots,u^{n-1}$ 在 F 上的线性组合. 另一方面，$\{1,u,\cdots,u^{n-1}\}$ 是 F 上的一个线性无关组，因此作为 F 上的向量空间 $F[u]$，$\{1,u,\cdots,u^{n-1}\}$ 是它的一个基.

前面提到，$F(u)$ 中每个元素都可表如 $f(u)/g(u)$，其中 $f(u),g(u)\in F[u]$，且 $f(u),g(u)$ 的次数都小于或等于 $n-1$. 由于 $m(X)$ 在 F 上不可约，故 $m(X)$ 与 $g(X)$ 在 F 上是互素的，因此有

$$a(X),b(X)\in F[X]$$

使得

$$a(X)g(X)+b(X)m(X)=1$$

并且 $a(X),b(X)$ 的次数都小于或等于 $n-1$. 以 $X=u$ 代入上式，得

$$a(u)g(u)=1$$

或者

$$1/g(u)=a(u)$$

这表明了

$$f(u)/g(u)=a(u)f(u)\in F[u]$$

从而

$$F(u)=F[u]$$

至于

$$[F(u):F]=n=\deg m(X)$$

从证明的过程中已经得知. ■

结合定理 1.1，可得：

推论 设 $u_1,\cdots,u_n$ 是 F 上有限个代数元. 于是，$F(u_1,\cdots,u_n)$ 是 F 上的有限扩张. ■

代数扩张具有可传递性，具体如下：

命题 2 若 K 是 F 上的代数扩张，L 是 K 上的代数扩张，则 L 也是 F 上的代数扩张.

证明 只需证明 L 中的任意元素 x 都是 F 上的代数元. 按所设，存在 $u_1,\cdots,u_m\in K$，使得等式

$$x^m+u_1x^{m-1}+\cdots+u_m=0 \tag{1.2.4}$$

成立，因此，x 是 $F(u_1,\cdots,u_m)$ 上的代数元. 由定理1.2，得

$$[F(x;u_1,\cdots,u_m):F(u_1,\cdots,u_m)]\leqslant m$$

由于 $F(u_1,\cdots,u_m)$ 是 F 上的有限扩张，故 $F(x;u_1,\cdots,u_m)$ 也是 F 上的有限扩张. 再按定理 1.1 的推论 2，以及本节的命题 1，知 $F(x)$ 是 F 上的代数扩张，换言之，x 是 F 上的代数元. ■

从这个命题，我们还可以认识一个事实，在 F 的任一扩域 K 中，所有关于 F 的代数元所组成的集形成 K 的一个子域，而且是 F 在 K 中最大(按包含关系)的代数子扩张. 我们称这个子域为 **F 在 K 中的代数闭包**.

以上关于代数元和代数扩张的讨论，是在假定 F 为某个 K 的子域的情形下来进行的. 如果没有事先给出的 K，那么如何从 F 作出关于它的代数元，以及 F 上的代数扩张？现在我们来讨论这个问题. 按定理 1.2，只要作出 F 上的代数元，也就同时得到 F 的一个代数扩张. 根据我们对代数元所下的定义，不妨把问题改作如下形式：设 $f(X)\in F[X]$，$\deg f(X)>1$，问如何作出一个元素 u(在 F 的某个扩域 K 中)，使得方程 $f(X)=0$ 以 u 为它的根？

如果 $f(X)$ 在 $F[X]$ 中能分解出一个一次因式，此时解答非常明显. 因为 F 中的某个元素已能满足要求，因此，不妨设 $f(X)$ 在 F 上无一次因式. 令

$$p(X)=c_0X^r+\cdots+c_r,\ c_i\in F, c_0\neq 0 \tag{1.2.5}$$

是 $f(X)$ 在 F 上的一个不可约因式，$r>1$. 现以 $(p(X))$ 表示 $p(X)$ 在 $F[X]$ 中生成的主理想. 由 $p(X)$ 在 F 上的不可约性知，$(p(X))$ 是 $F[X]$ 中的极大理想. 因此，剩余类环 $F[X]/(p(X))$ 成一个域，记作 K_0. 考虑从 $F[X]$ 到 K_0 的自然同态

$$\tau_1:F[X]\to K_0$$

τ_1 在 F 上的限制记作 τ，即

$$\tau:F\to K_0 \tag{1.2.6}$$

这是由映射

$$a\to a+(p(X)),\ a\in F$$

所确定的嵌入(单一同态)，如若不然，则有 $0\neq a\in F$，使得

$$\tau(a)=0+(p(X))$$

即 $a\in\ker\tau$. 由此又有 $\ker\tau_1$ 包含 $(a,p(X))=F[X]$，矛盾. 现在以 F^τ 记 F 在 K_0 内的象，又以 $p^\tau(X)$ 记

$$\tau(c_0)X^r+\tau(c_1)X^{r-1}+\cdots+\tau(c_r)$$

这是 F^τ 上的多项式. 若令

$$\tau_1(X)=\alpha\in K_0$$

则有

$$p^\tau(\alpha)=p^\tau(\tau_1(X))=\tau_1(p(X))=0$$

即 α 是 $p^\tau(X)=0$ 的一个根.

取 S 是一个与 $K_0\backslash F^{\tau}$ 有相同的基数，且与 F 无共有元素的任意元素集，又令 $K=F\cup S$. 由于 K 与 K_0 有相同的基数，故可扩大(1.2.6)，使它成为由 K 到 K_0 的一个叠合映射(一一对应)，仍记作 τ. 对于集 K 的元素 x,y，现在来规定其间的加法与乘法运算如下

$$x+y=\tau^{-1}(\tau(x)+\tau(y))$$

$$xy=\tau^{-1}(\tau(x)\tau(y)) \tag{1.2.7}$$

其中右边出现的和与积是从 K_0 中运算而得. 由于 τ 是经拓展(1.2.6)而得到，所以在 $x,y\in F$ 时，(1.2.7)的规定与 F 中原有的运算相一致. 在这样的规定下，K 构成一个域，它是 F 的扩域，而且 τ 就是 K 和 K_0 间的一个同构. 若令 $u=\tau^{-1}(\alpha)$，则有 $p(u)=0$，换言之，$p(X)=0$ 在域 K 中有解.

定理 1.3(Kronecker) 设 F 是一个域，$f(X)$ 是 F 上一个次数大于1的多项式. 于是存在 F 的一个扩张 K，使得方程 $f(X)=0$ 在 K 中有解. ■

推论 1 设 F 是一个域，$f_1(X),\cdots,f_m(X)$ 是 F 上 m 个次数大于1的多项式. 于是存在 F 的一个扩张 K，使得每个

$$f_j(X)=0, j=1,\cdots,m$$

在 K 中都有解. ■

推论 2 若 u_1,u_2 是 F 上的两个共轭元，则 $F(u_1)$ 与 $F(u_2)$ 是 $F-$同构的.

证明 设 $m(X)$ 是 u_1 与 u_2 在 F 上的极小多项式. 从定理的证明可知，$F(u_1)$ 与 $F(u_2)$ 都与 $F[X]/(m(X))$ 成 $F-$同构，从而 $F(u_1)$ 与 $F(u_2)$ 成 $F-$同构.

1.3 代数闭域，域的代数闭包

我们称域 Ω 为一个代数闭域，如果对于 Ω 上任何一个多项式 $f(X)$，方程 $f(X)=0$ 在 Ω 中都有一个解(从而有全部的解). 这个定义又等价于：Ω 除了它本身外，无其他的代数扩张. 当代数闭域 Ω 是 F 的扩域时，可称 Ω 为 F 的一个**代数闭扩张**. 在本节中，我们所要讨论的课题是：对于任意的域 F，是否存在代数的代数闭扩张，而且具有某种意义下的唯一性.

定理 1.4(Steinitz) 每个域 F 都至少有一个代数闭扩张.

证明(Artin)[①] 若 F 本身是代数闭域，结论自然成立. 今设 F 不是代数闭域. 先来作 F 的一个扩张 K_1，使得 $F[X]$ 中每个方程 $f(X)=0$ 在 K_1 中都有一个解. 不失一般性，只需考虑次数大于1的 $f(X)$. 对于每个这样的 $f(X)$，令符

---

① 证明取自文献[3]，p. 214

号 X_f 与它相对应，又以 S 记由所有这些 X_f 所组成的集. 于是

$$f(X) \to X_f$$

就是从 $F[X]$ 的全部次数大于 1 的多项式所组成的集到集 S 的一个叠合映射. 作多项式环 $F[S]$，并且考虑其中由所有多项式 $f(X_f)$ 所生成的理想 I. 首先有 I 不是单位理想. 如若不然，则存在等式

$$g_1 f_1(X_{f_1}) + g_2 f_2(X_{f_2}) + \cdots + g_r f_r(X_{f_r}) = 1 \tag{1.3.1}$$

其中 $g_j \in F[S]$. 以 X_i 简记 X_{f_i}，又设在多项式$g_1, \cdots, g_r$ 中出现的有限多个符号为 $X_1, \cdots, X_d$. 于是(1.3.1) 又可写为

$$\sum_{j=1}^{r} g_j(X_1, \cdots, X_d) f_j(X_j) = 1 \tag{1.3.2}$$

按定理 1.3 的推论 1，在 F 的某个扩域K 中，每个 $f_j(X_j)=0$ 都有解. 若以 K 中这些元素代替 X_j，由(1.3.2) 就给出等式 $0=1$，矛盾.

由于$F[S]$是有单位元素的交换环，因此存在包含I的极大理想，令M是其中之一. 此时 $F[S]/M$ 构成一个域. 使用在定理 1.3 的证明中所用的论证就得到 F 的一个扩张K_1，使得 $F[X]$ 中每个方程 $f(X)=0$ 在 K_1 内都有解.

然后对域 K_1 做同样的考虑，以得出它的一个扩张 K_2，使得 K_1 上的每个方程在其中都有解.

继续以上的论证，就得到一个由域所组成的递增列

$$F \subseteq K_1 \subseteq K_2 \subseteq \cdots \tag{1.3.3}$$

使得 $K_n[X]$ 中的每个方程在 K_{n+1} 中都有解. 现在令

$$\Omega = \bigcup_{n=1}^{\infty} K_n \tag{1.3.4}$$

容易验证，Ω 是一个域. $\Omega[X]$ 中每个次数大于 1 的方程 $f(X)=0$，其系数必属于某个 K_n. 因此，$f(X)=0$ 在 K_{n+1} 中有解，从而也在 Ω 中有解. 这证明了 Ω 是一个代数闭域. ■

定理 1.5 每个域 F 都至少有一个代数的代数闭扩张.

证明 从定理 1.4 知，存在 F 上的代数闭扩张Ω. 令 $\hat{F}$ 是F 在Ω 中的代数闭包，证明 $\hat{F}$ 本身也是一个代数闭域. 设 $f(X)$ 是 $\hat{F}$ 上一个次数大于 1 的多项式. 作为Ω上的多项式而论，必有某个 $u \in \Omega$，使得 $f(u)=0$. 这个 u 是$\hat{F}$ 上的代数元，从而也是 F 上的代数元. 因此 $u \in \hat{F}$，即 $\hat{F}$ 是一个代数闭域. ■

对于任意域，现在已经获得了至少一个代数的代数闭扩张，进一步要讨论的就是唯一性的问题. 为此，先有一个一般性的命题：

命题 1 设 τ 是从域F 到域Ω 的一个嵌入，又设 u 是 F 上的一个代数元，$m(X)$ 是它在 F 上的极小多项式. τ 能拓展成 $F(u)$ 到 Ω 的嵌入，当且仅当

$m^{\tau}(X)=0$ 在 Ω 中有解，此处 $m^{\tau}(X)\in\Omega[X]$ 是 $m(X)$ 的象. 此外，τ 在 $F(u)$ 上拓展的个数不超过 $\deg m(X)$.

证明 必要性显然，今证其充分性. 设

$$\deg m(X)=n>1$$

此时

$$\deg m^{\tau}(X)=n$$

按定理 1.2 知，$F(u)$ 中的元素都可以表如

$$\alpha=c_0+c_1u+\cdots+c_{n-1}u^{n-1},\ c_j\in F \tag{1.3.5}$$

设 γ 是 $m^{\tau}(X)=0$ 在 Ω 中的一个解. 我们令

$$\tau_1(\alpha)=\tau(c_0)+\tau(c_1)\gamma+\cdots+\tau(c_{n-1})\gamma^{n-1} \tag{1.3.6}$$

作为映射而论，τ_1 自然是 τ 的一个拓展，而且(1.3.6) 给出 $F(u)$ 到 Ω 内的一个单映射. 要证明它又是一个嵌入，只需对加法与乘法进行验证. 仅就乘法来验证. 设 $g(u)h(u)=r(u)$. 从 $F(u)$ 中的运算法则知，有

$$g(X)h(X)=q(X)m(X)+r(X)$$

从而得到

$$g^{\tau}(X)h^{\tau}(X)=q^{\tau}(X)m^{\tau}(X)+r^{\tau}(X)$$

再以 $\gamma=\tau_1(u)$ 代入，即得

$$g^{\tau_1}(\gamma)h^{\tau_1}(\gamma)=r^{\tau_1}(\gamma)$$

这证明了 τ 拓展成为嵌入 $\tau_1:F(u)\to\Omega$. 至于结论的最后部分，从论证过程即知. ■

结合定理 1.1 的推论 1，可得：

推论 1 设 K/F 是一个有限扩张，$[K:F]=n$. 若 τ 是 F 到某个域 Ω 内的嵌入，则 τ 至多只能拓展成 n 个 K 到 Ω 的嵌入. ■

在这个推论中，如果取 Ω 为 F 的扩张，τ 为 F 的恒同自同构，那么有：

推论 2 设 K/F 是有限扩张，$[K:F]=n$，Ω 是 F 的一个扩域. 于是从 K 到 Ω 内至多只有 n 个 F－嵌入. ■

上面两个推论，都是根据有限扩张而言的. 当 K/F 为任意代数扩张时，我们有：

命题 2 设 K/F 是代数扩张，Ω 是代数闭域. 于是每个从 F 到 Ω 的嵌入 τ 都可以拓展成为从 K 到 Ω 的嵌入.

证明 据命题 1，τ 能拓展成为 K 中所有形式如 $F(u_1)$，$F(u_1,u_2)$，… 的中间域到 Ω 的嵌入. 以 $\mathscr{E}$ 表示由所有(E,μ) 所组成的集，其中 E 是 K/F 的中间域，μ 是 τ 在 E 上的拓展. 首先，$\mathscr{E}$ 是非空的，因为$(F,\tau)\in\mathscr{E}$. 其次，我们可以在 $\mathscr{E}$ 中规定一个偏序. 令

$$(E,\mu)\leqslant(E',\mu') \tag{1.3.7}$$

当且仅当 $E\subseteq E'$，而且 μ' 又是 μ 在 E' 上的拓展. 在这样的规定下，$\mathscr{E}$ 是一个归纳的偏序集. 如若

$$(E_1,\mu_1)\leqslant(E_2,\mu_2)\leqslant\cdots \tag{1.3.8}$$

是一个链，作

$$E=\bigcup_{j=1}^{\infty}E_j$$

可以在 E 上来规定 τ 的一个拓展 μ：若 E 的元素 $\gamma\in E_j$，令

$$\mu(\gamma)=\mu_j(\gamma)$$

于是 (E,μ) 是(1.3.8)的一个上界，而且 $(E,\mu)\in\mathscr{E}$. 按 Zorn 引理，$\mathscr{E}$ 有极大元，设 (K_1,τ_1) 是其中之一. 如果 $K_1\neq K$，那么有 $\alpha\in K\backslash K_1$. 从而按命题 1，$\tau_1$ 又可以拓展成为由 $K_1(\alpha)$ 到 Ω 的一个嵌入，这与 (K_1,τ_1) 是 $\mathscr{E}$ 的极大元相矛盾. 因此，$K_1=K$. ■

推论　所设如命题 2，如果 K 又是代数闭域，Ω 又是 F^{τ} 的代数扩张，那么 τ_1 是 K 与 Ω 间的同构.

证明　由于 K 是代数闭域，所以 K^{τ_1} 也是代数闭域. 此时 Ω 又是 K^{τ_1} 上的代数扩张，故应有 $\Omega=K^{\tau_1}$.

定理 1.6　若 Ω_1,Ω_2 是 F 上两个代数的代数闭扩张，则 Ω_1 与 Ω_2 是 F－同构的.

证明　只要在上面的推论中取 $K=\Omega_1,\tau:F\to\Omega_2$ 为恒同嵌入即可. ■

根据这个定理，在定理 1.5 中所得到的代数闭域 $\hat{F}$，若不计同构，则是唯一的. 这就回答了本节所讨论的课题. 因此，我们可以把定理 1.5 中所作出的 $\hat{F}$ 称为域 F 的**代数闭包**.

1.4　可分代数扩张

定义 1.2　设 u 是 F 上的代数元，它在 F 上的极小多项式为 $m(X)$. 若 u 是 $m(X)=0$ 的单根，则称 u 是 F 上的**可分代数元**，或者说，u 在 F 上是**可分的**；否则，就称 u 是 F 上的**不可分代数元**，或者说，在 F 上是**不可分的**.

对于 F 上的代数扩张 K，如果它的每个元素在 F 上都是可分的，那么就称 K 是 F 的**可分代数扩张**；否则，就称作 F 的**不可分代数扩张**.

在本章中，我们一般只涉及代数元与代数扩张，因此，以下一概简称可分元、可分扩张. 在第五章，我们将定义可分扩张的一般性概念，希望读者不要引起混淆.

对于一个代数元 u，要判别它是否为可分的，从上面的定义可得到一个很

直接的方法. 设 u 的极小多项式 $m(X)$ 为

$$m(X)=X^n+a_1X^{n-1}+\cdots+a_n \tag{1.4.1}$$

所谓 $m(X)$ 的导式(形式导式),是指

$$m'(X)=nX^{n-1}+(n-1)a_1X^{n-2}+\cdots+a_{n-1} \tag{1.4.2}$$

从高等代数知,u 成为 $m(X)=0$ 的单根,当且仅当 $m'(u)\neq 0$. 由于 $m(X)$ 是 u 的极小多项式,因此$\deg m'(X)<\deg m(X)$,故有:

命题 1 若 F 的特征为 0,则 F 上每个代数元都是可分的,从而 F 的每个代数扩张都是可分扩张. ■

在 F 的特征为 $p\neq 0$ 时,如果(1.4.2) 的右边恒等于 0,此时 $m'(u)=0$ 显然成立,即 u 是不可分的. 但是这种情形只有在 $m(X)$ 能写成 $X^{p^r}(r\geqslant 1)$ 的多项式 $p(X^{p^r})$ 时才会出现. 因此,若有

$$m(X)=p(X^{p^r}) \tag{1.4.3}$$

其中 r 是尽可能大的正整数,则由 $m(X)$ 的不可约性,可知 $p(X)$ 在 F 上是不可约的,而且 $p'(X)$ 不恒等于 0. 于是 $p(X)$ 就成为 u^{p^r} 在 F 上的极小多项式.

命题 2 若 F 的特征为 $p\neq 0$,则对于 F 上的每个代数元 u,必有一个整数 $e\geqslant 0$,使得 u^{p^e} 是 F 上的可分元. 特别在 $e=0$ 时,u 本身是可分的. ■

定义 1.3 若代数元 u 在 F 上的极小多项式具有形式

$$m(X)=(X-u)^{p^r}=X^{p^r}-a,\ a\in F,\ r\geqslant 0$$

其中 p 是F 的特征,就称 u 在F 上是纯不可分的,或者说,F 上的**纯不可分元**. 若代数扩张 K 的每个元素都是 F 上的纯不可分元,则称 K 是 F 的一个**纯不可分扩张**.

从以上的定义可以见到,F 的元素既可作为 F 上的纯不可分元,自然又是 F 上的可分元,这种二重性只有 F 的元素才具备. 至于要判断一个代数元是否纯不可分,下面的命题更为有用:

命题 3 在特征为 $p\neq 0$ 的情形下,F 上的代数元 u,若满足形式如 $u^{p^e}=a\in F$ 的等式,则它是 F 上的纯不可分元.

证明 在所有使得 $u^{p^e}\in F$ 成立的整数 e 中,取最小的整数 r. 若 $r=0$,则结论成立. 设 $r\geqslant 1$. 只需证明,$X^{p^r}-a$ 是 u 在 F 上的极小多项式. 如若 u 的极小多项式为 $m(X)$,则有

$$m(X)\mid X^{p^r}-a$$

但$(m(X))^{p^r}=m^{p^r}(X^{p^r})$除 $m(X)$ 外无其他因式,这里 $m^{p^r}(\cdot)$ 表示在(1.4.1) 的右边以 $a_j^{p^r}$ 代替 a_j 而得到的多项式. 另一方面,由

$$m^{p^r}(X^{p^r})=(X^{p^r}-a)g(X)$$

即得

$$m(X)=X^{p^r}-a$$ ■

从命题 2,3 立即得到一个事实:在特征为 $p \neq 0$ 的情形下,代数扩张 K/F 成为纯不可分扩张,当且仅当只有 F 的元素才是 F 上的可分元. 由此又可得知,在代数扩张 K/F 中,所有关于 F 的纯不可分元组成 K/F 的一个中间域,记作 K_{ins},若 K/F 是一个有限次的纯不可分扩张,由于它的生成元都是纯不可分元,因此$[K:F]$ 必然是特征 p 的某一幂数. 但这个事实的逆理并不成立.

为了讨论 K 中所有关于 F 的可分元是否构成一个子域,先引进一些称谓和记法. 令

$$K^p = \{x^p \mid x \in K\}$$

当 p 为 K 的特征时,K^p 是 K 的一个子域. 对于 K 的两个子域 F_1,F_2,K 中包含它们的最小子域,按照 1.1 节的记法可以写成 $F_1(F_2)$,或者 $F_2(F_1)$. 今简写作 F_1F_2,并且称它是 F_1 与 F_2 在 K 中的合成. 关于合成的一般性概念,将在第五章另行介绍.

定理 1.7 若 K/F 是可分扩张,F 的特征为 $p \neq 0$,则有 $FK^p = K$. 反之,当 K/F 是有限扩张时,由 $FK^p = K$ 又可导出 K/F 为可分扩张.

证明 先证第一论断. 由于 $K^p \subseteq FK^p$,按命题 3 知,K 中每个元素关于 FK^p 都是纯不可分的. 另一方面,从 $F \subseteq FK^p \subseteq K$,以及定理的条件,可知 K 又是 FK^p 上的可分扩张. 根据我们在命题 3 之后所做的讨论,此时应有 $FK^p = K$.

现在设 K/F 是有限扩张,且有 $K = FK^p$. 取 K 中任意元 u,以及它在 F 上的极小多项式 $m(X)$. 假若 u 是不可分的,则有 $m'(u) = 0$. 据前面的讨论,应有

$$m(X) = X^{pm} + a_1X^{p(m-1)} + \cdots + a_m,\ m \geqslant 1 \tag{1.4.4}$$

其中 $a_1, \cdots, a_m$ 不全为 0,但 m 可能被 p 整除. 从(1.4.4) 知

$$\{1, u^p, u^{2p}, \cdots, u^{mp}\}$$

在 F 上是线性相关的. 另一方面,$\{1, u, \cdots, u^m\}$ 在 F 上是线性无关的. 如若不然,则有 $f(X) \in F[X]$,使得 $f(u) = 0$,而且

$$\deg f(X) \leqslant m$$

但 $\deg m(X) = mp > m$,所以这是不可能的. 设$[K:F] = n$. 我们知道,从 K/F 的任一线性无关组总可经添加元素成为 K/F 的一个基. 设$\{w_1, \cdots, w_n\}$ 是 K/F 的一个基,其中包含$\{1, u, \cdots, u^m\}$. 于是 K 的元素 α 皆可表如

$$\alpha = c_1w_1 + \cdots + c_nw_n$$

从而

$$\alpha^p = c_1^pw_1^p + \cdots + c_n^pw_n^p$$

由所设,$K = FK^p$. 因此,K 的任一元素皆可表如

$$b_1c_1^pw_1^p + \cdots + b_nc_n^pw_n^p$$

换言之,$K = F(w_1^p, \cdots, w_n^p)$. 由于$[K:F] = n$,所以元素组$\{w_1^p, \cdots, w_n^p\}$ 在 F 上是线性无关的. 由于事先已经指出,在$\{w_1^p, \cdots, w_n^p\}$ 中包含了$\{1, u^p, \cdots, u^{mp}\}$,因

此，后者在 F 上是线性无关的，矛盾. 这证明了 $m(X)$ 不可能写成(1.4.4) 的形式，换言之，u 是 F 上的可分元. ■

推论 1 设 $u_1,\cdots,u_n$ 是 F 上的 n 个可分元. 于是 $F(u_1,\cdots,u_n)$ 是 F 上的可分扩张.

证明 由于每个 u_j 在 $F(u_1^p,\cdots,u_n^p)$ 上既是纯不可分的，又是可分的，故有 $u_j\in F(u_1^p,\cdots,u_n^p)$，$j=1,\cdots,n$. 因此

$$F(u_1,\cdots,u_n)=F(u_1^p,\cdots,u_n^p)$$

令

$$K=F(u_1,\cdots,u_n)$$

此时有

$$K^p=F^p(u_1^p,\cdots,u_n^p)$$

且又有

$$K=FK^p=F(u_1^p,\cdots,u_n^p)$$

由 K/F 是有限扩张，从定理知 $K=F(u_1,\cdots,u_n)$ 是 F 上的可分扩张. ■

推论 2 在 F 的任何扩张(不必是代数的)K 中，所有关于 F 的可分代数元，组成 K 的一个子域.

证明 令 S 是 K 中所有关于 F 的可分代数元组成的集. 对其中任何两元素 $x,y(\neq 0)$，按推论 1 知，$F(x,y)$ 是 F 上的一个可分扩张. 因此，$x\pm y,xy$，以及 xy^{-1} 都属于 $F(x,y)\subsetneqq S$，从而 S 是一个域，且又是 F 上的一个可分扩张. ■

我们把推论中的这个 S 记作 K_S，称它为 F 在 K 内的**可分代数闭包**(简称**可分闭包**). 以下，我们继续就 K/F 的代数扩张的情形来讨论.

根据命题 2，对于 K 的任一元素 u，必有某个整数 $e\geqslant 0$，使得 $u^{p^e}\in K_S$. 因此，K 是 K_S 上的纯不可分扩张. 令以 $[K:F]_S$ 记 $[K_S:F]$，称它是 K/F 的**可分次数**；又以 $[K:F]_{\mathrm{ins}}$ 记 $[K:K_S]$，称作 K/F 的**不可分次数**. 于是有

$$[K:F]=[K:F]_{\mathrm{ins}}[K:F]_S \tag{1.4.5}$$

在 K/F 是有限扩张时，前面已指出，$[K:F]_{\mathrm{ins}}$ 是 p 的一个幂. 因此，若 $[K:F]$ 的特征 p 互素，则(1.4.5) 指出，此时 K/F 是一个可分扩张.

对于 F 上的不可约多项式也有类似的概念. 若不可约多项式 $p(X)\in F[X]$ 可表如

$$p(X)=q(X^{p^r})$$

其中 r 取尽可能大的整数，则有

$$\deg p(X)=p^r(\deg q(X))$$

我们称 $\deg q(X)$ 为 $p(X)$ 的既约次数，p^r 为 $p(X)$ 的不可分次数. 若 α 是 $p(X)=0$ 的一个根，则它在 F 上显然只有 $n_0=\deg q(X)$ 个不相同的共轭元.

可分扩张也具有可传性，今有：

命题 4 设 K/F 与 L/K 都是可分扩张. 于是 L/F 也是可分扩张.

证明 只需考虑 F 的特征为 $p\neq 0$ 的情形. L 中关于 F 所有的可分元按上述定理的推论 2 组成 L 的一个子域，记作 K_1. 显然有 $K\subseteq K_1$. 又从上面的论断得知，L 是 K_1 上的纯不可分扩张. 另一方面，L/K 是可分扩张，故 L/K_1 也是可分的. 这就得出 $L=K_1$. ■

一个任意域，如果它的每个代数扩张都是可分的，那么就称作**完备的**（或**完备域**）. 特征为 0 的域自然都是完备域；至于特征为 p 的情形，今有以下的定理：

定理 1.8 设 F 的特征为 $p\neq 0$. F 为完备域，当且仅当 $F^p=F$.

证明 充分性. 只需证明，F 上任何一个代数元 $u\neq 0$ 必然是可分的. 按命题 2，必有一个最大的整数 $r\geqslant 0$，使得 u^{p^r} 是 F 上的可分元. 设

$$m(X)=(X^{p^r})^{n_0}+a_1(X^{p^r})^{n_0-1}+\cdots+a_{n_0}\in F[X]$$

是 u 的极小多项式. 由 $F=F^p=F^{p^2}=\cdots$，知每个 $a_j=b_j^{p^r}, b_j\in F, j=1,\cdots,n_0$. 于是有

$$m(X)=(X^{n_0}+b_1X^{n_0-1}+\cdots+b_{n_0})^{p^r} \tag{1.4.6}$$

但这只在 $r=0$ 时才能成立. 因此 u 是 F 上的可分元.

必要性. 设 F 是完备域. 如果 $F^p\neq F$，那么有 $a\in F\backslash F^p$. 于是 $u=\sqrt[p]{a}\notin F$，从而 $F(u)$ 是 F 上的真代数扩张. 由 $u^p=a\in F$，根据命题 3 知，u 在 F 上是纯不可分的. 这表明了 $F(u)$ 是 F 上的一个不可分扩张，与所设矛盾. ■

从这个定理得知，并非所有的域都是完备的. 今有以下的例子：

例 设 F 的特征 $p\neq 0$. 有理函数域 $F(X)$ 不是一个完备域. 因为，如果 $F(X)$ 是完备的，那么 X 应该是其中某个元素 $f(X)/g(X)$ 的 p 次幂，此处 $f(X), g(X)\in F[X]$. 由于 $p\neq 1$，因此等式 $(f(X))^p=X(g(X))^p$ 是不可能出现的. 这只要考察两边的次数即可得知.

1.5 正规扩张

$F[X]$ 中任何一个多项式 $f(X)$，按 1.2 节的结论，必能在 F 的某个代数扩张 K（例如 F 的闭包）内分解为一次因式的乘积

$$f(X)=(X-u_1)\cdots(X-u_n) \tag{1.5.1}$$

此处 $n=\deg f(X)$. 当 K 具有这一性质时，我们说 $f(X)$ 在 K 内**分裂**，此时 $u_1,\cdots,u_n\in K$. 如果又有 $K=F(u_1,\cdots,u_n)$，那么称 K 是 $f(X)$ 的一个**分裂域**. 这个概念还可以扩大到多项式组. 设 S 是 $F[X]$ 中任意一个多项式组. 如果 S 中每个多项式 $f(X)$ 都在域 K 内分裂，而且 K 是由对 F 添加每个 $f(X)=0$ 的根

所生成的，此处 $f(X)\in S$，那么我们就称 K 是 S 的一个分裂域. 一个与分裂域密切相关的概念，就是下面要介绍的正规扩张.

定义 1.4 设 K/F 是代数扩张. 若对于 $F[X]$ 中的每个不可约多项式 $p(X)$，只要 $p(X)=0$ 在 K 中有一个解，$p(X)$ 就在 K 中分裂，则称 K 是 F 的一个**正规扩张**，或者说，K/F 是**正规的**. 若 K/F 又是有限扩张，则称它为**有限正规扩张**.

为了建立分裂域与正规扩张间的关系，先来证明两个命题.

命题 1 设 K 是 F 上某个多项式组 S 的分裂域，$\hat{F}$ 是 F 的代数闭包. 于是，由 K 到 $\hat{F}$ 的任何一个 $F-$嵌入都是 K 的 $F-$自同构.

证明 设 K 是 $S=\{f_j(X)\}_{j\in J}$ 的分裂域，$\tau:K\to\hat{F}$ 是一个 $F-$嵌入. 若 $u_1\in K$ 是某个 $f_j(X)=0$ 的一个根，由于 $f_j^{\tau}(X)=f_j(X)$，所以 $\tau(u_1)$ 也同样是 $f_j(X)=0$ 的根. 据所设，$f_j(X)$ 在 K 上可分解为

$$f_j(X)=a(X-u_1)\cdots(X-u_n)$$

因为 $\hat{F}[X]$ 是唯一因式分解环，所以 $\tau(u_1)$ 必然等于 $\{u_1,\cdots,u_n\}$ 中的某一个. 又由于 τ 是单一映射，因此它在 $\{u_1,\cdots,u_n\}$ 上的作用是一个置换. 对于 S 中任何一个多项式，情况都是如此. 因此有 $K^{\tau}=K$，即 τ 是 K 的一个$F-$自同构.

命题 2 设 $\tau:F\to F'$ 是域的同构，$S=\{f_j(X)\}_{j\in J}$ 是 F 上的一个多项式组，$S'=\{f_j^{\tau}(X)\}_{j\in J}$ 是 F' 上与 S 相对应的多项式组. 若 K 与 K' 分别是 S 与 S' 的分裂域，则 τ 可以拓展成为(至少一个) 同构 $\mu:K\to K'$.

证明 首先考虑 S 只含一个多项式 $f(X)$ 的情形. 不失一般性，不妨设 $f(X)$ 在 F 上是不可约的，并且 $\deg f(X)>1$. 此时 K 是 F 上的有限扩张，令 $[K:F]=n$. 对 n 使用归纳法，假定在扩张次数小于 n 时，结论已经成立.

首先，多项式 $f^{\tau}(X)$ 在 F' 上是不可约的，且与 $f(X)$ 有相同的次数. 若 u 与 u' 分别是 $f(X)=0$ 与 $f^{\tau}(X)=0$ 在 K 与 K' 中的一个根，我们令

$$\begin{cases}v(a)=\tau(a),a\in F\\ v(u)=u'\end{cases}\tag{1.5.2}$$

不难验证，通过线性运算，v 可以扩大成为从 $F(u)$ 到 $F'(u')$ 的一个同构，仍记作 v. 按规定的方式，可知 v 是 τ 在(u) 上的拓展. 从$[K:F(u)]<[K:F]$，以及归纳法的假设，可知 v 可以拓展成同构 $\mu:K\to K'$.

对于S是任意多项式组的情形，采用类似于1.3节命题2的证明方式，即可获得结论，兹从略. ■

在命题中，若取 τ 为 F 恒同自同构，则 F 上任何一个多项式组 S 的分裂域，除 $F-$同构外将是唯一的.

定理 1.9 设 K/F 是代数扩张. K/F 成为正规扩张，当且仅当 K 是 $F[X]$

中某个多项式组的分裂域.

证明 必要性.设$\{w_j\}_{j\in J}$是K/F的一个基.令$f_j(X)$是w_j的极小多项式.由定义知K是$S=\{f_j(X)\}_{j\in J}$的分裂域.

充分性.设K是$F[X]$中多项式组S的分裂域,又设$f(X)\in F[X]$是不可约多项式,并且$f(X)=0$在K中有一个根u.令$\hat{F}$是F的一个代数闭包,它包含K.若$\alpha\in\hat{F}$是$f(X)=0$的任何一个根,按定理1.3的推论2,存在一个$F-$同构$\tau:F(u)\to F(\alpha)$,使得$\tau(u)=\alpha$.设K'是S在$F(\alpha)$上的分裂域.据命题2,τ可以拓展成同构$\mu:K\to K'$.μ自然是$F-$同构,又因为$K'\subseteq\hat{F}$,据命题1,μ应是K的一个$F-$自同构,即$K^{\mu}=K'=K$.这就证明了$\alpha=\tau(u)=\mu(u)\in K$,因此,$K/F$是正规的. ■

从这个定理立即认识到,如果K/F是一个正规扩张,E是它的一个中间域,那么K/E也是正规扩张.由此再结合上面的命题2,即有:

推论 设K/F是正规扩张,E,E'是它的两个同构的中间域,τ是其间的$F-$同构.于是τ可以拓展成为K的$F-$自同构. ■

对于有限扩张,还有如下的结果:

命题3 设K/F是有限扩张,$[K:F]_S=n_0$.又设N是F上一个包含K的正规扩张.于是,从K到N恰有n_0个不同的$F-$嵌入.

证明 当$n_0=1$时,若$K=F$,结论显然;否则,K/F是纯不可分扩张.对于每个$u\in K$,必有整数$r\geqslant 0$,使得$u^{p^r}\in F$,此处p是F的特征.令τ是从K到N的$F-$嵌入.于是

$$(\tau(u))^{p^r}=\tau(u^{p^r})=u^{p^r}$$

从而$\tau(u)=u$.这表明了τ只能是恒同嵌入,故结论成立.

其次考虑K/F是单代数扩张的情形,$K=F(u)$.由

$$[F(u):F]_S=n_0>1$$

按1.4节命题4前面的论述,u在F上恰有n_0个不同的共轭元,设为$u_1=u,\cdots,u_{n_0}$.这n_0个元素都属于N,故映射

$$u\to u_j,\ j=1,\cdots,n_0$$

可以确定n_0个从$F(u)$到N内的$F-$嵌入τ_j,而且只有这n_0个$F-$嵌入.

设$n_0>1$,并且结论对于小于n_0的情形已经成立.此时有可分元$u\in K\backslash F$,从而$F\subsetneqq F(u)\subseteq K_S\subseteq K\subseteq N$.如果$F(u)=K_S$,结论已在上一段证得.因此不妨设$J(u)\subsetneqq K_S$.前面已经提到,$N$在$F(u)$上也是正规的,且又有

$$[K:F(u)]_S=[K_S:F(u)]=m<n_0$$

现在先来证明一条引理:

引理 设E是代数扩张K/F的中间域,N是F上包含K的正规扩张.如

果从 E 到 N 有 m 个不同的 F － 嵌入，以及从 K 到 N 有 t 个不同的 E － 嵌入，那么从 K 到 N 有 mt 个不同的 F － 嵌入.

证明 设 $\mu_j(j=1,\cdots,m)$ 是从 E 到 N 的 m 个 F － 嵌入，$v_i(i=1,\cdots,t)$ 是从 K 到 N 的 t 个 E － 嵌入. 由定理 1.9 的推论，在当前的情形下，可以得知 μ_j 能拓展成 N 的 F － 自同构，它在 K 上的限制是 K 到 N 的 F － 嵌入，现在仍记作 μ_j. 于是，$\mu_j v_i$ 就是从 K 到 N 的 F － 嵌入. 若有 $\mu_j v_i=\mu_k v_l$，则

$$v_l=\mu_k^{-1}\mu_j v_i \tag{1.5.3}$$

其中左边是 E 上的恒同自同构，因此，(1.5.3) 给出 $\mu_k=\mu_j$，或者 $k=j$. 再从 $\mu_j v_i=\mu_j v_l$ 可得 $v_l=v_i$，或者 $i=l$. 这证明了 mt 个 F － 嵌入 $\mu_j v_i(j=1,\cdots,m;i=1,\cdots,t)$ 是互不相同的. 另一方面，从 K 到 N 的任何一个 F － 嵌入 τ，它在 E 上的限制必然是某个 μ_j，而且 $\mu_j^{-1}\tau$ 又是 K 到 N 的一个 E － 嵌入，设为 $\mu_j^{-1}\tau=v_i$. 因此得到 $\tau=\mu_j v_i$. ■

有了这个引理，命题的证明可以直接得出. 这只要多次（有限次）使用单代数扩张的情形，再根据归纳法即可.

作为论证过程的一个附带结果，今有：

推论 设 L/K 和 K/F 都是有限扩张. 于是它们的可分次数与不可分次数满足以下的等式

$$\begin{aligned}[L:F]_S&=[L:K]_S[K:F]_S\\ [L:F]_{\text{ins}}&=[L:K]_{\text{ins}}[K:F]_{\text{ins}}\end{aligned} \tag{1.5.4}$$

■

对于任何一个代数扩张 K/F，必然存在 F 上包含 K 的正规扩张，包含 K 的代数闭包 $\hat{F}$ 就是其中之一. 问在所有包含 K 的正规扩张中，是否存在一个某种意义下“最小的”正规扩张？下面的定理将要回答这一问题.

定理 1.10 对于 F 上任何一个代数扩张 K，必然存在 K 的一个代数扩张 N，满足以下各条件：

(ⅰ) N/F 是正规扩张；

(ⅱ) N 中任何一个包含 K 的真子域都不是 F 上的正规扩张.

证明 设 $\{w_j\}_{j\in J}$ 是 K/F 的一个基，又设 $f_j(X)$ 是 w_j 在 F 上的极小多项式. 作 $S=\{f_j(X)\}_{j\in J}$ 在 F 上的分裂域 N. 据定理 1.9 知，N/F 是正规扩张，并且 $K\subseteq N$，故 (ⅰ) 成立.

设 N_1 是 N 的子域，且又包含 K. 于是 N_1 包含 $f_j(X)=0$ 的根 w_j，$j\in J$. 如果 N_1/F 是正规的，那么 N_1 包含每个 $f_j(X)=0$ 的全部根，从而 $N_1\supseteq N$，矛盾. 因此，(ⅱ) 成立. ■

我们称定理中的这个 N 为 K 在 F 上的一个**正规闭包**. 当 K/F 是一个有限扩张时，定理证明中出现的 J 是一个有限集，从而 N/F 也是有限扩张. 现在我

们来证明,正规闭包所具有的某种唯一性:

推论 定理中出现的 N,除 K-同构可以不计外,是由(ⅰ)(ⅱ)唯一确定的.

证明 设 N' 是满足(ⅰ)(ⅱ)的另一个域.由(ⅰ)与定理1.9知,N' 应包含 S 在 F 上的一个分裂域.由(ⅱ)知,N' 本身就是 S 在 F 上的一个分裂域.既然 N 与 N' 都是 S 在 K 上的分裂域,那么在命题2中只要取 τ 为 K 的恒同自同构,即知 N 与 N' 是 K-同构的. ■

根据这个推论,我们可以称定理中的 N 为 K 在 F 上的正规闭包.

1.6 同态映射的线性无关性

设 K,K' 是 F 的两个扩域,$\tau_1,\cdots,\tau_n$ 是 K,K' 作为 F-代数时从 K 到 K' 的同态.对于 K' 中任何一组元素$(\alpha_1,\cdots,\alpha_n)$,规定一个从 K 到 K' 的映射

$$x \to \sum_{j=1}^{n}\tau_j(x)\alpha_j,\ x\in K$$

这个映射可记作 $\sum_{j=1}^{n}\tau_j\alpha_j$,它一般并不是同态.如果它使每个 $x\in K$ 都映射到 $0\in K'$,那么此时它是一个零映射,记作0,即

$$\sum_{j=1}^{n}\tau_j\alpha_j=0$$

如果对于 K' 中某个元素组$(\alpha_1,\cdots,\alpha_n)\neq(0,\cdots,0)$,可使得

$$\sum_{j=1}^{n}\tau_j\alpha_j=0$$

成立,那么我们就称 $\tau_1,\cdots,\tau_n$ 在 K' 上是**线性相关的**;否则,称为**线性无关的**.

命题1(Dedekind) 设 $\tau_1,\cdots,\tau_n$ 是从 K 到 K' 的 n 个不同的同态.于是,$\tau_1,\cdots,\tau_n$ 在 K' 上是线性无关的.

证明 对 n 使用归纳法.当 $n=1$ 时结论显然.设结论在小于 n 时已经成立.假若有 K' 中某组元素$(\alpha_1,\cdots,\alpha_n)\neq(0,\cdots,0)$,使得

$$\sum_{j=1}^{n}\tau_j(x)\alpha_j=0 \tag{1.6.1}$$

对任何 $x\in K$ 都成立.以 xy 代入上式,则有

$$\sum_{j=1}^{n}\tau_j(xy)\alpha_j=0$$

选择 $y\in K$,使得 $\tau_n(y)\neq 0$.以 $\tau_n(y)$ 乘(1.6.1),然后与上式相减,即得

$$\tau_1(x)(\tau_1(y)-\tau_n(y))\alpha_1+\cdots+$$

$$\tau_{n-1}(x)(\tau_{n-1}(y)-\tau_n(y))\alpha_{n-1}=0$$

按归纳法的假设，此时应有

$$\tau_j(y)=\tau_n(y),j=1,\cdots,n-1 \tag{1.6.2}$$

但 τ_n 是与 $\tau_1,\cdots,\tau_{n-1}$ 不相同的，故总可选出 $y\in K$，使得(1.6.2) 不成立，而且 $\tau_n(y)\neq 0$，此为一矛盾. ■

把 K 作为它的素子域上的代数，从上述命题即得：

推论 1 设 $\tau_1,\cdots,\tau_n$ 是 K 的 n 个不同的自同构. 于是，$\tau_1,\cdots,\tau_n$ 在 K 上是线性无关的. ■

推论 2 设 K,K' 是 F 的两个扩张，并且 $[K:F]=n$. 于是，至多只有 n 个从 K 到 K' 的 $F-$同态.

证明 设 $\{w_j\}_{j=1,\cdots,n}$ 是 K/F 的一个基. 假设 $\tau_1,\cdots,\tau_{n+1}$ 是 $n+1$ 个从 K 到 K' 的不同的 $F-$同态，考虑方程组

$$\sum_{j=1}^{n+1}\tau_j(w_i)X_j=0,\ i=1,\cdots,n$$

这是含 $X_1,\cdots,X_{n+1}$ 的线性方程组. 由于未知元的个数多于方程的个数，所以在 K' 中有非零解 $(\alpha_1,\cdots,\alpha_{n+1})$. 因此

$$\mu=\sum_{j=1}^{n+1}\tau_j\alpha_j$$

不是零映射，另一方面，K 中每个 x 皆可写如 $\sum_{i=1}^{n}a_iw_i,a_i\in F$. 于是

$$\mu(x)=\sum_{j=1}^{n+1}\tau_j\Big(\sum_{i=1}^{n}a_iw_i\Big)\alpha_j=\sum_{j=1}^{n+1}\sum_{i=1}^{n}\tau_j(a_iw_i)\alpha_j=$$
$$\sum_{i=1}^{n}a_i\sum_{j=1}^{n+1}\tau_j(w_i)\alpha_j=0$$

矛盾. ■

本节的命题和推论，在以下将要讨论的 Galois 理论中将起着重要的作用.

1.7 Galois 扩张

从 1.5 节的命题 1 得知，对于 F 的任一正规扩张 K，从 K 到 $\hat{F}$ 内的每个 $F-$嵌入都是 K 的 $F-$自同构. 这种自同构，只要对它们规定适当的运算，将构成一个群. 在本节中，我们将从自同构群的角度来研究有关域扩张的一些问题，而为下一节证明 Galois 理论的基本定理做准备.

设 τ,μ 是域 K 的任意两个自同构. 规定其间的乘法运算如下

$$(\tau\cdot\mu)x=\tau(\mu(x)),\ x\in K \tag{1.7.1}$$

K 的全部自同构(包括恒同自同构 ι),在这种运算下组成一个乘法群,记作 $\mathrm{Aut}(K)$. 当 K 为 F 的扩域时,如果仅考虑 K 的 F - 自同构,显然也是一个群,记作 $\mathrm{Aut}(K/F)$,它是 $\mathrm{Aut}(K)$ 的一个子群.

例 1 令 $K=F(X)$. 对于每个 $0\neq a\in F$,令

$$\tau_a: f(X)/g(X)\rightarrow f(aX)g(aX)$$

此处 $f(X),g(X)\in F[X]$. 不难验证,每个 $\tau_a\in \mathrm{Aut}(K/F)$,而且集

$$\{\tau_a\mid 0\neq a\in F\}$$

在(1.7.1) 的运算下,组成 $\mathrm{Aut}(K/F)$ 的一个子群.

设 G 是 $\mathrm{Aut}(K)$ 的任一子集. 不难验证,K 中的子集

$$\{x\in K\mid \tau(x)=x,\tau\in G\}$$

是一个子域,我们称它为 G 的**稳定域**.

命题 1 设 $\tau_1,\cdots,\tau_n$ 是域 K 的 n 个不相同的自同构. 若 $G=\{\tau_1,\cdots,\tau_n\}$ 的稳定域是 F,则有$[K:F]\geqslant n$.

证明 设$[K:F]=r$,$\{w_j\}_{j=1,\cdots,r}$ 是 K/F 的一个基. 若 r 是无限数,则结论显然成立. 假定 $r<n$,此时

$$\begin{cases}\tau_1(w_1)X_1+\tau_2(w_1)X_2+\cdots+\tau_n(w_1)X_n=0\\ \qquad\vdots\\ \tau_1(w_r)X_1+\tau_2(w_r)X_2+\cdots+\tau_n(w_r)X_n=0\end{cases}\qquad(1.7.2)$$

有非零解$(\alpha_1,\cdots,\alpha_n)\neq(0,\cdots,0)$. 取 K 的任一元素

$$x=a_1w_1+\cdots+a_rw_r,\ a_j\in F$$

以 $a_1,\cdots,a_r$ 分别乘(1.7.2) 的第 1 个方程,……,第 r 个方程,然后相加,最后再以 $X_j=\alpha_j$ 代入,$j=1,\cdots,n$. 于是有

$$\Big(\tau_1\Big(\sum_{j=1}^{r}\Big)a_jw_j\Big)\alpha_1+\cdots+\Big(\tau_n\Big(\sum_{j=1}^{r}\Big)a_jw_j\Big)\alpha_n=0$$

此式又可写作

$$\tau_1(x)\alpha_1+\cdots+\tau_n(x)\alpha_n=\Big(\sum_{j=1}^{n}\tau_j\alpha_j\Big)x=0$$

由 x 的任意性,可知 $\sum_{j=1}^{n}\tau_j\alpha_j$ 是一个零映射,这与 1.6 节命题 1 的推论 1 相矛盾.

■

在上述命题中,如果自同构集$\{\tau_1,\cdots,\tau_n\}$ 不是一个群,那就只能有不等式$[K:F]>n$ 出现. 因为,或者是某两个 τ_i,τ_j 的乘积 $\tau_i\cdot\tau_j$,或者是某个 τ_i 的逆 τ_i^{-1},或者是 ι 不属于$\{\tau_1,\cdots,\tau_n\}$. 此时只要以 $\tau_i\cdot\tau_j$,或者 τ_i^{-1},或者 ι 添入该集,而得到一个元素较多的集,其稳定域仍然是 F. 因此,命题中的不等式成为$[K:F]\geqslant n+1$. 基于这一事实,以下我们专门根据 G 是群的情形来考虑.

定义 1.5 设 K/F 是代数扩张. 若 $\mathrm{Aut}(K/F)$ 的稳定域恰等于 F,则称

K/F 是 **Galois 扩张**. 此时又称 $\mathrm{Aut}(K/F)$ 为 K/F 的 **Galois 群**.

从定义立即可知,若 E 是 $\mathrm{Aut}(K/F)$ 的稳定域,则有 $F \subseteq E$. 此时 K/E 就是 Galois 扩张,而且 $\mathrm{Aut}(K/F) = \mathrm{Aut}(K/E)$. 又在上述定义中,$K/E$ 并不限于有限扩张. 但在本节和下一节中,我们只讨论 K/F 是有限扩张的情形;无限的情形,留待第三章讨论.

命题 2(Artin) 设 G 是由域 K 的自同构所成的一个有限群,阶为 $|G|$. 若 G 的稳定域为 F,则有 $[K:F] = |G|$.

证明 令 $|G| = n$. 从命题 1 知 $[K:F] \geqslant n$. 假设 K/F 中有 $n+1$ 个线性无关元 $u_1, \cdots, u_{n+1}$. 考虑含 $n+1$ 个未知元 X_j 的线性方程组

$$\begin{cases} \tau_1(u_1)X_1 + \cdots + \tau_1(u_{n+1})X_{n+1} = 0 \\ \qquad\qquad \vdots \\ \tau_n(u_1)X_1 + \cdots + \tau_n(u_{n+1})X_{n+1} = 0 \end{cases} \tag{1.7.3}$$

其中 $\{\tau_1, \cdots, \tau_n\} = G$. 方程组(1.7.3) 在 K 中有非平凡解. 在所有的非平凡解中,我们设 $(\alpha_1, \cdots, \alpha_{n+1})$ 是含非零元个数最少的一个解. 不失一般性,设 $\alpha_{n+1} \neq 0$. 于是有

$$\tau_j(u_{n+1}) = \sum_{i=1}^{n} \tau_j(u_i)\beta_i, \ j = 1, \cdots, n \tag{1.7.4}$$

此处 $\beta_i \in K$. 对于 $\tau_j = \iota$,则为

$$u_{n+1} = \sum_{i=1}^{n} u_i \beta_i \tag{1.7.5}$$

从 $u_1, \cdots, u_{n+1}$ 在 F 上的线性无关性,可知必有某个 β_i,例如 $\beta_n \notin F$. 此外,(1.7.5) 是 u_{n+1} 的最短表示(即非零系数的个数最少). 但 G 的稳定域是 F,故应有某个 $\tau \in G$,使得 $\tau(\beta_n) \neq \beta_n$. 以 τ 作用于(1.7.4) 的两边,即得

$$\tau \cdot \tau_j(u_{n+1}) = \sum_{i=1}^{n} \tau(\tau_j(u_i))\tau(\beta_i) = \sum_{i=1}^{n} (\tau \cdot \tau_j)(u_i)\tau(\beta_i)$$

$j = 1, \cdots, n$. 特别在 $\tau \cdot \tau_j = \iota$ 时,有

$$u_{n+1} = \sum_{i=1}^{n} u_i \tau(\beta_i) \tag{1.7.6}$$

(1.7.5) 与(1.7.6) 相减,得

$$0 = \sum_{i=1}^{n} u_i(\tau(\beta_i) - \beta_i) \tag{1.7.7}$$

其中 $\tau(\beta_n) \neq \beta_n$. 于是从(1.7.7) 可解出 u_n. 再以它代入(1.7.5),则将得到 u_{n+1} 的一个更短的表示,矛盾. 因此 $[K:F] \leqslant n$,从而

$$[K:F] = n = |G|$$

■

推论 1　在命题的所设下，$\mathrm{Aut}(K)$ 中凡使得 F 的元素不变的自同构必然属于 G.

证明　如若 τ 对于 F 的每个元 a，都有 $\tau(a)=a$，且 $\tau\notin G$，则以 τ 添入 G 后，所得的组其稳定域仍为 F. 按命题 1 与 2，知有

$$n=|G|=[K:F]\geqslant n+1$$

矛盾. ■

推论 2　对于 K 的不同的自同构群，必有不同的稳定域.

定理 1.11　有限扩张 K/F 成为 Galois 扩张，当且仅当 K 是 F 上的可分正规扩张.

证明　必要性. 设 K/F 是有限 Galois 扩张

$$\mathrm{Aut}(K/F)=\{\tau_1,\cdots,\tau_n\}$$

任取 $u\in K\backslash F$. 令 $u_1=u,u_2,\cdots,u_r$ 是 $\tau_1(u),\tau_2(u),\cdots,\tau_n(u)$ 中不同的元素. 不失一般性，设 $u_j=\tau_j(u),j=1,2,\cdots,r$. 以任何一个 τ_i 作用于 $\tau_j(u)$，则有 $\tau_i(u_j)=\tau_i(\tau_j(u))=\tau_h(u)$，即 $\mathrm{Aut}(K/F)$ 的每个元素在 $\{u,u_2,\cdots,u_r\}$ 上的作用无非是使 $\{u,u_2,\cdots,u_r\}$ 做一个置换. 因此，$u,u_2,\cdots,u_r$ 的初等对称函数属于 F，从而

$$f(X)=(X-u_1)\cdots(X-u_r)$$

是 F 上的多项式. 设 $p(X)\in F[X]$ 是 $f(X)$ 的一个不可约因式. 首先，$p(X)$ 是可分的. 若 $p(u_i)=0$，则 $u_i=\tau_j\tau_i^{-1}(u_i)$ 也同样是 $p(X)=0$ 的一个根. 因此，$f(X)=0$ 的每个根都是 $p(X)=0$ 的根，即 $f(X)=p(X)$. 这证明了 K 的每个元都是 F 上的可分元，即 K/F 是可分代数扩张；再按定理 1.9，它又是正规的.

充分性. 设 K/F 是有限可分正规扩张. 此时 K 是 F 上某个可分多项式 $f(X)$ 的分裂域. 令 $G=\mathrm{Aut}(K/F)$. 今证明，G 的稳定域就是 F. 若 $f(X)=0$ 的根全在 F 内，此时 $K=F$，结论成立. 设 $f(X)=0$ 有 n 个根不在 F 内，$n\geqslant 1$；同时又设，当不在 F 内的根的个数小于 n 时，结论已经成立.

设 u_1 是 $f(X)=0$ 的一个根，$u_1\notin F$，又设 u_1 在 F 上的极小多项式为 $m(X)$. 于是 $m(X)\mid f(X)$. 令 $E=F(u_1)$. 此时 K 可以作为 $f(X)$ 在 E 上的分裂域. 由于 $f(X)=0$ 不在 E 内的根的个数小于 n，按归纳法的假设，K/E 是 Galois 扩张. 以 H 记 $\mathrm{Aut}(K/F)$，H 的稳定域自然是 E.

设 $\deg m(X)=s$, $u_1,\cdots,u_s$ 是 $m(X)=0$ 的 s 个根. 它们当然又是 $f(X)=0$ 的根. 易知，映射

$$\tau_j:u_1\rightarrow u_j,\ j=1,\cdots,s$$

给出从 E 到 K 的 $F-$嵌入. 由于 K 可作为 $f(X)$ 在 $F(u_j)$ 上的分裂域，按 1.5 节命题 2，τ_j 可以拓展成为 K 的$F-$自同构，仍记作 τ_j，故又有 $\tau_j\in G$.

在 G 的稳定域中任取元素 α，α 自然地属于 H 的稳定域，即 $\alpha\in E$. 于是有

$$\alpha = c_0 + c_1 u_1 + \cdots + c_{s-1} u_1^{s-1},\ c_i \in F \tag{1.7.8}$$

以 τ_j 作用于(1.7.8)的两边,得

$$\tau_j(\alpha) = \alpha = c_0 + c_1 u_j + \cdots + c_{s-1} u_j^{s-1},\ j = 1, \cdots, s$$

因此,E 上的方程

$$c_{s-1} X^{s-1} + \cdots + c_1 X + (c_0 - \alpha) = 0$$

有 s 个不同的根 $u_1, \cdots, u_s$,故应恒等于 0,即 $\alpha = c_0 \in F$. 这证明了 $G = \mathrm{Aut}(K/F)$ 的稳定域是 F,即 K/F 为 Galois 扩张. ■

例 2 在有理数域 $\mathbf{Q}$ 上,考虑由添加不可约方程

$$X^3 - 3X - 1 = 0$$

的根 u 所得的域 $K = \mathbf{Q}(u)$. 易知 $-1/(u+1)$ 与 $-(1+1/u)$ 是方程的其他两个根. 因此 $K/\mathbf{Q}$ 又是正规的,从而是 Galois 扩张. 映射

$$\tau: u \to -1/(u+1)$$

是 $K/\mathbf{Q}$ 的一个自同构. 还可以验证

$$\tau^2(u) = -(1 + 1/u),\ \tau^3 = \iota$$

这表明了 Galois 扩张 $K/\mathbf{Q}$ 的 Galois 群是 $\{\iota, \tau, \tau^2\}$.

当 Galois 扩张 K/F 的 Galois 群分别为 Abel 群、循环群,或可解群时,我们相应地称 K/F 为 Abel 扩张、循环扩张,或可解扩张. 我们将在以后的章节中分别来讨论.

1.8 有限 Galois 扩张的基本定理

在本节中,我们将证明有限 Galois 扩张的一条基本定理,它在方程上的应用将在下一章给出.

首先,从定理 1.11 以及有关正规扩张和可分扩张的事实,得一简单的引理:

引理 若 K/F 是有限 Galois 扩张,E 是 K/F 的一个中间域,则 K/E 也是一个 Galois 扩张. ■

现在令 $G = \mathrm{Aut}(K/F)$,$H = \mathrm{Aut}(K/E)$. 由于 H 的稳定域为 E,因此就得到一个从 K/F 的中间域 E 到 G 的子群 $H = \mathrm{Aut}(K/E)$ 的一个单一对应. 反之,设 H 是 G 的任一子群,E 是 H 的稳定域. 从引理知 K/E 是 Galois 扩张,其 Galois 群 $\mathrm{Aut}(K/E) \supseteq H$. 但由 1.1 节命题 1 的推论 2,知有 $\mathrm{Aut}(K/E) = H$. 因此,在 K/F 的中间域所成的集

$$\mathscr{E} = \{E \mid F \subseteq E \subseteq K\}$$

与由 $G = \mathrm{Aut}(K/F)$ 的子群所成的集 $\mathscr{H} = \{H \mid H \subseteq G\}$ 之间,存在如下的叠合映射

$$E \rightarrow H = \mathrm{Aut}(K/E) \tag{1.8.1}$$

若E_1,E_2是两个中间域,H_1,H_2分别是在(1.8.1)下相对应的子群,则$E_1 \subseteq E_2$当且仅当$H_2 \subseteq H_1$.

中间域E并不必然是F上的正规扩张.以下将要讨论,在什么情况下E/F成为正规扩张(从而也是Galois扩张).首先设E/F是一个正规扩张.于是E中元素α的F－共轭元都在E中.令

$$H = \mathrm{Aut}(K/E)$$

任取$\tau \in G$,$\mu \in H$,则有$\tau(\alpha) \in E$,以及

$$\tau^{-1}\mu\tau(\alpha) = \tau^{-1}\tau(\alpha) = \alpha$$

因此$\tau^{-1}\mu\tau \in H$.这表明了H是G的一个正规子群.反之,设H是G的一个正规子群,E是H在对应(1.8.1)下所确定的中间域,又设F上不可约方程$f(X)=0$在E中有一个根α.由于K/F是正规的,$f(X)=0$的根皆可表如$\tau(\alpha)$的形式,$\tau \in G$.对于任何$\mu \in H$,按所设,必有$\rho \in H$,使得$\mu = \tau\rho\tau^{-1}$.于是

$$\mu\tau(\alpha) = \tau\rho\tau^{-1}\tau(\alpha) = \tau\rho(\alpha) = \tau(\alpha)$$

即$\tau(\alpha) \in E$.这证明了$f(X)$在E上分解成一次因式之积.按定理1.9,即知E/F是一个正规扩张,从而也是Galois扩张.最后,在E/F是Galois扩张的情形下,我们来看它的Galois群与K/F的Galois群之间的关系.

对于$\tau \in \mathrm{Aut}(K/F)$,规定$\theta(\tau) \in \tau|_E$,即$\tau$在$E$上的限制.因此,$\theta(\tau) \in \mathrm{Aut}(E/F)$.这样规定的映射

$$\theta: \mathrm{Aut}(K/F) \rightarrow \mathrm{Aut}(E/F) \tag{1.8.2}$$

是一个同态.它又是满射的,因为,按1.5节命题2,E/F的每个自同构都可以拓展成为正规扩张K/F的一个自同构.另一方面,θ的核是

$$\ker\theta = \{\tau \in \mathrm{Aut}(K/F) \mid \tau(\alpha) = \alpha, \alpha \in E\} = \mathrm{Aut}(K/E)$$

从而由(1.8.2)可得到

$$\mathrm{Aut}(K/F)/\mathrm{Aut}(K/E) \simeq \mathrm{Aut}(E/F) \tag{1.8.3}$$

总结以上的讨论,即得:

定理1.12(有限Galois扩张的基本定理) 设K/F是有限Galois扩张,它的Galois群是$G = \mathrm{Aut}(K/F)$.于是有:

(i)在K/F的中间域所成的集$\mathscr{E} = \{E \mid F \subseteq E \subseteq K\}$,与$G$的子群所成的集$\mathscr{H} = \{H \mid H \subseteq G\}$之间有叠合映射

$$E \rightarrow H = \mathrm{Aut}(K/E)$$

(ii)对于$E_1, E_2 \in \mathscr{E}$,以及在上述映射下对应的$\mathscr{H}$中的子群H_1,H_2之间,关系式$E_1 \subseteq E_2$与$H_2 \subseteq H_1$是等价的;

(iii)E/F是Galois扩张,当且仅当$H = \mathrm{Aut}(K/E)$是G的正规子群,此时

又有 $\mathrm{Aut}(E/F)\simeq G/H$. ■

推论 1 所设如前. 若中间域 E 是 F 上的 Galois 扩张, 则有

$$|H|=[K:E]$$

以及

$$(G:H)=[E:F]$$

其中$(G:H)$是 G 关于子群 H 的指数. ■

我们知道, 任何一个有限群, 只能有有限多个子群. 因此, 从基本定理又可得到:

推论 2 有限扩张只有有限多个中间域. ■

例 1 设 $K=F_0(Y_1,\cdots,Y_n)$ 是 F_0 上含 n 个未定元 $Y_1,\cdots,Y_n$ 的有理函数域. $(Y_1,\cdots,Y_n)$ 的每个置换都给出 K/F_0 的一个自同构. 因此, n 的对称群 $\mathfrak{S}_n$ 是 K/F_0 的一个自同构群. 设 $s_1,\cdots,s_n$ 是关于 $Y_1,\cdots,Y_n$ 的 n 个初等对称函数. 若以 F 记 $\mathfrak{S}_n$ 的稳定域, 则有 $F\supseteq F_0(s_1,\cdots,s_n)$. 每个 Y_j, $j=1,\cdots,n$ 都是方程

$$f(X)=X^n-s_1X^{n-1}+\cdots+(-1)^n s_n=0 \tag{1.8.4}$$

的根. 因此, K 是多项式 $f(X)$ 在 $F_0(s_1,\cdots,s_n)$ 上的分裂域, 从而 $[K:F_0(s_1,\cdots,s_n)]\leqslant n!$. 但由 1.7 节命题 2, $[K:F]=|\mathfrak{S}_n|=n!$, 故得出 $F=F_0(s_1,\cdots,s_n)$, 即 K/F 是以 $\mathfrak{S}_n$ 为其 Galois 群的 Galois 扩张.

我们知道, 每个有限群都同构于某个对称群的子群. 设 G 同构于 $\mathfrak{S}_n$ 的一个子群, 或者不妨设 G 是 $\mathfrak{S}_n$ 的子群. 据上面的例子, $\mathfrak{S}_n$ 是某个 K/F 的 Galois 群. 若 E 是 G 的稳定域, 则 G 就是 Galois 扩张 K/E 的 Galois 群, 一个古典的问题是: **对于一个给定的域 F, 以及任意的有限群 G, 是否存在 F 上的 Galois 扩张 K, 使得 G 成为 K/F 的 Galois 群?** 这是一个尚无解答的问题.

例 2 设 K 是 $f(X)=X^3-2$ 在 $\mathbf{Q}$ 上的分裂域. $f(X)=0$ 的根是

$$\sqrt[3]{2},\ \frac{-1\pm\sqrt{3}\mathrm{i}}{2}\sqrt[3]{2}$$

因此

$$K=\mathbf{Q}(\sqrt[3]{2},\sqrt{3}\mathrm{i})$$

按定理 1.11, $K/\mathbf{Q}$ 是 Galois 扩张, $[K:\mathbf{Q}]=6$. 令 τ,ρ 是使 $\mathbf{Q}$ 的元素不变, 由

$$\tau:\sqrt{3}\mathrm{i}\rightarrow-\sqrt{3}\mathrm{i},\ \sqrt[3]{2}\rightarrow\sqrt[3]{2}$$

$$\rho:\sqrt[3]{2}\rightarrow\frac{-1+\sqrt{3}\mathrm{i}}{2}\sqrt[3]{2},\ \sqrt{3}\mathrm{i}\rightarrow-\sqrt{3}\mathrm{i}$$

所规定的自同构. 于是 $K/\mathbf{Q}$ 的 G 群是

$$G=\{\iota,\tau,\rho,\tau\rho,\rho\tau,\tau\rho\tau\}$$

G 的四个子群分别是

$$H_1=\{\iota,\tau\},H_2=\{\iota,\rho\}$$

$$H_3=\{\iota,\tau\rho\tau\},H_4=\{\iota,\tau\rho,\rho\tau\}$$

与它们相应的稳定域分别是

$$E_1=\mathbf{Q}(\sqrt[3]{2}),E_2=\mathbf{Q}\left(\frac{-1+\sqrt{3}\mathrm{i}}{2}\sqrt[3]{2}\right)$$

$$E_3=\mathbf{Q}\left(\frac{-1+\sqrt{3}\mathrm{i}}{2}\sqrt[3]{2}\right),\ E_4=\mathbf{Q}(\sqrt{3}\mathrm{i})$$

在子群 H_1,H_2,H_3,H_4 中，只有 H_4 是正规子群. 因此，由定理 1.12，E_4 是 $\mathbf{Q}$ 上的 Galois 扩张，而 E_1,E_2,E_3 则不是.

1.9 本原元定理

如果有限扩张 K/F 是一个单代数扩张，$K=F(u)$，那么我们就称 u 是 K/F 的一个**本原元**. 什么样的有限扩张是单代数扩张，或者有本原元，这是本节所要讨论的问题.

定理 1.13 若有限扩张 K/F 是可分的，则它有本原元.

证明(Zassenhaus) 设 $[K:F]=n>1$. 作 K 在 F 上的正规闭包 N. 由于 K/F 是可分的，按 1.5 节的命题 3，从 K 到 N 恰有 n 个 $F-$嵌入(其中可能有 K 的 $F-$自同构). 设这 n 个 $F-$嵌入是 $\tau_1=\iota,\tau_2,\cdots,\tau_n$. 令

$$E_j=\{\alpha\in K\mid\tau_j(\alpha)=\alpha\},j=2,\cdots,n \tag{1.9.1}$$

它们是 K/F 的 $n-1$ 个中间域. 每个 $E_j\neq K$，且

$$[E_j:F]\leqslant n/2$$

今将证，必有某个 $u\in K$，满足 $u\notin E_j,j=2,\cdots,n$. 由此得知，u 关于 F 的次数为 n，即

$$[F(u):F]=n$$

从而 $K=F(u)$.

为证明上述论断，我们先证一个一般性的引理：

引理 设 V 是 F 上的一个 n 维向量空间，$\{w_1,\cdots,w_n\}$ 是它的一个基，又设 V 中的子集

$$S=\left\{\sum_{j=1}^{n}e_jw_j\mid e_j=0,1\right\} \tag{1.9.2}$$

于是，V 中每个维数为 $m(<n)$ 的子空间 W，它包含 S 中元素的个数应小于或等于 2^m.

证明 令 $\{\alpha_1,\cdots,\alpha_m\}$ 是 W 关于 F 的一个基，如果

$$s\in S\cap W$$

则有

$$s=\sum_{j=1}^{m}c_j\alpha_j,\ c_j\in F$$

以及

$$s=\sum_{i=1}^{n}d_i w_i, d_i=0,1$$

另一方面，若

$$\alpha_j=\sum_{i=1}^{n}a_{ji}w_i,\ a_{ji}\in F,\ j=1,\cdots,m$$

则应有线性方程组

$$\sum_{j=1}^{m}c_j a_{ji}=d_i,\ i=1,\cdots,n \tag{1.9.3}$$

由于方程组(1.9.3)的系数矩阵和增广矩阵秩均为 m，它的唯一解 $c_1,\cdots,c_m$ 可由 s 的 m 个 d_i 所唯一确定. 当 $s\in S$ 时，d_i 只能是 0,1. 因此，由它们给出的 s 至多只能有 2^m 个. ■

对 K/F 以及中间域 $E_j, j=2,\cdots,n$，使用这个引理. 于是，每个 E_j 至多只包含 S 中 $2^{n/2}$ 个元素，再使用一个初等不等式(证明略)

$$(n-1)2^{n/2}<2^n, n>1$$

即知存在 $u\in K$，满足 $u\notin E_j, j=2,\cdots,n$. 定理即成立. ■

推论 完备域的有限扩张都是单扩张.

例 设

$$K=\mathbf{Q}(\sqrt{2},\sqrt{3})$$

此时 $K/\mathbf{Q}$ 是 4 次的可分扩张，而且是 Galois 扩张. 它的 $\mathbf{Q}-$ 自同构为

$$\tau_1=\iota$$

$$\tau_2:\sqrt{2}\to-\sqrt{2},\sqrt{3}\to\sqrt{3}$$

$$\tau_3:\sqrt{2}\to\sqrt{2},\sqrt{3}\to-\sqrt{3}$$

$$\tau_4:\sqrt{2}\to-\sqrt{2},\sqrt{3}\to-\sqrt{3}$$

相应的三个子域分别是

$$E_2=\{x\in K\mid \tau_2(x)=x\}=\mathbf{Q}(\sqrt{3})$$

$$E_3=\{x\in K\mid \tau_3(x)=x\}=\mathbf{Q}(\sqrt{2})$$

$$E_4=\{x\in K\mid \tau_4(x)=x\}=\mathbf{Q}(\sqrt{6})$$

$K/\mathbf{Q}$ 有一个基 $\{1,\sqrt{2},\sqrt{3},\sqrt{6}\}$. 由(1.9.2)所规定的子集是

$$S=e_1+e_2\sqrt{2}+e_3\sqrt{3}+e_4\sqrt{6},\ e_j=0,1$$

易知，元素 $\sqrt{2}+\sqrt{3}$ 不属于 E_2,E_3,E_4. 因此，它关于 $\mathbf{Q}$ 的次数是 4，即

$$K = \mathbf{Q}(\sqrt{2}+\sqrt{3})$$

定理 1.14(Artin) 设 K/F 为有限扩张. K/F 有本原元的充分必要条件是,F 与 K 间只有有限多个中间域.

证明 充分性. 先考虑 F 为无限域的情形. 在 K 中选取元 α,使 $[F(\alpha):F]$ 在 K 的所有 F 上的单扩域中为最大值. 今往证 $K=F(\alpha)$. 如若不然,则有 $\beta \in K\backslash F(\alpha)$. 由 F 有无限多个元,而 F 与 K 间仅有有限个中间域,故可取得 a, $b \in F$, $a \neq b$,但 $F(\alpha+a\beta)=F(\alpha+b\beta)$. 于是有

$$(a-b)\beta=(\alpha+a\beta)-(\alpha+b\beta)\in F(\alpha+a\beta)$$

从而

$$\beta=(a-b)^{-1}(a-b)\beta\in F(\alpha+a\beta)$$

由此又有

$$\alpha=(\alpha+a\beta)-a\beta\in F(\alpha+a\beta)$$

这就导出 $[F(\alpha+a\beta):F]>[F(\alpha):F]$,而与所设矛盾. 因此应有 $K=F(\alpha)$.

对于 F 为有限域的情形. 此时 K 同样是有限的,其乘法群 $K^{\times}=K\backslash\{0\}$ 是由一个元生成的循环群. 结论显然成立.

必要性. 设 $K=F(\alpha)$, $f\in F[X]$ 为 α 所适合的首系数为 1 的最低次多项式,任取 F 与 K 间的一个中间域 E. 令 $h=h(x)\in E[X]$ 为 α 在 E 上所适合的最低次多项式,其首系数为 1. 显然有 $h\mid f$. 设 $b_0,\cdots,b_{r-1}\in E$ 为 h 的系数. 令 $L=F[b_0,\cdots,b_{r-1}]$. 显然有 $L\subseteq E$. 由 h 的规定知 $[K:E]=\deg h$. 另一方面,由于 $h(x)\in L[X]$ 为不可约多项式,故 $\deg h=[K:L]$. 从而有

$$[K:E]=\deg h=[K:L]$$

再由 $L\subseteq E$,故有 $L=E$. 这表明了 F 与 K 间的中间域的个数不会超过 f 的因式个数. 若 f 的次数为 n,其因式数至多为 $n!$,因此 F 与 K 的中间域只能是有限多个,证毕. ■

1.10 范 与 迹

设 K/F 是一个有限扩张, $[K:F]_S=n_0$,任取 F 上一个包含 K 的正规扩张 N. 于是有 n_0 个从 K 到 N 的 F－嵌入,记作 $\tau_1,\cdots,\tau_{n_0}$. 对 K 的任一元素 x,规定

$$N_{K/F}(x)=\Big(\prod_{j=1}^{n_0}\tau_j(x)\Big)^{[K:F]_{\mathrm{ins}}} \tag{1.10.1}$$

并且称作 x 关于 F 的范;又规定

$$T_{K/F}(x)=[K:F]_{\text{ins}}\cdot\sum_{j=1}^{n_0}\tau_j(x) \tag{1.10.2}$$

并且称作 x 关于 F 的迹.

在做以上的规定时,虽然涉及一个包含 K 的任意正规扩张 N/F,以及从 K 到 N 的 F－嵌入 $\tau_1,\cdots,\tau_{n_0}$,但从以下命题可以见到,它们实际上与 N 及 τ_j 的取法是无关的.

命题 1 若 $x\in K$ 关于 F 的极小多项式为

$$m(X)=X^r+c_1X^{r-1}+\cdots+c_r \tag{1.10.3}$$

则有

$$N_{K/F}(x)=((-1)^r c_r)^{[K:F(x)]} \tag{1.10.4}$$

$$T_{K/F}(x)=-[K:F(x)]c_1 \tag{1.10.5}$$

证明 设 $m(X)$ 的既约次数是 r_0,即 $[F(x):F]_S=r_0$. 按 1.5 节命题 3,有 r_0 个从 $F(x)$ 到 N 的 F－嵌入 $\mu_1,\cdots,\mu_{r_0}$,且每个 μ_j 都能拓展成 N 的 F－自同构,仍记作 μ_j. 若 $[K:F(x)]_S=s_0$,则有 s_0 个从 K 到 N 的 $F(x)$－嵌入,记作 $v_1,\cdots,v_{s_0}$. 根据 1.5 节的引理,从而有 s_0r_0 个从 K 到 N 的 F－嵌入 $\mu_jv_i(j=1,\cdots,r_0;i=1,\cdots,s_0)$. 但

$$s_0r_0=[K:F(x)]_S[F(x):F]_S=[K:F]_S=n_0$$

所以 μ_jv_i 恰是 n_0 个从 K 到 N 的 F－嵌入,从而(1.10.1) 又可写如

$$N_{K/F}(x)=\Big(\prod_{j=1}^{r_0}\prod_{i=1}^{s_0}\mu_jv_i(x)\Big)^{[K:F]_{\text{ins}}}=$$

$$\Big(\prod_{j=1}^{r_0}\mu_j(x)\Big)^{s_0[K:F]_{\text{ins}}}=$$

$$\Big(\prod_{j=1}^{r_0}\mu_j(x)\Big)^{s_0[K:F(x)]_{\text{ins}}[F(x):F]_{\text{ins}}}=$$

$$\Big(\prod_{j=1}^{r_0}\mu_j(x)\Big)^{[K:F(x)][F(x):F]_{\text{ins}}}$$

但 $[F(x):F]_{\text{ins}}$ 等于 $m(X)$ 的不可分次数,即

$$m(X)=\Big(\prod_{j=1}^{r_0}(X-\mu_j(x)\Big)^{[F(x):F]_{\text{ins}}}$$

从而

$$c_r=(-1)^r\Big(\prod_{j=1}^{r_0}\mu_j(x)\Big)^{[F(x):F]_{\text{ins}}}$$

从此代入上式的右边,即得(1.10.4);做类似的论证可得(1.10.5). ■

从这个命题立即可知,对于任何 $x\in K$,$N_{K/F}(x)$ 与 $T_{K/F}(x)$ 都属于 F. 此外,又有以下的推论:

推论　设 L/K 是有限扩张，$[L:K]=m$. 于是，对于任何 $x\in K$，有

$$N_{L/F}(x)=(N_{K/F}(x))^m$$
$$T_{L/F}(x)=m(T_{K/F}(x))$$ ■

范与迹的基本性质，可由以下两个命题得知：

命题 2　设 K/F 如前. 有：

(ⅰ) $N_{K/F}(xy)=N_{K/F}(x)N_{K/F}(y)$，$x,y\in K$；

(ⅱ) 对于 $a\in F$，有 $N_{K/F}(a)=a^{[K:F]}$；

(ⅲ) 若 L/K 是有限扩张，$x\in L$，则有

$$N_{L/F}(x)=N_{K/F}(N_{L/K}(x))$$

证明　设 N,τ_j 如前. 对于 $x,y\in K$，由定义有

$$N_{K/F}(xy)=\Big(\prod_{j=1}^{n_0}\tau_j(xy)\Big)^{[K:F]_{\text{ins}}}=$$
$$\Big(\prod_{j=1}^{n_0}\tau_j(x)\tau_j(y)\Big)^{[K:F]_{\text{ins}}}=$$
$$\Big(\prod_{j=1}^{n_0}\tau_j(x)\Big)^{[K:F]_{\text{ins}}}\Big(\prod_{j=1}^{n_0}\tau_j(y)\Big)^{[K:F]_{\text{ins}}}=$$
$$N_{K/F}(x)N_{K/F}(y)$$

因此(ⅰ)成立. 当 $x=a\in F$ 时，$\tau_j(a)=a$，从(1.10.1)可得

$$N_{K/F}(a)=(a^{n_0})^{[K:F]_{\text{ins}}}=a^{n_0[K:F]_{\text{ins}}}=a^{[K:F]}$$

故(ⅱ)成立.

为证明(ⅲ)，应取 N 是 F 上任何一个包含 L 的正规扩张. 设 $n_0=[K:F]_S$，$m_0=[L:K]_S$. 于是 $m_0n_0=[L:F]_S$. 令 μ_j，$j=1,\cdots,n_0$ 是从 K 到 N 的 $F-$嵌入，v_i，$i=1,\cdots,m_0$ 是从 L 到 N 的 $K-$嵌入. 每个 μ_j 可以拓展成 N 的 $F-$自同构，仍记作 μ_j. 于是，n_0m_0 个 μ_jv_i 是从 L 到 N 的 $F-$嵌入. 按定义，有

$$N_{L/F}(x)=\Big(\prod_{j=1}^{n_0}\prod_{i=1}^{m_0}\mu_jv_i(x)\Big)^{[L:F]_{\text{ins}}}=$$
$$\Big(\prod_{j=1}^{n_0}\mu_j\Big(\prod_{i=1}^{m_0}v_i(x)\Big)^{[L:K]_{\text{ins}}}\Big)^{[K:F]_{\text{ins}}}=$$
$$\Big(\prod_{j=1}^{n_0}\mu_jN_{L/K}(x)\Big)^{[K:F]_{\text{ins}}}=N_{K/F}(N_{L/K}(x))$$

故(ⅲ)成立. ■

对于迹，有全然类似的结论：

命题 3　所设如命题 2. 有：

(ⅰ) $T_{K/F}(x+y)=T_{K/F}(x)+T_{K/F}(y)$，$x,y\in K$；

(ⅱ) 对于 $a \in F$，有 $T_{K/F}(a)=[K:F]a$；

(ⅲ) 对于 $a \in F, x \in K$，有 $T_{K/F}(ax)=aT_{K/F}(x)$；

(ⅳ) 若 L/K 是有限扩张，$x \in L$，则有

$$T_{L/F}(x)=T_{K/F}(T_{L/K}(x))$$

证明 (ⅰ)(ⅱ)(ⅳ)的证明类似于命题2的证法，从略. 至于(ⅲ)，只需以 a^r 乘(1.10.3)的右边，从而有

$$(ax)^r+ac_1(ax)^{r-1}+\cdots+a^rc_r=0$$

结论由(1.10.5)得出. ■

范与迹的概念还可以通过另一途径来建立. 考虑 K 是 F 上的有限维向量空间. 设 $\{w_1,\cdots,w_n\}$ 是它的一个基. 对于 $x \in K$，令

$$w_ix=\sum_{j=1}^{n}a_{ij}w_i,\ i=1,\cdots,n \tag{1.10.6}$$

由此确定向量空间 K/F 的一个线性变换，$\boldsymbol{A}=(a_{ij})_{i,j=1,\cdots,n}$ 是它的矩阵. 当 K/F 的基改换时，由同一元素 x 所给出的变换，其矩阵是相似的. 此外，$\boldsymbol{A}$ 的特征多项式 $f(X)=\det(\boldsymbol{E}X-\boldsymbol{A})$ 与基的选法无关. 由于 $f(x)=0$，我们称这个 $f(X)$ 为 x 的域多项式. x 的域多项式与 x 所在的域有关.

我们先考虑 $K=F(x)$ 的情形. 设 x 关于 F 的极小多项式 $m(X)$ 由(1.10.3)给出. $\boldsymbol{A}=(a_{ij})_{i,j=1,\cdots,r}$ 是 x 关于基 $\{1,x,\cdots,x^{r-1}\}$ 所确定的线性变换的矩阵. $f(X)$ 是 x 的域多项式. 首先，$f(X)$ 是首系数为 1 的 r 次多项式. 由 $m(X)\mid f(X)$，故应有 $f(X)\equiv m(X)$. 但从 $f(X)=\det(\boldsymbol{E}X-\boldsymbol{A})$ 知有

$$c_r=(-1)^r\det\boldsymbol{A}$$

以及

$$-c_1=-\sum_{i=1}^{r}a_{ii}$$

因此

$$N_{F(x)/F}(x)=\det\boldsymbol{A} \tag{1.10.7}$$

$$T_{F(x)/F}(x)=\sum_{i=1}^{r}a_{ii} \tag{1.10.8}$$

我们要证明，(1.10.7)与(1.10.8)在以 K 代替 $F(x)$ 时，仍然正确. 此时只需把 $\boldsymbol{A}$ 作为 x 在 K 上所确定的变换(关于任何一个基)的矩阵即可. 为此，先做一般的考虑. 设 $\{u_1,\cdots,u_m\}$ 是 L/K 的基，$\{v_1,\cdots,v_r\}$ 是 K/F 的基. 于是

$$\{u_jv_i \mid j=1,\cdots,m; i=1,\cdots,r\}$$

是 L/F 的一个基. 设 $n=mr$. 我们把基 $\{u_jv_i\}_{j=1,\cdots,m;i=1,\cdots,r}$ 做如下的编排，规定

$$u_jv_i<u_{j'}v_{i'}$$

当且仅当 $j<j'$，或者 $j=j', i<i'$. 经过这样编排后，把这个基记为 $\{w_1,\cdots,w_n\}$. 对于 $x \in K$，令

$$v_i x = \sum_{j=1}^{r} a_{ij} v_j, i=1,\cdots,r$$

以 $\boldsymbol{A}=(a_{ij})_{i,j=1,\cdots,r}$ 记它的矩阵. 又令

$$w_l x = \sum_{k=1}^{n} c_{lk} w_k,\ l=1,\cdots,n$$

以 $\boldsymbol{C}=(c_{lk})_{l,k=1,\cdots,n}$ 记它的矩阵. 从编序的方式不难见到, 当 $r \mid l-i, r \mid k-j$, 以及 $\| l-k \| < n$ 时, 有 $c_{lk}=a_{ij}$, 而在其他情形, 则 $c_{lk}=0$. 因此, 矩阵 $\boldsymbol{C}$ 可以表如

$$\begin{pmatrix} \boldsymbol{A} & & \\ & \ddots & \\ & & \boldsymbol{A} \end{pmatrix} \quad (m\text{个})$$

即在对角线上都是 $\boldsymbol{A}$, 其他为 0. 这个矩阵简记作 $\boldsymbol{A}^{(m)}$. 由此立即得到

$$\det \boldsymbol{C} = (\det \boldsymbol{A})^m$$

$$\sum_{i=1}^{n} c_{ii} = m \sum_{i=1}^{r} a_{ii}$$

现在回到所要证明的情形上来. 设

$$[K : F]=n, [K : F(x)]=m$$

以及

$$[F(x) : F]=r$$

记 x 在 $F(x)$ 中所确定的变换矩阵为 $\boldsymbol{A}'=(a'_{ij})_{i,j=1,\cdots,r}$, 而在 K 中所确定的变换矩阵为 $\boldsymbol{A}=(a_{ij})_{i,j=1,\cdots,n}$. 于是, 按上面的证明, 有

$$\det \boldsymbol{A} = (\det \boldsymbol{A}')^m$$

$$\sum_{i=1}^{n} a_{ii} = m \sum_{i=1}^{r} a'_{ii}$$

再从命题 1 的推论, 以及(1.10.7)(1.10.8), 即得

$$N_{K/F}(x) = (N_{F(x)/F}(x))^m = (\det \boldsymbol{A}')^m = \det \boldsymbol{A}$$

$$T_{K/F}(x) = m(T_{F(x)/F}(x)) = m \sum_{i=1}^{r} a'_{ii} = \sum_{i=1}^{n} a_{ii}$$

从论证的过程, 还可以见到, 如果 x 作为 K 的元素, 那么其域多项式 $f(X)$ 应为 $(m(X))^m$.

归结以上的讨论, 我们有:

命题 4 所设如前. 又设 n 阶矩阵 $\boldsymbol{A}=(a_{ij})$ 是元素 $x \in K$ 关于 K/F 的任何一个基所确定的变换矩阵. 于是

$$N_{K/F}(x) = \det \boldsymbol{A} \tag{1.10.9}$$

$$T_{K/F}(x) = \sum_{i=1}^{n} a_{ii} \tag{1.10.10}$$

又若 $f(X)$ 是 x 的域多项式, $m(X)$ 是 x 在 F 上的极小多项式, 则有

$f(X)=(m(X))^m$，此处 $m=[K:F(x)]$. ■

推论 所设如前. 元素 $u\in K$ 成为 K/F 的本原元，当且仅当 u 的域多项式在 F 上是不可约的. ■

1.11 判 别 式

令 $\{w_1,\cdots,w_n\}$ 是 K/F 的一个基，作 n 阶矩阵 $(T_{K/F}(w_iw_j))$. 我们称行列式 $\det(T_{K/F}(w_iw_j))$ 为基 $\{w_1,\cdots,w_n\}$ 的**判别式**，记为 $d\{w_1,\cdots,w_n\}$. 若 $\{w'_1,\cdots,w'_n\}$ 是 K/F 的另一个基，则有

$$w'_i=\sum_{j=1}^{n}a_{ij}w_j,\ i=1,\cdots,n$$

此处 $\mathbf{A}=(a_{ij})_{i,j=1,\cdots,n}$ 是变换矩阵，而且是非奇异的. 由

$$w'_iw'_j=(\sum_{l=1}^{n}a_{il}w_l)(\sum_{k=1}^{n}a_{jk}w_k)=\sum_{l=1}^{n}\sum_{k=1}^{n}a_{il}a_{jk}w_lw_k$$

按 1.10 节命题 3，知有

$$T_{K/F}(w'_iw'_j)=\sum_{l=1}^{n}\sum_{k=1}^{n}a_{il}a_{jk}T_{K/F}(w_lw_k)$$

因此

$$d(w'_1,\cdots,w'_n)=(\det\mathbf{A})^2d(w_1,\cdots,w_n)\qquad(1.11.1)$$

此处 $\det\mathbf{A}$ 是 F 中一个非零元. 这个事实表明，K/F 的任何两个基的判别式只相差 F 中一个非零元的平方. 因此，我们可以说，域 K/F 的判别式为 0，或者不为 0，是指它的任何一个基的判别式为 0，或者不为 0.

命题 1 有限扩张 K/F 的判别式为 0，当且仅当对于每个 $x\in K$，皆有 $T_{K/F}(x)=0$.

证明 充分性显然. 设 K/F 的判别式为 0，$(w_1,\cdots,w_n)$ 是 K/F 的一个基. 按所设，$(T_{K/F}(w_iw_j))_{i,j=1,\cdots,n}$ 的列向量在 F 上是线性相关的，从而存在 F 中的元素组

$$(c_1,\cdots,c_n)\neq(0,\cdots,0)$$

使得

$$\sum_{j=1}^{n}c_jT_{K/F}(w_iw_j)=0,i=1,\cdots,n\qquad(1.11.2)$$

作 $\alpha=c_1w_1+\cdots+c_nw_n$. 显然，这是 K 中一个非零元，它使得

$$T_{K/F}(w_i\alpha)=T_{K/F}(w_i\sum_{j=1}^{n}c_jw_j)=$$

$$T_{K/F}\left(\sum_{j=1}^{n} c_j w_i w_j\right) =$$

$$\sum_{j=1}^{n} c_j T_{K/F}(w_i w_j) = 0$$

对每个 $i=1,\cdots,n$ 都成立.对于 K 的任一元素 x,必有 $\beta \in K$,使得 $x=\alpha\beta$.令 $\beta = b_1 w_1 + \cdots + b_n w_n$,$b_i \in F$.于是有

$$T_{K/F}(x) = T_{K/F}\left(\sum_{i=1}^{n} b_i w_i \alpha\right) = \sum_{i=1}^{n} b_i T_{K/F}(w_i \alpha) = 0$$ ■

推论 若 K/F 的判别式为 0,则 F 的特征 $p \neq 0$,并且

$$p \mid [K:F]$$

证明 由 1.10 节命题 3,$T_{K/F}(1)=[K:F]$.因此必有 $p \mid [K:F]$. ■

域的判别式是否为 0 这个事实,可以用来刻画有限扩张的可分性.

定理 1.15 有限扩张 K/F 是可分扩张,当且仅当 K/F 的判别式不为 0.

证明 如果 K/F 不是可分扩张,那么 F 的特征$p \neq 0$,并且

$$[K:F]_{ins} = p^e,\ e > 0$$

按(1.10.2),此时 $T_{K/F}(x)=0$ 对每个 $x \in K$ 都成立.从而 K/F 的判别式为 0.

现在设 K/F 是可分的.按本原元定理,有 $K=F(u)$.若 u 在 F 上的极小多项式如(1.10.3),此时$\{1,u,\cdots,u^{r-1}\}$ 是 K/F 的一个基,取包含 K 的一个正规扩张,令 $u_1=u,u_2,\cdots,u_r$ 是 u 的全部 $F-$共轭元.按迹的定义(1.10.2),有

$$T_{K/F}(u^i u^j) = \sum_{l=1}^{r} u_l^i u_l^j$$

因此

$$d(1,u,\cdots,u^{r-1}) = \left[\det\begin{pmatrix} 1 & 1 & \cdots & 1 \\ u_1 & u_2 & \cdots & u_r \\ u_1^2 & u_2^2 & \cdots & u_r^2 \\ \vdots & \vdots & & \vdots \\ u_1^{r-1} & u_2^{r-1} & \cdots & u_r^{r-1} \end{pmatrix}\right]^2 \qquad (1.11.3)$$

由于 $u_1,\cdots,u_r$ 是互异的,上式右边的 Vandermonde 行列式不等于 0,即域 K/F 的判别式不为 0. ■

(1.11.3) 的右边经计算应为

$$\prod_i \prod_j {}_{i<j} (u_i - u_j)^2$$

从 u 的极小多项式

$$m(X) = \prod_j^r (X - u_j)$$

知有

$$m'(u_i)=\prod_j {}_{j\neq i}(u_i-u_j)$$

因此又有

$$N_{K/F}(m'(u))=(-1)^{r(r-1)/2}\prod_i\prod_j {}_{i<j}(u_i-u_j)^2$$

即$\{1,u,\cdots,u^{r-1}\}$的判别式又可表如

$$d(1,u,\cdots,u^{r-1})=(-1)^{r(r-1)/2}N_{K/F}(m'(u))$$

从定理1.15与命题1,立即得到:

推论1 有限扩张K/F成为可分扩张,当且仅当有K的某个元素u,使得$N_{K/F}(u)\neq 0$. ■

现在设K/F是n次Galois扩张,$\mathrm{Aut}(K/F)=\{\tau_1,\cdots,\tau_n\}$. 若$\{w_1,\cdots,w_n\}$是它的一个基,由定理1.15,应有$d(w_1,\cdots,w_n)\neq 0$. 按迹的规定,有

$$T_{K/F}(w_iw_j)=\tau_1(w_iw_j)+\cdots+\tau_n(w_iw_j)=\tau_1(w_i)\tau_1(w_j)+\cdots+\tau_n(w_i)\tau_n(w_j)$$

从而有

$$(T_{K/F}(w_iw_j))_{i,j=1,\cdots,n}=(\tau_i(w_j))^{\mathrm{T}}_{i,j=1,\cdots,n}(\tau_i(w_j))_{i,j=1,\cdots,n}$$

此处$(\tau_i(w_j))^{\mathrm{T}}_{i,j=1,\cdots,n}$是矩阵$(\tau_i(w_j))_{i,j=1,\cdots,n}$的转置矩阵,于是又有

$$d(w_1,\cdots,w_n)=\det(T_{K/F}(w_iw_j))_{i,j=1,\cdots,n}=(\det(\tau_i(w_j))_{i,j=1,\cdots,n})^2$$

这表明了,在当前的情形下,由基$\{w_1,\cdots,w_n\}$所构成的矩阵

$$(\tau_i(w_j))_{i,j=1,\cdots,n}$$

是非奇异的. 这一事实又可以用来刻画Galois扩张的基. 设$\{u_1,\cdots,u_n\}$是K中任意n个元素. 若矩阵$(\tau_i(u_j))_{i,j=1,\cdots,n}$是非奇异的,则$\{u_1,\cdots,u_n\}$在$F$上显然是线性无关的,从而成为$K/F$的一个基.

推论2 设K/F是n次Galois扩张,$\{\tau_1,\cdots,\tau_n\}$是它的Galois群. 元素组$\{u_1,\cdots,u_n\}$成为K/F的一个基,当且仅当$(\tau_i(u_j))_{i,j=1,\cdots,n}$是非奇异的. ■

1.12 循环扩张:次数为特征的幂

本节和下一节都在讨论有限次的循环扩张,为方便起见,分为两种情况进行. 作为共同的基础,先有一条关于范与迹的定理. 为陈述的简便起见,在下述定理中,我们用T与N来记$T_{K/F}$与$N_{K/F}$.

定理1.16 设K/F是n次循环扩张,τ是它的Galois群G的生成元. 令$x\in K$. 于是有:

(i) $T(x)=0$，当且仅当有某个 $\alpha\in K$，使得 $x=\alpha-\tau(\alpha)$；

(ii) $N(x)=1$，当且仅当有某个 $\beta\in K$，使得 $x=\beta/\tau(\beta)$.

证明 据所设，$G=\{\iota,\tau,\cdots,\tau^{n-1}\}$. 以下，我们以 τx 简记 $\tau(x)$. 据定义

$$T(x)=x+\tau x+\cdots+\tau^{n-1}x$$
$$N(x)=x(\tau x)\cdots(\tau^{n-1}x)$$

(i) 的充分性直接可知. 设 $T(x)=0$. 从定理 1.15 的推论，知有 $z\in K$，使得 $T(z)\neq 0$. 由于 $T(z)\in F$，因此

$$\tau(z/T(z))=\tau z/T(z)$$

取 $y=z/T(z)$. 于是

$$T(y)=y+\tau y+\cdots+\tau^{n-1}y=$$
$$(1/T(z))(z+\tau z+\cdots+\tau^{n-1}z)=$$
$$T(z)/T(z)=1$$

现在令

$$\alpha=xy+(x+\tau x)(\tau y)+(x+\tau x+\tau^2x)(\tau^2y)+\cdots+$$
$$(x+\tau x+\cdots+\tau^{n-2}x)(\tau^{n-2}y)$$

由所设

$$T(x)=x+\tau x+\cdots+\tau^{n-1}x=0$$

故

$$x=-(\tau x+\cdots+\tau^{n-1}x)$$

从而有

$$\alpha-\tau\alpha=xy+x(\tau y)+\cdots+x(\tau^{n-2}y)+x(\tau^{n-1}y)=$$
$$x(T(y))=x$$

即(i)成立.

(ii) 先看必要性. 从 $x=\beta/\tau\beta$，有

$$N(x)=(\beta/\tau\beta)\cdot(\tau\beta/\tau^2\beta)\cdot\cdots\cdot(\tau^{n-1}\beta/\tau^n\beta)=$$
$$\beta/\tau^n\beta=1$$

反之，设 $N(x)$. 则必有某个 $y\in K$，使得

$$\beta=xy+(x\tau x)\tau y+(x\tau x\tau^2x)\tau^2y+\cdots+$$
$$(x\tau x\cdots\tau^{n-1}x)\tau^{n-1}y$$

是一个非零元素. 据所设，β 的最后一项是 $N(x)\tau^{n-1}y=\tau^{n-1}y$. 以此代入上式，并且以 x^{-1} 乘等式的两边，可得

$$x^{-1}\beta=y+(\tau x)\tau y+(\tau x\tau^2x)\tau^2y+\cdots+$$
$$(\tau x\cdots\tau^{n-1}x)\tau^{n-1}y$$

但

$$\tau\beta=(\tau x)\tau y+(\tau x\tau^2x)\tau^2y+\cdots+(\tau x\cdots\tau^nx)\tau^ny=$$

$$y+(\tau x)\tau y+\cdots+(\tau x\cdots\tau^{n-1}x)\tau^{n-1}y$$

故有 $x^{-1}\beta=\tau\beta$，即 $x=\beta/\tau\beta$. ■

附注 这个定理的(ⅱ)，最先见于 Hilbert 的 Zahlberieht，被列为定理 90. 因此，现在习惯上称它为 Hilbert 定理 90，而把定理 1.16(ⅰ)称作 Hilbert 定理 90 的加法形式.

在刻画有限次循环扩张之前，先给出以下的引理，它将使问题简化.

引理 设 K/F 是 n 次循环扩张，$n=mp^r$，这里 $p\neq 0$ 是 F 的特征，m 与 p 互素. 于是存在 r 个中间域 E_j，$j=1,\cdots,r$，满足

$$F=E_0\subsetneq E_1\subsetneq\cdots\subsetneq E_r\subsetneq K$$

其中 E_j 是 E_{j-1} 上的 p 次循环扩张，$j=1,\cdots,r$，以及 K 是 E_r 上的 m 次循环扩张.

证明 从群论得知，当 G 是循环群时，G 的每个子群首先是正规的，而且子群和由之而得到的因子群都是循环群. 又若 $|G|=n$，m 是 n 的任一因子，则 G 有一个且是唯一的一个 m 阶子群. 从这些群论知识，再按 Galois 理论的基本定理，即得引理的结论. ■

根据这条引理，对于 F 上循环扩张 K 的讨论，可以分为两种情形进行：(1) F 的特征为 $p\neq 0$，$[K:F]=p^e$；(2) F 的特征为 $p\neq 0$，$[K:F]=n$，$(n,p)=1$. 至于 F 的特征为 0 的情形，可以与(2)做统一讨论. 在本节中，我们限于(1)的情形. 我们将对 F 上 p^e 次循环扩张的存在性做出刻画. 由于所涉及的特征总是 $p\neq 0$，在以下的命题中，均不特别指出.

命题 1 K 成为 F 上的 p 次循环扩张，当且仅当有某个 $u\in K$，使得 $K=F(u)$，并且 u 是 F 上一个形式如

$$X^p-X-a=0 \tag{1.12.1}$$

的不可约方程的根.

证明 必要性. 令 $G=\mathrm{Aut}(K/F)$，τ 是它的生成元. 此时有 $T(1)=1+\cdots+1=p=0$. 按定理 1.16(ⅰ)，有 $\alpha\in K\backslash F$，使得 $1=\alpha-\tau\alpha$. 取 $u=-\alpha$. 于是 $\tau u=1+u(\neq u)$. 由 $[K:F]=p$，故 K 与 F 间不存在真中间域，从而应有 $K=F(u)$. 由

$$\tau(u^p)=(\tau u)^p=(1+u)^p=1+u^p$$

可得到 $\tau(u^p-u)=u^p-u$. 因此 u^p-u 属于 G 的稳定域 F. 令

$$a=u^p-u$$

于是 u 就是方程(1.12.1)的解. 再由 $[K:F]=p$，所以(1.12.1)在 F 上不可约.

充分性. 设 $K=F(u)$，u 是不可约方程(1.12.1)的一个根. 先来证 K/F 是 Galois 扩张. 按所设，F 的素子域仅含 p 个元素. 为方便起见，记作 $0,1,2,\cdots,p-1$. 对于这 p 个 i，易知有 $i^p=i$. 从 $(u+i)^p=u^p+i^p$，可得

$$(u+i)^p-(u+i)-a=u^p-u-a=0$$
$$i=0,1,\cdots,p-1$$

这指明了,$u,u+1,\cdots,u+(p-1)$ 是(1.12.1)的 p 个相异的根,它们都属于 K,所以 K 是 F 上不可约方程(1.12.1)的分裂域. 另外,从 $u^p=u+a$ 知 $K^p=F^p(u)$,从而 $FK^p=K$. 据定理 1.7,K/F 是可分的,这就证明了 K/F 是一个 Galois 扩张.

任取 $\tau\in G=\mathrm{Aut}(K/F)$. 显然,$\tau$ 由 τu 唯一地确定. 但 τu 与 u 是 F 一共轭的,故有 $\tau u=u+i,0\leqslant i\leqslant p-1$. 反之,映射 $u\to u+i$ 给出 K/F 的一个自同构. 因此

$$\theta:\tau\to i$$

是由 G 到加群 $\mathbf{F}_p^+$ 的一个同构. 后者是一个循环群,这就证明了 K/F 是循环扩张. ■

为了对 F 上任何 p^e 次循环扩张做出刻画,先来给出它的一个必要条件:

命题 2 在任何 p^e 次循环扩张 K/F 中,必然有 $y\in K$,满足

$$T(y)=T(y^p)=1 \tag{1.12.2}$$

证明 先考虑 $e=1$ 的情形. 此时 $K=F(u)$,u 是不可约方程(1.12.1)的一个根. 为证明起见,引用一个有关对称函数的公式. 设 σ_k 是方程

$$X^p+a_1X^{p-1}+\cdots+a_p=0$$

的根的 k 次幂之和,$k=1,\cdots,p$. 于是有

$$\sigma_k+a_1\sigma_{k-1}+\cdots+ka_k=0,\ k=1,\cdots,p$$

利用这个公式于方程(1.12.1),即有

$$\sigma_{p-1}=T(u^{p-1})=-1$$
$$T(u^k)=0,\ k=1,\cdots,p-2$$

取 $y=-u^{p-1}$,于是 $T(y)=1$,以及

$$\begin{aligned}T(y^p)=T(-u^{p-1})^p=(-1)^pT(u^p)^{p-1}=\\(-1)^pT(u+a)^{p-1}=(-1)^pT(u^{p-1})=\\(-1)^{p+1}\end{aligned}$$

对于素数 $p=2$,由 $-1=1$,故 $(-1)^3=1$. 对于奇素数 p,恒有 $(-1)^{p+1}=1$. 因此,结论对 $e=1$ 成立.

对 e 使用归纳法,且假定结论在 $e-1$ 时已经成立. 当 K/F 是 p^e 次循环扩张时,K 中有唯一的子域 E,使得 E/F 是 p^{e-1} 次循环子扩张. 按归纳法的假设,存在 $\beta\in E$,满足

$$T_{E/F}(\beta)=T_{E/F}(\beta^p)=1$$

由于 K/F 是 p 次循环扩张,故有 $K=E(u)$,其中 u 是方程

$$X^p-X-a=0,\ a\in E$$

的根，取 $y=-\beta u^{p-1}$. 于是有

$$T_{K/F}(y)=-T_{E/F}(T_{K/E}(\beta u^{p-1}))=$$
$$-T_{E/F}\beta(T_{K/E}(u^{p-1}))=$$
$$-T_{E/F}(\beta)=1$$

以及

$$T_{K/F}(y^p)=(-1)^p T_{E/F}(T_{K/E}\beta^p(u^{p-1})^p)=$$
$$(-1)^p T_{E/F}\beta^p(T_{K/E}(u+a)^{p-1})=$$
$$(-1)^{p+1}T_{E/F}(\beta^p)=(-1)^{p+1}=1$$ ■

使用以上的命题 1,2，可以证得有关 p^e 次循环扩张的一个刻画：

定理 1.17 设 F 的特征为 $p\neq 0$. 对于每个正整数 e，F 上存在 p^e 次循环扩张 K 的充分必要条件是，有 $a\in F$，使得多项式

$$X^p-X-a$$

在 F 上为不可约的.

证明 必要性由命题 1 已知. 现证充分性. 设定理的条件满足. 按命题 1，此时存在 F 上的 p 次循环扩张. 对 e 使用归纳法. 设已经作出 F 上一个 p^{e-1} 次的循环扩张 E，其 Galois 群 $\mathrm{Aut}(E/F)$ 是由某个 μ 生成的循环群. 按命题 2，有 $\beta\in E$，满足

$$T_{E/F}(\beta)=T_{E/F}(\beta^p)=1$$

因此 $T_{E/F}(\beta-\beta^p)=0$. 按定理 1.16(ⅰ)有

$$\beta-\beta^p=\alpha-\mu\alpha \tag{1.12.3}$$

其中 $\alpha\in E\backslash F$. 用这个 α 来作 E 上的方程

$$X^p-X-\alpha=0 \tag{1.12.4}$$

并且设 u 是它在某个代数闭包中的一个根. 我们断言，$u\notin E$. 由于(1.12.4)的全部根为

$$u,u+1,\cdots,u+(p+1)$$

若 $u\in E$，则 $\mu u,\mu u+1,\cdots,\mu u+(p-1)$ 就是

$$X^p-X-\mu\alpha=0 \tag{1.12.5}$$

的全部根. 从

$$(u+\beta)^p=u^p+\beta^p=u+\alpha+\beta^p=$$
$$u+\beta+\alpha-\beta+\beta^p=$$
$$u+\beta+\mu\alpha$$

知 $u+\beta$ 满足(1.12.5). 因此有 $u+\beta=\mu u+i$，即

$$\beta=\mu u-u+i, i\in\{0,1,\cdots,p-1\}$$

对它的两边取关于 F 的迹，可得

$$1=T_{E/F}(\beta)=T_{E/F}(\mu u-u)+T_{E/F}(i)=0+pi=0$$

矛盾. 因此 $u \notin E$. 这证明了 $K=E(u)$ 是 p 次循环扩张, 从而 K/F 是 p^e 次 Galois 扩张(参见习题 3). 现在来进一步证明它是循环扩张.

先来规定一个从 K 到自身的映射: 令

$$\begin{cases}\tau(u^j)=(u+\beta)^j,\ j=1,\cdots,p-1\\ \tau(\gamma)=\mu(\gamma),\ \gamma\in E\end{cases}$$

由于 K 的元素皆可表如

$$\sum_{i=0}^{p-1}\gamma_i u^i,\ \gamma_i\in E$$

所以 τ 是定义在 K 上的. τ 成为 K 的 F 一 自同构, 当且仅当

$$\tau(u^p)=\tau u+\tau\alpha \tag{1.12.6}$$

按

$$\begin{aligned}\tau(u^p)&=(\tau u)^p=(u+\beta)^p=u^p+\beta^p=u+\alpha+\beta^p=\\&u+\beta+\alpha-\beta+\beta^p=\tau u+\tau\alpha\end{aligned}$$

即(1.12.6)成立. 因此 $\tau\in \mathrm{Aut}(K/F)$.

其次证明 τ 的阶为 p^e. 设 $m=p^{e-1}$, $n=p^e$. 由

$$\begin{aligned}\tau^m(u)&=\tau^{m-1}\tau u=\tau^{m-1}(u+\beta)=\tau^{m-1}u+\mu^{m-1}\beta=\\&u+\beta+\mu\beta+\cdots+\mu^{m-1}\beta=u+T_{E/F}(\beta)=\\&u+1\end{aligned}$$

所以 τ 的阶必然大于 m. 另一方面, 由

$$\begin{aligned}\tau^n u&=\tau^{n-1}\tau u=\tau^{n-1}(u+\beta)=\\&u+\beta+\mu\beta+\cdots+\mu^{m-1}\beta+\cdots+\mu^{n-1}\beta=\\&u+pT_{E/F}(\beta)=u\end{aligned}$$

以及

$$\tau^n(\gamma)=\mu^n(\gamma)=\gamma,\gamma\in E$$

可知 τ 的阶恰为 p^e, 换言之, $\mathrm{Aut}(K/F)$ 是由 τ 生成的循环群. ■

这个定理又指出, 在特征为 $p\neq 0$ 的域上, 只要有 p 次循环扩张, 就一定有各个 p^e 次的循环扩张.

1.13 循环扩张:次数与特征互素

本节将要讨论在 p 不等于 F 的特征时 F 上的 p^e 次循环扩张. 这一情形比此前讨论过的要复杂一些, 但我们仅限于如下的特殊情形. 称满足 $\zeta^n=1$ 的元素 ζ 为 **n 次单位根**; 又若对于每个小于或等于 $n-1$ 的 d, 都有 $\zeta^d\neq 1$, 则称 ζ 为 **n 次本原单位根**. 以下假定 F 包含 p 次本原单位根. 我们将在这一情况下来讨论 F

上的 p^e 次循环扩张.

命题 1 K 成为 F 上的 p 次循环扩张，当且仅当 $K=F(u)$，这里 u 是 F 上某个形如

$$X^p-b=0 \tag{1.13.1}$$

的不可约方程的根.

形式如(1.13.1)的方程称为**纯方程**.

证明 必要性. 设 τ 是 Galois 群 $\mathrm{Aut}(K/F)$ 的生成元. 由于 $\zeta\in F$，故有 $N(\zeta)=\zeta^p=1$. 按定理1.16(ⅱ)，存在 $\beta\in K\backslash F$，使得 $\zeta=\beta/\tau\beta$. 取 $u=\beta^{-1}$，则有 $\tau u=\zeta u$. 从而

$$\tau u^p=(\zeta u)^p=\zeta^p u^p=u^p$$

即 $u^p=b\in F$. 这证明 u 是方程

$$X^p-b=0$$

的一个根. 令 $X^p-b=f(X)g(X)$ 是 X^p-b 在 F 上的一个分解，其中 $f(X)$ 是不可约因式. 若 $\zeta^i u$ 是 $f(X)=0$ 的解，则对于每个 $j(0\leqslant j\leqslant p-1)$，$\tau^{j-i}(\zeta^i u)=\zeta^j u$ 仍然是 $f(X)=0$ 的解. 因此，$X^p-b=0$ 与 $f(X)=0$ 有同样的解，即 X^p-b 在 F 上是不可约的. 从而 $[F(u):F]=p$，这证明了 $K=F(u)$.

充分性. 设 $K=F(u)$，u 是(1.13.1)的一个根. 于是 $\zeta u,\zeta^2u,\cdots,\zeta^{p-1}u$ 就是 $X^p-b=0$ 其余的根. 因此，K/F 是方程(1.13.1)的分裂域；另一方面，它又是可分的，从而 K/F 是 Galois 扩张. 映射

$$u\rightarrow\zeta u$$

构成 K 的一个 F－自同构 τ. 对于每个 $0\leqslant j\leqslant p-1$，有 $\tau^j u=\zeta^j u$. 因此，$\{\iota,\tau,\cdots,\tau^{p-1}\}$ 是 $\mathrm{Aut}(K/F)$ 中 p 个互异的元素. 再从 $p=[K:F]\geqslant|\mathrm{Aut}(K/F)|\geqslant p$，知 $\mathrm{Aut}(K/F)=\{\iota,\tau,\cdots,\tau^{p-1}\}$，换言之，$\mathrm{Aut}(K/F)$ 是 p 阶循环群. ■

以上是一个与1.12节命题1平行的结论，在 F 含有 p 次本原单位根的假设下，我们还能证明一个与定理1.16部分类似的结果，这就是以下的命题：

命题 2 设 F 如上，又设 E 是 F 上的一个 p^{e-1} 次循环扩张. 于是，F 上存在一个包含 E 的 p^e 次循环扩张 K，当且仅当 E 中有元素 β，满足

$$N_{E/F}(\beta)=\zeta \tag{1.13.2}$$

此处 $\zeta\in F$ 是 p 次本原单位根.

证明 必要性. 设 K 是满足命题要求的 F 上的 p^e 次循环扩张，其 Galois 群由 τ 生成，此时应有 $K=E(u)$，u 是

$$X^p=\alpha\in E \tag{1.13.3}$$

的根. 令 $m=p^{e-1}$，$n=p^e$. 于是 $\rho=\tau^m\in\mathrm{Aut}(K/E)$，$|\rho|=p$. ρu 同样适合方程(1.13.3)，因此 $\rho u=\zeta^i u$，$0<i<p$，只要取适当的正整数 r，可使 $\rho^r u=\zeta u$. 不失一般性，不妨令 $\rho u=\zeta u$，又记 μ 为 τ 在 E 上的限制，它是 $\mathrm{Aut}(E/F)$ 的生成元.

从

$$\rho(\tau u/u)=\tau(\rho u)/\rho u=\tau(\zeta u)/\zeta u=\zeta\tau u/\zeta u=\tau u/u$$

可得知 $\tau u/u=\beta\in E$，即 $\tau u=\beta u$. 由

$$\tau^2 u=\tau(\beta u)=\mu(\beta)\cdot\beta u$$

$$\vdots$$

$$\tau^m u=\tau\tau^{m-1}u=\cdots=\mu^{m-1}(\beta)\mu^{m-2}(\beta)\cdots\mu(\beta)\beta u=(N_{E/F}(\beta))u$$

另一方面，$\tau^m u=\rho u=\zeta u$，从而有 $N_{E/F}(\beta)=\zeta$.

现在来证充分性. 设 $\beta\in E$ 满足 $N_{E/F}(\beta)=\zeta$，μ 是 $\mathrm{Aut}(E/F)$ 的生成元. 于是

$$N_{E/F}(\beta^{-p})=(N_{E/F}(\beta))^{-p}=\zeta^{-p}=1$$

按定理 1.16(ⅱ)，存在 $\alpha\in E$，使得 $\beta^{-p}=\alpha/\mu\alpha$. 令 u 是 E 上的方程

$$X^p=\alpha$$

的一个解. 若 $u\in E$，则

$$(\beta u)^p=(\beta^p u^p)=\mu(\alpha)\alpha^{-1}\cdot\alpha=\mu(\alpha)=(\mu u)^p$$

因此有 $\beta u=\zeta^r(\mu u)$. 由此又有

$$\beta=\zeta^r\mu u/u$$

两边取范，得

$$\zeta=N_{E/F}(\beta)=N_{E/F}(\zeta^r)N_{E/F}(\mu u/u)=1$$

矛盾. 这证明了 $u\notin E$，从而 $K=E(u)$ 是 p 次扩张. 由此又得知 K/F 是 $n=p^e$ 次扩张. 再从可分性以及习题 3，即知 K/F 是 Galois 扩张. 最后，规定一个 K 到自身的映射 τ 如下

$$\begin{cases}\tau(u)=\beta u\\ \tau(\gamma)=\mu(\gamma),\gamma\in E\end{cases}\tag{1.13.4}$$

与定理 1.17 的证明一样，不难证明 τ 是 K 的一个 $F-$ 自同构，同时它的阶恰好是 $n=p^e$. 因此，$\mathrm{Aut}(K/F)$ 是由 τ 生成的 p^e 阶循环群. ■

上述证明的关键在于存在 $\beta\in E$，使得$N_{E/F}(\beta)=\zeta$. 与定理 1.17 的情形不一样，这样的 β 并不一定存在，试看以下的例子：

例 设 $F=\mathbf{Q}$，$p=2$. 此时二次本原单位根为$-1\in\mathbf{Q}$. 令

$$E=\mathbf{Q}(u),u^2=-1$$

于是 $E/\mathbf{Q}$ 是二次循环扩张，它的元素 β 皆可写如

$$\beta=a_1+a_2\sqrt{-1},a_1,a_2\in\mathbf{Q}$$

显然，$N_{E/\mathbf{Q}}(\beta)=a_1^2+a_2^2\neq-1$，即 E 中不存在范为二次本原单位根的元素，根据上面的命题，$\mathbf{Q}$ 上也不能有包含 $\mathbf{Q}(\sqrt{-1})$ 的四次循环扩张.

F 上存在二次循环扩张，但不存在四次循环扩张的例子，今后在 7.5 节中

还可以见到.

1.14 分 圆 域

在本节中，我们来讨论经添加 n 次单位根而得到的扩张. 先有一条简单的引理：

引理 1 域 F 中所有 n 次单位根按乘法运算成一个循环群.

证明 令 $U=\{\zeta\in F\mid \zeta^n=1\}$. U 显然是乘法群. 由于它是一个有限的交换群，所以可表示成 $p-$群的直积. 我们只需证明，每个这样的 $p-$群都是循环群. 令 $p-$群 $A(p)$ 是 U 的一个直积因子. 在 $A(p)$ 中取具有最高阶 p^r 的元素 ξ，即 ξ 满足方程

$$X^{p^r}=1 \tag{1.14.1}$$

ξ 在 $A(p)$ 中生成一个循环子群 U_p，阶为 $|U_p|=p^r$. 假若 $U_p\neq A(p)$，则 (1.14.1) 在 F 中将有多于 p^r 个解，矛盾. ■

设 K 是对 F 添加所有 n 次单位根所得到的扩域，换言之，K 是 F 上多项式 X^n-1 的分裂域. 我们称 K 为 F 上的 ***n* 阶分圆域**（或**分圆扩张**）. 根据引理 1，它与对 F 添加一个 n 次本原单位根 ζ 是一致的，即 $K=F(\zeta)$. 在做进一步讨论之前，还需注意一个事实，若 F 的特征为 $p\neq 0$，$n=p^rm$，此处 $(m,p)=1$. 于是

$$X^n-1=(X^m-1)^{p^r}$$

因此，K 也可以作为 F 上的 m 阶分圆域. 以下为简便起见，不妨设 $p\nmid n$，而在 F 的特征为 0 时，n 可取任何正整数.

在下面的讨论中，需要用到初等数论中的 Euler 函数 ϕ. 对任何正整数 n，$\phi(n)$ 指满足 $1\leqslant i\leqslant n$，$(i,n)=1$ 的整数 i 的个数. 例如 $\phi(10)=4$，以及对任何素数 p，$\phi(p)=p-1$. 这个函数的一个十分明显的意义可以从以下的事实见到：令 $\bar{i}$ 表示整数 i 在剩余类环 $\mathbf{Z}/(n)$ 中的象（在自然同态 $\mathbf{Z}\to\mathbf{Z}(n)$ 下）. 于是，$\bar{i}$ 成为 $\mathbf{Z}/(n)$ 中的单位元，当且仅当 $(i,n)=1$. $\mathbf{Z}/(n)$ 中所有的单位元按乘法成一群，它的阶就是 $\phi(n)$.

定理 1.18 设 K 是 F 上的 n 阶分圆域，n 与 F 的特征互素. 于是有：

(i) $K=F(\zeta)$，ζ 是一个 n 次本原单位根；

(ii) K/F 是 Abel 扩张，$\mathrm{Aut}(K/F)$ 同构于 $\mathbf{Z}/(n)$ 的单位群的一个子群；

(iii) 若 $[K:F]=d$，则 $d\mid\phi(n)$.

证明 (i) 由引理 1 直接得出. 由于 K 是 F 上多项式 X^n-1 的分裂域；同时，在定理的所设下，X^n-1 是可分的，因此，K/F 是 Galois 扩张，由 (i)，$X^n=1$ 的全部根为 $\{1,\zeta,\zeta^2,\cdots,\zeta^{n-1}\}$. 每个 $\tau\in\mathrm{Aut}(K/F)$ 都可由 $\tau(\zeta)$ 来确定. 令

$$\tau(\zeta)=\zeta^i,\ 1\leqslant i\leqslant n-1$$

这样就得到一个从 $\mathrm{Aut}(K/F)$ 到 Z 的单一映射

$$\tau\to i \tag{1.14.2}$$

再经环的自然同态 $\mathbf{Z}\to\mathbf{Z}/(n)$，即有

$$\tau\to\bar{i}$$

这样定义一个映射

$$\theta:\mathrm{Aut}(K/F)\to\mathbf{Z}/(n) \tag{1.14.3}$$

若 $\tau(\zeta)=\zeta^i$，$\mu(\zeta)=\zeta^j$，则有 $\tau\mu(\zeta)=\zeta^{ij}$，从而

$$\theta(\tau\mu)=\bar{i}\,\bar{j}$$

$\tau\mu=\iota$ 当且仅当 $ij\equiv 1(\mathrm{mod}\ n)$，后者又等价于 $\bar{i}\,\bar{j}=\bar{1}$，因此，θ 是一个从 $\mathrm{Aut}(K/F)$ 到 $\mathbf{Z}/(n)$ 中单位乘法群的一个单一同态，后者是 Abel 群，这就证明了(ⅱ). 至于(ⅲ)，由(ⅱ)以及 1.6 节的命题 2 即得. ■

特别在 $n=p$ 时，$\mathbf{Z}/(p)$ 的非零元都是单位元. 此时乘群 $\mathbf{Z}/(p)\setminus\{0\}$ 是一个阶为 $p-1$ 的循环群，因此，只要 F 的特征不等于 p，那么 F 上 p 阶分圆扩张必然是循环扩张.

在 F 的 n 阶分圆扩张 K 中(n 与 F 的特征互素)，n 次本原单位根自然不止一个，如在 $n=p$ 时，除 1 以外，方程 $X^p=1$ 的其他每个根都是 p 次本原根. 设 $\zeta_1,\cdots,\zeta_r$ 是 K 中所有的 n 次本原单位根. 我们称

$$\Phi_n(X)=(X-\zeta_1)\cdots(X-\zeta_r) \tag{1.14.4}$$

为 F 上**第 n 个分圆多项式**，此处 $r=\phi(n)$. 若 $d\mid n$，d 次单位根自然是 n 次单位根，而且，每个 n 次单位根必定是某个 d 次本原单位根. 这就给出了下面的分解式

$$X^n-1=\prod_{\substack{d\\ d\mid n}}\Phi_d(X) \tag{1.14.5}$$

现在来看分圆多项式的系数所在的域. 在 $n=1$ 时，$\Phi_1(X)\in\mathbf{F}[X]$，此处 $\mathbf{F}$ 是 F 的素子域. 不妨设对所有的 $d<n$，$\Phi_d(X)$ 都是 $\mathbf{F}$ 上的多项式. 令

$$f(X)=\prod_{\substack{d\mid n\\ d\neq n}}\Phi_d(X)$$

于是，$f(X)\in\mathbf{F}[X]$. 用 $f(X)$ 除 X^n-1，得

$$X^n-1=f(X)g(X)+r(X)$$

此处 $g(X)$，$r(X)\in\mathbf{F}[X]$，但另一方面，(1.14.5) 给出

$$X^n-1=f(X)\Phi_n(X)$$

从域上多项式分解的唯一性，知有 $g(X)=\Phi_n(X)$，以及 $r(X)\equiv 0$.

命题 1　设正整数 n 与 F 的特征互素，或者 F 的特征为 0. 于是有

$$X^n-1=\prod_{\substack{d\\ d\mid n}}\Phi_d(X)$$

其中 $\Phi_d(X)$ 是素子域 **F** 上的多项式. ■

例 取 $F=\mathbf{Q}$,易知

$$\Phi_1(X)=X-1$$
$$\Phi_2(X)=X+1$$
$$\Phi_3(X)=(X^3-1)/\Phi_1(X)=X^2+X+1$$
$$\Phi_4(X)=(X^4-1)/(\Phi_1(X)\Phi_2(X))=X^2+1$$
$$\Phi_6(X)=(X^6-1)/(\Phi_1(X)\Phi_2(X)\Phi_3(X))=(X^6-1)/[(X^2-1)(X^2+X+1)]=X^2-X+1$$

上述命题指出,每个分圆多项式都是素子域上的多项式,但并未涉及它们在素子域上是否可约的问题. 事实上,分圆多项式在素子域上并不一定是不可约的. 例如,上面给出的

$$\Phi_6(X)=X^2-X+1$$

它在特征为 13 的素子域 $\mathbf{F}_{13}$ 上可以分解如下

$$X^2-X+1=(X+3)(X-4)$$

但对于 $F=\mathbf{Q}$ 的特殊情形,可得到较强的结论,为证明这一结论,需要用到一个熟知的引理:

引理 2[①] 设 D 是一个唯一因式分解整环,F 是它的商域,又设 $f(X)\in D[X]$ 是首系数为 1,次数大于或等于 1 的多项式. 于是,$f(X)$ 在 F 上不可约,当且仅当它在 D 上是不可约的. ■

现在来证明:

命题 2 在有理数域 **Q** 上,每个分圆多项式都是不可约的.

证明 据引理 2,只需证明 $\Phi_n(X)$ 在 $\mathbf{Z}[X]$ 中是不可约的. 现在设 $\Phi_n(X)=f(X)g(X)$,$f(X)$ 与 $g(X)$ 都是 $\mathbf{Z}[X]$ 中首系数为 1 的多项式,且 $g(X)$ 在 **Z** 上不可约,$\deg g(X)\geqslant 1$. 令 ζ 是 $g(X)=0$ 的一个根. 取素数 $p<n$,且 $(p,n)=1$. 由于 ζ 是 $\Phi_n(X)=0$ 的根,按 p 的取法,ζ^p 也同时是 $\Phi_n(X)=0$ 的根. 我们要证明,$g(\zeta^p)=0$. 假如不然,则应有 $f(\zeta^p)=0$. 设

$$f(X)=\sum_{j=0}^{t}a_jX^j$$

于是

$$f(X^p)=\sum_{j=0}^{t}a_jX^{pj}$$

此时 ζ 是 $f(X^p)=0$ 的一个根. 从 $\mathbf{Z}[X]$ 的唯一因式分解性质,以及 $g(X)$ 在

---

① 见文献[2][7]

$\mathbf{Z}[X]$ 中的不可约性，应有

$$f(X^p)=g(X)h(X),h(X)\in\mathbf{Z}[X]$$

作自然同态 $\mathbf{Z}\to\mathbf{Z}/(p)=\overline{\mathbf{Z}}_p$，以 $\bar{a}$ 记 a 在 $\overline{\mathbf{Z}}_p$ 中的象，再把这个同态拓展到 $\mathbf{Z}[X]$. 若以 $\bar{g}(X),\bar{h}(X)$ 分别表示 $g(X),h(X)$ 的象，则有

$$\bar{f}(X^p)=\bar{g}(X)\bar{h}(X) \tag{1.14.6}$$

但在环 $\overline{\mathbf{Z}}_p[X]$ 中，$\bar{f}(X^p)=(\bar{f}(X))^p$. 因此，(1.14.6) 又可写成

$$(\bar{f}(X))^p=\bar{g}(X)\bar{h}(X)$$

这表明了，$\bar{g}(X)$ 在 $\overline{\mathbf{Z}}_p[X]$ 中的某个不可约因式（次数大于或等于 1）应整除 $(\bar{f}(X))^p$，从而整除 $\bar{f}(X)$.

另一方面，从

$$X^n-1=\Phi_n(X)r(X)=f(X)g(X)r(X)$$

有

$$\overline{X^n-1}=X^n-\bar{1}=\bar{f}(X)\bar{g}(X)\bar{r}(X)$$

由于 $\bar{f}(X)$ 与 $\bar{g}(X)$ 在 $\overline{\mathbf{Z}}_p[X]$ 中有次数大于或等于 1 的公共因式，因此 $X^n-\bar{1}$ 有重因式. 但 $X^n-\bar{1}$ 的导式是 $nX^{n-1}\neq 0$，即 $X^n-\bar{1}$ 不能有重因式，矛盾. 这就证明了 $g(\zeta^p)=0$.

任取一个满足 $1\leqslant i\leqslant n,(i,n)=1$ 的整数 i. 令它的素因子分解为 $i=p_1^{e_1}\cdots p_l^{e_l}$. 对于每个 p_j 多次使用上一段的论证，可知 ζ^i 也是 $g(X)=0$ 的根. 因此，$\Phi_n(X)=0$ 的每个根都是 $g(X)=0$ 的根. 因为 $\Phi_n(X)$ 与 $g(X)$ 的首系数都是 1，所以 $\Phi_n(X)=g(X)$，换言之，$\Phi_n(X)$ 在 $\mathbf{Z}$ 上是不可约的. ■

从这个命题，结合定理 1.18(ⅱ)，立即可得：

推论 设 F 是 $\mathbf{Q}$ 上 n 阶分圆扩张. 于是有 $[F:\mathbf{Q}]=\phi(n)$，并且 $\mathrm{Aut}(F/\mathbf{Q})$ 同构于环 $\mathbf{Z}/(n)$ 中由单位所成的乘法群. ■

关于 $\mathbf{Q}$ 上的分圆域，还有一个深刻的结果，就是 $\mathbf{Q}$ 上任何一个 Abel 扩张都可以是 $\mathbf{Q}$ 上某个分圆域的子域. 这是著名的 Kronecker-Weber 定理，它的证明涉及代数数论的知识.

1.15 有 限 域

元素个数是有限的域称为**有限域**，上一节所提到的 $\overline{\mathbf{Z}}_p$ 就是最简单的例子. 由于最初是 Galois 对它做过公理化的研究，所以它又称作 **Galois 域**. 设 F 是有限域. 首先，它的特征必然是某个素数 $p\neq 0$. 这就是说，F 的素子域 $\mathbf{F}_p$ 应同构于 $\overline{\mathbf{Z}}_p$. 其次，F 是 $\mathbf{F}_p$ 上的有限扩张. 设 $[F:\mathbf{F}_p]=n$，$\{w_1,\cdots,w_n\}$ 是 $F/\mathbf{F}_p$ 的一个基. 此时 F 的元素都可以表如

$$a_1w_1+\cdots+a_nw_n, a_j\in\mathbf{F}_p$$

因此，F 的元素数是 $q=p^n$. 素域 $\mathbf{F}_p$ 的元素 a 都满足 $a^p=a$. 按定理 1.8，$\mathbf{F}_p$ 是完备域，从而 $F/\mathbf{F}_p$ 是可分扩张.

另一方面，由 F 的非零元所构成的乘法群 $\dot{F}^\times$ 含有 $q-1$ 个元素，它的每个元素都满足

$$X^{q-1}=1 \tag{1.15.1}$$

从 1.14 节的引理 1，我们知道 $\dot{F}^\times$ 是一个循环群. 又如果 $\dot{F}^\times$ 的生成元是 ζ，那么有 $F=\mathbf{F}_p(\zeta)$. 这表明了有限域总是它的素子域上的单代数扩张. 再把零元考虑进去，那么 F 的每个元素都满足 $\mathbf{F}_p$ 上的方程

$$X^q=X \tag{1.15.2}$$

我们知道，方程(1.15.2) 无论在 $\mathbf{F}_p$ 的哪个代数闭扩张中都只能有 q 个解，故在 F 中有分解式

$$X^q-X=\prod_{x\in F}(X-x)$$

这表明了，F 是 $\mathbf{F}_p$ 上多项式 X^p-X 的分裂域，也就是 1.14 节中所定义的 $q-1$ 阶分圆域，结合上面提到的可分性，F 就是 $\mathbf{F}_p$ 上的 Galois 扩张.

为了弄清 $F/\mathbf{F}_p$ 究竟是哪一种 Galois 扩张，现在来看 F 到它自身的映射

$$\rho: x\to x^p \tag{1.15.3}$$

由

$$\rho(x+y)=\rho(x)+\rho(y)$$

以及

$$\rho(xy)=\rho(x)\rho(y)$$

知 ρ 是 F 到自身的单同态. 再按(1.15.2)，ρ 又是满射的，因此，ρ 是 F 的一个自同构. 方程 $X^p=X$ 只有 p 个解，在域 F 内这只能是 $\mathbf{F}_p$ 的元素，因此，ρ 的稳定域是 $\mathbf{F}_p$，或者

$$\rho\in\mathrm{Aut}(F/\mathbf{F}_p)$$

重复使用(1.15.3)，可得

$$\rho^j: x\to x^{p^j}, j=1,2,\cdots$$

当 $j=n$ 时，有 $\rho^n(x)=x^{p^n}=x$，即 $\rho^n=\iota$. 若 ρ 的阶是 d，则 $\rho^d=\iota$. 此时对于任何 $x\in F$，皆有

$$\rho^d(x)=x^{p^d}=x$$

但方程 $X^{p^d}=X$ 在 F 中只能有 p^d 个解，因此应有 $d=n$. 这就证明了$\{\iota,\rho,\cdots,\rho^{n-1}\}$ 是 F 的 n 个不同的 $\mathbf{F}_p$－自同构. 从

$$|\mathrm{Aut}(F/\mathbf{F}_p)|=[F:\mathbf{F}_p]=n$$

知

$$\mathrm{Aut}(F/\mathbf{F}_p)=\{\iota,\rho,\cdots,\rho^{n-1}\}$$

换言之，$\mathrm{Aut}(F/\mathbf{F}_p)$ 是由 ρ 生成的循环群. 我们称由(1.15.3)所规定的 ρ 为域 F 的 **Frobenius 自同构**.

定理 1.19 有限域 F 是它的素子域 $\mathbf{F}_p$ 上的循环扩张，其 Galois 群 $\mathrm{Aut}(F/\mathbf{F}_p)$ 由 F 的 Frobenius 自同构所生成. 若

$$[F:\mathbf{F}_p]=n$$

则 F 的元素是方程

$$X^q=X$$

的全部解，此处 $q=p^n$，p 是 F 的特征. 反之，对于任给的数 $q=p^n$，必然存在一个除同构不计外唯一确定的有限域.

证明 前一部分已经证明. 对于后一部分，当 $n=1$ 时，显然成立. 任取一个只有 p 个元素的素域 $\mathbf{F}_p$，作它的代数闭包 $\hat{\mathbf{F}}_p$. 于是方程(1.15.2)在 $\hat{\mathbf{F}}_p$ 中的全部解所构成的子域 F 就是一个元素数为 p^n 的有限域. 如果 F' 是另一个元素数为 p^n 的有限域，那么它自然是素子域上多项式 $X^{p^n}-X$ 的分裂域. $\mathbf{F}_p$ 与 $\mathbf{F}'_p$ 是同构的(都与 $\bar{\mathbf{Z}}_p$ 同构)，由 1.5 节命题 2，可知 F 与 F' 也是同构的. ■

从有限域的存在性我们可以认识到另一个存在性的事实，在特征为 $p\neq 0$ 的素域 $\mathbf{F}_p$ 上，对于任何一个正整数 n，必然存在次数为 n 的不可约多项式. 使用一点初等数论的知识，还可以计算出 $\mathbf{F}_p$ 上首系数为 1 的 n 次不可约多项式的个数. 关于有限域上多项式的另一有趣性质，将在第五章给出.

1.16 正 规 基

设 K/F 是 Galois 扩张，$G=\{\tau_j\}_{j\in J}$ 是它的 Galois 群. 所谓 K/F 的正规基，是指形如 $\{\tau_j(u)\}_{j\in J}$ 的基，其中 u 是 K 的某一元素. 本节的内容是对有限 Galois 扩张证明正规基的存在性.

引理 1 设 F 是无限域 K/F 的 n 次 Galois 扩张，其 Galois 群为 $G=\{\tau_1,\cdots,\tau_n\}$. 令

$$f(\overline{X})=f(X_1,\cdots,X_n)\in K[X_1,\cdots,X_n]$$

若对于 K 的每个元素 x，都有

$$f(\tau_1(x),\cdots,\tau_n(x))=0$$

则 $f(\overline{X})$ 恒等于 0.

证明 任取 K/F 的一个基 $\{w_1,\cdots,w_n\}$. 令

$$g(Y_1,\cdots,Y_n)=f\Big(\sum_{j=1}^{n}Y_j\tau_1(w_j),\cdots,\sum_{j=1}^{n}Y_j\tau_n(w_j)\Big) \tag{1.16.1}$$

对于 F 中任何一组元素 $(a_1,\cdots,a_n)$，代入上式的 $(Y_1,\cdots,Y_n)$，据所设，应有

$g(a_1,\cdots,a_n)=0$. 由于 F 是无限域，故 g 应恒等于 0（习题 4）.

另一方面，按定理 1.15 的推论 2，n 阶方阵 $(\tau_i(w_j))_{i,j=1,\cdots,n}$ 是非奇异的. 它在 K 中的逆矩阵设为 $(\gamma_{ij})_{i,j=1,\cdots,n}$. 由

$$X_i=\sum_{j=1}^{n}Y_j\tau_1(w_j),\ i=1,\cdots,n$$

可以解出

$$Y_j=\sum_{i=1}^{n}Y_{ij}X_i,\ j=1,\cdots,n$$

以此代入(1.16.1) 有

$$f(X_1,\cdots,X_n)=g(Y_1,\cdots,Y_n)=0$$

因此 $f(\overline{X})$ 恒为 0. ■

定理 1.20 每个有限 Galois 扩张必然有正规基.

证明 设 $K/F,G$ 如前. 现分为两种情况证明.

(1)F 是无限域. 令 $\tau_i\tau_j=\tau_{r(i,j)}$. 当 j 固定时，易见

$$i\to r(i,j)$$

给出数字 $1,\cdots,n$ 的一个置换，作 F 上的多项式

$$f(X_1,\cdots,X_n)=\det((X_{r(i,j)})_{i,j=1,\cdots,n})\tag{1.16.2}$$

若以 $(X_1,\cdots,X_n)=(1,0,\cdots,0)$ 代入上式，可以见到，右边行列式的每一行和每一列各有一个元素为 1，而其余元素都是 0. 因此，$f(1,0,\cdots,0)=\pm1$，从而 $f(\overline{X})$ 不恒等于 0. 在(1.16.2) 中，若以 $\tau_i(x)$ 代替 X_i，则该式可写如

$$f(\tau_1(x),\cdots,\tau_n(x))=\det((X_{i,j}(x))_{i,j=1,\cdots,n})=\det((\tau_i\tau_j(x))_{i,j=1,\cdots,n})$$

此处 x 可取 K 中任一元素. 据引理，必有某个 $u\in K$，代入上式后，使得 $\det((\tau_i\tau_j(u))_{i,j=1,\cdots,n})\neq0$. 由定理 1.15 的推论 2，$\{\tau_1(u),\cdots,\tau_n(u)\}$ 是 K/F 的一个基.

(2)F 为有限域. 对于这一情形的证明需要一些线性代数中的知识. 首先，K 作为 F 上的 n 维向量空间，在 F 为有限域时，K/F 是循环扩张. 令 $G=\{\iota,\tau,\cdots,\tau^{n-1}\}$ 是它的 Galois 群. 此时 τ 又可作为向量空间 K/F 的线性变换. 只要向量空间 K/F 是关于 τ 的循环空间，定理即成立. 现在引用一个既知的事实①.

引理 2 设 V 是 F 上的 n 维向量空间，τ 是它的一个线性变换. V 成为关于 τ 的循环空间，当且仅当 τ 的极小多项式的次数是 n.

根据这个引理，考虑 τ 的极小多项式的次数. 由于 $G=\{\iota,\tau,\cdots,\tau^{n-1}\}$，按 1.6

---

① 见文献[3]，pp. 299-300.

节命题 1,这 n 个自同构在 K 上,从而在 F 上是线性无关的. 因此 τ 在 F 上的极小多项式的次数大于 $n-1$. 另一方面,$\tau^n=\iota$,故 τ 的极小多项式的次数恰等于 n. 定理的证明完成[①]. ■

习 题 1

1. 设 $f(X)\in F[X]$ 在 F 上不可约. $f(X)=0$ 在它的某个分裂域内只有单根,则称 $f(X)$ 是可分的. 证明,代数扩张 K/F 是 Galois 扩张,当且仅当 K 是 F 上的一组可分多项式的分裂域.

2. 设 K 是 F 上多项式 $f(X)$ 的分裂域,$\deg f(X)=n!$. 若 $p\mid[K:F]$,证明:$p\mid n!$.

3. 设 E 是 K/F 的一个中间域,且 E/F 为 Galois 扩张. 若 K 是 $F[X]$ 中一组多项式在 E 上的分裂域,且 K/E 又是 Galois 扩张,证明:K/F 是 Galois 扩张.

4. 设 F 是无限域,$f(X_1,\cdots,X_n)\in F[X_1,\cdots,X_n]$. 若对于 $F^{(n)}$ 中任何一组元素 $(a_1,\cdots,a_n)$,都有 $f(a_1,\cdots,a_n)=0$,则应有 $f(X_1,\cdots,X_n)$ 恒等于 0.

5. 设 K/F 是代数扩张,证明:K 成为代数闭域,当且仅当 F 上每个次数大于 1 的方程在 K 中必有一解.

6. 证明:定理 1.4 的证明中作出的 Ω,实际上是 F 的一个代数扩张.

7. (王湘浩) 对 F 上代数闭包的存在性做如下的论证:对于 $F[X]$ 中首系数为 1 的任意多项式

$$f(X)=X^n-af_1X^{n-1}+\cdots+(-1)^n af_n$$

令符号 $X_{f_1},\cdots,X_{f_n}$ 与它对应,又令 $\sigma_{f_1},\cdots,\sigma_{f_n}$ 是 $X_{f_1},\cdots,X_{f_n}$ 的 n 个初等对称函数,设 $S_f=\{X_{f_1},\cdots,X_{f_n}\}$,$S=\bigcup\limits_f S_f$. 在多项式环 $F[S]$ 中,以 I 记由 $\bigcup\limits_f\{\sigma_{f_1}-a_{f_1},\cdots,\sigma_{f_n}-a_{f_n}\}$ 在 $F[S]$ 中生成的理想. 类似于定理 1.4 的证法,得出 F 的一个扩张 $\hat{F}$,它是 F 的一个代数闭包.

8. 设 F 的特征为 $p\neq 0$,x,y 是 F 上两个代数无关元. 证明

$$[F(x,y):F(x^p,y^p)]=p^2$$

并且 $F(x,y)/F(x^p,y^p)$ 有无限多个中间域.

9. 设 $K=F(X)$. 求关于 $F-$ 自同构集

$$\{\tau:X\to 1-X;\rho:X\to 1/X\}$$

的稳定域,以及扩张次数 $[K:F]$. 其次,证明:有理式

① 另一种证法见文献[7].

$$(X^2-X+1)^3/(X^2-X)^2 \in E$$

并从而求出 X 在 E 上的极小多项式.

10. 证明:K/F 成为纯不可分扩张,当且仅当存在一个只含纯不可分元素的集 S,使得 $K=F(S)$.

11. 设 F 的特征为 $p\neq 0$. 若元素 α 关于 $F(\alpha^p)$ 是一个可分元,则有

$$\alpha \in F(\alpha^p)$$

12. 求 X^4-2 在 $\bar{\mathbf{Z}}_5=\mathbf{Z}/(5)$ 上的分裂域.

13. 证明:X^3+X+1 在 $\bar{\mathbf{Z}}_2=\mathbf{Z}/(2)$ 上是不可约的,并求出它在 $\bar{\mathbf{Z}}_2$ 上的分裂域.

14. (Artin-Quigley). 设 K 是 $\mathbf{Q}$ 上的代数闭扩张,$\alpha\in K\backslash\mathbf{Q}$. 令 M 是 K 中不包含 α 的极大子域(按包含关系). 证明:

(1) K/M 是代数扩张,若 M 不是完备域,则 K/M 是纯不可分扩张;

(2) 存在某个素数 p,使得对于 M 上任何一个有限正规扩张 N,$[N:M]$ 都是 p 的幂数;

(3) $[M(\alpha):M]=p$,$M(\alpha)/M$ 是正规扩张,此处 p 是(2)中所给出的素数.

15. 设 F 的特征为 $p\neq 0$. 证明:X^p-X-a 在 F 上可约,当且仅当存在某个 $u\in F$,使得 $a=u^p-u$.

16. 利用上一题的结果证明:若在 F 上有一个 p 次循环扩张 K_1,于是,对于每个自然数 n,总有扩张列

$$F\subseteq K_1\subseteq\cdots\subseteq K_n$$

使得 K_j/K_{j-1} 是 p 次循环扩张,$j=2,\cdots,n$.

17. 设 F 的特征为 $p\neq 0$,$K=F(u)$ 是 F 上的 p 次循环扩张. 证明:K 中元素 α 满足形式如

$$X^p-X-c=0,c\in F$$

的方程,当且仅当 $\alpha=lu+b$,此处 l 是整数,$b\in F$.

18. 设 F 的特征与 p 互素,或者为 0,F 中含有 p 次本原单位根 ζ. $K=F(u)$ 是 F 上的 p 次循环扩张. 证明:K 中元素 α 满足 F 上的纯方程,当且仅当 $\alpha=bu^l$,此处 l 是整数,$b\in F$.

19. 设 $|F|=q$,$f(X)\in F[X]$ 是不可约多项式. 证明:$f(X)\mid X^{q^n}-X$,当且仅当 $\deg f(X)\mid n$.

第二章 方程的 Galois 理论

用根式求解高次代数方程的问题是 Galois 理论产生的源泉. 在本章中,我们把上一章所介绍的有关 Galois 扩张的理论应用于这一古典问题. 我们将给出代数方程可用根式求解的一个群论的刻画,从而阐明为什么一般的高次方程不能用根式来求解.

2.1 多项式的 Galois 群

设 $f(X)$ 是域 F 上的多项式,K 是 $f(X)$ 关于 F 的一个分裂域. 所谓多项式 $f(X)$ 在 F 上的 Galois 群,或者方程 $f(X)=0$ 在 F 上的 Galois 群,是指自同构群 $\mathrm{Aut}(K/F)$. 这个定义并不依赖于分裂域 K 的选择,这由 1.5 节的命题 2 可以认知.

定理 2.1 设 G 是 $f(X)\in F[X]$ 在 F 上的 Galois 群. 于是有:

(ⅰ) G 同构于某个对称群 $\mathfrak{S}_n$ 的子群;

(ⅱ) 若 $f(X)$ 无重因式,则 $f(X)$ 在 F 上不可约,当且仅当 G 同构于 $\mathfrak{S}_n$ 的一个传递子群. 又当 $f(X)$ 在 F 上为不可约时,有 $\deg f(X)\mid |G|$.

证明 设 $u_1,\cdots,u_n$ 是 $f(X)=0$ 在某个分裂域 K 中全部相异的根. 每个 $\tau\in\mathrm{Aut}(K/F)$ 都给出$\{u_1,\cdots,u_n\}$的一个唯一的置换. 这也可以作为$\{1,2,\cdots,n\}$的一个置换,记为 s_τ. 于是 $\tau\to s_\tau$ 就是一个从 G 到 $\mathfrak{S}_n$ 内的单一同态,即(ⅰ)成立.

现在来看(ⅱ). 此时 $K=F(u_1,\cdots,u_n)$ 是 F 上的 Galois 扩张，$[K:F]=|G|$. 对于 $i\neq j$，由 $f(X)$ 在 F 上的不可约性，$u_i\rightarrow u_j$ 给出 $F(u_i)$ 与 $F(u_j)$ 间的一个同构. 这个同构可拓展成 K 的一个 $F-$自同构. 因此，G 同构于 $\mathfrak{S}_n$ 的一个传递子群. 在当前的所设下，又有 $\deg f(X)=[F(u_i):F]$，后者能整除 $[K:F]=|G|$. 因此，$\deg f(X)\mid|G|$.

反之，设 G 同构于 $\mathfrak{S}_n$ 的一个传递子群. 令 $p(X)$ 是 $f(X)$ 在 F 上的一个不可约因式，且有 $p(u_j)=0$. 对于任何 $u_j,j=2,\cdots,n$，必有 $\tau\in G$，使得 $\tau(u_1)=u_j$. 因此 $p(u_j)=p(\tau(u_1))=\tau(p(u_1))=0$，即 $f(X)=0$ 的每个根都是 $p(X)=0$ 的根，故 $f(X)$ 在 F 上不可约. 这就证明了(ⅱ). ■

根据这个定理，可以把 $f(X)$ 在 F 上的 Galois 群等同于某个对称群的子群，也即 $f(X)=0$ 的根的置换群. 以下来考虑在 F 扩张后，$f(X)$ 的 Galois 群将有何变化.

定理 2.2 设 $f(X)\in F[X]$，E 是 F 上的一个扩张. 于是，$f(X)$ 在 E 上的 Galois 群 H 同构于 $f(X)$ 在 F 上的 Galois 群 G 的一个子群. 若 K,L 分别是 $f(X)$ 在 F,E 上的分裂域，且 $K\subseteq L$，则有 $[L:E]\mid[K:F]$.

证明 设 $f(X)=0$ 在 L 内的根为 $u_1,\cdots,u_n$. 于是有

$$L=E(u_1,\cdots,u_n),K=F(u_1,\cdots,u_n)$$

由定理 2.1，H 与 G 都可以作为 $\{u_1,\cdots,u_n\}$ 的置换群. 取 $\tau\in H$. 令

$$\theta:\tau\rightarrow\tau|_K$$

由于 K/F 是正规的，所以 $\theta(\tau)$ 是 K 的一个 $F-$自同构，因而 θ 就是从 H 到 G 的一个同态. 若 $\tau|_K$ 是 K 的恒同自同构，则使每个 u_j 不变. 此时 τ 也使 L 的每个元不变，即 τ 是 H 中的单位元 ι. 这证明了 θ 是单的，从而 H 同构于 G 的一个子群.

在所设的条件下，L/E 和 K/F 是 Galois 扩张. 按 1.7 节命题 2，$|H|=[L:E]$，$|G|=[K:F]$，故又有 $[L:E]\mid[K:F]$. ■

例 1 设 $f(X)=X^n-1\in\mathbf{Q}[X]$，$F$ 是 $\mathbf{Q}$ 上任一扩张. $f(X)$ 在 $\mathbf{Q}$ 上的分裂域为分圆域 $\mathbf{Q}(\zeta)$，ζ 是 1 的 n 次本原根. $f(X)$ 在 F 上的分裂域是 $F(\zeta)$. 由 1.13 节知，$\mathrm{Aut}(\mathbf{Q}(\zeta)/\mathbf{Q})$ 是 Abel 群. 因此，作为它的子群，$f(X)$ 在 F 上的 Galois 群也是 Abel 群. 这说明 $F(\zeta)/F$ 是 Abel 扩张，其扩张次数是 $[\mathbf{Q}(\zeta):\mathbf{Q}]=\phi(n)$ 的一个因子.

定理 2.2 的后一断言在 K/F 不是 Galois 扩张的情形，并不一定成立. 例如，取 $\mathbf{Q}$ 的扩张 $E=\mathbf{Q}(\sqrt[3]{2})$，$K=\mathbf{Q}(\zeta\cdot\sqrt[3]{2})$，$\zeta$ 为 1 的三次本原根. 又令 $L=\mathbf{Q}(\sqrt[3]{2},\zeta)$. 此时 L/E 是 Galois 扩张，$[L:E]=2$. 但 $K/\mathbf{Q}$ 不是 Galois 扩张，$[K:\mathbf{Q}]=3$，显然 $[L:E]$ 不能整除 $[K:\mathbf{Q}]$.

上面已指出，可以把 $f(X)\in F[X]$ 在 F 上的 Galois 群 G 直接作为某个 $\mathfrak{S}_n$

的子群. 我们知道,$\mathfrak{S}_n$ 中的所有偶置换组成一个指标为 2 的正规子群,即交错群 $\mathfrak{A}_n$. 此时 $G \cap \mathfrak{A}_n$ 是 G 的一个正规子群,它在 G 内的指数只能是 1 或 2.

命题 1 设 F 的特征不等于 2. $f(X) \in F[X]$ 是一个无重因式的多项式,K 是它的分裂域. 若 $f(X)=0$ 在 K 内的根为 $u_1,\cdots,u_n$, $G=\mathrm{Aut}(K/F)$,则 $G \cap \mathfrak{A}_n$ 的稳定域是 $F(\Delta)$,这里

$$\Delta = \prod_{i}^{n}\prod_{i<j}^{n}(u_i-u_j)=(u_1-u_2)(u_2-u_3)\cdots(u_{n-1}-u_n) \qquad (2.1.1)$$

证明 首先,$G \cap \mathfrak{A}_n$ 的稳定域 E 包含 F 与 Δ,因此 $E \supseteq F(\Delta)$. 在所设条件下,按定理 1.12,有 $[E:F]=(G:G\cap\mathfrak{A}_n)$,即 $[E:F]=1,2$. 设 $[E:F]=2$. 取 G 中任何一个奇置换 τ,易见 $\tau(\Delta)=-\Delta$. 因此

$$F \subsetneqq F(\Delta) \subseteq E$$

从而 $E=F(\Delta)$. ■

我们称 $\delta=\Delta^2$ 为多项式 $f(X)$,或者方程 $f(X)=0$ 的判别式(F 的特征不等于 2). 如果 $f(X)$ 又是不可约的,那么它与(1.11.3)所介绍过的概念是一致的.

推论 所设如前,$f(X)$ 在 F 上的 Galois 群 G 是交错群 $\mathfrak{A}_n$ 的子群,当且仅当 $f(X)$ 的判别式是 F 中的平方元. ■

以下我们来考虑三次及四次多项式的 Galois 群. 为方便起见,设域的特征不等于 2,3. 此时三次多项式

$$f(X)=X^3+bX^2+cX+d \in F[X]$$

总可变形如

$$X^3+pX+q$$

的形式.

引理 1 设 F 如上,若 $f(X)=X^3+pX+q$ 无重因式,则它的判别式等于 $-4p^3-27q^2$.

证明 设 $f(X)=0$ 的某个分裂域内的三个根为 u_1,u_2,u_3. 于是有

$$u_i^3=-pu_i-q, i=1,2,3$$
$$u_1+u_2+u_3=0$$
$$u_1u_2+u_1u_3+u_2u_3=p$$
$$-u_1u_2u_3=q$$

它的判别式是 $\Delta^2=(u_1-u_2)^2(u_1-u_3)^2(u_2+u_3)^2$. 经计算,即可得到 $\Delta^2=-4p^3-27q^2$. ■

由于 $\mathfrak{S}_3$ 的传递子群只有 $\mathfrak{S}_3$ 和 $\mathfrak{A}_3$,故对于三次不可约的 $f(X)$,可根据其判别式来确定 Galois 群是 $\mathfrak{S}_3$ 或 $\mathfrak{A}_3$.

例 2 $f(X)=X^3+3X^2-X-1 \in \mathbf{Q}[X]$. 令 $g(X)=f(X-1)=X^3-4X+2$. 据 Eisenstein 判别法,这个多项式在 $\mathbf{Q}$ 上是不可约的,从而 $f(X)=0$ 只

有单根,设为u_1,u_2,u_3. 此时u_1+1,u_2+1,u_3+1是$g(X)=0$的根. 因此,$g(X)$与$f(X)$有相同的判别式. 据引理1,这个判别式等于148. 由命题1的推论,$f(X)$在$\mathbf{Q}$上的Galois群是$\mathfrak{S}_3$,而在$\mathbf{R}$上的Galois群就成为$\mathscr{U}_3$.

现在$f(X)\in F[X]$是一个四次多项式. 在讨论它的Galois群之前,先来作一个三次式如下:设u_1,u_2,u_3,u_4是$f(X)=0$的四个根. 令

$$\alpha=u_1u_2+u_3u_4$$
$$\beta=u_1u_3+u_2u_4$$
$$\gamma=u_1u_4+u_2u_3$$

作

$$h(X)=(X-\alpha)(X-\beta)(X-\gamma)$$

由于$h(X)$的系数是α,β,γ的初等对称函数,所以又是u_1,u_2,u_3,u_4的对称函数,因此属于F,即$h(X)\in F[X]$. 我们称$h(X)$是$f(X)$的三次预解式.

命题2 当四次式$f(X)$无重因式时,它的三次预解式$h(X)$也无重因式,$f(X)$与$h(X)$又有相同的判别式.

证明 在所做的假设下,若有$\alpha=\beta$,即$u_1u_2+u_3u_4=u_1u_3+u_2u_4$,则$u_1(u_2-u_3)=u_4(u_2-u_3)$. 由此导出$u_1=u_4$,或者$u_2=u_3$,矛盾. 命题的后一断言,由定义经直接验算即得. ■

以下仅就$f(X)$是四次不可约分多项式来讨论. 此时$h(X)$的分裂域为$E=F(\alpha,\beta,\gamma)$,它是F上的Galois扩张. 由α,β,γ的规定,知$\mathfrak{S}_4$中使E成为稳定域的子群是Klein四元群

$$\mathscr{B}_4=\{(1),(12)(34),(13)(24),(14)(23)\} \tag{2.1.2}$$

$\mathscr{B}_4$是$\mathfrak{S}_4$的正规子群,因此$G\cap\mathscr{B}_4$是G的正规子群. 由定理1.12,E/F的Galois群是$G/G\cap\mathscr{B}_4$. 另一方面,它又同构于$h(X)$在F上的Galois群,据定理2.1,也就是$\mathfrak{S}_3$的子群. 因此,$|G\cap\mathscr{B}_4|$只能是6,3,2,1. 但$|G|$应是4的倍数(由于$f(X)$不可约),故$|G|$只能是24,12,8与4. 所以$|G/G\cap\mathscr{B}_4|=6$只有在$G=\mathscr{B}_4$时才出现. 至于$|G/G\cap\mathscr{B}_4|=3,1$,则分别对应于$G=\mathscr{U}_4$,$G=\mathscr{B}_4$. 此外,若$h(X)$在$F$上不可约,其Galois群的阶应被3整除. 因此,$|G/G\cap\mathscr{B}_4|$只能是6与3. 又如果其判别式不是F中的平方,那么群的阶为6,此时$G=\mathscr{B}_4$. 否则,当判别式为F中的平方时,则$|G/G\cap\mathscr{B}_4|=3$,此时$G=\mathscr{U}_4$. 归结以上的讨论,即有:

命题3 设$f(X)$是F上四次不可约的可分多项式,G是它在F上的Galois群,$h(X)$是它的三次预解式,E是$h(X)$的分裂域. 于是:

(i) $G=\mathfrak{S}_4$,当且仅当$[E:F]=6$,或者$h(X)$在F上不可约,且判别式不是F中的平方;

(ⅱ) $G=\mathscr{U}_4$，当且仅当$[E:F]=3$，或者 $h(X)$ 在 F 上不可约，且判别式是 F 中的平方；

(ⅲ) $G=\mathscr{B}_4$，当且仅当$[E:F]=1$. ■

还剩下一种情形，就是$[E:F]=|G/G\cap\mathscr{B}_4|=2$. 设 $|G|=4$，$|G\cap\mathscr{B}_4|=2$. 此时 G 只能是以下三种传递子群之一

$$\{(1),(1234),(13)(24),(1432)\}$$
$$\{(1),(1324),(12)(34),(1423)\}$$
$$\{(1),(1342),(14)(23),(1243)\} \tag{2.1.3}$$

$G\cap\mathscr{B}_4$ 分别是$\{(1),(13)(24)\}$，$\{(1),(12)(34)\}$，$\{(1),(14)(23)\}$，它们都不是 $\mathfrak{S}_4$ 的传递子群. 若 G 是(2.1.3)中的第一个子群，则 $f(X)$ 在 E 上可分解为因式$(X-u_1)(X-u_3)$与$(X-u_2)(X-u_4)$之积. 对于 G 是其他两个子群时，$f(X)$ 在 E 上也有相应的分解. 反之，若 $f(X)$ 在 E 上能分解，则 $G\cap\mathscr{B}_4$ 的阶必然是 2，从而 $|G|=4$，此时 G 应是(2.1.3)中的一个.

其次，设 $|G|=8$，$|G\cap\mathscr{B}_4|=|\mathscr{B}_4|=4$. 此时 G 是包含 $\mathscr{B}_4$ 在内的一个 8 阶传递子群. 在 $\mathscr{B}_4$ 中，它只能是下列之一

$$\{(1),(24),(1234),(13)(24),(13),(1432),(12)(34),(14)(23)\}$$
$$\{(1),(23),(1243),(14)(23),(14),(1342),(12)(34),(13)(24)\}$$
$$\{(1),(34),(1324),(12)(34),(12),(1423),(13)(24),(14)(23)\} \tag{2.1.4}$$

不论 G 取(2.1.4)中的哪一个，都有 $G\supsetneq\mathscr{B}_4$，即 $f(X)$ 在 E 上的 Galois 群为传递子群 $\mathscr{B}_4$. 因此，$f(X)$ 在 E 上是不可约的. 反之，若 $f(X)$ 在 E 上不可约，则 G 只能是(2.1.4)中的一个.

命题 4 所设同命题 3，并且$[E:F]=2$. 于是有：

(ⅰ) G 取(2.1.3)中的一个，当且仅当 $f(X)$ 在 E 上能分解为二次因式之积；

(ⅱ) G 取(2.1.4)中的一个，当且仅当 $f(X)$ 在 E 上是不可约的. ■

例 3 多项式 $X^4-2\in\mathbf{Q}[X]$ 是可分多项式，又由 Eisenstein 判别定理，它在 $\mathbf{Q}$ 上是不可约的. 它在分裂域内的四个零点为

$$u_1=\sqrt[4]{2},u_2=-\sqrt[4]{2},u_3=\mathrm{i}\sqrt[4]{2},u_4=-\mathrm{i}\sqrt[4]{2}$$

它的三次预解式是

$$X^3+8X=X(X+2\sqrt{2}\mathrm{i})(X-2\sqrt{2}\mathrm{i})$$

因此，这属于$[E:F]=|G/G\cap\mathscr{B}_4|=2$ 的情形. 由于$\alpha=u_1u_2+u_3u_4=0$，故在(2.1.4)中，子群

$$\{(1),(34),(1324),(12)(34),(12),(1423),(13)(24),(14)(23)\}$$
是 X^4-2 在 $\mathbf{Q}$ 上的 Galois 群 G.

例 4　$X^4-2X+2\in\mathbf{Q}[X]$. 由 Eisenstein 判别定理,它在 $\mathbf{Q}$ 上是不可约的. 它的三次预解式经计算为 X^3-8X-4. 不难验知,后者在 $\mathbf{Q}$ 上也是不可约的. 故由命题 3,原多项式在 $\mathbf{Q}$ 上的 Galois 群只能是 $\mathfrak{S}_4$ 或者 $\mathscr{U}_4$. 要确定究竟是哪一个,可以通过判别式来决定. 经计算,判别式 $\delta=1\,616$. 它在 $\mathbf{Q}$ 内不是一个平方,因此 X^4-2X+2 的 Galois 群是 $\mathfrak{S}_4$.

2.2　根式扩张,Galois 定理

所谓代数方程可用根式求解,是指方程的根可以通过有限次的四则运算和开方而得到. 为了使问题表达成域论的形式,我们先给出以下的定义:

定义 2.1　设 K 是域 F 的一个有限扩张. 若 $K=F(u_1,\cdots,u_m)$,其中 $u_1^{n_1}\in F$,以及 $u_j^{n_j}\in F(u_1,\cdots,u_{j-1})$,$2\leqslant j\leqslant m$,就称 K 是 F 上的一个根式扩张,或者 K/F 是根式扩张.

上述定义指出,根式扩张是经逐次添加纯方程的根而得到的扩域. 对于 F 上的 $n(>1)$ 次多项式 $f(X)$,令 E 是它在 F 上的一个分裂域. 方程 $f(X)=0$ 是否有根式解的问题,等价于是否存在 F 的一个根式扩张 K,使得 $F\subsetneqq E\subseteq K$ 成立. 使用这种表述,通过 Galois 理论就可以把方程用根式求解的问题演化成一个群论问题,从而回答了为什么高次代数方程不能用根式来解. 本节的主要结论是:

定理 2.3(Galois)　设 $f(X)\in F[X]$,$\deg f(X)=n>1$,又设 F 的特征 p 不能整除 $n!$(在 F 的特征为 0 时,此一假设自然成立). 于是,$f(X)=0$ 可用根式求解的必要充分条件是,$f(X)$ 在 F 上的 Galois 群为可解群.

为论证的方便起见,先把有关的群论知识列举如下:

设 G 是有限群. 若 G 有一个子群列

$$G=H_0\supsetneqq H_1\supsetneqq\cdots\supsetneqq H_m=\{\iota\}\qquad(2.2.1)$$

其中每个 H_j 都是 H_{j-1} 的正规子群,且因子群 H_{j-1}/H_j 都是 Abel 群,$1\leqslant j\leqslant m$,则称(2.2.1) 是 G 的一个**可解列**;有可解列的群称为**可解群**. G 成为可解群,当且仅当 G 有一个如(2.2.1) 的子群列,其中每个 H_j 都是 H_{j-1} 的正规子群,且 H_{j-1}/H_j 都是素数阶的循环群.

可解群的子群与同态象都是可解群. 设 H 是 G 的一个正规子群. 若 H 与 G/H 都是可解群,则 G 也是可解群.

对于定理 2.3 的证明,分两步进行. 先证其必要性.

设 E 是 $f(X)$ 的一个分裂域. 按所设,存在 F 上的一个根式扩张 K,使得 $F \subsetneqq E \subseteq K$. K/F 不一定是正规的,我们作 K 在 F 上的正规闭包 N.

引理 1 若 K/F 是根式扩张,N 是 K/F 的正规闭包,则 N/F 也是根式扩张.

证明 首先,从定义立即可知,若 K 与 K' 是互为 $F-$ 同构的两个域,则 K/F 成为根式扩张与 K'/F 成为根式扩张是等价的. 又当 $K_1=F(u_1,\cdots,u_m)$ 与 $K_2=F(v_1,\cdots,v_l)$ 都是根式扩张时,它们的合成(在某个共同的扩域内)$K_1 \cdot K_2=F(u_1,\cdots,u_m;v_1,\cdots,v_l)$ 自然也是 F 上的根式扩张.

设 $\{w_1,\cdots,w_n\}$ 是 K/F 的一个基,$m_j(X)$ 是 w_j 在 F 上的极小多项式,$j=1,\cdots,n$. 于是 N 就是 $g(X)=m_1(X)\cdots m_n(X)$ 的分裂域. 对于 $g(X)=0$ 的任何一个根 α,必有某个 w_j,使得由

$$w_j \to \alpha, w_i \to w_i \quad (i \neq j)$$

可定义出 $F(w_j)$ 与 $F(\alpha)$ 间的一个 $F-$ 同构;再按定理1.9 的推论,它又可以拓展成 N 的 $F-$ 自同构(个数可多于 1). 反之,N 的任何一个 $F-$ 自同构必可经这种方式得出. 现在令 $\tau_1=\iota,\tau_2,\cdots,\tau_s$ 是 N 的全部 $F-$ 自同构,又令 $K_i=\tau_i(K)$. 于是合成 $K_1\cdots K_s$ 是 N 的一个子域. 但 $g(X)=0$ 的任何一个根 α 必在某个 K_j 之内,因此有 $N=K_1\cdot K_2\cdot\cdots\cdot K_s$.

根据我们在证明开始时所指出的事实,即知 N/F 是一个根式扩张. ■

基于这个引理,我们可以把 K/F 作为正规根式扩张,但它还不一定是 Galois 扩张. 若取 $\mathrm{Aut}(K/F)$ 的稳定域 F_1,那么 K/F_1 是 Galois 扩张,且有 $\mathrm{Aut}(K/F_1)=\mathrm{Aut}(K/F)$,以及 K/F_1 是根式扩张. 因此,不妨设 K/F 是 Galois 根式扩张.

对于每个 $\tau \in A(K/F)$,映射 $\tau \to \tau|_E$ 给出一个从 $\mathrm{Aut}(K/F)$ 到 $\mathrm{Aut}(E/F)$ 的同态. 由于 $\mathrm{Aut}(E/F)$ 的每个元都可拓展成 K 的 $F-$ 自同构,因此,上面确定的同态又是满射的. 根据前面提到的有关群的知识,当 $\mathrm{Aut}(K/F)$ 是可解群时,$\mathrm{Aut}(E/F)$ 也是可解群. 这就使得问题演化成为证明 Galois 根式扩张 K/F 的 Galois 群 $\mathrm{Aut}(K/F)$ 是可解群.

根式扩张 K/F 的次数$[K:F]$可能含有特征$p(\neq 0)$ 的因子. 但我们可以进一步把问题演化成为$p \nmid [K:F]$ 的情形. 令 $K=F(u_1,\cdots,u_m)$,以及 $u_j^{n_j} \in F(u_1,\cdots,u_{j-1})$. 若 $n_j=p^r n'_j$,$(n'_j,p)=1$,则 $u_j^{n'_j}$ 是 $F(u_1,\cdots,u_{j-1})$ 上的纯不可分元. 按 K/F 是 Galois 扩张,$K/F(u_1,\cdots,u_{j-1})$ 是可分的,故应有 $u_j^{n'_j} \in F(u_1,\cdots,u_{j-1})$. 这就证明了,如果某个 n_j 含有 p 的因子,在所设 K/F 是 Galois 扩张的前提下,从 n_j 中去掉 p 的因子,将不会对根式扩张有所影响. 因此,我们不妨设 F 的特征 p 不整除$[K:F]$. 这种情形下,1.13 节的命题 1 可以有如下的改进:

引理 2 设 F 包含 1 的 n 次本原根 ζ，K/F 是 n 次代数扩张. K/F 成为循环扩张，当且仅当 K 由添加某个 n 次纯方程的根而得.

证明 设 $K=F(u)$，其中 $u^n=a\in F$. 于是，方程 $X^n=a$ 在 K 中有 n 个相异的根 $u,\zeta u,\cdots,\zeta^{n-1}u$. K 的 F — 自同构显然是由

$$\tau: u\to\zeta^i u$$

所确定. 因此，$\tau\to\zeta^i$ 给出一个从 $\mathrm{Aut}(K/F)$ 到由 ζ 所生成的 n 阶循环群的同构，从而 K/F 是一个循环扩张.

反之，设 K/F 是 n 次循环扩张，其 Galois 群由 τ 生成. 对于任何 $x\in K$，作 Lagrange 预解式

$$u=x+\tau(x)\zeta^{-1}+\cdots+\tau^{n-1}(x)\zeta^{1-n} \tag{2.2.2}$$

按 1.6 节命题 1，必有某个 x，使得上式不等于 0. 以 τ 作用于(2.2.2)，即得

$$\tau(u)=\zeta u \tag{2.2.3}$$

从上式可得 $u^n=a\in F$. 又从(2.2.3)知，方程 $X^n=a$ 在 K 中有 n 个相异的共轭解. 因此 u 在 F 上极小多项式的次数是 n. 从 $F\subseteq F(u)\subseteq K$，得 $K=F(u)$，换言之，K/F 是 n 次根式扩张，由添加 n 次纯方程的根而得. ■

为了得到定理 2.3 的必要性部分，先来证明一个稍一般的命题.

命题 1 设 K/F 是 Galois 根式扩张. 于是它的 Galois 群 $G=\mathrm{Aut}(K/F)$ 是一个可解群.

证明 根据在引理 2 之前所做的推演，我们不妨设 F 的特征 p 不整除 $[K:F]=n$(包括特征为 0 的情形). 令 $K=F(u_1,\cdots,u_m)$，并且 u_j 关于 $F(u_1,\cdots,u_{j-1})$ 的次数是 n_j，$j=2,\cdots,m$. 此时 $n=n_1,\cdots,n_m$.

设 ζ 是 1 的 n 次本原根. 现在分两种情形来讨论：

(1)$\zeta\in F$. 此时 1 的 n_j 次本原根也同样属于 F，$j=1,\cdots,m$. 令 $E_j=F(u_1,\cdots,u_j)$，$j=1,\cdots,m-1$，$E_m=K$. G 中与 E_j 相对应的子群设为 H_j. 于是得到 G 的一个子群列(2.2.1). 在当前所设下，按引理 2，E_j 是 E_{j-1} 上的 n_j 次循环扩张. 从 Galois 理论的基本定理，以及 H_j 是 H_{j-1} 的正规子群，H_{j-1}/H_j 是循环群这些事实，就知道 G 的这个子群列是可解的，换言之，G 是可解群.

(2)$\zeta\notin F$. 以 ζ 添入 F，得 $F(\zeta)$ 与 $K(\zeta)$，如图 1 所示. 扩张 $K(\zeta)/F$ 是 F 上一组多项式的分裂域. 因此是正规扩张. 另一方面，$K(\zeta)/K$ 是 Abel 扩张(定理1.18)，K/F 是 Galois 扩张，故 $K(\zeta)/F$ 是可分的. 再按定理 1.11，$K(\zeta)/F$ 就是一个 Galois 扩张，从而 $K(\zeta)/F(\zeta)$ 也是 Galois 根式扩张. 另外，从 K/F 是根式扩张，易知 $K(\zeta)/F(\zeta)$ 也是根式扩张. 这证明了 $K(\zeta)/F(\zeta)$ 属于(1) 中所讨论的情形，故 $\mathrm{Aut}(K(\zeta)/F(\zeta))$ 是可解群. 从定理 1.12，有

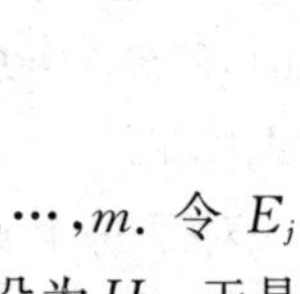

图 1

$$\mathrm{Aut}(K(\zeta)/F)/\mathrm{Aut}(K(\zeta)/F(\zeta))\simeq\mathrm{Aut}(F(\zeta)/F)$$

其中右边的 $\mathrm{Aut}(F(\zeta)/F)$ 是 Abel 群. 根据前面所列举的有关群论的事实,可知 $\mathrm{Aut}(K(\zeta)/F)$ 是可解群. 另一方面,从图 1 的右侧,知有

$$\mathrm{Aut}(K(\zeta)/F)/\mathrm{Aut}(K(\zeta)/K) \simeq \mathrm{Aut}(K/F) = G$$

作为 $\mathrm{Aut}(K(\zeta)/F)$ 的同态象,G 也是可解群. ■

从这个命题,立即可以得出定理 2.3 的必要性部分. 因为前面已指出,$\mathrm{Aut}(E/F)$ 是 $\mathrm{Aut}(K/F)$ 的一个同态象. 还应当注意到,必要性的证明并不依赖于前面所设 $p \nmid n!$. 为了证明定理的充分性先证以下的命题:

命题 2 设 $f(X)$ 在 F 上的 Galois 群 G 是可解群,$p \nmid |G|$,p 是 F 的特征. 于是方程 $f(X)=0$ 可用根式求解.

证明 设 E 是 $f(X)$ 在 F 上的分裂域,此时 $G=\mathrm{Aut}(E/F)$. 若 E/F 不是 Galois 扩张,则可取 F 是 E 内的可分闭包 E_S. 此时 E_S/F 是 Galois 扩张,并且

$$\mathrm{Aut}(E_S/F) = \mathrm{Aut}(E/F) = G$$

纯不可分扩张 E/E_S 是根式扩张

$$E = E_S(v,\cdots,v_l)$$

因此,如果对 Galois 扩张证明了命题,即存在一个根式扩张 K_1,使得 $F \subsetneqq E_S \subseteq K_1$,可以取 $K=K_1(v,\cdots,v_l)$. 它是 F 的一个根式扩张,且满足 $F \subsetneqq E \subseteq K$,即命题对 E/F 也同样成立.

概括上面的论证,我们不妨设 $f(X)$ 在 F 上的分裂域 E 是 Galois 扩张,并且 $p \nmid [E:F] = |G| = g$.

设 ζ 是 1 的 g 次本原根. 如在命题 1 的证明中所知,$E(\zeta)/F$ 是 Galois 扩张. 在它的 Galois 群中,令 H 是与 $F(\zeta)$ 相对应的子群,即 $E(\zeta)/F(\zeta)$ 是以 H 为 Galois 群的 Galois 扩张,而且,$E(\zeta)$ 又是 $f(X)$ 在 $F(\zeta)$ 上的分裂域. 因此,H 是 $f(X)$ 在 $F(\zeta)$ 上的 Galois 群. 按定理 2.2,H 同构于 G 的一个子群,因而 H 是可解群. 令

$$H = H_0 \supsetneqq H_1 \supsetneqq \cdots \supsetneqq H_m = \{\iota\}$$

是一个可解列,其中每个 H_{j-1}/H_j 都是素数阶的循环群,据定理 1.12 在 $E(\zeta)$ 中有一个相对应的子域列

$$F(\zeta) \subsetneqq E_1 \subsetneqq \cdots \subsetneqq E_m = E(\zeta) \tag{2.2.4}$$

其中每个 E_j/E_{j-1} 都是素数次的循环扩张. 据引理 2,它们都是根式扩张. 分圆扩张 $F(\zeta)/F$ 自然是根式扩张,因此,$E(\zeta)/F$ 是根式扩张,同时又有 $F \subsetneqq E \subseteq E(\zeta)$. 这就证明了 $f(X)=0$ 在 F 上可用根式求解. ■

在得到命题 2 之后,定理 2.3 的充分部分就接近证明了. 因为余下有待于证明的是从 $p \nmid n$ 得出 $p \nmid |G|$. 在定理的所设下,$f(X)$ 无重因式,因此,它的不可约因式都是可分多项式. 由此可知 $f(X)$ 在 F 上的分裂域 E 是 Galois 扩张,故有 $|G| = [E:F]$. 又从 $\deg f(X) = n$,得 $[E:F] \leqslant n!$,以及 $[E:F]$ 的因子只能来

自 $n,n-1,\cdots,1$(见习题 1.2). 这就证明了从 $p\nmid n!$ 可以得到 $p\nmid[E:F]=|G|$. 定理 2.3 的证明完成.

推论 若 F 的特征不等于 2,3,则 F 上任何三次或四次方程必可用根式求解.

证明 按定理 2.1,不妨设方程在 F 上的 Galois 群 G 是 $\mathfrak{S}_3$ 或 $\mathfrak{S}_4$ 的子群. 因此,只需考虑 $\mathfrak{S}_3$ 与 $\mathfrak{S}_4$. 易知

$$\mathfrak{S}_3 \supsetneqq \mathscr{U}_3 \supsetneqq (1)$$

与

$$\mathfrak{S}_4 \supsetneqq \mathscr{U}_4 \supsetneqq \mathscr{B}_4 \supsetneqq \mathfrak{Z}_2 \supsetneqq (1)$$

分别是 $\mathfrak{S}_3$ 与 $\mathfrak{S}_4$ 的可解列,其中 $\mathfrak{Z}_2$ 可以是下列

$$\{(1),(12)(34)\},\{(1),(13)(24)\},\{(1),(14)(23)\}$$

中的任何一个. 这证明了 $\mathfrak{S}_3$ 与 $\mathfrak{S}_4$ 都是可解群,从而它们的子群也是可解群. 由定理即知推论成立. ■

例 考虑 2.1 节的例 3:$X^4-2\in\mathbf{Q}[X]$. 它的 Galois 群 G 由(2.1.4)给出. G 有一个可解列如下

$$G\supsetneqq \mathscr{B}_4 \supsetneqq \{(1),(13)(24)\} \supsetneqq (1) \tag{2.2.5}$$

$\mathscr{B}_4$ 的稳定域是 $\mathbf{Q}(\sqrt{2}\mathrm{i})$,$\{(1),(13)(24)\}$ 的稳定域是 $\mathbf{Q}((1+\mathrm{i})\sqrt[4]{2})$,而 X^4-2 的分裂域是 $\mathbf{Q}(\mathrm{i},\sqrt[4]{2})$. 与(2.2.5) 相对应的是

$$\mathbf{Q}\subsetneqq \mathbf{Q}(\sqrt{2}\mathrm{i}) \subsetneqq \mathbf{Q}((1+\mathrm{i})\sqrt[4]{2}) \subsetneqq \mathbf{Q}(\mathrm{i},\sqrt[4]{2})$$

易知,这是一个由根式扩张所构成的列. X^4-2 的分裂域 $E=\mathbf{Q}(\mathrm{i},\sqrt[4]{2})$ 关于 $\mathbf{Q}$ 的扩张次数是 $[E:\mathbf{Q}]=|G|=8$.

2.3 n 次一般方程

所谓域 F 上的 n 次一般多项式,是指形式如

$$f_n(X)=X^n-t_1X^{n-1}+t_2X^{n-2}-\cdots+(-1)^n t_n \tag{2.3.1}$$

的多项式,其中 $t_1,\cdots,t_n$ 是 F 上 n 个未定元. 方程 $f_n(X)=0$ 就称作 F 上的 **n 次一般方程**. 本节的第一个课题是研究方程 $f_n(X)=0$ 有根式解的问题.

设 K 是 $f_n(X)$ 在 F 上的一个分裂域,$u_1,\cdots,u_n$ 是它的零点. 由于 t_j 是 F 上的未定元,所以 u_i 都不属于 F,即 $f_n(X)$ 在 F 上是不可约的. 此时有

$$t_1=u_1+\cdots+u_n$$

$$t_2=\sum_{1\leqslant i<j\leqslant n}^{n} u_iu_j$$

$$\vdots$$

$$t_n = u_1 \cdots u_n$$

从而

$$F(t_1,\cdots,t_n) \subseteq K = F(u_1,\cdots,u_n)$$

$f_n(X)$ 在 $F(t_1,\cdots,t_n)$ 上的 Galois 群 G 按定义等于 $\mathrm{Aut}(K/F(t_1,\cdots,t_n))$.

命题1 F 上 n 次一般多项式(2.3.1)在系数域 $F(t_1,\cdots,t_n)$ 上的 Galois 群 $G\simeq\mathfrak{S}_n$.

证明 取 F 上的另一组未定元 $\{Y_1,\cdots,Y_n\}$. 以 $s_1,\cdots,s_n$ 记它们的 n 个初等对称函数. 映射

$$t_j \to s_j,\ j=1,\cdots,n$$

确定一个从 $F[t_1,\cdots,t_n]$ 到 $F[s_1,\cdots,s_n]$ 的环 F－同态 θ. 若有

$$g(t_1,\cdots,t_n)\to 0$$

即

$$g(s_1,\cdots,s_n) = g(s_1(Y_1,\cdots,Y_n),\cdots,s_n(Y_1,\cdots,Y_n)) = 0$$

以 u_i 代替 Y_i，则得

$$g(s_1(u_1,\cdots,u_n),\cdots,s_n(u_1,\cdots,u_n)) = g(t_1,\cdots,t_n) = 0$$

由于 t_i 是 F 上 n 个未定元，故 g 恒等于 0. 因此 θ 是单一的，从而是一个环同构. θ 可以拓展成为 $F(t_1,\cdots,t_n)$ 与 $F(s_1,\cdots,s_n)$ 间的 F－同构，仍记作 θ. 另一方面，θ 又可以拓展于多项式环

$$F(t_1,\cdots,t_n)[X]\to F(s_1,\cdots,s_n)[X]$$

此时有

$$f_n^{\theta}(X) = \theta(f_n(X)) = X^n - s_1X^{n-1} + \cdots + (-1)^n s_n$$

由于

$$X^n - s_1X^{n-1} + \cdots + (-1)^n s_n = (X-Y_1)\cdots(X-Y_n)$$

所以 $F(Y_1,\cdots,Y_n)$ 是 $f_n^{\theta}(X)$ 在 $F(s_1,\cdots,s_n)$ 上的分裂域. 根据 1.5 节命题 2，θ 可以拓展成 $K=F(u_1,\cdots,u_n)$ 与 $F(Y_1,\cdots,Y_n)$ 间的 F－同构，以 θ 记其中任何一个. 若 $\tau\in G$，则

$$\tau\to\theta\tau\theta^{-1}$$

给出 G 与 $\mathrm{Aut}(F(Y_1,\cdots,Y_n)/F(s_1,\cdots,s_n))$ 间的一个同构，因此有 $G\simeq\mathfrak{S}_n$. ■

定理 2.4 在 $n\geqslant 5$ 时，F 上 n 次一般方程不能有根式解.

证明 设 $f_n(X)$ 由(2.3.1)给出. 如果 $f_n(X)=0$ 可用根式求解，按 2.2 节命题 1，它在 $F(t_1,\cdots,t_n)$ 上的 Galois 群是可解群，即 $\mathfrak{S}_n$ 是可解群. 但在 $n\geqslant 5$ 时，$\mathfrak{A}_n$ 是非交换的单群，所以不是可解的. 再根据在 2.2 节开始时所提到的事实，$\mathfrak{S}_n$ 也不能是可解群，矛盾. ■

对于非一般方程，它的 Galois 群当然不一定是对称群. 即使在 $F=\mathbf{Q}$ 的情形下，要计算方程的 Galois 群也没有普遍性的方法. 就 $F=\mathbf{Q}$ 的情形，先给出一个

使得 Galois 群成为对称群的充分条件，在 2.5 节中再做进一步讨论.

命题 2 设 $f(X)\in\mathbf{Q}[X]$ 是 p 次不可约多项式，p 是素数. 若方程 $f(X)=0$ 恰有两个复数根，则 $f(X)$ 在 $\mathbf{Q}$ 上的 Galois 群是 $\mathfrak{S}_p$.

证明 首先，按定理 2.1，$f(X)$ 在 $\mathbf{Q}$ 上的 Galois 群 G 可作为 $\mathfrak{S}_p$ 的传递子群，并且 $p\mid |G|$. 设 $f(X)=0$ 的根是 $u_1,\cdots,u_p$，其中 u_1,u_2 是共轭复根，于是，对换 $(12)\in G$. 证明 G 包含每个对换. 为此，对集 $S=\{1,2,\cdots,p\}$ 规定一个关系"$\sim$". 令

$$i\sim j,\text{当且仅当 } i=j,\text{或者}(ij)\in G$$

不难验证，这是一个等价关系. 以 $\bar{i},\bar{j}$ 记 i,j 所在的等价类. 不同的等价类显然不相交. 设 $\bar{i}\neq\bar{j}$. 由于 G 的传递性，故有某个 $\tau\in G$，使得 $\tau(u_i)=u_j$. 令 $k\in S$，$k\neq i$ 以及 $\tau(u_k)=u_m$. 此时自然有 $m\neq j$. 于是，$k\in\bar{i}$ 当且仅当 $(ik)\in G$，后者又等价于 $\tau(ik)\tau^{-1}=(jm)\in G$，即 $m\in\bar{j}$. 这证明了，S 的每个等价类含相同个数的数字. 但 p 是一个素数，因此，S 只能有一个等价类，或者 p 个等价类. 后一种情形不会出现，因为此时每个等价类只含一个数字. 据命题所设，$(12)\in G$，即 $2\in\bar{1}$. 因此，每个对换 (ij) 都在 G 内，从而 $G=\mathfrak{S}_p$. ■

现在来看一个例子：

例 $f(X)=2X^5-5X^4+5$. 由 Eisenstein 判别法知，$f(X)$ 在 $\mathbf{Q}$ 上是不可约的. $f(X)=0$ 在 $\mathbf{R}$ 中有三个根. 这个事实可通过微积分的方法作出 $Y=f(X)$ 的图形而获得，或者由 Sturm 定理（见 7.2 节的例）而得知. 因此，$f(X)$ 在 $\mathbf{Q}$ 上的 Galois 群是 $\mathfrak{S}_5$. 按定理 2.3，$f(X)=0$ 不能用根式求解.

借助这个例子，有如下定理：

定理 2.5(Abel) 对于每个整数 $n\geqslant 5$，$\mathbf{Q}$ 上必有 n 次方程，它至少有一个根不能用根式解出.

证明 对于 $n=5$，已由上面的例子给出. 对于整数 $n=5+k$，只要取 $f(X)=X^k(2X^5-5X^4+5)$ 即可. ■

这个结果显然不够完善. 我们希望对于每个不小于 5 的整数 n 都存在以 $\mathfrak{S}_n$ 为其 Galois 群的 $\mathbf{Q}$ 上的方程 $f(X)=0$，此时方程的每个根都不能由根式来解. 为此目的，我们将在下一节介绍 Hilbert 的不可约性定理.

2.4 Hilbert 不可约性定理

设 $t_1,\cdots,t_n;X_1,\cdots,X_S$ 是域 F 上两组不同的未定元. 若 $f(t_1,\cdots,t_n;X_1,\cdots,X_S)\in F[t_1,\cdots,t_n;X_1,\cdots,X_S]$ 是不可约多项式，问是否存在某组 $(c_1,\cdots,c_n)\in F^{(n)}$，使得以 c_i 代替 t_i 时，$f(c_1,\cdots,c_n;X_1,\cdots,X_S)$ 成为 $F[X_1,\cdots,X_S]$ 中的不可

约多项式？Hilbert的不可约性定理，乃是就某一类域正面回答了这个问题．就我们的目的而言，只需讨论 $F=\mathbf{Q}$ 的情形．以下，我们将用到分析中的一些初等知识．

证明的关键部分在于 $n=s=1$ 的情形．设 $f(t,X)\in\mathbf{Q}[t,X]$ 是 $\mathbf{Q}$ 上不可约的二元多项式．首先，把它写成

$$f(t,X)=a_0(t)X^r+\cdots+a_r(t) \tag{2.4.1}$$

其中 $a_0(t)$ 不恒等于 0．若对于 $t=c$，有 $a_0(c)\neq 0$，以及

$$f(c,X)=a_0(c)X^r+\cdots+a_r(c)=0 \tag{2.4.2}$$

有 r 个互不相等的根（在 $\mathbf{C}$ 内），则称 c 是 $f(t,X)=0$ 的一个**正则值**．在 $f(t,X)$ 是不可约的假设下，通过除法算式不难知道，$f(t,X)$ 与它关于 X 的偏导式 $f'_X(t,X)$ 的最高公因式只能是仅含 t 的有理式，如 $p(t)/q(t)$．只要除去那些使分子、分母为 0 的有限多个 t 值外，对其他的 $t=c$，都使 $f(c,X)$ 与 $f'_X(c,X)$ 有非 0 的常数公因子，即 c 是正则值．

现在把 t 作为实数变元，若 c 是 $f(t,X)=0$ 的一个正则值，则在 c 的某一邻域内，$f(t,X)=0$ 的 r 个根可由 r 个在 c 处为解析的复函数 $x_1(t),\cdots,x_r(t)$ 所给出．通过变换 $i\to t-c$，可以把 c 取成 0；再由变换 $t\to 1/t$，可以取 c 为 ∞．此时只需对 $f(t,X)$ 乘以一个适当的 t^d，仍然可以得到 $\mathbf{Q}[t,X]$ 中一个不可约多项式．在下面命题 1 的证明过程中，我们将把 $f(t,X)=0$ 的一个正则值取为 $c=\infty$，此时在 ∞ 的某个邻域 $\|t\|>T_0$ 内，$f(t,X)=0$ 的根可由 r 个在 $t=\infty$ 处为解析的函数 $x_1(t),\cdots,x_r(t)$ 所给出，每个 $x_j(t)$ 都可表示成 t^{-1} 的分式幂级数．

我们先引述一条引理：

引理 1（H. A. Schwarz） 设 $c_0<c_1<\cdots<c_m$ 是 $m+1$ 个实数，$z(t)$ 是定义在闭区间 $[c_0,c_m]$ 上的一个 m 次可导的实变函数．于是在开区间 $[c_0,c_m]$ 内有某个实数 $\bar{c}$，使得

$$z^{(m)}(\bar{c})/m!\ =W_m/V_m \tag{2.4.3}$$

其中 $z^{(m)}(t)$ 是指 $z(t)$ 关于 t 的第 m 次导式，V_m 是指 Vandermonde 行列式

$$\det\begin{pmatrix}1&\cdots&1\\ c_0&\cdots&c_m\\ \vdots&&\vdots\\ c_0^m&\cdots&c_m^m\end{pmatrix}$$

$$W_m=\det\begin{pmatrix}1&\cdots&1\\ c_0&\cdots&c_m\\ \vdots&&\vdots\\ c_0^{m-1}&\cdots&c_m^{m-1}\\ z(c_0)&\cdots&z(c_m)\end{pmatrix} \tag{2.4.4}$$

证明 作辅助函数

$$\lambda(t)=\det\begin{pmatrix}1 & \cdots & 1 & 1\\ c_0 & \cdots & c_{m-1} & t\\ \vdots & & \vdots & \vdots\\ c_0^{m-1} & \cdots & c_{m-1}^{m-1} & t^{m-1}\\ z(c_0) & \cdots & z(c_{m-1}) & z(t)\end{pmatrix}$$

易知，当 $t=c_0,\cdots,c_{m-1}$ 时，$\lambda(t)=0$. 又对于某个适当的常数 k，可使得

$$f(t)=\lambda(t)-k(t-c_0)\cdots(t-c_{m-1}) \tag{2.4.5}$$

除在 $c_0,\cdots,c_{m-1}$ 处取 0 外，尚有 $f(c_m)=0$. 因此，有某个 $\bar{c}\in(c_0,c_m)$，使得 $f^{(m)}(\bar{c})=0$. 但

$$f^{(m)}(t)=\lambda^{(m)}(t)-m!\ k$$

故有

$$\lambda^{(m)}(\bar{c})=m!\ k \tag{2.4.6}$$

从 $\lambda(t)$ 的规定，知 $\lambda^{(m)}(t)$ 是以 $(0,\cdots,0,z^{(m)}(t))$ 代替(2.4.4)的最后一列所得到的行列式. 因此

$$\lambda^{(m)}(\bar{c})=z^{(m)}(\bar{c})V_{m-1}$$

或者

$$z^{(m)}(\bar{c})=\lambda^{(m)}(\bar{c})/V_{m-1}$$

此处 V_{m-1} 是从 V_m 中去掉最后一行和最后一列，所得到的较小的 Vandermonde 行列式. 再按(2.4.6)，有

$$z^{(m)}(\bar{c})=m!\ k/V_{m-1}$$

以 $k=\lambda(c_m)/[(c_m-c_0)\cdots(c_m-c_{m-1})]$ 代入，得

$$z^{(m)}(\bar{c})/m!\ =\lambda(c_m)/[(c_m-c_0)\cdots(c_m-c_{m-1})]$$

从 $\lambda(t)$ 的规定，以及 Vandermonde 行列式的展开式，即知上式的右边等于 W_m/V_m. ■

命题 1 若 $f(t,X)$ 是 $\mathbf{Q}$ 上的二元不可约多项式，则存在无限多个有理数 c_0，使得 $f(c_0,X)$ 在 $\mathbf{Q}$ 上是不可约的.

证明 首先把 $f(t,X)$ 表如(2,4,1). 不失一般性，不妨设 $t=\infty$ 是 $f(t,X)=0$ 的一个正则值. 于是在 ∞ 的某个邻域 $\|t\|>T_0$ 内有方程的 r 个不同的根函数 $x_1(t),\cdots,x_r(t)$，即

$$f(t,X)=a_0(t)\prod_{j=1}^{r}(X-x_j(t))$$

上式右边的乘积不能表示成 $\mathbf{Q}$ 上的两个关于 X 的次数大于或等于 1 的多项式之积，换言之，对于 $\{1,\cdots,r\}$ 的任一非空真子集 S，有

$$\prod_{j=1}^{r}(X-x_j(t))=\prod_{j\in S}(X-x_j(t))\cdot\prod_{i\notin S}(X-x_i(t)) \tag{2.4.7}$$

不是 $\mathbf{Q}$ 上关于 t,X 的多项式分解，从而也不是 $\mathbf{Q}$ 上关于 t,X 的有理式分解.

在所有形式如(2.4.7) 的分解中，总共有 $N=2^{r-1}-1$ 个不相同的因式. 对每个这样的分解，必至少有一个系数不属于 $\mathbf{Q}(t)$. 这样可选出 N 个系数函数 $y_1(t),\cdots,y_N(t)$. 现在要证明，在邻域 $\| t \| > T_0$ 中，恒有无限多个整数 c_0，使得 $y_1(c_0),\cdots,y_N(c_0)$ 都是无理数，从而任何一个分解式(2.4.7)，在 $t=c_0$ 时，都给不出 $f(c_0,X)$ 在 $\mathbf{Q}[X]$ 中的一个分解，换言之，$f(c_0,X)$ 在 $\mathbf{Q}$ 上是不可约的.

我们把问题再做一次转变，问有多少(有限或无限) 个整数 $\| c_0 \| > T_0$，使得 $y_j(c_0)$ 取有理数的值? 显然，只需对任何一个 $y_j(t)$ 来考虑即可，以下写作 $y(t)$.

首先，系数函数 $y(t)$ 是由某些根函数 $x_j(t)$ 经四则运算而得到的. 因此，它既是 t^{-1} 的分式幂级数，又是 $\mathbf{Q}(t)$ 上的代数元. 设 $y(t)$ 满足

$$b_0(t)Y^e+\cdots+b_e(t)=0 \tag{2.4.8}$$

其中 $b_j(t)\in\mathbf{Q}[t]$. 不失一般性，可以设 $b_j(t)\in\mathbf{Z}[t]$. 若以 $(b_0(t))^{e-1}$ 乘上式，则函数 $z(t)=b_0(t)y(t)$ 满足首系数为 1 的方程

$$Z^e+b'_1(t)Z^{e-1}+\cdots+b'_e(t)=0 \tag{2.4.9}$$

其中 $b'_j(t)\in\mathbf{Z}[t]$. 在以整数 c_0 代入(2.4.8) 和(2.4.9) 时，若(2.4.8) 有有理数的解 $y(c_0)$，则(2.4.9) 应有整数解 $z(c_0)$. 因此，只需就整数 $c_0 > T_0$ 来考虑 $z(t)$ 能有多少个整数值 $z(c_0)$.

由于 $y(t)$ 是关于 t^{-1} 的分式幂级数，$b_0(t)\in\mathbf{Z}[t]$，所以 $z(t)$ 具有如下的形式

$$z(t)=\alpha_l t^l+\cdots+\alpha_0+\cdots \tag{2.4.10}$$

其中 $l>0$，$\alpha_j\in\mathbf{C}$.

分为以下的情形来讨论：(1) $z(t)$ 是多项式. 此时应有 $z(t)\notin\mathbf{Q}[t]$；否则，$y(t)=z(t)/b_0(t)\in\mathbf{Q}[t]$，矛盾. 从高等代数的知识，知仅有有限多个整数 c_0 使 $z(c_0)$ 成为整数；(2) $z(t)$ 有复数系数. 设 i 是在(2.4.10) 中使 α_i 为复数的最大标号. 此时 $\lim\limits_{t\to\infty}\mathrm{Im}(z(t)/t^i)=\mathrm{Im}\,(\alpha_i)$. 因此，只要取 $t\geqslant T_1>T_0$，$z(t)$ 将不是实数. (3) 所有的 α_i 都是实数，且 $z(t)\notin\mathbf{R}[t]$. 对 $z(t)$ 进行多次的求导运算，譬如 m 次，可以使得 $z^{(m)}(t)$ 只含 t^{-1} 的幂项

$$z^{(m)}(t)=p/t^q+\cdots \tag{2.4.11}$$

其中 $0\neq p\in\mathbf{R}$，$q>0$. 从 $\lim\limits_{t\to\infty}t^q z^{(m)}(t)=p$ 知有某个 $T_1>T_0$，使得当 $l\geqslant T_1$ 时，有

$$0<\| z^{(m)}(t) \| \leqslant 2\| p \| /t^q \tag{2.4.12}$$

若有无限多个 $t\geqslant T$，使得 $z(t)$ 为整数，任取 $m+1$ 个 $c_0<\cdots<c_m$，使得 $c_0\geqslant T_1$，并且代入 $z(t)$ 后得到整数值. 由引理 1，结合(2.4.12)，知引理 1 中出现的 W_m 是非零整数. 因此，$\| W_m \| \geqslant 1$. 于是有

$$2\|p\|/m!\, c_0^q \geqslant 2\|p\|/m!\, \bar{c}^q \|z^{(m)}(\bar{c})\|/m! \geqslant 1/\|V_m\|$$

从而又有

$$(m!/(2\|p\|))c_0^q \leqslant \|V_m\| = \prod_{j>i}(c_j - c_i) < (c_m - c_0)^{m(m+1)/2} \tag{2.4.13}$$

这个不等式指出,存在两个正数 e,l,使得 $c_m - c_0 > ec_0^l$. 取 T_1,使得 $eT_1^l \geqslant Nm$. 于是当 $c_0 > T_1$ 时,自 c_0 开始的 $Nm+1$ 个接连的整数中,不可能有 $m+1$ 个整数满足以上的要求,也就是说,至多只能有 m 个整数 c_i 使得 $z(c_i)$ 取整数值,或者 $y(c_i)$ 为有理数. 今有 N 个 $y_j(t)$,只要取充分大的 m,可使每个 $z_j^{(m)}(t)$ 都有(2.4.11) 的形式. 故可取充分大的 $T_1 \geqslant T_0$,使以上论断对每个 $y_j(t)$ 都适用,因此,从某有理数 $c_0 \geqslant T_1$ 开始,在接连的 $Nm+1$ 个整数中,必有至少一个整数 c,使得每个 $y_j(c)$ 都取无理数的值. 这就证明了有无限多有理数 c_0,使得 $f(c_0,X)$ 在 $\mathbf{Q}$ 上是不可约的. ■

推论 设 $f_1(t,X),\cdots,f_k(t,X)$ 都是 $\mathbf{Q}[t,X]$ 中的不可约多项式. 于是存在无限多个有理数 c_0,使得 $f_1(c_0,X),\cdots,f_k(c_0,X)$ 在 $\mathbf{Q}[X]$ 中都是不可约的.

证明 只需在命题1的证明中,取 N 为从所有这些 $f_j(t,X)$ 所得的系数函数 $y(t)$ 的个数. ■

Hilbert 不可约性定理的一般化形式的证明需要演化到二元的情形. 为此,先来对所给的多项式做一变换,其中关键的一步在于把 $f(t,X_1,\cdots,X_s)$ 化为二元的情形.

设 $f(t,X_1,\cdots,X_s) \in \mathbf{Q}[t,X_1,\cdots,X_s]$ 关于每个 X_j 的次数都小于 d. 设 $a(t)X_1^{i_1}\cdots X_s^{i_s}$ 是其中任意一个单项式. 令

$$S_d: a(i)X_1^{i_1}\cdots X_s^{i_s} \to a(t)Y^{i_1+i_2d+\cdots+i_sd^{s-1}}$$

Y 是另一个未定元. 对 $f(t,X_1,\cdots,X_s)$ 的每一项都进行如上的变换,然后相加. 这样得到的多项式写如

$$S_d:(f(t,X_1,\cdots,X_s)) = f(t,Y_1,\cdots,Y^{d^{s-1}})$$

$f(t,Y_1,\cdots,Y^{d^{s-1}})$ 中每一项的次数(关于 Y) 都小于或等于 $(d-1)(1+d+\cdots+d^{s-1}) = d^s - 1$,故

$$\deg_Y f(t,Y_1,\cdots,Y^{d^{s-1}}) \leqslant d^{s-1}$$

以 $\mathscr{P}_{s,d}$ 表示 $\mathbf{Q}[t,X_1,\cdots,X_s]$ 中所有满足以上要求的 $f(t,X_1,\cdots,X_s)$ 所组成的集,又以 $\mathscr{K}_{s,d}$ 表示 $\mathbf{Q}[t,Y]$ 中所有关于 Y 的次数小于或等于 $d^s - 1$ 的全体多项式所成的集. 注意到正整数的 d - 进表示,即知 $\mathbf{S}_d$ 是从 $\mathscr{P}_{s,d}$ 到 $\mathscr{K}_{s,d}$ 上的一个叠合对应,称它为 Kronecker 特殊化. 若 $f \in \mathscr{P}_{s,d}$ 在 $\mathbf{Q}[t,X_1,\cdots,X_s]$ 中分解为 $g \cdot h$,显然有 $g,h \in \mathscr{P}_{s,d}$,从而有

$$\mathbf{S}_d(f)=\mathbf{S}_d(g)\mathbf{S}_d(h)$$

反之，从 $\mathbf{S}_d(f)=G\cdot H$，可知并不必然导致 f 在 $\mathbf{Q}[t,X_1,\cdots,X_s]$ 中的分解. 因为从 $G=\mathbf{S}_d(g)$，$H=\mathbf{S}_d(h)$，可能得到 $gh\notin\mathscr{P}_{s,d}$.

例　设 $f(t,X_1,X_2)=tX_1^2+X_2^2$. 在 $\mathbf{Q}[t,X_1,X_2]$ 中，它显然是不可约的，现在 $d=3$，$f\in\mathscr{P}_{2,3}$. $\mathbf{S}_3(f)=tY^2+Y^{2\cdot 3}=tY^2+Y^6$. 若取 $G=Y$，$H=tY+Y^5$，则有

$$g=X_1,h=tX_1+X_1^2X_2$$

从而 $gh=tX_1^2+X_1^3X_2\notin\mathscr{P}_{2,3}$. 又若取 $G=Y^2$，$H=t+Y^4$，则有

$$g=X_1^2,h=t+X_1X_2$$

同样得到 $gh=tX_1^2+X_1^3X_2\notin\mathscr{P}_{2,3}$.

今有以下的判别法则：

引理 2　如前面所设. $f(t,X_1,\cdots,X_s)$ 成为 $\mathbf{Q}[t,X_1,\cdots,X_s]$ 中的不可约多项式，当且仅当 $\mathbf{S}_d(f)$ 在 $\mathscr{K}_{s,d}$ 中的每个分解 $\mathbf{S}_d(f)=G\cdot H$ 都导出一个不属于 $\mathscr{P}_{s,d}$ 的乘积 $g\cdot h$.

证明　充分性显然. 若 f 在 $\mathbf{Q}[t,X_1,\cdots,X_s]$ 中不可约，由 $\mathbf{S}_d(f)=G\cdot H$ 必然得到 $g\cdot h\notin\mathscr{P}_{s,d}$；否则，将有 $f=g\cdot h$，矛盾. ■

命题 2　设 $f(t,X_1,\cdots,X_s)$ 是 $\mathbf{Q}$ 上一个不可约多项式，关于每个 X_j 的次数都小于 d. 又令 $\mathbf{S}_d(f)=\prod_j g_j(t,Y)$ 是 $\mathbf{S}_d(f)$ 在 $\mathbf{Q}[t][Y]$ 中的一个不可约因式分解. 于是有无限多个有理数 c_0，使得每个 $g_j(c_0,Y)$ 在 $\mathbf{Q}[Y]$ 中不可约，同时 $f(c_0,X_1,\cdots,X_s)$ 在 $\mathbf{Q}[X_1,\cdots,X_s]$ 中也不可约.

证明　由于每个 $g_j(t,Y)$ 在 $\mathbf{Q}[t,Y]$ 中都是不可约的，按命题 1 的推论，有无限多个有理数 c_0，使得 $g_j(c_0,Y)$ 都是 $\mathbf{Q}[Y]$ 中的不可约多项式. 为证明命题的后一部分，令 $f_0=f(c_0,X_1,\cdots,X_s)$. 从 $\mathbf{S}_d(f_0)=\prod_j g_j(c_0,Y)$ 作任意一个分解

$$\mathbf{S}_d(f_0)=(\prod_{j\in S}g_j(c_0,Y))(\prod_{i\notin S}g_i(c_0,Y))=$$
$$G(c_0,Y)H(c_0,Y)$$

同时得到 $\mathbf{S}_d(f)$ 的一个相应的分解

$$\mathbf{S}_d(f)=G(t,Y)H(t,Y)$$

其中 $G(t,Y),H(t,Y)\in\mathscr{K}_{s,d}$. 因此有

$$g(t,X_1,\cdots,X_s),h(t,X_1,\cdots,X_s)\in\mathscr{P}_{s,d}$$

使得

$$\mathbf{S}_d(g)=G(t,Y),\mathbf{S}_d(h)=H(t,Y)$$

由于 $f(t,X_1,\cdots,X_s)$ 不可约，故 $f\neq g\cdot h$. 按引理 2，应有

$$g(t,X_1,\cdots,X_s)h(t,X_1,\cdots,X_s)\notin\mathscr{P}_{s,d}$$

这就是说，该乘积包含关于某个 X_i 有次数大于或等于 d 的项. 若 $a(t)$ 是该项的系数，则应从无限多个满足上述要求的有理数 c_0 中去掉使 $a(c_0)=0$ 的有限多个 c_0. 这证明了仍然有无限多个有理数 c_0 满足命题的要求. ■

对于一般的 $f(t_1,\cdots,t_n;X_1,\cdots,X_s)$，可以把它作为含 t_1，以及 $n+s-1$ 个其他未定元 $t_1,\cdots,t_n;X_1,\cdots,X_s$ 的多项式来考虑. 重复以上的步骤即得到 Hilbert 不可约性定理：

定理 2.6 对于 $\mathbf{Q}[t_1,\cdots,t_n;X_1,\cdots,X_s]$ 中的不可约多项式 $f(t_1,\cdots,t_n;X_1,\cdots,X_s)$，必然有无限多组 $(c_1,\cdots,c_n)\in\mathbf{Q}^{(n)}$，使得 $f(c_1,\cdots,c_n;X_1,\cdots,X_s)$ 成为 $\mathbf{Q}[X_1,\cdots,X_s]$ 中的不可约项式. ■

与命题 1 的推论一样，今有：

推论 设 $f_1(t_1,\cdots,t_n;X_1,\cdots,X_s),\cdots,f_k(t_1,\cdots,t_n;X_1,\cdots,X_s)$ 是 $\mathbf{Q}[t_1,\cdots,t_n;X_1,\cdots,X_s]$ 中有限多个不可约多项式，于是有无限多组 $(c_1,\cdots,c_n)\in\mathbf{Q}^{(n)}$，使得 $f_1(c_1,\cdots,c_n;X_1,\cdots,X_s),\cdots,f_k(c_1,\cdots,c_n;X_1,\cdots,X_s)$ 在 $\mathbf{Q}[X_1,\cdots,X_s]$ 中都是不可约的. ■

2.5 Galois 群为 $\mathfrak{S}_n$ 的多项式

在本节中，我们将证明，在有理数域 $\mathbf{Q}$ 上恒有以 $\mathfrak{S}_n$ 为 Galois 群的不可约多项式，n 可为任何正整数. 从这个事实，又可进而得到，在 $n\geqslant 5$ 时，$\mathbf{Q}$ 上存在 n 次不可约方程，它所有的根都不能由根式解出. 这就回答了我们在 2.3 节的末尾所提出的问题.

先首考虑 $\mathbf{Q}$ 上的 n 次一般方程. 出于本节的需要，现在把它写成

$$f(t_1,\cdots,t_n,X)=X^n-t_1X^{n-1}+\cdots+(-1)^nt_n=0 \qquad (2.5.1)$$

令 $F=\mathbf{Q}(t_1,\cdots,t_n)$；$f(t_1,\cdots,t_n,X)$ 在 F 上的分裂域为 K；$u_1,\cdots,u_n$ 是(2.5.1)的 n 个根.

按 2.3 节的命题 1，$f(t_1,\cdots,t_n,X)$ 在 F 上的 Galois 群同构于 $\mathfrak{S}_n$. 现在不妨设它等于 $\mathfrak{S}_n$，即 $\mathrm{Aut}(K/F)=\mathfrak{S}_n$. 从定理 2.1，可知 $f(t_1,\cdots,t_n,X)$ 在 F 上是不可约的.

适当地选择整数 $m_1,\cdots,m_n$，可使得 $\sum\limits_{i=1}^{n}m_iu_i$ 经 $\mathfrak{S}_n$ 中的 $n!$ 个置换后得到 $n!$ 个不同的元素. 如若不然，则必有某个 u_i，例如 u_1 可表示成其余 u_j 的线性组合，即 $u_1=\sum\limits_{i=2}^{n}c_iu_i$，$c_i\in\mathbf{Q}$. 从而 $t_1,\cdots,t_n$ 可以由 $n-1$ 个元素 $u_2,\cdots,u_n$ 表出. 因此有 $\mathbf{Q}(t_1,\cdots,t_n)\subseteq\mathbf{Q}(u_2,\cdots,u_n)$. 只要观察它们关于 $\mathbf{Q}$ 的超越次数(见第五章

5.1 节)，就知道这是不可能的. 现在把由 $\sum_{i=1}^{n} m_i u_i$ 经 $n!$ 个置换后所得到的 $n!$ 个不同的元素记作 $x_1, \cdots, x_{n!}$. 作多项式 $\prod_{j=1}^{n!}(X - x_j)$. 它的系数是关于 x_j 的初等对称函数，从而又是 u_i 的对称函数，故可表示为 $t_1, \cdots, t_n$ 的函数. 这就证明了 $\prod_{j=1}^{n!}(X - x_j)$ 是 F 上的一个多项式，记作

$$g(t_1, \cdots, t_n, X) = \prod_{j=1}^{n!}(X - x_j) \tag{2.5.2}$$

这个多项式在 F 上的分裂域是 $F(x_1, \cdots, x_{n!})$. 但从 x_j 的规定即知每个 $u_i \in F(x_1, \cdots, x_{n!})$，故又有 $F(x_1, \cdots, x_{n!}) = F(u_1, \cdots, u_n) = K$. 从而 $g(t_1, \cdots, t_n, X)$ 在 F 上的 Galois 群是 $\mathrm{Aut}(K/F) = \mathfrak{S}_n$. 又根据定理 2.1，知 $g(t_1, \cdots, t_n, X)$ 在 F 上为不可约.

经过以上的讨论，现在可以证明如下定理：

定理 2.7 对于每个正整数 n，在有理数域 $\mathbf{Q}$ 上必然存在 n 次不可约多项式，它以 $\mathfrak{S}_n$ 作为在 $\mathbf{Q}$ 上的 Galois 群.

证明 使用以上的记法，我们取 F 上的不可约多项式 $f(t_1, \cdots, t_n, X)$ 与 $g(t_1, \cdots, t_n, X)$. 按定理 2.6 的推论，存在有理数 $c_1, \cdots, c_n$，使得

$$f(X) = f(c_1, \cdots, c_n, X)$$

与

$$g(X) = g(c_1, \cdots, c_n, X)$$

都是 $\mathbf{Q}$ 上的不可约多项式. 令 $f(X) = 0$ 的根是 $\alpha_1, \cdots, \alpha_n$. 于是 $\mathbf{Q}(\alpha_1, \cdots, \alpha_n)$ 就是 $f(X)$ 在 $\mathbf{Q}$ 上的分裂域. 另一方面，$g(X) = 0$ 的根是 $m_1\alpha_1 + \cdots + m_n\alpha_n$，以及对它使用 $n!$ 个置换而得到的元素，它们都属于 $\mathbf{Q}(\alpha_1, \cdots, \alpha_n)$. 因此 $[\mathbf{Q}(\alpha_1, \cdots, \alpha_n) : \mathbf{Q}] \geqslant \deg g(X) = n!$. 换言之，$f(X)$ 在 $\mathbf{Q}$ 上的 Galois 群的阶大于或等于 $n!$. 但作为 $\mathbf{Q}$ 上的 n 次不可约多项式，$f(X)$ 在 $\mathbf{Q}$ 上的 Galois 群的阶小于或等于 $n!$. 这证明了 $f(X)$ 在 $\mathbf{Q}$ 上的 Galois 群恰好等于 $\mathfrak{S}_n$. ■

最后要讨论的是，在 $n \geqslant 5$ 的情形下，是否存在 $\mathbf{Q}$ 上的 n 次方程，它的每个根都不能由根式解出？为此，先来证一条引理：

引理 1 对任意域 F，若 F 上不可约方程 $f(X) = 0$ 有一个根可由根式解出，则所有的根都可由根式解出.

证明 设 $f(X) = 0$ 有一个根 u 能由根式解出. 按 2.2 节的定义，存在 F 上一个根式扩张 K，使得 $u \in K$. 令 N 是 K 在 F 上的正规闭包. 由 2.2 节引理 1，N/F 也是根式扩张. 再从 $u \in K \subseteq N$，即知 $f(X) = 0$ 的每个根都属于 N. ■

从这个引理，结合定理 2.3 与 2.7，即得以下的定理：

定理 2.8 在有理数域 $\mathbf{Q}$ 上，对于每个整数 $n \geqslant 5$，必有 n 次不可约方程，它

的每个根都不能由根式解出. ■

上述定理证明了不能由根式求解的方程的存在性，但并未给出具体的作法. 事实上，对于任何整数 $n>3$（$n=2,3$ 情形是易知的），总可作 **Q** 上一个 n 次不可约多项式，使得它在 **Q** 上的 Galois 群为 $\mathfrak{S}_n$①.

对于 $\mathfrak{S}_n$ 的任何一个子群 G，**Q** 上是否存在多项式，它以 G 作为在 **Q** 上的 Galois 群？这是 E. Noether 提出的一个问题. 在某些情况下，它有肯定的回答，但并非对任何子群都如此. 近年来已给出一些反例②.

习　题　2

1. 设 F 为任意域. 证明：$X^3-3X+1=0$ 在 F 上如果是可约的，那么必然分解为一次因式之积.

2. 设 $f(X)=0$ 是实数域上的一个三次方程. 证明：如果它的判别式 $\Delta^2>0$，则 $f(X)=0$ 的根都是实根；又如果 $\Delta^2<0$，则仅有一个实根.

3. 求 X^4-4X^2+5 在 **Q** 上的 Galois 群.

4. 求 X^4-3X^2+3X-2 在 **Q** 上的 Galois 群.

5. 设 $f(X)=0$ 是域 F 上一个不可约的三次方程，Δ 的意义同前. 若 α 是 $f(X)=0$ 的任何一个根，证明：$f(X)$ 的分裂域为 $E=F(\Delta,\alpha)$.

6. 举例证明，定理 2.3 在 F 的特征 $p\neq 0$ 能整除 $n!$ 时，结论不成立.

---

① 见文献[3]，p. 278，Exer. 14.

② 见文献[1]，p. 258

第三章 无限 Galois 理论

3.1 无限 Galois 扩张

在定义 1.7 中，我们规定 K/F 为 Galois 扩张时，并不要求 K/F 是有限扩张. 但对于有限的情形，已在 1.7 节中给出了完整的结论. 为了使该处的主要结果 —— 定理 1.12，能推广到无限的情形，还需要引进其他的概念(3.2 节). 在本节中，我们先做一般性的讨论.

引理 设 K/F 是一个可分正规扩张. 若 τ 是 K 的一个 $F-$单一自同态，则 τ 是 K 的一个 $F-$自同构.

证明 任取 $x \in K$. 令 $m(X)$ 是 x 在 F 上的极小多项式，在 K 上可分解成一次因式之积. 取 $m(X)$ 在 K 内的一个分裂域 $E, E \subseteq K$. 此时 E/F 是一个有限正规扩张，故有 $\tau(E) \subseteq E$. 但 $[\tau(E) : F] = [E : F]$，因此 $\tau(E) = E$. 这证明了存在元素 $y \in E$，使得 $\tau(y) = x$，换言之，τ 又是满射的，从而 τ 是 K 的 $F-$自同构. ■

现在设 K/F 是一个无限的可分正规扩张. 在 $\mathrm{Aut}(K/F)$ 的稳定域中任取元素 x，此时必有一个包含 x 的有限可分正规扩张 E/F. 由于定理 1.9 及其推论并不限于有限的情形，因此 $\mathrm{Aut}(E/F)$ 的任何一个元素 τ_0 必然可以拓展成为 $\mathrm{Aut}(K/F)$ 的一个 τ. 按所设，有 $\tau_0(x) = \tau(x) = x$，即 x 属于 $\mathrm{Aut}(E/F)$ 的稳定域. 但 E/F 是有限扩张，据定理 1.11，它又是 Galois 扩张，因此 $x \in F$. 这证明了 $\mathrm{Aut}(K/F)$ 的稳定域同样是 F，故有：

命题 1 无限的可分正规扩张必然是 Galois 扩张. ■

这个命题的逆命题，同样是成立的. 设 K/F 是 Galois 扩张，$x \in K$. 以 $\mathrm{Aut}(K/F)$ 的元素作用于 x，只能得到有限多个不同的 F－共轭元，设 $x = x_1, \cdots, x_n$. 于是

$$f(X) = (X - x_1)\cdots(X - x_n) \in F[X]$$

另一方面，若 x 在 F 上的极小多项式为 $m(X)$，则有 $m(X) \mid f(X)$. 但 $f(X) = 0$ 的根都是 x 的 F－共轭元，故又有 $f(X) \mid m(X)$，从而 $f(X) = m(X)$. 这证明了：(ⅰ)x 在 F 上是可分的，从而 K/F 是可分代数扩张；(ⅱ)$m(X) = 0$ 在 K 上分裂为一次因式之积. 从后一事实又可得知，K 可以作为所有这些 $m(X) \in F[X]$ 所成的多项式组在 F 上的分裂域. 注意到定理 1.9 并不限于有限扩张. 因此，K/F 又是正规的.

定理 3.1 代数扩张 K/F 成为 Galois 扩张，当且仅当 K 是 F 上的可分正规扩张. ■

我们或许会认为，Galois 理论的基本定理(定理1.12) 能够全然同样地对无限 Galois 扩张来建立. 事实并不如此，在 K/F 的中间域所成的集 $\mathscr{E}$，与 $\mathrm{Aut}(K/F)$ 的子群所成的集 $\mathscr{H}$ 之间，并不一定存在叠合对应，换言之，设 H 是 $G = \mathrm{Aut}(K/F)$ 的一个子群，E 是 H 的稳定域，此时 $\overline{H} = \mathrm{Aut}(K/E)$ 有可能纯包含 H. 这就出现可能有两个子群，对应于同一个稳定域的情形，请看下面的例子：

例 设 F 为有限域 $\mathbf{Z}/(p)$，K 取作 F 的代数闭包，K/F 显然是 Galois 扩张，令 $G = \mathrm{Aut}(K/F)$. K 的 Frobenius 自同构 $\rho: x \to x^p$ 是 G 的一个元素. 以 H 记由 ρ 生成的子群. H 的稳定域是 F，因为方程 $X^p = X$ 在 K 中只有 p 个解，所以它就是 F 的 p 个元素. 只要能证明 $H \neq G$，就出现两个不同的子群有同一个稳定域的情形.

设 l 是一个素数，而且 $l \neq p$. 以 E^n 记 F 上 l^n 次的扩张(包含在 K 内)，于是有

$$E_1 \subsetneqq E_2 \subsetneqq \cdots$$

令 $E = \bigcup_{n=1}^{\infty} E_n$. E 是 K 的真子域，而且是无限域. K/E 自然是 Galois 扩张，设 $H_1 = \mathrm{Aut}(K/E)$，按 Galois 扩张的定义，知有 $H_1 \neq \{\iota\}$. 下证，若 $\rho \neq \tau \in H_1$，则 $\tau \notin H$，从而得知 H 是 G 的真子群. 假若不然，τ 应具有形式 ρ^k. 于是 E 中每个元素 x 都满足方程

$$X^{p^k} = X$$

由于上述方程只能有 p^k 个解，所以这是不可能的.

这个例子指出，K/F 的中间域所成的集 $\mathscr{E}$，与 G 的子群所成的集 $\mathscr{H}$，其间无叠合对应的关系. 不过 $\mathscr{E}$ 仍有可能与 $\mathscr{H}$ 的某个适当的子集成叠合对应. 要建立这个事实，先要对 G 引入一种拓扑，我们将在下一节来介绍.

3.2 Galois 群的 Krull 拓扑

我们知道,要在一个任意群中引进一个拓扑,使它成为一个拓扑群,只需对群的单位元素给出一个邻域基.设任意群 G,其单位元素为 ι.所谓 ι 的邻域基,是指由 G 的子集所成的一个集,满足如下的条件①:

(1) Σ 中每个子集 U 都包含 ι,而且 $\bigcap_{U\in\Sigma} U=\{\iota\}$;

(2) 对于 $U,V\in\Sigma$,恒有 $W\in\Sigma$,满足 $W\subseteq U\cap V$;

(3) 对于每个 $U\in\Sigma$,恒有 $V\in\Sigma$,满足 $V\cdot V^{-1}\subseteq U$,此处 $V^{-1}=\{\tau^{-1}\mid\tau\in V\}$;

(4) 对于每个 $U\in\Sigma$,以及每个 $\tau\in U$,恒有 $V\in\Sigma$,使得 $\tau\cdot V\subseteq U$;

(5) 对于每个 $U\in\Sigma$,以及每个 $\tau\in G$,恒有 $V\in\Sigma$,使得 $\tau^{-1}\cdot V\cdot\tau\subseteq U$.

有了 ι 的邻域基 $\{U\}_{U\in\Sigma}$,元素 τ 的邻域基就是 $\{\tau U\}_{U\in\Sigma}$.在本节中,我们根据 G 是无限 Galois 扩张 K/F 的 Galois 群 $\mathrm{Aut}(K/F)$ 来讨论.为了克服在 3.1 节中所指出的缺陷,我们将选用一种特殊的拓扑.取 Σ 为由子群 $\mathrm{Aut}(K/E)$ 所成的集,其中 E 遍取所有满足的条件.

($*$) E/F 为有限正规扩张的中间域.在这种情形下,$\mathrm{Aut}(K/E)$ 是 G 的正规子群.

首先应证明,这个子群集 Σ 满足以上的条件(1)~(5),条件(3)(4)(5)在当前的所设下显然是成立的.设 $\iota\notin\mathrm{Aut}(K/E)$.此时必有 $\alpha\in K,\tau(\alpha)\neq\alpha$,即 $\alpha\notin E$.令 E' 是 F 上包含 α 的最小正规扩张.于是 $\tau\notin\mathrm{Aut}(K/E')$.又因为 $[E':F]<\infty$,故 $\mathrm{Aut}(K/E')\in\Sigma$,即(1)成立.其次,设 $\mathrm{Aut}(K/E_1)$,$\mathrm{Aut}(K/E_2)$ 是 Σ 中任意两个子群.E_1 与 E_2 在 K 中的合成 E_1E_2 是 F 上的正规扩张,而且

$$[E_1E_2:F]\leqslant[E_1:F][E_2:F]<\infty$$

故有

$$\mathrm{Aut}(K/E_1)\cap\mathrm{Aut}(K/E_2)\supseteq\mathrm{Aut}(K/E_1E_2)\in\Sigma$$

因此,(2)成立.

我们称这个由子集

$$\Sigma=\{\mathrm{Aut}(K/E)\mid E/F\text{ 为有限正规扩张}\}$$

所定义的拓扑为群 $G=\mathrm{Aut}(K/F)$ 的 Krull **拓扑**.在这个拓扑下,由条件(1)知 G 是 T_2-拓扑群.又从 $\tau\notin\mathrm{Aut}(K/H)$,可知 $\tau\cdot H$ 是一个包含 τ 的开集,且

---

① 见第一章文献[5][8],或第二章文献[4].

$H\cap\tau H=\varnothing$. 因此 H 既是开的,又是闭的. 由 H 的任意性,知单位元素的邻域基中,每个邻域都同时为开集和闭集. 因此,在 Krull 拓扑下,G 是一个全不连通的T_2－拓扑群. 在 3.3 节中,我们还要证明它的紧致性.

命题 1 所设如上,对于 K/F 的任何一个中间域 E,$\mathrm{Aut}(K/E)$ 必然是 G 的闭子群.

证明 先考虑$[E:F]<\infty$ 的情形. 设 N 是 E 在 K 内的正规闭包. 显然,N 是 F 上的有限扩张. 由于 $\mathrm{Aut}(K/N)\in\Sigma$,所以它是开集. 群 $\mathrm{Aut}(K/E)$ 是开集 $\tau\cdot\mathrm{Aut}(K/N)$ 的并集,其中 τ 遍取 $\mathrm{Aut}(K/E)$ 的每个元. 因此,$\mathrm{Aut}(K/E)$ 也是开的,如上面所示,它同时又是闭的.

现在设 E 是任何中间域. 首先,E 可以由其中所有的有限子扩张 E_j 所生成,$j\in J$. 显然,$\mathrm{Aut}(K/E)\subseteq\mathrm{Aut}(K/E_j)$,从而 $\mathrm{Aut}(K/E)\subseteq\bigcap_{j\in J}\mathrm{Aut}(K/E_j)$. 另一方面,若 $\tau\in\bigcap_{j\in J}\mathrm{Aut}(K/E_j)$,则 $\tau(\alpha)=\alpha$,对任何 $\alpha\in E_j$ 都成立. 从而有 $\tau(x)=x$,$x\in E$,即 $\tau\in\mathrm{Aut}(K/E)$. 这证明了 $\mathrm{Aut}(K/E)=\bigcap_{j\in J}\mathrm{Aut}(K/E_j)$. 但每个 $\mathrm{Aut}(K/E_j)$ 都是闭的,因此 $\mathrm{Aut}(K/E)$ 是闭子群. ■

应当注意,当 E/F 不是有限扩张时,$\mathrm{Aut}(K/E)$ 不一定是开的.

命题 2 设 G 如前,H 是 G 的任一子群,E 是 H 的稳定域. 于是有

$$\mathrm{Aut}(K/E)=\overline{H}$$

此处 $\overline{H}$ 指 H 在 Krull 拓扑下的闭包.

证明 首先,$\mathrm{Aut}(K/E)\supseteq H$ 显然成立. 设 $\tau\in\mathrm{Aut}(K/E)$. 欲证 $\tau\in\overline{H}$,只需证明,对于 ι 的邻域基 Σ 中的每个 H',皆有 $H\cap\tau H'\neq\varnothing$. 根据所设,有 $H'=\mathrm{Aut}(K/E')$,此处 E' 是 F 上的有限正规扩张,设为 $E'=F(\alpha)$. 令 E_1 是 E 上包含 α 的最小正规扩张(含在 K 内). 对于任一 $\rho\in H$,它在 E_1 上的限制应属于 $\mathrm{Aut}(E_1/E)$;另一方面,τ 在 E_1 上的限制,也同样是 $\mathrm{Aut}(E_1/E)$ 的元素. 但 $\mathrm{Aut}(E_1/E)$ 的每个元素都来自 H 在 E_1 上的限制. 如若不然,则 H 在 E_1 上的限制成为 $\mathrm{Aut}(E_1/E)$ 的一个子群. 按有限 Galois 理论,该子群与 E_1/E 的某个中间域相对应. 若有 $x\in E_1\backslash E$,使得 $\rho(x)=x$ 对 H 的每个 ρ 都成立,则按所设 E 是 H 的稳定域,应有 $x\in E$,矛盾. 因此,对于 $x\in E_1$,应有$\tau(x)=\rho(x)$,$\rho\in H$;特别有 $\tau(\alpha)=\rho(\alpha)$,或者 $\tau^{-1}\cdot\rho(\alpha)=\alpha$. 这表明了 $\tau^{-1}\cdot\rho$ 使E' 的每个元素不变. 按所设,应有 $\tau^{-1}\cdot\rho\in H'$. 因此 $\rho\in H\cap\tau H'$,从而有 $\mathrm{Aut}(K/E)\subseteq\overline{H}$. 又从 $H\subseteq\mathrm{Aut}(K/E)\subseteq\overline{H}$,以及 $\mathrm{Aut}(K/E)$ 为闭子群这个事实,知 $\mathrm{Aut}(K/E)=\overline{H}$. ■

做了如上的准备,现在可以来证明有关无限 Galois 扩张的基本定理:

定理 3.2(Krull) 设 K/F 是 Galois 扩张,$G=\mathrm{Aut}(K/F)$,并且对它赋以 Krull 拓扑. 于是有:

(ⅰ) 在 K/F 的中间域所成的集 $\mathscr{E}$,与 G 的闭子群所成的集 $\mathscr{H}$之间,存在一

个叠合对应如下：每个中间域 E 对应于闭子群 $\mathrm{Aut}(K/E)$，每个闭子群 H 对应于它的稳定域；

（ⅱ）若 $E_1, E_2 \in \mathscr{E}$ 与 $H_1, H_2 \in \mathscr{H}$ 相对应，则

$$E_1 \subseteq E_2 \text{与} H_1 \supseteq H_2$$

是等价的；

（ⅲ）闭子群 H 是 G 的正规子群，当且仅当它的稳定域 E 是 F 上的正规扩张．此时又有

$$\mathrm{Aut}(E/F) \simeq G/H$$

证明　对于（ⅰ），只需证明所给出的两个对应是互为可逆的．设闭子群 H 的稳定域是 E．由命题 2，有 $\mathrm{Aut}(K/F) = \overline{H} = H$．反之，对于中间域 E，令 $H = \mathrm{Aut}(K/E)$．如果 H 的稳定域 $E' \neq E$，则应有 $\alpha \in E' \backslash E$．$\alpha$ 是 F 上的可分元，所以在 E 上也是可分的．于是有 $\tau \in \mathrm{Aut}(K/E) = H$，使得 $\tau(\alpha) \neq \alpha$，矛盾．这就证明了所做的对应是 $\mathscr{E}$ 与 $\mathscr{H}$ 间的一个叠合对应．

（ⅱ）显然自明，至于（ⅲ），对于 $H \in \mathscr{H}$，有 $\tau H \tau^{-1} \in \mathscr{H}$．若 H 的稳定域为 E，则 $\tau H \tau^{-1}$ 的稳定域为 $\tau(E)$．因此，H 成为正规子群，当且仅当 $\tau(E) = E$ 对于每个 $\tau \in G$ 都成立．以下的论证，与证明定理 1.12 的最后部分完全相同，因此（ⅲ）成立．■

特别在 K/F 是有限 Galois 扩张的情形，G 的每个子群在所给的拓扑下都是闭的．此时定理 3.2 与定理 1.12 是一致的．下面我们再对定理做一补充：

命题 3　设 E_j 与 H_j 是在定理 3.2 的意义下成对应的中间域与闭子群，$j \in J$．于是 $\bigcap_{j \in J} H_j$ 与由各 E_j 生成的子域相对应；$\bigcap_{j \in J} E_j$ 与由各 H_j 所生成的子群的闭包相对应，$j \in J$．

证明　命题的第一部分，从命题 1 的证明已经得知，今证第二部分．令 $H = \mathrm{Aut}(K/\bigcap_j E_j)$．显然有 $H \supseteq H_j$．设 $\{H_j\}_{j \in J}$ 生成的子群为 H'，此时有 $H \supseteq H'$．H' 的闭包 $\overline{H}'$ 又是子群，从而 $H \supseteq \overline{H}'$（因为 H 是闭的）．若以 E' 记与 $\overline{H}'$ 相对应的中间域，则有 $\bigcap_j E_j \subseteq E'$．另一方面，从 $H_j \subseteq \overline{H}'$ 可导出 $E_j \supseteq E'$，从而 $\bigcap_j E_j \supseteq E'$．这就证明了 $\bigcap_j E_j = E'$．■

最后，我们用一个例子来证明，在 G 是无限 Galois 群时，G 中存在非闭的子群．

例　设 K 是 $\mathbf{Q}$ 在它的代数闭包内由所有二次扩张所成的合成，换言之，$K = \mathbf{Q}(S)$，此处

$$S = \{\sqrt{p} \mid p \text{ 为任何素数，以及 } p = -1\}$$

对于每个 $\tau \in G = \mathrm{Aut}(K/\mathbf{Q})$，显然有 $\tau^2 = \iota$．因此，G 可以作为素域 $\mathbf{Z}/(2)$ 上的一个向量空间．令 B 是它的一个基．对于 S 的任一子集 T，必有某个 $\mu \in G$，使得

$$\mu(\sqrt{p})=-\sqrt{p},\sqrt{p}\in T$$
$$\mu(\sqrt{p})=\sqrt{p},\sqrt{p}\notin T$$
因此$|G|=2^{\aleph_0}$.若B是可数集,由于G的元素可表示为B中的有限个元素的线性组合,从而G也是可数的,矛盾.因此,B是不可数的.从B中去掉任一元素,余下的元素生成G的一个指数为2的子群.这说明了G中指数为2的子群个数是不可数的.但另一方面,$\mathbf{Q}$在K中只有可数多个二次扩张.据定理3.2知,G中指数为2的闭子群也就只能有可数多个.

3.3 反向极限

就无限Galois扩张而论,它的主要结论已经在上一节给出.现在我们要介绍一个一般性的概念,除了它本身的重要性外,还可以用来从另一角度阐明无限Galois扩张的自同构群.因此,现在来介绍它将是非常适宜的.

设Γ是一个集.若在它的元素(不必是全部元素)间,规定一个序关系"$\leqslant$",满足:

1) 对于每个$\gamma\in\Gamma$,恒有$\gamma\leqslant\gamma$;

2) 若$\beta\leqslant\gamma,\gamma\leqslant\delta$,则有$\beta\leqslant\delta$.

则称Γ是一个关于"$\leqslant$"的**偏序集**,或者说,"$\leqslant$"是Γ的一个**偏序**,记作$(\Gamma,\leqslant)$.如果"$\leqslant$"还满足:

3) 对于Γ中任何两元素γ,γ',必有$\gamma\leqslant\gamma'$或者$\gamma'\leqslant\gamma$;

4) 由$\gamma\leqslant\gamma'$与$\gamma'\leqslant\gamma$,可得出$\gamma=\gamma'$.

则称"$\leqslant$"是Γ的一个**序**,以$(\Gamma,\leqslant)$记这个**序集**.

令$(\Gamma,\leqslant)$是一个偏序集.若对于Γ中任意两元素β,γ,恒有$\delta\in\Gamma$,使得$\beta\leqslant\delta$与$\gamma\leqslant\delta$同时成立,就称$(\Gamma,\leqslant)$是一个**有向集**.

现在令$\{S_\gamma\}_{\gamma\in\Gamma}$是由任意集$S_\gamma,\gamma\leqslant\Gamma$所成的一个组,它的标号$\gamma$取自一个有向集$\Gamma$.要求$\{S_\gamma\}_{\gamma\in\Gamma}$满足条件:

对于$(\beta,\gamma)\in\Gamma\times\Gamma$,若有$\beta\leqslant\gamma$,则存在映射$\phi_{\gamma\beta}:S_\gamma\to S_\beta$,它适合:

1) $\phi_{\gamma\gamma}$是S_γ的恒同映射,$\gamma\leqslant\Gamma$ (3.3.1)

2) 若$\beta\leqslant\gamma\leqslant\delta$,则$\phi_{\delta\beta}=\phi_{\gamma\beta}\cdot\phi_{\delta\gamma}$ (3.3.2)

在这种情形下,我们称$\{S_\gamma\}_{\gamma\in\Gamma}$是由$\{\phi_{\gamma\beta}\}_{\gamma,\beta\in\Gamma}$所确定的一个反向组,今后称为反向组$(\Gamma,\{S_\gamma\},\{\phi_{\gamma\beta}\})$.

命题1 设$(\Gamma,\{S_\gamma\},\{\phi_{\gamma\beta}\})$是一个反向组.于是存 一个除叠合映射外唯一确定的集S,以及一组映射(称为投影)

$$\pi_\gamma:S\to S_\gamma$$

满足条件:对于 $\beta \leqslant \gamma$,有

$$\pi_\beta = \phi_{\gamma\beta} \cdot \pi_\gamma \tag{3.3.3}$$

证明 令 S 是直积 $\prod_{\gamma \in \Gamma} S_\gamma$ 的一个子集,它由所有满足条件:当 $\beta \leqslant \gamma$,有

$$\phi_{\gamma\beta}(s_\gamma) = s_\beta \tag{3.3.4}$$

的元素 $s = (s_\gamma)_{\gamma \in \Gamma}$ 所组成.取 π_γ 为 S 到它的第 γ 个分量的投影,即 $\pi_\gamma(s) = s_\gamma$.于是 S 与这些 π_γ 满足(3.3.3).

若$(S', \{\pi'_\gamma\}_{\gamma \in \Gamma})$是另一组满足命题要求的集与映射,取 $s' \in S'$,并且规定

$$\theta(s') = (\pi'_\gamma(s'))_{\gamma \in \Gamma}$$

由于在 $\beta \leqslant \gamma$ 时,有 $\pi'_\beta = \phi_{\gamma\beta} \cdot \pi'_\gamma$,故$(\pi'_\gamma(s'))_{\gamma \in \Gamma} \in S$.这就确定了一个映射 θ:$S' \to S$,满足

$$\pi_\gamma \theta = \pi'_\gamma, \gamma \in \Gamma$$

交换 S 与 S' 的位置,令 θ':$S \to S'$ 是由

$$\pi'_\gamma \cdot \theta' = \pi_\gamma, \gamma \in \Gamma$$

所确定的一个映射.于是有

$$\pi_\gamma \cdot (\theta \cdot \theta') = \pi'_\gamma \cdot \theta' = \pi_\gamma$$

$$\pi_\gamma \cdot (\theta' \cdot \theta) = \pi_\gamma \cdot \theta = \pi'_\gamma$$

因此,$\theta \cdot \theta'$ 与 $\theta' \cdot \theta$ 分别是 S 与 S' 到自身的恒同映射,这证明了 θ 是一个叠合映射. ■

我们称上述命题中所确定的 S 为$\{S_\gamma\}_{\gamma \in \Gamma}$关于$\{\phi_{\gamma\beta}\}_{\gamma, \beta \in \Gamma}$的反向极限,简记作 $S = \varprojlim S_\gamma$.

其次,我们就 S_γ 是拓扑空间,$\phi_{\gamma\beta}$ 是连续映射的情形进行考虑.此时反向极限 $S = \varprojlim S_\gamma$ 可以有一个拓扑,那就是 $\prod_\gamma S_\gamma$ 的乘积拓扑在 S 上的限制.在这个拓扑下,投影 π_γ 都是连续的,并且,除同胚映射不计外,反向极限是唯一确定的.

命题 2 若每个 S_γ 都是 T_2-空间,则反向极限 S 在乘积拓扑下是 $\prod_\gamma S_\gamma$ 的一个闭子集.

证明 设$(S_\gamma)_{\gamma \in \Gamma} \in \prod_\gamma S_\gamma \backslash S$.证明:存在$(s_\gamma)_{\gamma \in \Gamma}$的一个与 S 不相交的邻域.由于$(s_\gamma)_{\gamma \in \Gamma} \notin S$,故有 $\beta, \gamma \in \Gamma$,满足 $\beta \leqslant \gamma$,但 $\phi_{\gamma\beta}(s_\gamma) \neq s_\beta$.因此,有 s_β 的某个邻域 M_β,与 $\phi_{\gamma\beta}(s_\gamma)$ 的某个邻域 N_β,使得 $M_\beta \cap N_\beta = \varnothing$.令 $N_\gamma = \phi_{\gamma\beta}^{-1}(N_\beta)$.由 $\phi_{\gamma\beta}$ 的连续性,知 N_γ 是 S_γ 的开集,而且 $s_\gamma \in N_\gamma$.取 $\prod_\gamma S_\gamma$ 的一个子集 $\prod_\gamma X_\gamma$,其中 $X_\beta = M_\beta, X_\gamma = N_\gamma$,而对其余的 $\gamma' \in \Gamma$,令 $X_{\gamma'} = S_{\gamma'}$.此时 $\prod_\gamma X_\gamma$ 是 $\prod_\gamma S_\gamma$ 的

一个开集，它包含$(s_\gamma)_{\gamma\in\Gamma}$. 但若$(s'_\gamma)_{\gamma\in\Gamma}\in\prod_\gamma X_\gamma$，则

$$s'_\beta\in M_\beta, s'_\gamma\in N_\gamma$$

以及

$$\phi_{\gamma\beta}(s'_\gamma)\in N_\beta$$

从而 $\phi_{\gamma\beta}(s'_\gamma)\neq s_\beta$. 这就证明了开集$\prod_\gamma X_\gamma$ 不与 S 相交，故 S 是闭的. ■

从拓扑的知识得知，如果每个 S_γ 都是紧致的 T_2 －空间，那么$\prod_\gamma S_\gamma$ 在乘积拓扑下也是紧致的 T_2 －空间. 另一方面，紧致空间中的闭子集对于诱出拓扑而言，也是紧致的. 因此，从命题即可得到：

推论　若每个 S_γ 都是紧致的 T_2 －空间，则

$$S=\varprojlim S_\gamma$$

在上面所规定的拓扑下，同样是一个紧致的 T_2 －空间. ■

命题 3　若每个 S_γ 都是全不连通的拓扑空间，则 $S=\varprojlim S_\gamma$ 在上面所规定的拓扑下，也是全不连通的拓扑空间.

证明　设 Σ_γ 是 S_γ 中由 s_γ 的所有同时为开和闭的邻域所成的族. 于是有 $\bigcap_{N\in\Sigma_\gamma} N=\{s_\gamma\}$. 对于每个$N\in\Sigma_\gamma$，$\pi_\gamma^{-1}(N)$ 在$\prod_\gamma S_\gamma$ 中也同样既是开的又是闭的，从而 $\pi_\gamma^{-1}(N)\cap S$ 是s 在S 中的开邻域与闭邻域. 设 $t\neq s$ 是 S 的另一元素. 于是对于某个 γ，有 $t_\gamma\neq s_\gamma$. 由于 S_γ 是全不连通的，故有某个 $N\in\Sigma_\gamma$，使得 $t_\gamma\notin N$，从而 $t\notin\pi_\gamma^{-1}(N)$. 这就证明了在 S 中的连通分支是

$$\bigcap_{\gamma\in\Gamma}\bigcap_{N\in\Sigma_\gamma}(\pi_\gamma^{-1}(N)\cap S)=\{s\}$$

换言之，S 是全不连通的. ■

最后所要考虑的，也就是与本章内容直接有关的，是拓扑群的情形. 设每个 G_γ 都是拓扑群，$\gamma\in\Gamma$；又对于$\beta\leqslant\gamma$，$\phi_{\gamma\beta}$ 都是满足(3.3.1)与(3.3.2)的连续同态. 于是，除连续同构不计外，存在一个唯一确定的拓扑群 G，它是$\{G_\gamma\}_{\gamma\in\Gamma}$ 关于$\{\phi_{\gamma\beta}\}_{\gamma,\beta\in\Gamma}$ 的反向极限$G=\varprojlim G_\gamma$. 现在要把这一事实应用到无限 Galois 扩张的自同构群上来.

设 K/F 是一个无限 Galois 扩张，$\mathrm{Aut}(K/F)$ 的拓扑如 3.2 节所规定. K/F 中关于 F 是有限 Galois 扩张的中间域 E_γ 组成一个集$\{E_\gamma\}_{\gamma\in\Gamma}$. 在标号 γ 所成的集 Γ 中，规定一个偏序"$\leqslant$"：$\beta\leqslant\gamma$，当且仅当$E_\beta\subseteq E_\gamma$. 易知，$\Gamma$ 成一个有向集. 此时每个 $G_\gamma=\mathrm{Aut}(E_\gamma/F)$ 都是有限群，在离散拓扑下成一个拓扑群. 当$\beta\leqslant\gamma$时，对于$\tau\in G_\gamma$，规定 $\phi_{\gamma\beta}(\tau)$ 为 τ 在 E_β 上的限制. 因此，$\phi_{\gamma\beta}(\tau)\in G_\beta$，它表明 $\phi_{\gamma\beta}$ 是由 G_γ 到G_β 的一个连续同态. 同样，又规定 $\pi_\gamma:\mathrm{Aut}(K/F)\to\mathrm{Aut}(E_\gamma/F)$ 为K 的

F一自同构在 E_γ 上的限制. $\{\phi_{\gamma\beta}\}_{\gamma,\beta\in\Gamma}$ 显然满足条件(3.3.1)与(3.3.2),因此$(\Gamma,\{G_\gamma\},\{\phi_{\gamma\beta}\})$ 是一个拓扑群所成的反向组. 下面要证明,这个反向组的反向极限正是具有 Krull 拓扑的自同构群 $\mathrm{Aut}(K/F)$.

定理 3.3 设 K/F 是无限 Galois 扩张,G_γ,$\phi_{\gamma\beta}$ 的意义如前,于是有

$$\mathrm{Aut}(K/F)=\lim_{\leftarrow} G_\gamma \tag{3.3.5}$$

证明 只需证明,若 G 是拓扑群,每个 $\pi'_\gamma:G\to G_\gamma$ 都是连续同态,且当 $\beta\leqslant\gamma$ 时,有 $\phi_{\gamma\beta}\cdot\pi'_\gamma=\pi'_\beta$ 成立,则存在唯一的连续同构 $\theta:G\to\mathrm{Aut}(K/F)$,使得有 $\pi_\gamma\cdot\theta=\pi'_\gamma$,$\gamma\in\Gamma$.

设 $\tau\in G$. 对于任何 $x\in K$,规定

$$\theta(\tau)(x)=\pi'_\gamma(\tau)(x),x\in E$$

首先,这个规定是有效的. 如若 $x\in E_\beta$,$x\in E_\gamma$,则有 $\delta\in\Gamma$,使得 $E_\beta\subseteq E_\delta$,$E_\gamma\subseteq E_\delta$,从而

$$\theta(\tau)(x)=\pi'_\gamma(\tau)(x)=\phi_{\delta\gamma}(\pi'_\delta(\tau)(x))=$$
$$\phi_{\delta\beta}(\pi'_\delta(\tau)(x))=\pi'_\beta(\tau)(x)$$

因此,θ 是一个确定的映射

$$\theta:G\to\mathrm{Aut}(K/F)$$

θ 显然是一个群同态. 有限群 G_γ 的拓扑是离散拓扑,故

$$\pi'^{-1}_\gamma(\iota)=\theta^{-1}(\mathrm{Aut}(K/F_\gamma))$$

是 G 中的开集. 但$\{\mathrm{Aut}(K/E_\gamma)\}_{\gamma\in\Gamma}$ 是在 Krull 拓扑下元素 $\iota\in\mathrm{Aut}(K/E)$ 的邻域基. 因此 θ 是连续的. 再按命题 1,即知 θ 是唯一的连续同构. ■

结合命题 2 的推论与命题 3,即可得到:

推论 无限 Galois 扩张 K/F 的 Galois 群 $\mathrm{Aut}(K/F)$,在 Krull 拓扑下是一个紧致的 T_2 一群,它同时又是全不连通的. ■

习　题　3

1. 设 K/F,L/F 都是正规扩张,E 是中间域,满足 $F\subseteq E\subseteq K\subseteq L$. 证明以下各命题是等价的:

(ⅰ) $\mathrm{Aut}(K/E)=\{\iota\}$;

(ⅱ) K/E 为纯不可分扩张;

(ⅲ) $\mathrm{Aut}(L/K)=\mathrm{Aut}(L/E)$.

2. 设 $F\subseteq K_1\subseteq K_2\subseteq\cdots$ 是由域扩张所成的无限列,$K=\bigcup_{j=1}^{\infty}K_j$. 又设对于每个 $n=1,2,\cdots$,K_n/F 都是 p^n 次的循环扩张. 证明:K/F 是 Abel 扩张.

3. 设 $\hat{F}$ 是有限域 F 的代数闭包. 证明：$G=\mathrm{Aut}(\hat{F}/F)$ 是无扭的 Abel 群.

4. 以素域 $\mathbf{F}_p=\mathbf{Z}(p)$ 为例，举例证明：在群 $G=\mathrm{Aut}(\hat{\mathbf{F}}_p/\mathbf{F}_p)$ 中，存在非闭的子群.

5. 对于任一无限群 G，可依照 3.2 节的方式来规定 Krull 拓扑，具体言之，作为单位元素的邻域基，可取 G 中所有满足 $(G:N)<\infty$ 的正规子群 N. 证明：在这个拓扑下子群 H 若满足 $(G:H)<\infty$，则必然是闭子群.

6. 利用上一题的结果来证明：子群 H 成为开子群，当且仅当 $(G:H)<\infty$.

第四章 Kummer 扩张与 Abel p－扩张

在第一、二章中，曾经讨论过一些简单的 Galois 扩张：循环扩张与根式扩张. 下一步，自然会注意到 Abel 扩张. 但讨论一般的 Abel 扩张，困难要大得多，至今尚无一般性的理论. 若对代数数域上的有限 Abel 扩张而言，那就导出了类域理论. 在本章中，我们只介绍两种特殊的有限 Abel 扩张，那就是 Kummer 扩张和 Abel p－扩张. 对它们的讨论，涉及一些域论以外的知识：Galois 上同调、对偶群以及 Witt 的向量算法等，我们将分别引入.

4.1 Galois 上同调

设 G 是群，以乘法作为运算，又设 A 是 Abel 群，它的运算记作加法. 我们称 G 作用于 A，或者说 A 是一个(左)G－模，如果对于每个 $\tau \in G$，以及 $\alpha \in A$，皆有 $\tau\alpha \in A$，并且满足

$$\tau(\alpha + \beta) = \tau\alpha + \tau\beta$$

$$(\mu\tau)\alpha = \mu(\tau\alpha)$$

设 f 是从 G 到 A 的映射：$\tau \to \alpha_\tau$. 如果 f 满足关系

$$f(\mu) + \mu(f(\tau)) = f(\mu\tau) \qquad (4.1.1)$$

则称 f 满足 Noether 方程，或者说 f 是从 G 到 A 的**交叉同态**. 若用同调代数的术语，则称 f 是 G 在 A 中的一个**一维上闭链**，映射 f 也可以直接写成 $\{\alpha_\tau\}_{\tau\in G}$. 两个映射之和，按以下方式规定

$$\{\alpha_\tau\}_{\tau\in G}+\{\beta_\tau\}_{\tau\in G}=\{\alpha_\tau+\beta_\tau\}_{\tau\in G} \tag{4.1.2}$$

显然，当$\{\alpha_\tau\}_{\tau\in G}$，$\{\beta_\tau\}_{\tau\in G}$都是一维上闭链时，它们的和也同样是一维上闭链. 因此，全体一维上闭链组成一个加群，记作 $Z^1(G,A)$. 其次，对于任何映射 $f:G\to A$，若存在一个 $\beta\in A$，使得对每个 $\tau\in G$，皆有 $f(\tau)=\tau\beta-\beta$ 成立，则称 f 是 G 在 A 中的一个**一维上边缘**. 在由(4.1.2) 所规定的加法下，所有的一维上边缘组成一个加群，记作 $B^1(G,A)$. 又因为每个一维上边缘都是一维上闭链，所以 $B^1(G,A)$ 是 $Z^1(G,A)$ 的子群. 以下我们将要考虑因子群 $Z^1(G,A)/B^1(G,A)$，我们称它是 **G 在 A 中的第一上同调群**，记作 $H^1(G,A)$.

在以下的应用中，也涉及 A 是乘法群的情形. 此时(4.1.1) 成为

$$f(\mu\tau)=\mu(f(\tau))\cdot f(\mu)$$

上边缘的条件成为 $f(\tau)=\tau\beta/\beta$. $Z^1(G,A)$，$B^1(G,A)$ 和 $H^1(G,A)$ 也都相应地成了乘群. $H^1(G,A)$ 的单位元素在作为乘群和加群时，分别用 1 和 0 来表示.

对我们的应用而言，是要讨论 Galois 扩张的情形. 设 K/F 是一个 Galois 扩张，取 $G=\mathrm{Aut}(K/F)$，A 可以分别取 K 就加法所成的群 K^+，以及 $\dot{K}=K\backslash\{0\}$ 按乘法所成的群，仍记作 $\dot{K}$. 针对这种 G 和 A 来讨论第一上同调群，这就是标题中所称的 Galois 上同调. 我们的结论是：

定理 4.1 设 G 是 Aut K 的一个有限子群. 于是有

$$H^1(G,K^+)=0,\ H^1(G,\dot{K})=1$$

其中 0 与 1 分别表示加群和乘群的单位元素.

证明 按 1.6 节命题 1，G 的元素关于 K 是线性无关的，故有 $\delta\in K$，使得 $a=\sum\limits_{\mu\in G}\mu(\delta)\neq 0$. 显然，对任何 $\tau\in G$，皆有 $\tau a=a$. 因此，$\sum\limits_{\mu\in G}\mu(\delta a^{-1})=1$. 为简便起见，不妨设$\sum\limits_{\mu\in G}\mu(\delta)=1$. 任取 $f\in Z^1(G,K^+)$，令

$$\alpha=\sum_{\mu\in G}f(\mu)\mu(\delta)$$

于是有

$$\begin{aligned}\tau\alpha&=\sum_{\mu}\tau f(\mu)\tau\mu(\delta)=\sum_{\mu}(f(\tau\mu)-f(\tau))\tau\mu(\delta)=\\&\sum_{\mu}f(\tau\mu)\tau\mu(\delta)-f(\tau)\cdot\tau=(\sum_{\mu}\mu(\delta))=\\&\alpha-f(\tau)\tau(1)=\alpha-f(\tau)\end{aligned}$$

取 $\beta=-\alpha$，即得 $f(\tau)=\tau\beta-\beta\in B^1(G,K^+)$. 这就证明了 $H^1(G,K^+)=0$.

对于乘群 $\dot{K}$，可做类似的证明. 设 $f\in Z^1(G,\dot{K})$. 取 $\gamma\in\dot{K}$，使得

$$\alpha=\sum_{\mu\in G}f(\mu)\mu(\gamma)\neq 0$$

于是有

$$\tau\alpha=\sum_{\mu}\tau f(\mu)\cdot\tau\mu(\gamma)$$

以 $f(\tau\mu)=\tau f(\mu)\cdot f(\tau)$ 代入上式,可得

$$\begin{aligned}\tau\alpha = &\sum_{\mu}(f(\tau))^{-1}f(\tau\mu)\tau\mu(\gamma) = \\ &(f(\tau))^{-1}\sum_{\mu}f(\tau\mu)\tau\mu(\gamma) = \\ &\alpha/f(\tau)\end{aligned}$$

取 $\beta=\alpha^{-1}$,即得

$$f(\tau)=\tau\beta/\beta \in B^1(G,\dot{K})$$

从而 $H^1(G,K)=1$. ■

上述定理指出,不论就域 K 的加群或乘群来说,第一上同调群都是平凡的. 以下,我们将把 G 取作有限 Galois 扩张 K/F 的 Galois 群 $\mathrm{Aut}(K/F)$.

4.2 Abel 群的对偶群

设 G,A 是两个任意 Abel 群,运算都是乘法,又设 χ,ψ 是从 G 到 A 的两个同态. 以

$$(\chi\psi)\tau=\chi\tau\cdot\psi\tau,\tau\in G \qquad (4.2.1)$$

来规定乘积 $\chi\psi$. 在这个乘法运算下,不难验知,所有的同态形成一个 Abel 群,记作 $\mathrm{Hom}(G,A)$.

本节所要讨论的是有限 Abel 群. 为此,先对指标为有限的情形来引进有关的称谓:设 $m(\geqslant 1)$ 是整数. 若对于 G 的每个元 τ,皆有 $\tau^m=\iota$,而且 m 是具有这个性质的最小正整数,则称 G 的指数为 m. 在这一情形下,我们取 A 为有限循环群 Z,并且要求它的阶 $|Z|$ 可被 m 整除. 此时称 $\mathrm{Hom}(G,Z)$ 的元素为 G 的**特征标**,称 $\mathrm{Hom}(G,Z)$ 为 G **的特征标群**,更常用的名称是 G 的对偶群,用 $G^{\wedge}$ 来记它.

以下设 G 是一个有限 Abel 群,$\tau_1,\cdots,\tau_r$ 是它的一个基,以 n_j 记 τ_j 的阶. 于是,每个 $\tau\in G$ 都可唯一地表如

$$\tau=\tau_1^{a_1}\cdots\tau_r^{a_r} \qquad (4.2.2)$$

其中 $1\leqslant a_j\leqslant n_j, j=1,\cdots,r$. 设 C_j 是 Z 中由满足 $z^{n_j}=1$ 的元素所构成的子群,1 表示 Z 的单位元素. 由于 n_j 是 $|Z|$ 的因子,因此 C_j 就是 Z 中阶为 n_j 的子群. 取 $C=C_1\times\cdots\times C_r$,以分量相乘来规定它的乘法. 这样它成一个群,而且与 G 同构. 今往证,C 又同构于 G 的对偶群 $G^{\wedge}$.

设 $\chi\in G^{\wedge}$. 令 $\chi\tau_j=c_j, j=1,\cdots,r$. 于是 $c_j^{n_j}=(\chi\tau_j)^{n_j}=\chi(\tau_j^{n_j})=\chi(\iota)=1$,即 $c_j\in C_j$. 从而

$$\chi\rightarrow(\chi\tau_1,\cdots,\chi\tau_r)=(c_1,\cdots,c_r)\in C \qquad (4.2.3)$$

就是一个从 $G^{\wedge}$ 到 C 的映射. 若在这个对应下,同态 ψ 对应于$(c'_1,\cdots,c'_r)$,则有

$$\psi\chi \to (\psi\tau_1\,\chi\tau_1,\cdots,\psi\tau_r\,\chi\tau_r) = (c'_1c_1,\cdots,c'_rc_r) = (c'_1,\cdots,c'_r)(c_1,\cdots,c_r)$$

因此(4.2.3)给出一个从 $G^{\wedge}$ 到 C 的同态. 当 χ 使每个 τ_j 都取值 1 时, $\chi\tau=1$ 对每个 $\tau\in G$ 成立,换言之, χ 为 $G^{\wedge}$ 中的单位元素. 因此,(4,2,3)是单一的. 另一方面,任给 C 的一个元素$(c_1,\cdots,c_r)$. 令 $\chi\tau_j=c_j, j=1,\cdots,r$. 按(4.2.2)以及乘法的规定,可知 χ 是从 G 到 C 的一个同态,因此(4.2.3)又是满射的.

命题 1 设 G 是有限 Abel 群, Z 是有限循环群,它的阶可被 G 的指数所整除. 于是有 $G\simeq \mathrm{Hom}(G,Z)=G^{\wedge}$. ■

还可以注意到一个事实:若 c_j 是循环子群 C_j 的生成元, $j=1,\cdots,r$,则由 $\chi_j(\tau_j)=c_j, \chi_j(\tau_i)=1, i\neq j$ 所规定的同态 $\chi_1,\cdots,\chi_r$ 是 $G^{\wedge}$ 的一个基,换言之,任何一个 $\chi\in G^{\wedge}$ 皆可写成

$$\chi=\chi_1^{a_1}\cdots\chi_r^{a_r}$$

若元素(4.2.2)对所有的 $\chi\in G^{\wedge}$ 皆有 $\chi\tau=1$,则 $\chi_j\tau=1, j=1,\cdots,r$. 因此有 $\chi_j\tau=c_j^{a_j}=1$,或者 $a_j=n_j$ 对每个 j 成立. 此时 $\tau=\tau_1^{a_1}\cdots\tau_r^{a_r}=\tau_1^{n_1}\cdots\tau_r^{n_r}=\iota$,故又有:

推论 1 在命题的所设下,对于 G 中每个 $\tau\neq\iota$,必有某个 $\chi\in G^{\wedge}$,使得 $\chi\tau\neq 1$. ■

为下一节论述的方便起见,现在再引入一个概念. 设 G,H 是任意两个 Abel 群, A 是有限循环群. 映射

$$\phi: G\times H\to A$$

如果满足以下的条件

$$\phi(\tau_1\tau_2,\chi)=\phi(\tau_1,\chi)\phi(\tau_2,\chi)$$

$$\phi(\tau,\chi_1\chi_2)=\phi(\tau,\chi_1)\phi(\tau,\chi_2) \tag{4.2.4}$$

其中 $\tau_1,\tau_2\in G, \chi_1,\chi_2\in H$,就称为 G,H 在 A 中的一个**配对**. 规定 G,H 的子群为

$$G'=\{\tau\in G \mid \phi(\tau,\chi)=1, \text{对所有的}\chi\in H\}$$

$$H'=\{\chi\in H \mid \phi(\tau,\chi)=1, \text{对所有的}\ \tau\in G\}$$

现在证明:

命题 2 若 H/H^1 是有限群,则有 $G/G^1\simeq H/H^1$.

证明 不失一般性,不妨设 A 是在复数域中由 m 次单位根所生成的循环群, $m=|A|$. 对于每个 $\tau\in G$,令 $\chi_\tau(\chi)=\phi(\tau,\chi)$. 于是 χ_τ 成为 H 的一个特征标,即 $\chi_\tau\in H^{\wedge}$. 又按 H^1 的规定, χ_τ 可作为属于$(H/H^1)^{\wedge}$. 若 $\tau_1,\tau_2\in G$,则有

$$\chi_{\tau_1\tau_2}(\chi)=\phi(\tau_1\tau_2,\chi)=\phi(\tau_1,\chi)\phi(\tau_2,\chi)=$$
$$\chi_{\tau_1}(\chi)\cdot\chi_{\tau_2}(\chi)=\chi_{\tau_1}\chi_{\tau_2}(\chi)$$

这表明了 $\tau\to\chi_\tau$ 是从 G 到 $H^\wedge$ 内的一个同态. 又若 τ 属于该同态的特征标,则对于每个 $\chi\in H$,皆有 $\chi_\tau(\chi)=\phi(\tau,\chi)=1$,即 $\tau\in G^1$. 反之,对于 $\tau\in G^1$, χ_τ 就是 $H^\wedge$ 的单位元素. 因此, G/G^1 同构于 $(H/H^1)^\wedge$ 的一个子群,从而同构于 H/H^1 的一个子群. 同样的论证可得出, H/H^1 同构于 G/G^1 的一个子群. 在 H/H^1 是有限的假设下,命题即成立. ■

当 G 为有限时,取 $H=G^\wedge$,使用命题 1,2,即得:

推论 设 G 是有限 Abel 群, $\chi_1,\cdots,\chi_r$ 是它的特征标. 于是 $\{\chi_1,\cdots,\chi_r\}$ 生成 G 的对偶群 $H=G^\wedge$,当且仅当由 $\chi_j\tau=1$, $j=1,\cdots,r$. 必然有 $\tau=\iota$. ■

4.3 Kummer 扩张

一个 Galois 扩张 K/F,如果它的 Galois 群 $\mathrm{Aut}(K/F)$ 是指数为 m 的 Abel 群,那么就称 K/F 是指数为 m 的 Abel 扩张. 又若 F 含有 m 次本原单位根,则称 K/F 为 **Kummer 扩张**(或者, **Kummer m — 扩张**). 以下我们总假定 F 含有 m 次本原单位根,并且以 Z 记由 m 次单位根所成的 m 阶循环群,它是 $\dot{F}$ 的一个子群. 在这个前设下, F 的特征或为 0,或与 m 互素. 为确定起见,本节所论及的扩张都含在 F 的一个代数闭包 $\hat{F}$ 内. 我们注意,符号 $a^{1/m}$ 无确定的意义,因为它可以代表方程 $X^m=a$ 的任何一个根,但在当前的情形下,无论它代表该方程的哪一个根,域 $F(a^{1/m})$ 总是一致的. 因此,在以下的段落中,我们不避免使用这一记法. 对于 F 的任何子集 B,以 $B^{1/m}$ 记集 $\{a^{1/m}\mid a\in B\}$. 于是 $F(B^{1/m})$ 就是在 $\hat{F}$ 内,由形式如 $F(a^{1/m})$ 的子域所做的合成. 今有如下的定理:

定理 4.2 设 B 是 $\dot{F}$ 的一个子群,并且包含子群 $\dot{F}^m=\{a^m\mid a\in\dot{F}\}$. 于是域 $K=K_B=F(B^{1/m})$ 是 F 上的 **Kummer m — 扩张**;它的 Galois 群 G 的对偶群 $G^\wedge$ 同构于 $B/\dot{F}^m$.

证明 由于 K 是 F 上一组形式如 X^m-a 的多项式的分裂域,所以 K/F 是 Galois 扩张,以 G 记其 Galois 群.

设 $\alpha^m=a$, $a\in B$. 于是有 $\tau\alpha=\zeta_\tau\alpha$, ζ_τ 是某个 m 次单位根. 按所设, $\zeta_\tau\in Z\subseteq F$. 由 $(\mu\tau)\alpha=\zeta_\mu\zeta_\tau\alpha=\zeta_\tau\zeta_\mu\alpha=\zeta_{\mu\tau}\alpha$,知 $\mu\tau=\tau\mu$. 又因为 $\tau^m\alpha=\zeta_\tau^m\alpha=\alpha$,对每个如上的 α 都成立,所以 τ^m 是 K 上的恒同自同构,即 $\tau^m=\iota$. 由 $\tau\in G$ 的任意性,知 G 是指数为 m 的 Abel 群,即 K/F 是 Kummer m — 扩张.

对于每个 $a \in B$，令

$$\phi(\tau, a) = \tau\alpha/\alpha \tag{4.3.1}$$

其中 α 满足 $\alpha^m = a$. 首先，这个规定是有效的. 如若 α' 是 $X^m = a$ 的另一个根，则有 $\alpha = \zeta\alpha'$，ζ 是某个 m 次单位根. 于是

$$\tau\alpha = \tau(\zeta\alpha') = \zeta\tau\alpha'$$

从而

$$\tau\alpha/\alpha = \zeta\tau\alpha'/\zeta\alpha' = \tau\alpha'/\alpha'$$

今证明 ϕ 是 G 与 B 到 Z 的一个配对. 由

$$(\tau\alpha/\alpha)^m = (\tau\alpha)^m/\alpha^m = \tau(\alpha^m)/\alpha^m = \tau a/a = a/a = 1$$

知 $\phi(\tau, a) \in Z$. 从而又有

$$\phi(\tau\mu, a) = \tau\mu\alpha/\alpha = (\tau\alpha/\alpha) \cdot \tau(\mu\alpha/\alpha) = \\ (\tau\alpha/\alpha) \cdot (\mu\alpha/\alpha) = \\ \phi(\tau, a)\phi(\mu, a)$$

另一方面，显然有 $\phi(\tau, ab) = \phi(\tau, a)\phi(\tau, b)$. 现在令 $\chi_a(\tau) = \phi(\tau, a)$. 根据上面所证，$\chi_a$ 是 G 的一个特征标，即 $\chi_a \in G^{\hat{}}$. 又按 $\phi(\tau, ab) = \phi(\tau, a)\phi(\tau, b)$，有 $\chi_{ab}(\tau) = \chi_a(\tau)\chi_b(\tau) = (\chi_a\chi_b)(\tau)$，这证明了

$$f: a \to \chi_a \tag{4.3.2}$$

是一个从乘群 B 到 $G^{\hat{}}$ 的同态，现在来证 f 是满射的. 设 $\chi \in G^{\hat{}}$. 于是有

$$\chi(\mu\tau) = \chi(\mu)\chi(\tau) = \chi(\mu) \cdot \mu(\chi(\tau))$$

在 K/F 是有限扩张时，按定理 4.1 可得 $\chi(\tau) = \tau\beta/\beta$；在 K/F 为任意的 Kummer $m-$扩张时，由一个类似于定理 4.1 的结果[①]，同样可得出 $\chi(\tau) = \tau\beta/\beta$. 再从

$$1 = \chi(\iota) = \chi(\tau^m) = \tau\beta^m/\beta^m$$

得 $\beta^m = b \in F$. 因此，$\chi = \chi_b$，故 f 是满射的. 其次考虑核 $\ker f = \{a \mid \chi_a = \text{单位特征标}\}$. 从

$$1 = \chi_a(\tau) = \tau\alpha/\alpha$$

对每个 τ 成立，知有 $\alpha \in \dot{F}$. 但 $a = \alpha^m$，即 $a \in \dot{F}^m$. 这就证明了 $G^{\hat{}} \simeq B/\dot{F}^m$. ■

特别在群指数 $(B : \dot{F}^m)$ 为有限时，K_B/F 是有限 Kummer 扩张，此时应有

$$[K_B : F] = |G| = |G^{\hat{}}| = (B : \dot{F}^m)$$

现在我们就有限扩张的情形来讨论上述定理的逆定理. 设 K/F 是一个有限 Kummer $m-$扩张，G 是它的 Galois 群，又设

$$H = H_K = \{\alpha \in \dot{K} \mid \alpha^m \in \dot{F}\}$$

---

① 见文献[2]，p. 79，p. 87.

H 显然是 $\dot{K}$ 中一个包含 $\dot{F}$ 的子群. 令

$$\phi(\tau,\alpha)=\tau\alpha/\alpha$$

如定理 4.2 的证明所示,ϕ 是 G 与 H 到 Z 的一个配对. 此时 G^1 与 H^1 分别是

$$G^1=\{\tau\in G\mid\phi(\tau,\alpha)=1,\text{对每个 }\alpha\in H\}$$

$$H^1=\{\alpha\in H\mid\phi(\tau,\alpha)=1,\text{对每个 }\tau\in G\}$$

首先,$H^1=H\cap\dot{F}=\dot{F}$,要确定 G^1 需要用到 4.1 节和 4.2 节的结果. 对于任一 $\chi\in G^{\wedge}$,由

$$\chi(\tau\mu)=\chi\tau\cdot\chi\mu=\tau(\chi\mu)\cdot\chi\tau,\tau,\mu\in G$$

得 $\chi\in Z^1(G,\dot{K})=B^1(G,\dot{K})$,即存在 $\beta\in\dot{K}$,使得对于每个 $\tau\in G$,皆有 $\chi\tau=\tau\beta/\beta$(定理 4.1). 所以当 $\tau\in G^1$ 时,对于每个 $\chi\in G^{\wedge}$,皆有 $\chi\tau=1$,从而得出 $\tau=\iota$(4.2 节命题 1 的推论). 这证明了 $G^1=\{\iota\}$. 再根据 4.2 节的命题 2,即有 $G\simeq H/\dot{F}$.

另一方面,按 H 的规定,$B=H^m=\{\alpha^m\mid\alpha\in H\}$ 应是 $\dot{F}$ 的一个子群. 从 H 到 B 的同态

$$\alpha\to\alpha^m\tag{4.3.3}$$

它在 $\dot{F}$ 上的限制是满射同态

$$\dot{F}\to\dot{F}^m$$

若在诱导出的满射同态

$$H/\dot{F}\to B/\dot{F}^m\tag{4.3.4}$$

下,有 $\alpha\dot{F}\to\dot{F}^m$,则 $\alpha^m\in\dot{F}^m$,即 $\alpha^m=b^m,b\in\dot{F}$,从而有 $\alpha=\zeta b$,ζ 是某个 m 次单位根. 于是 $\alpha\in\dot{F}$,这证明了(4.3.4) 是个同构. 因此

$$G\simeq H/\dot{F}\simeq B/\dot{F}^m\tag{4.3.5}$$

又按 G 是有限的. 所以 B 是 $\dot{F}$ 中关于 $\dot{F}^m$ 的指数为有限的子群,并且$[K:F]=(B:\dot{F}^m)$.

从以上的论述,还可以得到一个有限的 Kummer m－扩张 K 到 $\dot{F}$ 中关于 $\dot{F}^m$ 有有限指标的子群 B 之间的对应

$$K\to B\tag{4.3.6}$$

不难验证,这是一个叠合对应. 因为,首先按定理 4.2,它是满射的. 反之,给定一个有限的 Kummer 扩张 K/F,作 H 如前;又令 $B=H^m$,以及 $K_B=F(B^{1/m})$. 显然 $K_B\subseteq K$. 对于 K_B,作

$$H_1=\{\alpha\in\dot{K}_B\mid\alpha^m\in\dot{F}\}$$

以及 $B_1=H_1^m$. 于是有 $H\subseteq B^{1/m}\subseteq H_1\subseteq H$. 从而 $H=H_1,B=B_1$. 再根据

$$[K:F]=(B:\dot{F}^m)=(B_1:\dot{F}^m)=[K_B:F]$$

就得到 $K=K_B$. 这证明了(4.3.6) 又是单一的. 从以上的讨论结合定理 4.2,就

有如下定理：

定理 4.3 在 F 上有限 Kummer m－扩张 K/F，与 $\dot{F}$ 中关于 $\dot{F}^m$ 的指数为有限的子群 B 之间，存在一个叠合对应

$$B \to K = K_B = F(B^{1/m})$$

使得 $\mathrm{Aut}(K_B/F) \simeq B/\dot{F}^m$，从而 $[K_B : F] = (B : \dot{F}^m)$. ■

从以上的论证中还可见到，对于有限的 Kummer 扩张 K/F，如果 $(a_1\dot{F}^m, \cdots, a_n\dot{F}^m)$ 是 $B/\dot{F}^m$ 的一个基，那么

$$K = K_B = F(a_1^{1/m}, \cdots, a_n^{1/m})$$

换言之，K/F 是多项式 $(X^m - a_1)\cdots(X^m - a_n)$ 的分裂域.

与循环扩张的情形类似，我们还可以就 F 的特征为 $p \neq 0$ 时来讨论指数为 p 的 Abel 扩张，对此，将有一个与上述定理类似的结论.

我们仍然在 F 的一个代数闭包 $\hat{F}$ 内来考虑. 对于 $\hat{F}$ 中任何元素 α，令

$$\mathscr{P}(\alpha) = \alpha^p - \alpha \tag{4.3.7}$$

算子 $\mathscr{P}$ 给出 $\hat{F}^+$ 到自身内的一个自同态，因为

$$\begin{aligned}\mathscr{P}(\alpha + \beta) &= (\alpha + \beta)^p - (\alpha + \beta) = \\ &(\alpha^p - \alpha) + (\beta^p - \beta) = \\ &\mathscr{P}(\alpha) + \mathscr{P}(\beta)\end{aligned}$$

对于任何子集 H，我们规定 $\mathscr{P}H = \{\mathscr{P}(\alpha) \mid \alpha \in H\}$. 对未定元 X，则有 $\mathscr{P}(X) = X^p - X$. 其次，又以 $\mathscr{P}^{-1}a$ 记集 $\{\alpha \in \hat{F} \mid \mathscr{P}(\alpha) = a\}$，或者说，它是由方程 $X^p - X - a = 0$ 的根所成的集. 于是对于 F 的任何子集 B，规定 $\mathscr{P}^{-1}B = \{\mathscr{P}^{-1}a \mid a \in B\}$.

作了如上的这些记法，我们可以陈述结论如下：

定理 4.4 设 F 的特征为 $p \neq 0$. 于是在 F 上指数为 p 的有限 Abel 扩张 K/F，与 F^+ 中关于 $\mathscr{P}F^+$ 的指数为有限的子群 B 之间，存在一个叠合对应

$$B \to K = K_B = F(\mathscr{P}^{-1}B)$$

使得 $\mathrm{Aut}(K/F) \simeq B/\mathscr{P}F^+$，从而 $[K : F] = (B : \mathscr{P}F^+)$.

这个定理的证明基本上与定理 4.2，4.3 的证法相类似，因此，只需略述其大概.

设 K/F 是指数为 p 的有限 Abel 扩张，$G = \mathrm{Aut}(K/F)$. 令

$$H = \{\alpha \in K^+ \mid \mathscr{P}(\alpha) \in F\}$$

易知 H 是 K^+ 的一个子群，由此又有 F^+ 的子群 $B = \mathscr{P}(H)$.

按所设，G 是指数为 p 的有限 Abel 群. 任取从 G 到 $\mathbf{F}_p^+$ 的同态 $\chi : G \to \mathbf{F}_p^+$. 于是

$$\chi(\tau\mu) = \chi\tau + \chi\mu = \tau(\chi\mu) + \chi\tau$$

即

$$\chi \in Z^1(G,K^+) = B^1(G,K^+)$$

从而存在 $\beta \in K^+$，使得对每个 $\tau \in G$，都有 $\chi\tau = \tau\beta - \beta$. 因此

$$\begin{aligned}\mathscr{P}(\beta) - \tau\mathscr{P}(\beta) = \beta^p - \beta - \tau(\beta^p) + \tau\beta = \\ (\tau\beta - \beta) - (\tau\beta^p - \beta^p) = \\ \chi\tau - (\chi\tau)^p = 0\end{aligned}$$

即 $\mathscr{P}(\beta) \in F$，或者 $\beta \in H$.

另一方面，从任何 $\alpha \in H$，规定一个 χ：$\chi\tau = \tau\alpha - \alpha$. 可以证明，$\chi$ 是从 G 到 $\mathbf{F}_p^+$ 的一个同态.

其余的论证步骤完全平行于定理 4.3 的证明，今从略.

对于 Abel 扩张，下一步要讨论的自然是指数为 p^e 的情形. 对它的讨论需要用 E. Witt 于 1936 年所引入的一种向量算法. 我们将在下一节来介绍.

4.4 Witt 向量

设 D 是 $\mathbf{Q}$ 上含一个或多个文字(未定元)的多项式环，$D^{(m)}$ 表示 m 个 D 的笛卡儿积 $D\times\cdots\times D$，它的元素 $\boldsymbol{x} \in D^{(m)}$ 称为向量，写如 $\boldsymbol{x} = (x_0, \cdots, x_{m-1})$. 对于任意两向量 $\boldsymbol{x}, \boldsymbol{y} = (y_0, \cdots, y_{m-1})$，按分量的加法与乘法，可给出 $D^{(m)}$ 的一个环结构. 以 $D^{(m)}$ 同时记这个环，它的加、减和乘运算，分别用"$\oplus$""$\ominus$"和"$\odot$"来记. 此时有

$$\boldsymbol{x} \oplus \boldsymbol{y} = (x_0 \pm y_0, \cdots, x_{m-1} \pm y_{m-1})$$

$$\boldsymbol{x} \odot \boldsymbol{y} = (x_0 y_0, \cdots, x_{m-1} y_{m-1})$$

现在任取一个素数 p. 对向量 $\boldsymbol{x} = (x_0, \cdots, x_{m-1})$ 作

$$\boldsymbol{x}^{(i)} = x_0^{p^i} + p x_1^{p^{i-1}} + \cdots + p^i x_i, i = 0, \cdots, m-1 \qquad (4.4.1)$$

具体地写出如下

$$\begin{aligned}\boldsymbol{x}^{(0)} &= x_0 \\ \boldsymbol{x}^{(1)} &= x_0^p + p x_1 \\ &\vdots \\ \boldsymbol{x}^{(m-1)} &= x_0^{p^{m-1}} + p x_1^{p^{m-2}} + \cdots + p^{m-1} x_{m-1}\end{aligned}$$

这样作出的 $\boldsymbol{x}^{(0)}, \cdots, \boldsymbol{x}^{(m-1)}$ 称为向量 $\boldsymbol{x}$ 的 **Witt 分量**. 由这 m 个量，可作 $D^{(m)}$ 中的另外一个向量

$$\varphi(\boldsymbol{x}) = (\boldsymbol{x}^{(0)}, \boldsymbol{x}^{(1)}, \cdots, \boldsymbol{x}^{(m-1)})$$

从而得到一个从 $D^{(m)}$ 到自身的映射

$$\varphi : \boldsymbol{x} \to \varphi(\boldsymbol{x}) \qquad (4.4.2)$$

另一方面，对于 D 中任意给定的 m 个元素 $\boldsymbol{x}^{(0)},\cdots,\boldsymbol{x}^{(m-1)}$，可以通过(4.4.1) 唯一地得出 $x_0,\cdots,x_{m-1}$，具体如下

$$x_0=\boldsymbol{x}^{(0)}$$

$$x_{i+1}=\frac{1}{p^{i+1}}(\boldsymbol{x}^{(i+1)}-(x_0^{p^{i+1}}+\cdots+p^i x_i^p))$$

$$0\leqslant i\leqslant m-2 \tag{4.4.3}$$

因此，φ 是一个 $D^{(m)}$ 到自身的叠合映射. 我们现在使用 φ 的逆映射 φ^{-1}，对向量集 $D^{(m)}$ 来规定它的另一个环结构. 为区别记，以"$\pm$""$\cdot$"分别记其中的加减与乘. 令

$$\boldsymbol{x}\pm\boldsymbol{y}=\varphi^{-1}(\varphi(\boldsymbol{x})\oplus\varphi(\boldsymbol{y}))$$

$$\boldsymbol{x}\cdot\boldsymbol{y}=\varphi^{-1}(\varphi(\boldsymbol{x})\odot\varphi(\boldsymbol{y})) \tag{4.4.4}$$

我们以 D_m 记这个环. 在这样的规定下，φ 就成为从 D_m 到 $D^{(m)}$ 的一个环同构. 从(4.4.4) 立即有

$$(\boldsymbol{x}\pm\boldsymbol{y})^{(i)}=\boldsymbol{x}^{(i)}\pm\boldsymbol{y}^{(i)}$$

$$(\boldsymbol{x}\cdot\boldsymbol{y})^{(i)}=\boldsymbol{x}^{(i)}\boldsymbol{y}^{(i)}$$

由于(0,…,0) 和(1,…,1) 分别是环 $D^{(m)}$ 的零元素和单位元素，故

$$\varphi^{-1}(0,\cdots,0)=(0,\cdots,0)$$

和

$$\varphi^{-1}(1,1,\cdots,1)=(1,0,\cdots,0)$$

分别是 D_m 的零元素和单位元素.

Witt 向量算法的一个基本事实是在于证明：若向量 $\boldsymbol{x},\boldsymbol{y}$ 的分量都是整系数的多项式，则按(4.4.4) 所规定的 $\boldsymbol{x}\pm\boldsymbol{y}$ 和 $\boldsymbol{x}\cdot\boldsymbol{y}$，它们的分量也都是整系数的多项式. 为证明这一事实，不妨设

$$D=\mathbf{Z}[X_0,\cdots,X_{m-1};Y_0,\cdots,Y_{m-1}],\boldsymbol{x},\boldsymbol{y}\in D^{(m)}$$

首先，作 $D^{(m)}$ 到自身的 Frobenius 映射

$$P:\boldsymbol{x}\rightarrow\boldsymbol{x}^P=(x_0^p,\cdots,x_0^{p^{m-1}}) \tag{4.4.5}$$

有了这个映射，(4.4.1) 又可写如

$$\boldsymbol{x}^{(i)}=(\boldsymbol{x}^P)^{(i-1)}+p^i x_i,\ i\geqslant 1 \tag{4.4.1$'$}$$

现在有一个引理：

引理 1 对于 $D^{(m)}$ 中任意两向量 $\boldsymbol{x},\boldsymbol{y}$，以及每个整数 $k\geqslant 1$，下列两同余式是等价的

$$x_i\equiv y_i \pmod{p^k}$$

$$\boldsymbol{x}^{(i)}\equiv\boldsymbol{y}^{(i)} \pmod{p^{k+i}}$$

其中 p^k 与 p^{k+i} 分别指 D 中的主理想 p^kD 与 $p^{k+i}D$.

证明 当 $i=0$ 时结论显然成立. 设对于 $i-1$ 已经成立. 按(4.4.1)，$\boldsymbol{x}^{(i)}\equiv$

$\boldsymbol{y}^{(i)}(\bmod p^{k+i})$ 等价于 $x_i \equiv y_i(\bmod p^k)$，以及 $(\boldsymbol{x}^P)^{(i-1)} \equiv (\boldsymbol{y}^P)^{(i-1)}(\bmod p^{k+i})$. 后者又等价于 $\boldsymbol{x}^{(i-1)} \equiv \boldsymbol{y}^{(i-1)}(\bmod p^{k+1})$. 从归纳法的所设，结合(4.4.1)，以及 $\binom{p}{i} \equiv 0(\bmod p)$，即知结论成立. ■

以下，我们用符号"$*$"统一表示 D_m 中的运算"$\pm, \cdot$". 我们所要证明的结论，可以进一步强化如下：

命题 1 设 $\boldsymbol{x}, \boldsymbol{y} \in D^{(m)}$，$D=\mathbf{Z}[X_0, \cdots, X_{m-1}, Y_0, \cdots, Y_{m-1}]$. 于是 $(\boldsymbol{x} * \boldsymbol{y})_i \in \mathbf{Z}[X_0, \cdots, X_i; Y_0, \cdots, Y_i]$，$i \leqslant m-1$.

证明 对于 $i=0$，结论显然. 设结论对 $i-1$ 已经成立. 由于

$$(\boldsymbol{x} * \boldsymbol{y})^{(i)} = ((\boldsymbol{x} * \boldsymbol{y})^P)^{(i-1)} + p^i (\boldsymbol{x} * \boldsymbol{y})_i$$

所以只需证明

$$(\boldsymbol{x} * \boldsymbol{y})^{(i)} = ((\boldsymbol{x} * \boldsymbol{y})^P)^{(i-1)} (\bmod p^i)$$

从(4.4.1′)知有

$$\boldsymbol{x}^{(i)} \equiv (\boldsymbol{x}^P)^{(i-1)} (\bmod p^i)$$

$$\boldsymbol{y}^{(i)} \equiv (\boldsymbol{y}^P)^{(i-1)} (\bmod p^i)$$

从而有

$$(\boldsymbol{x} * \boldsymbol{y})^{(i)} = \boldsymbol{x}^{(i)} * \boldsymbol{y}^{(i)} \equiv (\boldsymbol{x}^P)^{(i-1)} * (\boldsymbol{y}^P)^{(i-1)} = (\boldsymbol{x}^P * \boldsymbol{y}^P)^{(i-1)} (\bmod p^i)$$

另一方面，由于整系数多项式的 p 次幂，与各项分别以其 p 次幂代替所得的多项式关于 p 是同余的，据归纳法假设，在 $s \leqslant i-1$ 时，有

$$(\boldsymbol{x} * \boldsymbol{y})_s^P \equiv (\boldsymbol{x}^P * \boldsymbol{y}^P)_s (\bmod p)$$

从而取 $s=i-1$，有

$$((\boldsymbol{x} * \boldsymbol{y})^P)^{(i-1)} \equiv (\boldsymbol{x}^P * \boldsymbol{x}^P)^{(i-1)} (\bmod p^i)$$

即命题对于 i 也成立. ■

为了以后使用上的方便，命题的结论可以改写成如下的形式

$$(\boldsymbol{x} + \boldsymbol{y})_i = s_i(x_0, \cdots, x_i; y_0, \cdots, y_i) = s_i(\boldsymbol{x}, \boldsymbol{y})$$

$$(\boldsymbol{x} - \boldsymbol{y})_i = d_i(x_0, \cdots, x_i; y_0, \cdots, y_i) = d_i(\boldsymbol{x}, \boldsymbol{y})$$

$$(\boldsymbol{x} \cdot \boldsymbol{y})_i = m_i(x_0, \cdots, x_i; y_0, \cdots, y_i) = m_i(\boldsymbol{x}, \boldsymbol{y}) \tag{4.4.6}$$

其中 s_i, d_i, m_i 都属于 $\mathbf{Z}[X_0, \cdots, X_i; Y_0, \cdots, Y_i]$，$0 \leqslant i \leqslant m-1$. 从而又有下面的记法

$$\boldsymbol{x} + \boldsymbol{y} = (s_0(\boldsymbol{x}, \boldsymbol{y}), s_1(\boldsymbol{x}, \boldsymbol{y}), \cdots, s_{m-1}(\boldsymbol{x}, \boldsymbol{y}))$$

$$\boldsymbol{x} - \boldsymbol{y} = (d_0(\boldsymbol{x}, \boldsymbol{y}), d_1(\boldsymbol{x}, \boldsymbol{y}), \cdots, d_{m-1}(\boldsymbol{x}, \boldsymbol{y}))$$

$$\boldsymbol{x} \cdot \boldsymbol{y} = (m_0(\boldsymbol{x}, \boldsymbol{y}), m_1(\boldsymbol{x}, \boldsymbol{y}), \cdots, m_{m-1}(\boldsymbol{x}, \boldsymbol{y})) \tag{4.4.7}$$

从(4.4.1)和(4.4.3)经计算可得

$$(\boldsymbol{x} + \boldsymbol{y})_0 = x_0 + y_0$$

$$(\boldsymbol{x}\cdot\boldsymbol{y})_0=x_0y_0$$

$$(\boldsymbol{x}+\boldsymbol{y})_1=x_1+y_1-\frac{1}{p}\sum_{i=1}^{p-1}\binom{p}{i}x_0^iy_0^{p-i}$$

$$(\boldsymbol{x}\cdot\boldsymbol{y})_1=x_0^py_1+x_1y_0^p+px_1y_1$$

还可以验知

$$(\boldsymbol{x}+\boldsymbol{y})_i=x_i+y_i+f_i(x_0,y_0,\cdots,x_{i-1},y_{i-1}) \tag{4.4.8}$$

其中 $f_i\in\mathbf{Z}[X_0,\cdots,X_{i-1};Y_0,\cdots,Y_{i-1}]$.

由(4.4.4)或(4.4.7)所规定的环 D_m 称作 **m 维 Witt 向量环**,以下记作 W_m. 它的元素称为 **m 维 Witt 向量**;同时又称(4.4.4)或(4.4.7)所规定的运算为 **Witt 向量算法**.

为下一节的需要,取素域 $\mathbf{F}_p$ 上的交换代数 A. 设 $\alpha_i,\beta_j(i,j=0,\cdots,m-1)$ 是 A 中 $2m$ 个任意取定的元素. 作从 $\mathbf{Z}[X_0,\cdots,X_{i-1};Y_0,\cdots,Y_{i-1}]$ 到 A 的同态 θ,使得

$$\theta X_i=\alpha_i,\theta Y_i=\beta_j\quad(i,j=0,\cdots,m-1)$$

以及 $\theta|_{\mathbf{Z}}:\mathbf{Z}\to\mathbf{F}_p$,此处 $\theta|_{\mathbf{Z}}$ 是标准同态. 利用这个 θ,可以对分量取自 A 的 m 维向量来规定它的 Witt 向量算法. 具体而言,有

$$(\boldsymbol{\alpha}+\boldsymbol{\beta})_i=\bar{s}_i(\alpha_0,\cdots,\alpha_i;\beta_0,\cdots,\beta_i)=\bar{s}_i(\boldsymbol{\alpha},\boldsymbol{\beta})$$

$$(\boldsymbol{\alpha}-\boldsymbol{\beta})_i=\bar{d}_i(\alpha_0,\cdots,\alpha_i;\beta_0,\cdots,\beta_i)=\bar{d}_i(\boldsymbol{\alpha},\boldsymbol{\beta})$$

$$(\boldsymbol{\alpha}\cdot\boldsymbol{\beta})_i=\bar{m}_i(\alpha_0,\cdots,\alpha_i;\beta_0,\cdots,\beta_i)=\bar{m}_i(\boldsymbol{\alpha},\boldsymbol{\beta}) \tag{4.4.9}$$

其中 $\bar{s}_i,\bar{d}_i,\bar{m}_i$ 是多项式 s_i,d_i,m_i 的系数,分别代替它们在 θ 下的象而得到 $\mathbf{F}_p$ 上的多项式. 因此,A 上的 m 维向量在(4.4.9)的规定下构成一个变换环,称作 **$\mathbf{F}_p$ 上的 m 维 Witt 向量环**,记作 $W_m(\mathbf{F}_p)$. 特别在 A 取作特征为 p 的域 F 时得到 $W_m(F)$. 对于向量 $\boldsymbol{\alpha}=(\alpha_0,\cdots,\alpha_{m-1})\in W_m(F)$,若 $\alpha_0\neq0$,通过规定的算法,可得到一个 $\boldsymbol{\beta}=(\beta_0,\cdots,\beta_{m-1})$,使得 $\boldsymbol{\alpha}\cdot\boldsymbol{\beta}=1=(1,0,\cdots,0)$,换言之,$\boldsymbol{\alpha}$ 是 $W_m(F)$ 中的单位元.

最后来看向量的 p^n 倍,即 p^n 个 $\boldsymbol{\alpha}$ 在(4.4.9)意义下的和. 为此,先引进一个位移算子 V. 对于向量 $\boldsymbol{\alpha}=(\alpha_0,\alpha_1,\cdots,\alpha_{m-1})$,令

$$V\boldsymbol{\alpha}=(0,\alpha_0,\cdots,\alpha_{m-2})$$

重复使用 n 次,有

$$V^n\boldsymbol{\alpha}=(\underbrace{0,\cdots,0}_{n个},\alpha_0,\cdots,\alpha_{m-n-1}),n\leqslant m$$

通过算子 V,可以得出 $p^n\boldsymbol{\alpha}$.

引理 2 对于 A 上任一 m 维向量 $\boldsymbol{\alpha}$,有下式成立

$$p^n\boldsymbol{\alpha}=V^n(\boldsymbol{\alpha}^{p^n}),\ n\leqslant m-1 \tag{4.4.10}$$

证明 为证明方便起见,不妨先设 $\boldsymbol{\alpha}$ 的分量取自 $\mathbf{Z}[X_0,\cdots,X_{m-1}]$. 由于

$$(p^n\boldsymbol{\alpha})^{(i)} = p^n\boldsymbol{\alpha}^{(i)} = p^n\alpha_0^{p^i} + p^{n+1}\alpha_1^{p^{i-1}} + \cdots + p^{n+i}\alpha_i = (V^n\boldsymbol{\alpha})^{(n+i)}$$

故有

$$(p^n\boldsymbol{\alpha})^{(i)} \equiv \begin{cases} 0(\bmod p^{i+1}), i < n \\ p^n\alpha_0^{p^i} + \cdots + p^i\alpha_{i-n}^{p^n}(\bmod p^{i+1}), i \geqslant n \end{cases}$$

右边是 $V^n\boldsymbol{\alpha}^{pm}$ 的第 i 个 Witt 分量. 因此

$$(p^n\boldsymbol{\alpha})^{(i)} \equiv (V^n\boldsymbol{\alpha}^{pm})^{(i)}(\bmod p^{i+1})$$

从而

$$(p^n\boldsymbol{\alpha})_i \equiv (V^n\boldsymbol{\alpha}^{pm})_i(\bmod p)$$

或者

$$p^n\boldsymbol{\alpha} \equiv V^n\boldsymbol{\alpha}^{pm}(\bmod p)$$

回到 A 上的向量来看,最后的同余式就成为 $p^n\boldsymbol{\alpha} \equiv V^n\boldsymbol{\alpha}^{pm}$. ■

根据这个引理,对于特征为 $p \neq 0$ 的域 F 上的 m 维向量 $\boldsymbol{\alpha}$,皆有 $p^m\boldsymbol{\alpha} = 0$. 特别对于 $1=(1,0,\cdots,0)$,有 $p^m1=0$,而 $p^n1 \neq 0, n \leqslant m-1$. 这表明了 $W_m(F)$ 的特征是 p^m.

4.5 Abel p－扩张

所谓 F 上的 Abel p－扩张 K,是指 Galois 扩张 K/F,它的 Galois 群 G 是以 p^e 为指数的 Abel 群,此处 $p \neq 0$ 是 F 的特征,整数 $e \geqslant 1$. 在 4.3 节的末尾,我们已经对 $e=1$ 的情形得出了结果. 本节将对 $e>1$ 来证明一个有类似形式的定理,所使用的工具就是前面所介绍的 Witt 向量环.

设 $K/F, G$ 的意义如上. 作 m 维的 Witt 向量环 $W_m(K)$,此处 $m \geqslant e$,以及 Z 表示 $W_m(K)$ 中由 1 生成的加法循环群,它的阶是 p^m. 于是有 $\mathrm{Hom}(G,Z)=\hat{G}$.

首先,F 上的 m 维 Witt 向量环 $W_m(F)$ 可以作为 $W_m(K)$ 的子环. 对于 $\boldsymbol{\alpha}=(\alpha_0,\cdots,\alpha_{m-1}), \tau \in G$,令 $\tau\boldsymbol{\alpha}=\{\tau\alpha_0,\cdots,\tau\alpha_{m-1}\}$. 此时 $\boldsymbol{\alpha} \to \tau\boldsymbol{\alpha}$ 显然是 $W_m(K)$ 的一个自同构,且所有这样得出的自同构成一个乘群,我们仍以 τ 和 G 分别来记它们. 在这种意义下,$\tau\boldsymbol{\alpha}=\boldsymbol{\alpha}$,当且仅当 $\tau\alpha_j=\alpha_j, j=0,\cdots,m-1$,从而 $W_m(F)$ 就是 $W_m(K)$ 中关于 G 的稳定子环.

规定向量 $\boldsymbol{\alpha} \in W_m(K)$ 的迹为 $T(\boldsymbol{\alpha})=\sum\limits_{\tau \in G}\tau\boldsymbol{\alpha}$. 显然有 $T(\boldsymbol{\alpha}) \in W_m(F)$,并且,据 Witt 向量的加法,$T(\boldsymbol{\alpha})$ 第一个分量是 $T(\alpha_0)=T_{K/F}(\alpha_0)$. 在所设的前提下,必有某个 $\boldsymbol{\alpha}=(\alpha_0,\cdots,\alpha_{m-1})$,使得 $T(\alpha_0) \neq 0$. 在上一节已经指出,此时 $T(\boldsymbol{\alpha})$ 是 $W_m(F)$ 中的单位,它的逆元记作 $T(\boldsymbol{\alpha})^{-1}$. 根据这个事实,可以得到如下定

理：

定理 4.5 设 K/F 是有限 Galois 扩张. 若 $f:\tau\to\boldsymbol{\alpha}_\tau$ 是从 G 到 $W_m(K)$ 的任一映射，满足

$$f(\mu)+\mu(f(\tau))=f(\mu\tau),\ \mu,\tau\in G$$

则有 $\boldsymbol{\beta}\in W_m(K)$，使得 $f(\tau)=\tau(\boldsymbol{\beta})-\boldsymbol{\beta}$ 对所有的 $\tau\in G$ 都成立.

这个定理的证明全然平行于定理 4.1 的论证. 只需取 $\boldsymbol{\alpha}\in W_m(K)$，使得 $T(\boldsymbol{\alpha})^{-1}$ 存在；然后再作

$$\gamma=T(\boldsymbol{\alpha})^{-1}\Big(\sum_{\tau\in G}f(\tau)\tau\boldsymbol{\alpha}\Big)$$

以及 $\boldsymbol{\beta}=-\boldsymbol{\gamma}$ 即可.

设 P 是 $W_m(K)$ 到自身的 Frobenius 映射，又设

$$\mathscr{P}(\boldsymbol{\alpha})=\boldsymbol{\alpha}^P-\boldsymbol{\alpha} \tag{4.5.1}$$

容易验知，$\mathscr{P}$ 是加群 $W_m(K)^+$ 的一个自同态，它的核是

$$\{\boldsymbol{\alpha}=(\alpha_0,\cdots,\alpha_{m-1})\in W_m(K)\mid \alpha_i^p=\alpha_i,\ 0\leqslant i\leqslant m-1\}$$

换言之，是由分量属于素子域 $\mathbf{F}_p$ 的向量所组成. 因此，它恰好是 1 在 $W_m(K)^+$ 中生成的循环子群 Z. 前面已指出，Z 的阶为 p^m. 作

$$H=\{\boldsymbol{\alpha}\in W_m(K)^+\mid \mathscr{P}(\boldsymbol{\alpha})\in W_m(F)\} \tag{4.5.2}$$

这是 $W_m(K)^+$ 的一个子群，并且包含 $W_m(F)^+$. 对于每个 $\boldsymbol{\beta}\in H$，作从 G 到 $W_m(K)$ 的映射如下

$$\chi:\tau\to\tau(\boldsymbol{\beta})-\boldsymbol{\beta} \tag{4.5.3}$$

于是有

$$(\chi(\tau))^P=(\tau(\boldsymbol{\beta}))^P-\boldsymbol{\beta}^P=\tau(\boldsymbol{\beta}^P)-\boldsymbol{\beta}^P=$$
$$(\tau(\boldsymbol{\beta})+\boldsymbol{\delta})-(\boldsymbol{\beta}+\boldsymbol{\delta})$$

这里 $\mathscr{P}(\boldsymbol{\beta})=\boldsymbol{\delta}\in W_m(F)$. 因此

$$(\chi(\tau))^P=\tau(\boldsymbol{\beta})-\boldsymbol{\beta}=\chi(\tau)$$

这表明了 $\chi(\tau)\in\ker\mathscr{P}=Z$，即 $\chi\in\mathrm{Hom}(G,Z)$. 又若 χ,χ' 分别是由(4.5.3)以及 $\chi'(\tau)=\tau(\boldsymbol{\gamma})-\boldsymbol{\gamma}$ 来确定，则有

$$\chi(\tau)+\chi'(\tau)=\tau(\boldsymbol{\beta}+\boldsymbol{\gamma})-(\boldsymbol{\beta}+\boldsymbol{\gamma})$$

等式的右边是由 $\boldsymbol{\beta}+\boldsymbol{\gamma}\in H$ 所确定出的特征标，从而由(4.5.3)给出一个从 H 到 $\mathrm{Hom}(G,Z)$ 的同态

$$\boldsymbol{\beta}\to\chi \tag{4.5.4}$$

这个同态的核是 $\{\boldsymbol{\beta}\in H\mid\tau(\boldsymbol{\beta})=\boldsymbol{\beta},\tau\in G\}$，它等于 $H\cap W_m(F)^+=W_m(F)^+$. 另一方面，(4.5.4)又是一个满射同态. 因若 $\chi\in\mathrm{Hom}(G,Z)$，则有

$$\chi(\tau\mu)=\chi(\tau)+\chi(\mu)=\chi(\mu)+\mu(\chi(\tau))$$

按定理 4.5,存在某个 $\boldsymbol{\beta} \in W_m(K)$,使得$\chi(\tau)=\tau(\boldsymbol{\beta})-\boldsymbol{\beta}$. 还可以进一步证明 $\boldsymbol{\beta} \in H$. 因为,从$\chi(\tau) \in Z$,应有

$$(\chi(\tau))^P=\chi(\tau),(\tau(\boldsymbol{\beta})-\boldsymbol{\beta})^P=\tau(\boldsymbol{\beta})-\boldsymbol{\beta}$$

即 $\tau(\boldsymbol{\beta}^P-\boldsymbol{\beta})=\boldsymbol{\beta}^P-\boldsymbol{\beta}$ 对每个 $\tau \in G$ 都成立. 因此

$$\mathscr{P}(\boldsymbol{\beta})=\boldsymbol{\beta}^P-\boldsymbol{\beta} \in W_m(F)$$

这就证明 $\boldsymbol{\beta} \in H$,从而有

$$H/W_m(F)^+ \simeq \operatorname{Hom}(G,Z)=\hat{G} \simeq G \tag{4.5.5}$$

为了与 4.3 节保持一致,现采用相同的记法,即 $B=\mathscr{P}(H)$,以及 $H=\mathscr{P}^{-1}B$. 与 4.2 节的情形一样,不难证得(从略)

$$H/W_m(F)^+ \simeq B/\mathscr{P}(W_m(F)^+)$$

为了获得一个类似定理 4.4 的结果,先来证明如下的引理:

引理 设 $\boldsymbol{\beta}=(\beta_0,\cdots,\beta_{m-1}) \in W_m(F)$. 于是有 F 上的有限可分扩张K,使得 $K=F(\alpha_0,\cdots,\alpha_{m-1})$,并且向量 $\boldsymbol{\alpha}=(\alpha_0,\cdots,\alpha_{m-1}) \in W_m(K)$,满足 $\mathscr{P}(\boldsymbol{\alpha})=\boldsymbol{\beta}$.

证明 $m=1$ 的情形已在 4.3 节中证明. 设引理对于 $m-1$ 已经成立,即存在 $E=F(\alpha_0,\cdots,\alpha_{m-2})$,以及向量 $\boldsymbol{\alpha}'=(\alpha_0,\cdots,\alpha_{m-2}) \in W_{m-1}(E)$,满足

$$\mathscr{P}(\boldsymbol{\alpha}')=(\beta_0,\cdots,\beta_{m-2})$$

考虑多项式环 $E[X]$,以及 $E[X]$ 上的 m 维 Witt 向量环 $W_{m-1}(E[X])$. 取 $Y=(\alpha_0,\cdots,\alpha_{m-2},X)$,作

$$\mathscr{P}(Y)=(\alpha_0^p,\cdots,\alpha_{m-2}^p,X^p)-(\alpha_0,\cdots,\alpha_{m-2},X)$$

于是有 $\mathscr{P}(Y)=(\beta_0,\cdots,\beta_{m-2},f(X))$,或者

$$(\beta_0,\cdots,\beta_{m-2},f(X))+(\beta_0,\cdots,\beta_{m-2},X)=$$
$$(\alpha_0^p,\cdots,\alpha_{m-2}^p,X^p)$$

其中 $f(X) \in E[X]$. 按(4.4.7) 知,有 $X^p=f(X)+X+r_0$,或者

$$f(X)=X^p-X-r_0,r_0 \in E$$

方程 $f(X)=\beta_{m-1}$ 有相异的根,令 α_{m-1} 为其中之一. 于是 $K=E(\alpha_{m-1})=F(\alpha_0,\cdots,\alpha_{m-1})$ 是E上的可分扩张,从而也是F上的可分扩张. 向量$\boldsymbol{\alpha}=(\alpha_0,\cdots,\alpha_{m-1})$ 显然满足 $\mathscr{P}(\boldsymbol{\alpha})=\boldsymbol{\beta}$. ■

有了如上的准备,现在来证明关于 Abel p—扩张的主要结论:

定理 4.6 设 F 的特征为 $p \neq 0$. 于是 F 上指数为 $p^e(e \geqslant 1)$ 的有限 Abel p—扩张 K,与 $W_m(F)^+$ 中关于 $\mathscr{P}(W_m(F)^+)$ 的指数为有限的子群 B,其间存在一个叠合对应如下

$$B \to K=K_B=F(\mathscr{P}^{-1}B) \tag{4.5.6}$$

且有 $\operatorname{Aut}(K/F) \simeq B/\mathscr{P}(W_m(F)^+)$. 从而又有

$$[K:F]=(B:\mathscr{P}(W_m(F)^+))$$

此处 $m \geqslant e$.

证明 在 K/F 是有限 Abel p－扩张时，从以上的论证中确定出的 H 和 B 就满足定理的要求. 现在来证明它的逆向部分. 设 B 是 $W_m(F)^+$ 中一个包含 $\mathscr{P}(W_m(F)^+)$ 的子群，且群指数 $(B:\mathscr{P}(W_m(F)^+))<\infty$. 令 $\{\beta^{(1)},\cdots,\beta^{(r)}\}$ 是因子群 $B/\mathscr{P}(W_m(F)^+))$ 的一个基①. 根据引理，可作 F 上的有限可分扩张

$$K=F(\boldsymbol{\alpha}^{(1)},\cdots,\boldsymbol{\alpha}^{(r)})=$$
$$F(\alpha_0^{(1)},\cdots,\alpha_{m-1}^{(1)};\cdots;\alpha_0^{(r)},\cdots,\alpha_{m-1}^{(r)})$$

其中 $\boldsymbol{\alpha}^{(j)}=(\alpha_0^{(j)},\cdots,\alpha_{m-1}^{(j)})\in W_m(K)$，并且满足

$$\mathscr{P}(\boldsymbol{\alpha}^{(j)})=\boldsymbol{\beta}^{(j)}=(\beta_0^{(j)},\cdots,\beta_{m-1}^{(j)}),\ 1\leqslant j\leqslant r$$

令 N 是 K/F 的正规闭包. 这是一个有限 Galois 扩张，设它的 Galois 群为 G. 作为 $W_m(N)$ 中的向量 $\boldsymbol{\alpha}^{(j)}$，对于 $\tau\in G$，有 $\mathscr{P}(\tau(\boldsymbol{\alpha}^{(j)})-\boldsymbol{\alpha}^{(j)})=0$，故 $\tau(\boldsymbol{\alpha}^{(j)})-\boldsymbol{\alpha}^{(j)}\in Z$. 这证明了 $\tau(K)\subseteq K$，所以 K/F 本身就是 Galois 扩张，即 $N=K$.

其次来看 G 的交换性. 设 $\tau,\mu\in G$，以及

$$\tau(\boldsymbol{\alpha}^{(j)})=\boldsymbol{\alpha}^{(j)}+\boldsymbol{\gamma}^{(j)},\mu(\boldsymbol{\alpha}^{(j)})=\boldsymbol{\alpha}^{(j)}+\boldsymbol{\delta}^{(j)}$$

其中 $\boldsymbol{\gamma}^{(j)},\boldsymbol{\delta}^{(j)}\in W_m(F)$. 从而有

$$\tau\mu(\boldsymbol{\alpha}^{(j)})=\boldsymbol{\alpha}^{(j)}+\boldsymbol{\gamma}^{(j)}+\boldsymbol{\delta}^{(j)}=\tau\mu(\boldsymbol{\alpha}^{(j)})$$

对每个 $j=1,\cdots,r$ 都成立. 因此 $\tau\mu=\mu\tau$，即 G 是 Abel 群. 又从 $\tau^k(\boldsymbol{\alpha})=\boldsymbol{\alpha}+k\boldsymbol{\gamma}$，以及 $W_m(F)$ 的特征为 p^m 这一事实，可知 $\tau^{p^m}(\boldsymbol{\alpha})=\boldsymbol{\alpha}$ 对 $W_m(K)$ 中每个 $\boldsymbol{\alpha}$ 都成立，故有 $\tau^{p^m}=\tau$，即 G 的指数是 p^e，此处 $e\leqslant m$.

令 χ_j 是由 $\boldsymbol{\alpha}^{(j)}$ 按(4.5.3)所规定的 G 的一个特征标：$\chi_j(\tau)=\tau(\boldsymbol{\alpha}^{(j)})-\boldsymbol{\alpha}^{(j)}$，$j=1,\cdots,r$. 若 $\chi_j(\tau)=0$ 对每个 j 都成立，则有 $\tau=\iota$. 这就证明了 $\chi_1,\cdots,\chi_r$ 生成 $\mathrm{Hom}(G,Z)$. 对于任一 $\boldsymbol{\alpha}\in H$，有

$$\boldsymbol{\alpha}=\sum_{j=1}^{r}m_j\boldsymbol{\alpha}^{(j)}+\boldsymbol{\beta}$$

其中 m_j 是整数，$\boldsymbol{\beta}\in W_m(F)$，且有 $\mathscr{P}(\boldsymbol{\alpha})\sum_{j=1}^{r}m_j\boldsymbol{\beta}^{(j)}+\mathscr{P}(\boldsymbol{\beta})\in B$. 从 $\boldsymbol{\alpha}$ 在 H 中的任意性，可得 $\mathscr{P}(H)\subseteq B$. 至于 $B\subseteq\mathscr{P}(H)$，显然成立，这就证明了(4.5.6)是个叠合对应，定理的其余部分已在论证过程中阐明. ■

习　题　4

1. 试用 Galois 上同调的方法来证明 Hilbert 的定理 90.

---

① 此处 $\boldsymbol{\beta}^{(1)},\cdots,\boldsymbol{\beta}^{(r)}$ 是指 $W_m(F)$ 中的 r 个向量，并非向量 $\boldsymbol{\beta}$ 的 Witt 分量，以下同此.

2. 设 $\boldsymbol{\alpha}=(\alpha_0,\cdots,\alpha_{m-1})$. 试求$(-\boldsymbol{\alpha})_1$(注意,应分 p 为奇素数或 2 来讨论).

3. 证明:$(V\boldsymbol{\alpha})^{(n)}=p\boldsymbol{\alpha}^{(n-1)}$.

4. 对于 A 中任一元素 $\boldsymbol{\alpha}$,令

$$\langle\boldsymbol{\alpha}\rangle=(\boldsymbol{\alpha},0,\cdots,0)\in W_m(A)$$

试求 $V^i\langle\boldsymbol{\alpha}\rangle$,$0\leqslant i\leqslant m-1$. 又若 $\boldsymbol{\alpha}=(\alpha_0,\cdots,\alpha_{m-1})$,则

$$\boldsymbol{\alpha}=\sum_{i=0}^{m-1}V^i\langle\alpha_i\rangle$$

5. 对于 $\boldsymbol{\alpha},\boldsymbol{\beta}\in A^m$,如果对每个 $0\leqslant i\leqslant m-1$,总有 $\alpha_i=0$ 或者 $\beta_i=0$,试证

$$\boldsymbol{\alpha}+\boldsymbol{\beta}=(\alpha_0+\beta_0,\alpha_1+\beta_1,\cdots,\alpha_{m-1}+\beta_{m-1})$$

第五章 超越扩张

5.1 代数相关性

设 K/F 是 F 的一个扩域，S 是 K 的一个子集. 若元素 $y \in K$ 是 $F(S)$ 上的代数元，我们就称 y 在 F 上与 S **代数相关**；否则，为**代数无关**（或**代数独立**）. 任何子集 S，如果有某个 $x \in S$，它与 $S \backslash \{x\}$ 在 F 上代数相关，那么就称 S 是 F 上（或者关于 F）的一个**代数相关集**；否则，为 F 上（或者关于 F）的一个**代数无关集**. 后者通常又称作 F 上的**超越集**[①]. 特别在 $S=\{x\}$ 的情形，$\{x\}$ 成为 F 上的代数相关集，等同于 x 是 F 上的代数元，而 $\{x\}$ 为 F 上的超越集，当且仅当 x 是 F 上的超越元. 设 T 是 K 中一个关于 F 的超越集. 若对于每个 $y \in K$，集 $T \cup \{y\}$ 都成为关于 F 的代数相关集，换言之，$K/F(T)$ 是个代数扩张，则称 T 是 K 关于 F 的一个**超越基**，简称 K/F 的超越基. 对于任何扩张 K/F，超越基的存在性可以通过 Zorn 引理的论断而得到，因为从 F 上任何一个超越集 S 出发，必然可以扩大成为 K/F 的一个超越基 T. 很显然，超越基并不是唯一的. 类似于代数扩张的情形，我们可以证明，同一扩张的两个超越基总具有相同的基数. 为此，先来证明以下的引理：

引理 1 设 S 是 K 的子集，$x, y \in K$. 若 y 在 F 上与 S 代数无关，但与 $S \cup \{x\}$ 代数相关，则 x 在 F 上与 $S \cup \{y\}$ 代数相关.

---

① 空集 $\varnothing$ 作为 F 上的超越集.

证明 令 $E=F(S)$，$E_1=F(S,x)$. 按所设，y 是 E 上的超越元，同时又是 E_1 上的代数元，因此存在 E_1 上的多项式 $f(X)$，使得 $f(y)=0$. 令

$$f(X)=a_0X^n+\cdots+a_n$$

是使得 $f(y)=0$ 成立的最低多项式，其中 x 必然出现于某个非零的系数内. 现在把 $f(X)$ 按照 x 的幂项改写如下

$$f(X)=c_0(X)x^r+\cdots+c_r(X)$$

其中 $c_i(X)\in E[X]$. 由于 y 是 E 上的超越元，所以 $c_i(y)\neq 0$，$i=0,\cdots,r$. 这就证明了 x 在 F 上与 $S\cup\{y\}$ 是代数相关的. ■

命题 1 若 T,T' 是 K/F 的两个不同的超越基，则有

$$|T|=|T'|$$

证明 不妨设 $0<|T'|\leqslant|T|$. 先考虑 T' 是有限集的情形. 令 $T'=\{x_1,\cdots,x_n\}$. 任取 $x_1\in T'$. 由于 x_1 在 F 上与 T 代数相关，而与 $T'\setminus\{x_1\}$ 代数无关，故 T 在 F 上与 $T'\setminus\{x_1\}$ 代数无关. 因此有 $y_1\in T$，它在 F 上与 $T'\setminus\{x_1\}$ 代数无关. 从而 $T''=\{y_1,x_2,\cdots,x_n\}$ 是 F 上的一个超越集. 按引理 1，x_1 是 $F(T'')$ 上的代数元. 再根据代数扩张的传递性，即知 T'' 又是 K/F 的一个超越基. 使用归纳步骤，假定已选出 $y_1,\cdots,y_{m-1}\in T$，使得

$$T^{(m)}=\{y_1,\cdots,y_{m-1},x_m,\cdots,x_n\}$$

是 K/F 的一个超越基. 此时 T 在 F 上与 $T^{(m)}\setminus\{x_m\}$ 是代数无关的，故又可选出 $y_m\in T$，使得 y_m 在 $F(T^{(m)}\setminus\{x_m\})$ 上是个超越元. 于是可作出 K/F 的另一个超越基

$$T^{(m+1)}=\{y_1,\cdots,y_m,x_{m+1},\cdots,x_n\}$$

如此继续下去，最后得到一个超越基 $T^{(n+1)}=\{y_1,\cdots,y_n\}$. 由于 $T^{(n+1)}\subseteq T$. 故应有 $T^{(n+1)}=T$，从而 $|T|=|T^{(n+1)}|=|T'|$.

其次考虑 T' 是无限的情形. 对于每个 $x\in T'$，必有 T 的一个有限子集 T_x，使得 x 是 $F(T_x)$ 上的代数元. 令 $T_0=\bigcup_{x\in T'}T_x$. 若 $T_0\neq T$，则 T 是 $F(T_0)$ 上的代数相关集，这与 T 是超越基的所设相矛盾. 因此，$T_0=T$，从而

$$|T|=|\bigcup_{x\in T'}T_x|\leqslant S_0|T'|=|T'|$$

这证明了 $|T|=|T'|$. ■

基于以上的事实，我们有理由把 K/F 的任何一个超越基的基数称作 K 关于 F 的超越次数，简称 K/F 的**超越次数**，记作 $\mathrm{tr.\,deg}\,K/F$，或者 $\mathrm{tr.\,deg}_F\,K$. 当 K/F 的超越基为空集 $\varnothing$ 时，K/F 是个代数扩张，此时 $\mathrm{tr.\,deg}_F\,K=0$. 因此，F 上的超越扩张就是超越次数不为 0 的扩张. 在扩张的超越次数之间，存在如下的关系：

命题 2 设有域的扩张 $F\subseteq K\subseteq L$. 于是在超越次数之间有

$$\mathrm{tr.\,deg}\,L/F=\mathrm{tr.\,deg}\,L/K+\mathrm{tr.\,deg}\,K/F \tag{5.1.1}$$

证明 设 $T=\{y_1,\cdots\}$ 是 L/K 的一个超越基，$S=\{x_1,\cdots\}$ 是 K/F 的一个超越基. 由于 $T\cap S=\varnothing$，要证明(5.1.1)，只需证 $T\cup S$ 是 L/F 的一个超越基. 为此，设 S 是 F 上的一个代数无关集. 若 $S=U\cup V, U\cap V=\varnothing$，则 $F(U)$ 与 $F(V)$ 在 F 上显然是独立的；反之，从 $F(U)$ 与 $F(V)$ 在 F 上的独立性，也可得 $S=U\cup V$ 在 F 上的代数无关性. 因此，独立性与代数无关性实际上是一致的. 先证 $T\cup S$ 是 L/F 的一个超越集，假若 $T\cup S$ 中某个 t 与集中其余元素在 F 上代数相关，则有关系式

$$a_0(x,y)t^r+\cdots+a_r(x,y)=0 \tag{5.1.2}$$

成立，其中 $a_i(x,y)$ 是 F 上含有限多个 $x\in S$ 与有限多个 $y\in T$ 的多项式，$i=0,\cdots,r$. 不失一般性，令 $t=x_1\in S$. 于是在某些 $a_i(x,y)$ 中必然有 $y\in T$ 出现. 从而(5.1.2) 可以改写成

$$b_0(x)M_0(y)+\cdots+b_l(x)M_l(y)=0$$

其中 $b_i(x)\in F[x_1,\cdots,x_m]$，$M_j(y)$ 是形式如 $y_1^{r_2}\cdots y_n^{r_n}$ 的单项式. 按所设，应有 $b_0(x)=\cdots=b_l(x)=0$. 又因为 S 是 K/F 的超越基，故 $b_0(x),\cdots,b_l(x)$ 都恒等于 0，从而导出(5.1.2) 是个恒为 0 的等式，即 $T\cup S$ 是 L/F 的一个超越集.

其次设 $u\in L$ 是任一元素. 按所设，u 是 $K(T)$ 上的代数元，即与有限个 $y_1,\cdots,y_n\in T$ 在 K 上代数相关. 因而又与 $y_1,\cdots,y_n;v_1,\cdots,v_{n'}$ 在 F 上代数相关，这里 $v_1,\cdots,v_{n'}\in K$. 但每个 v_i 都是 $F(S)$ 上的代数元，故与有限多个 $x\in S$ 在 F 上代数相关. 因此 u 与 $T\cup S$ 在 F 上代数相关. 结合上面已经证明的事实，$T\cup S$ 就是 L/F 的一个超越基. ■

从命题立即可得：

推论 1 若 K/F 是代数扩张，则元素集 S 关于 F 是代数无关的，当且仅当它关于 K 也是代数无关的①. ■

推论 2 若 S 是 K 的一个子集，使得 $K/F(S)$ 是代数扩张，则 S 中包含 K/F 的一个超越基.

证明 首先，$F(S)/F$ 有超越基. 令 T 为其一. 因为

$$\operatorname{tr.deg} K/F=\operatorname{tr.deg} K/F(S)+\operatorname{tr.deg} F(S)/F=\operatorname{tr.deg} F(S)/F$$

所以 T 也是 K/F 的超越基. ■

现在我们来考虑 F 上两个扩域间的相互关系. 为此，我们假定所考虑的域和元素集都包含在同一个域内. 设 K, L 是 F 的两个扩域. 若 K 中任何一个在 F 上为代数无关的子集在 L 上也保持代数无关，则称 K 与 L 在 F 上(或关于 F)是独立的. 这个定义显然是不对称的，它的合理性可以从以下的命题认知：

---

① 此处假定 F,K,S 都在同一个域内.

命题 3 设K,L如上.若K与L在F上是独立的,则L中任何一个在F上的代数无关的子集在K上仍然是代数无关的.

证明 假若命题的结论不成立,则L中有某个关于F为代数无关的有限子集S,它满足K上一个代数关系式$\Phi=0$.在Φ的系数集中,取出关于F为代数无关的最大集,设为T.于是Φ中其余的系数都是$F(T)$上的代数元,属于$F(T)$的某个代数扩域,从而S满足一个系数属于该扩域的关系式.按命题2的推论1,S也应满足$F(T)$上的一个代数关系式$\Psi=0$.但由所设,T关于L是代数无关的.因此,$\Psi=0$应是一个恒为0的等式,矛盾. ■

如果$\{x_\alpha\}_\alpha$在F上是代数无关的,我们也可以称$\{x_\alpha\}_\alpha$是F上的一组**独立元**.对于一组有限个独立元$\{x_1,\cdots,x_n\}$,有

$$\begin{aligned}\mathrm{tr.\,deg}_F F(x_1,\cdots,x_n)=\mathrm{tr.\,deg}_F F(x_1)+\cdots+\\ \mathrm{tr.\,deg}_F F(x_n)=n\end{aligned}\tag{5.1.3}$$

成立.反之,如果(5.1.3)成立,易知$\{x_1,\cdots,x_n\}$是F上的一组独立元.由F上任何一个独立元组T所生成的扩域$F(T)$,称为F的一个**纯超越扩张**.F上的纯超越扩张,除$F-$同构不计外,可由它的超越次数唯一地确定.超越次数是n的纯超越扩张$F(x_1,\cdots,x_n)$,与F上由n个未定元(或文字)$X_1,\cdots,X_n$所生成的有理函数域$F(X_1,\cdots,X_n)$,除$F-$同构外实际上是相同的.尽管纯超越扩张是一种比较简单的超越扩张,但在$n>1$时仍然有一些十分困难的问题.在下一节,我们就$n=1$的情形介绍一个非常重要的结论.

5.2 单超越扩张,Lüroth 定理

超越次数是1的纯超越扩张称为**单超越扩张**.下面我们来证明一条著名的定理.

定理 5.1(Lüroth)[①] 设$F(x)$是F上的单超越扩张,K是$F(x)$的一个子域,而且$F\subsetneqq K$.于是必有某个$y\in F(x)$,使得

$$K=F(y)$$

这个定理使我们联想到单代数扩张的情形,它具有一个与此类似的性质(见习题1.8).在给出它的证明之前,先来建立一个简单的引理:

引理 1 设$y=g(x)/h(x)\in F(x)$.其中$g(x),h(x)\in F[x]$,且不带有x的公因式.于是$g(X)-yh(X)$在$F(y)$上是不可约的,从而

① 对于$F\leqslant K\subseteq F(x,y)$,$\mathrm{td}_F(K)=1$的情形也可得到$K=F(\beta)$. c. f. Isaass:Alg. p. 391. Th. 24.20

$$[F(x):F(y)]=\max\{\deg g(X),\deg h(X)\}$$

证明　按所设，$g(X)-yh(X)\in F[y,X]=F[y][X]$. 由于 $F[y][X]$ 是一个唯一因式分解环，若 $g(X)-yh(X)$ 在其中可分解，则它的一个因式只与 X 有关，设为 $d(X)$，且 $\deg d(X)>0$. 此时 $d(X)$ 应是 $g(X)$ 与 $h(X)$ 的公因式，与所设矛盾.

另一方面，从 $g(X)-yh(X)$ 在 $F[y][X]$ 内的不可分解性，可知它在 $F[y][X]$ 内也不可分解. 于是，从 $g(x)-yh(x)=0$，即有 $[F(x):F(y)]=\max\{\deg g(X),\deg h(X)\}$. ■

根据这条引理，我们可以定义 $y=g(x)/h(x)$ 的次数为

$$\deg y=\max\{\deg g(X),\deg h(X)\} \tag{5.2.1}$$

这里要求 $g(X)$ 与 $h(X)$ 不含 X 的公因式.

现在来证明定理：

按所设 $K\neq F$，故有 $z\in K\backslash F$. 令 $z=a(x)/b(x)$，其中 $a(X),b(X)\in F[X]$，并且没有含 X 的公因式. 按引理 1，$F(x)$ 是 $F(z)$ 上的有限代数扩张. 由于 $F(z)\subseteq K$，故 $F(x)/K$ 也是个有限代数扩张，并且 $[F(x):K]\leqslant[F(x):F(z)]$. 现在设

$$X^n+a_1X^{n-1}+\cdots+a_n,\ a_j\in K$$

是 x 在 K 上的极小多项式，又设 $a_j=b_j(x)/b_0(x)$，$j=1,\cdots,n$，其中 $b_0(x)$，$b_1(x),\cdots,b_n(x)\in F[x]$，而且它的最高公因式为 1. 于是

$$\phi(X,x)=b_0(x)X^n+b_1(x)X^{n-1}+\cdots+b_n(x)$$

是 $F(x)$ 上的一个不可约的本原多项式，同时至少有某个 $b_j(x)\notin F$. 现在令

$$y=b_j(x)/b_0(x)=g(x)/h(x) \tag{5.2.2}$$

其中 $g(x)$ 与 $h(x)$ 不含有 x 的公因式. 再令 $\deg y=m$. 按上面所证，应有 $n\leqslant m$.

考虑多项式 $g(X)h(x)-h(X)g(x)$. 由于当 $X=x$ 时该式为 0，故有

$$g(X)h(x)-h(X)g(x)=\phi(X,x)q(X,x)$$

上式左边关于 x 与 X 的次数都是 m，右边 $\phi(X,x)$ 关于 x 的次数大于或等于 m，从而

$$\deg_x\phi(X,x)=m$$

因此 $q(X,x)$ 只与 X 有关. 但 $g(X)$ 与 $h(X)$ 不含有 X 的公因式，故 $q(X,x)$ 应是常量，从而 $\phi(X,x)$ 关于 X 的次数是 m. 由此即得

$$[F(x):K]=m=[F(x):F(y)]$$

这证明了 $K=F(y)$. ■

至于一般的纯超越扩张，上述定理是否保持正确，具体来说，具有任意有限超越次数的纯超越扩张，它的真子域是否仍为纯超越扩张？在 $F=\mathbf{C}$，超越次数

$n=2$ 时，它有肯定的回答；但在超越次数为 3 时，已经对此做出了反例.

我们再顺便提到两个相近似的问题：一个问题是，当以对称群 $\mathfrak{S}_n$ 作用于 F 上的纯超越扩张 $K=F(x_1,\cdots,x_n)$ 时，其稳定域仍是 F 上的一个纯超越扩张（见 1.8 节例 1）. 对于 $\mathfrak{S}_n$ 的任一子群 G，其稳定域是否也是 F 上的纯超越扩张？这是 Noether 的猜测. 已有人就 $F=\mathbf{Q}$ 时做出了反例.

另外一个类似的问题是：设 $F(x_1,\cdots,x_n)$ 是个纯超越扩张，又设 $D=F[x_1,\cdots,x_n]$. 若 K 是 $F(x_1,\cdots,x_n)$ 的一个子域，而且 $F\subsetneqq K$. 问代数 $D\cap K$ 在 F 上是否为有限生成的？这个问题是 Hilbert 第十四问题的另一形式. 在 $n=1$，2 时，有肯定的回答；但在 $n\geqslant 3$ 时，一般是否定的（可见 M. Nagata: Amer. Jour. Math. vol. 81(1959), pp. 766-772).

以下，我们再对 Lüroth 定理做进一步的考虑. 在定理中出现的元素 y，称作中间域 K 的 Lüroth 元素. 对于任何一个 K，它的 Lüroth 元素自然不是唯一的. 我们要问，对于 $F(x)/F$ 的子域 K，能否选出含 x 的多项式作为它的 Lüroth 元素？对此，先来证明两条引理：

引理 2 设 $\Phi(x),\varphi(x)\in F(x)$. 又在(5.2.1)的规定下，有 $\deg\Phi(x)=n$，以及 $\deg\varphi(x)=m$. 于是有 $\deg\Phi(\varphi(x))=nm$.

证明 设

$$\Phi(x)=G(x)/H(x)$$
$$\varphi(x)=g(x)/h(x)$$

并且要求两者中的分子与分母无非常量的公因子；其次设

$$G(x)=A_0x^n+A_1x^{n-1}+\cdots+A_n$$
$$H(x)=B_0x^n+B_1x^{n-1}+\cdots+B_n$$

其中 A_0 与 B_0 至少有一个不等于 0. 又令

$$g(x)=a_0x^m+a_1x^{m-1}+\cdots+a_m$$
$$h(x)=b_0x^m+b_1x^{m-1}+\cdots+b_m$$

其中 a_0 与 b_0 至少有一个不等于 0. 于是

$$\Phi(\varphi(x))=\frac{(h(x))^nG(g(x)/h(x))}{(h(x))^nH(g(x)/h(x))}=\frac{A_0(g(x))^n+A_1(g(x))^{n-1}h(x)+\cdots+A_n(h(x))^n}{B_0(g(x))^n+B_1(g(x))^{n-1}h(x)+\cdots+B_n(h(x))^n}\tag{5.2.3}$$

此时(5.2.3)右边的分子与分母中所含最高的系数分别为

$$C_0=A_0a_1^n+A_0a_1^{n-1}b_0+\cdots+A_nb_0^n$$
$$D_0=B_0a_1^n+B_0a_1^{n-1}b_0+\cdots+B_nb_0^n$$

若 $b_0=0$，则 $a_0\neq 0$. 此时有

$$C_0=A_0a_0^n$$

$$D_0 = B_0 a_0^n$$

由于 A_0 与 B_0 至少有一个不等于 0，所以 C_0 与 D_0 至少有一个不等于 0，从而(5.2.3) 的分子与分母至少有一个次数为 mn.

其次考虑 $b_0 \neq 0$ 的情形. 此时

$$C_0 = b_0^n G(a_0/b_0)$$

$$D_0 = b_0^n H(a_0/b_0)$$

由于 $G(x)$ 与 $H(x)$ 是互素的，故存在次数小于或等于 $n-1$ 的多项式 $U(x)$ 与 $V(x)$，使得

$$G(x)U(x) + H(x)V(x) = 1$$

从而有

$$b_0^n G(a_0/b_0) b_0^{n-1} U(a_0/b_0) +$$
$$b_0^n H(a_0/b_0) b_0^{n-1} V(a_0/b_0) = b_0^{2n-1}$$

即

$$C_0 b_0^{n-1} U(a_0/b_0) + D_0 b_0^{n-1} V(a_0/b_0) = b_0^{2n-1} \neq 0$$

从最后的式子得知 C_0 与 D_0 不能同时为 0. 最后应当证明的就是(5.2.3) 中的分子与分母不含带有 x 的公因式. 由

$$G\left(\frac{g(x)}{h(x)}\right) U\left(\frac{g(x)}{h(x)}\right) + H\left(\frac{g(x)}{h(x)}\right) V\left(\frac{g(x)}{h(x)}\right) = 1$$

两边乘以 $(h(x))^{2n-1}$，可得

$$(A_0(g(x))^n + A_1(g(x))^{n-1}h(x) + \cdots +$$
$$A_n(h(x))^n)(h(x))^{n-1}U(g(x)/h(x)) +$$
$$(B_0(g(x)^n + \cdots +$$
$$B_n(h(x))^n)(h(x))^{n-1}V(g(x)/h(x)) =$$
$$(h(x))^{2n-1}$$

其中

$$(h(x))^{n-1}U(g(x)/h(x))$$

与

$$(h(x))^{n-1}V(g(x)/h(x))$$

都是含 x 的多项式. 因此

$$(A_0(g(x))^n + \cdots + A_n(h(x))^n$$

与

$$(B_0(g(x))^n + \cdots + B_n(h(x))^n)$$

的最高公因式应是 $(h(x))^{2n-1}$ 的因式. 如果(5.2.3) 的分子与分母有不可约的公因式 $d(x) \neq 1$，则

$$d(x) \mid h(x)$$

从而又有

$$d(x) \mid A_0(g(x))^n,\ d(x) \mid B_0(g(x))^n$$

但 A_0 与 B_0 至少有一个不等于 0,因此应有

$$d(x) \mid g(x)$$

这与所设 $g(x)$ 与 $h(x)$ 无公因式不等于 1 相矛盾,故有 $d(x)=1$,即(5.2.3) 的分子与分母互素. 从而证明了 $\deg \Phi(\varphi(x)) = mn$. ■

为了对下列的陈述方便起见,对于由(5.2.2) 所表达的元素 y,我们称 $\deg g(x) - \deg h(x)$ 为 y 关于 x 的**阶数**.

引理 3 设 $\Phi(x)$ 与 $\varphi(x)$ 如引理 2. 若 $\Phi(x)$ 与 $\varphi(x)$ 关于 x 的阶数分别是 r 与 s,且 $s>0$,则 $\Phi(\varphi(x))$ 关于 x 的阶数是 rs.

证明 首先,乘积的阶数等于因式的阶数之和. 令

$$\Phi(\varphi(x)) = [\varphi(x)]^r \Phi_0(\varphi(x)) \tag{5.2.4}$$

其中 Φ_0 是个关于 x 的阶数为 0 的有理式. 上式右边第一个因式的阶数是 rs. 现在表示 $\Phi_0(X)$ 如

$$\Phi_0(X) = G(X)/H(X)$$

其中

$$\deg G(X) = \deg H(X) = n$$

设 $\varphi(x) = g(x)/h(x)$. 由于 $\varphi(x)$ 的阶数 $s>0$,故有

$$\deg g(x) - \deg h(x) > 0$$

多项式 $(h(x))^n G(\varphi(x))$ 与 $(h(x))^n H(\varphi(x))$ 的最高次项不会消失,换言之,它的次数都是 $n\deg g(x)$. 从而

$$\Phi_0(\varphi(x)) = \frac{(h(x))^n G(g(x))}{(h(x))^n H(g(x))}$$

关于 x 的阶数为 0. 这就证明了 $\Phi_0(\varphi(x))$ 关于 x 的阶数为 rs. ■

根据以上两个引理,可以证明,在一定的情形下,$F(x)$ 的子域有以 x 的多项式作为它的 Lüroth 元素.

定理 5.2(E. Noether) 设 $F \subsetneqq K \subseteq F(x)$,又设 K 含有关于 x 的多项式. 于是必能选取 x 的多项式作为 K 的 Lüroth 元素.

证明 设 $\Psi(x)$ 是 K 的任何一个 Lüroth 元素. 如果它关于 x 的阶数大于 0. 我们令 $\varphi(x) = \psi(x)$,如果 $\psi(x)$ 的阶数为负,则令 $\varphi(x) = 1/\psi(x)$. 又若 $\psi(x)$ 的阶数为 0,由取适当的 $a \in F$,使得 $\psi(x) - a$ 的阶数为负,此时可令

$$\varphi(x) = 1/\psi(x) - a$$

因此,我们总可以选择 K 的一个 Lüroth 元素 $\varphi(x)$,使得它关于 x 的阶数 $s>0$. 设 $\deg \varphi(x) = m$. 据所设,K 中有关于 x 的多项式. 任取其中之一 $p(x)$,并且设 $\deg p(x) = p$. 于是有

$$p(x)=\Phi(\varphi(x))$$

令 $\deg \Phi(x)=n$，$\Phi(x)$ 关于 x 的阶数为 r. 按引理 2，有 $p=mn$；又由引理 3，有 $p=rs$. 后者是由于多项式的次数等于它的阶数. 另一方面，次数不会小于阶数. 因此 $n\geqslant r$，$m\geqslant s$. 从而得到 $n=r$ 与 $m=s$. 这证明了 $\varphi(x)$ 有相同的次数与阶数，即 $\varphi(x)$ 是关于 x 的多项式. ■

作为本节的结束，我们来看 Lüroth 定理在几何上的应用. 设 $f(X,Y)=0$ 的域 F 上的一个不可约方程，它规定了一条不可约的平面代数曲线 C. 如果除有限多个点以外，C 上所有其他的点都可由某个参变元的有理式来表达，设如

$$\begin{cases}x=g(t)\\ y=h(t)\end{cases}\tag{5.2.5}$$

其中 $g(t)$ 与 $h(t)$ 都是 F 上的有理式，并且不同时为常量. 我们称 C 为定义在 F 上的有理曲线，同时又称 $F(x,y)$ 为 C 的函数域. $F(x,y)$ 有时也写作 $F(C)$.

按所设

$$F(x,y)\subseteq F(t)$$

而且

$$F(x,y)\neq F$$

据 Lüroth 定理，存在 $u\in F(t)$，使得

$$F(x,y)=F(u)$$

此时有

$$\begin{cases}x=g_1(u)\\ y=h_1(u)\end{cases}\tag{5.2.6}$$

以及 $u=\varphi(x,y)$.

(5.2.5) 与(5.2.6) 的差别在于，就前者来说，C 上同一个点可能有 t 的许多值与它对应；后者则不同，由于 $u=\varphi(x,y)$，C 上除有限多个点以外，它的每个点(x_0,y_0) 都恰有一个 $u_0=\varphi(x_0,y_0)$ 与它对应，使得有 $x_0=g_1(u_0)$ 与 $x_0=h_1(u_0)$ 成立.

5.3 线性分离性

在 5.1 节中，我们已经讨论了两个扩张关于某个子域的独立性. 现在继续就两个扩张的相互关系进行讨论. 在本节中，所有涉及的域都假定包含在同一个扩域 Ω 之内，并且设 Ω 是个代数闭域.

令 K，L 是域 F 的两个扩张. 若 K 中任何一个在 F 上是线性无关的元素组 $\{x_\alpha\}_\alpha$，在 L 上仍然保持线性无关，我们就称 K 与 L 在 F 上(或关于 F) 是**线性分**

离的①. 与 5.1 节中关于"独立性"的情形一样,这个定义的合理性可由下述命题得以确认,它的证明类似于5.1 节命题 3 之证,今从略.

命题1　设K,L,F如上. 若K与L在F上是线性分离的,则L中任何一组在F上是线性无关的元素关于K也同时是线性无关的. ■

对于线性分离性的判断,时常借助于下述引理分阶段来进行(图 1).

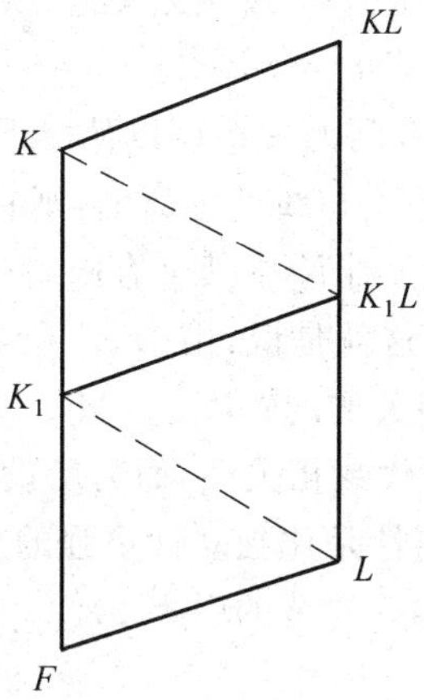

图 1

引理 1　设K,L,F如上. 又设K_1是K的子域,$K_1 \supsetneqq F$. 于是K与L在F上成为线性分离的必要充分条件是:

(ⅰ)K_1与L在F上是线性分离的;

(ⅱ)K与K_1L在K_1上是线性分离的.

证明　设(ⅰ)(ⅱ)成立. 若$\{y_\alpha\}_\alpha$是L中关于F线性无关的一组元素,由(ⅰ),$\{y_\alpha\}_\alpha$关于K_1也是线性无关的. 由于$\{y_\alpha\}_\alpha$又属于K_1L,按(ⅱ),它们在K上也是线性无关的. 这就证明了K与L在F上的线性分离性.

其次来证必要性. 由于K_1是K的子域,所以(ⅰ)显然成立,设$\{x_j\}_j$是K中关于K_1为线性无关的一个有限组. 若在K_1L上满足线性关系式

$$\sum_j c_j x_j = 0 \tag{5.3.1}$$

则有限个系数c_j必属于K_1上某个扩张$K_1(u_1,\cdots,u_n)$,$u_i \in L$. 对所有这些c_j乘以某个适当的$0 \neq c \in K_1[u_1,\cdots,u_n]$,可使每个$cc_j \in K_1[u_1,\cdots,u_n]$,即

$$c_j = \sum_l d_{jl}/M_{jl}(u), d_{jl} \in K_1 \tag{5.3.2}$$

其中每个$M_{jl}(u)$都是由$u_1,\cdots,u_n$所成的单项式. 在所有这些$M_{jl}(u)$中取出关

① 这个定义实际上只要求K,L是F上的向量空间.

于 F 为线性无关的最大组，记作$\{M_l(u)\}_l$. 于是(5.3.1) 可写如

$$\sum_j \sum_l d_{jl} x_j M_l(u) = 0 \tag{5.3.3}$$

按所设，$\{M_l(u)\}_l$ 在 K 上也是线性无关的，故由(5.3.3) 可得

$$\sum_j d_{jl} x_j = 0$$

对每个 l 都成立. 但$\{x_j\}_j$ 在K_1 上是线性无关组，从而又有 $d_{jl}=0$ 对每个 j,l 成立. 这就导出(5.3.2) 中的每个 $c_j=0$，矛盾. ■

线性分离性与独立性两者间的关系可以从以下的命题来认识：

命题 2 若 K 与 L 在 F 上是线性分离的，则它们在 F 上是独立的.

证明 假若结论不成立，则 K 中某个有限组$\{x_j\}_j$，它在 F 上是代数相关的，但在 L 上是代数相关的. 这就是说，由$\{x_j\}_j$ 所生成的某个由单项式所成的组$\{M_l(x)\}$ 在 L 上是线性相关的. 按所设，$\{M_l(x)\}_l$ 在 F 上也应是线性相关的. 由此导出$\{x_j\}_j$ 在 F 上的代数相关性，而与所设矛盾. ■

这个命题表明，线性分离性是比独立性更强的一个概念. 但在某些情形下，也可以从后者得出前者(例如 5.6 节的引理 2).

5.4 可 分 扩 张

为了把代数扩张的可分性概念推广到一般的扩张，我们先从有关代数可分扩张的一个性质开始. 在以下的讨论中，与上一节一样，我们仍然假定所涉及的域和它们的扩张都包含在同一个代数闭域之内.

命题 1 设F 的特征为 $p\neq 0$，K/F 是代数扩张. K/F 成为可分扩张，当且仅当 K 与 $F^{p^{-1}}$ 在 F 上是线性分离的.

证明 在证明命题之前，先来注意一个事实：K 中的元素组$\{u_1^p,\cdots,u_n^p\}$ 在 F 上为线性无关组，当且仅当$\{u_1,\cdots,u_n\}$ 在 $F^{p^{-1}}$ 上是线性无关组.

先证必要性. 设K/F是可分代数代张，$\{u_1,\cdots,u_n\}$ 是K 中一组在F 上线性无关的元素. 证明$\{u_1,\cdots,u_n\}$ 在 $F^{p^{-1}}$ 上也是线性无关的. 作 K 的子域

$$K_1 = F(u_1,\cdots,u_n)$$

这是F上的有限扩张. 设$[K:F]=r$. 由于$\{u_j\}_j$ 在F 上线性无关，所以对它添加 $r-n$ 个适当的元素可成为K_1/F 的一个基，设为

$$\{u_1,\cdots,u_n;u_{n+1},\cdots,u_r\}$$

对于 K_1 的任一元素 x，以及任一正整数 k，有

$$x^k = \sum_{j=1}^{r} a_{kj} u_j, a_{kj} \in F$$

从而又有

$$x^{kp}=\left(\sum_{j=1}^{r}a_{kj}u_j\right)^p=\sum_{j=1}^{r}a_k^p u_j^p \tag{5.4.1}$$

按所设，x 是 F 上的可分元，$F(x)$ 关于 $F(x^p)$ 既是可分的，又是纯不可分的，故有

$$F(x)=F(x^p)=F[x^p]$$

因此 x 可以表示为 $\{x^{kp}\}_k$ 的一个线性组合. 再根据(5.4.1)，又可表示为 $\{u_j^p\}$ 的线性组合. 这证明了 K_1 可由 $\{u_1^p,\cdots,u_r^p\}$ 生成. 但 $[K_1:F]=r$，因此 $\{u_1^p,\cdots,u_r^p\}$ 是它的一个基. 由此又有 $\{u_1^p,\cdots,u_r^p\}$ 在 F 上是线性无关的. 根据前面提到过的事实，$\{u_1,\cdots,u_n\}$ 在 $F^{p^{-1}}$ 上线性无关，如所欲证.

其次证明充分性，设 $x\in K$ 为任一元素，其极小多项式为

$$m(X)=X^n+\cdots+a_n,\ a_j\in F$$

假若 x 是不可分的，则 $m(X)$ 可以写如 $g(X^p)$. 设 $\deg g(X)=m$. 由于它不是 x 的极小多项式，所以 $\{x^m,x^{m-1},\cdots,1\}$ 在 F 上是线性无关的. 据所设，它在 $F^{p^{-1}}$ 上也是线性无关的，从而 $\{x^{pm},x^{p(m-1)},\cdots,1\}$ 在 F 上线性无关. 但这与 $m(x)=g(x^p)=0$ 相矛盾. ■

就一般的扩张而论，纯超越扩张是最简单的一种. 今有与命题 1 相类似的结论：

命题 2 若 $K=F(x_1,\cdots,x_n)$ 是 F 上的纯超越扩张，则 K 与 $F^{p^{-1}}$ 在 F 上是线性分离的.

证明 由于 $\{x_1,\cdots,x_n\}$ 是 F 上的一组代数无关元. 按 5.1 节命题 2 的推论 1，它在 $F^{p^{-1}}$ 也是代数无关的. 只需在 5.3 节引理 1 中把 K 取作 $F^{p^{-1}}$，即知 $F(x_1,\cdots,x_n)$ 在 $F^{p^{-1}}$ 在 F 上是线性分离的. ■

根据以上两个命题，我们作如下定义：

定义 5.1 设 K 是域 F 的一个扩张. 若 K 与 $F^{p^{-1}}$ 在 F 上是线性分离的，我们称 K 是 F 上的**可分扩张**. 此处 p 是 F 的特征；特别在 $p=0$ 时，F 上任何扩张都是可分扩张.

从定义立即有：

命题 3 若 K/F 是个可分扩张，则 K/F 的任何子扩张也是 F 上的可分扩张. ■

可分性又是可传递的，今有：

命题 4 设 K/F 与 L/K 分别都是可分扩张. 于是 L/F 也是可分扩张.

证明 按所设，K 与 $F^{p^{-1}}$ 在 F 上是线性分离的，L 与 $K^{p^{-1}}$ 在 K 上是线性分离的. 但 $K^{p^{-1}}$ 包含 $KF^{p^{-1}}$，所以 L 与 $KF^{p^{-1}}$ 在 K 上仍然保持线性分离性. 按5.3 节的引理 1，即知 L 与 $F^{p^{-1}}$ 在 F 上是线性分离的. 因此 L/F 是个可分扩张(图 2). ■

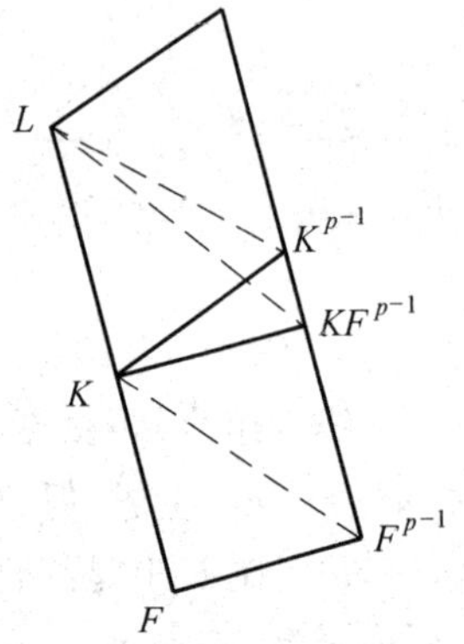

图 2

由 5.1 节知，任何一个扩张 K/F 都有超越基，使得 K 成为纯超越扩张上的代数扩张. 若 K/F 有超越基 T，使得 K 是 $F(T)$ 上的可分代数扩张，则称 K/F 是可分生成的，以及 T 是它的一个**可分超越基**.

命题 5 可分生成的扩张必然是可分扩张.

证明 设 K/F 是可分生成的，T 是它的一个可分超越基，$K_1=F(T)$. 据命题 2，K_1/F 是可分扩张，又由命题 1，K/K_1 是可分扩张. 结论由命题 4 立即得出. ■

可分扩张与可分生成的扩张两者是有差别的. 设 F 是特征为 $p\neq 0$ 的完备域. 此时 F 上任何扩张都是可分扩张，但不一定是可分生成的扩张. 例如，令 x 是 F 上的一个超越元. 易知 $K=F(x,x^{p^{-1}},x^{p^{-2}},\cdots,x^{p^{-n}},\cdots)$ 是 F 上的可分扩张，但不是可分生成的. 由于这一事实，下面的定理及其推论都是值得注意的.

定理 5.3 若 K 是 F 上的有限生成扩张，则 K/F 成为可分扩张，当且仅当 K/F 是可分生成的.

证明 只需证明必要性. 设 K 在 F 上是有限生成的，$K=F(x_1,\cdots,x_n)$，又设 $\mathrm{tr.deg}_F K=s$. 若 $s=n$，结论已经成立. 现在设 $s<n$. 不失一般性，不妨令 $S=(x_1,\cdots,x_s)$ 是 K/F 的一个超越基. 此时 x_{s+1} 是 $F(S)$ 上的代数元，它所满足的最低次多项式设为 $f(X_1,\cdots,X_{s+1})$. 于是

$$f(x_1,\cdots,x_{s+1})=0 \tag{5.4.2}$$

证明 f 中所包含的 X_j 不可能都以它的 p 次幂出现. 如若不然，则有

$$f(X_1,\cdots,X_{s+1})=\sum c_j(M_j(X))^p$$

其中 $c_j\in F$，$M_j(X)$ 的意义如前. 于是(5.4.2) 可以改写成

$$\sum c_j(M_j(x))^p=0$$

换言之，$\{M_j(x)\}_j$ 在 F 上是线性相关的，但 $\{M_j(x)\}_j$ 在 F 上是线性无关的，这与 K/F 为可分扩张的所设相矛盾.

现在设 X_1 不以它的 p 次幂出现于所有的项. 于是 $f(X_1, x_2, \cdots, x_{s+1})=0$ 可以作为 x_1 在 $F(x_2, \cdots, x_{s+1})$ 上所满足的可分方程，换言之，x_1 是 $F(x_2, \cdots, x_{s+1})$ 上的可分代数元，从而也是 $F(x_2, \cdots, x_n)$ 上的可分代数元. 若 $(x_2, \cdots, x_n)$ 是 K/F 的一个超越基，证明即完成. 如若不然，则可重复以上的论证. 经有限多次后，即可获得一个超越基 T，使得 K 是 $F(T)$ 上的可分代数扩张. ■

从以上证明的过程中，可以看到一个事实，对于有限生成的域 $K=F(x_1, \cdots, x_n)$，如果它是可分生成的，那么 $(x_1, \cdots, x_n)$ 中就包含一个可分超越基.

推论 1(S. MacLane) K/F 是可分扩张，当且仅当它的每个包含 F 的有限生成子域在 F 上都是可分生成的.

证明 必要性由定理和命题 3 立即得知. 今证其充分性. 设 $\{x_j\}_j$ 是 K 中任何一个 F 上为线性无关的有限组. $\{x_j\}_j$ 含在 F 上某个有限生成的子域 K_1 中. 根据所设，K_1 是可分生成的. 按命题 5，K_1/F 是可分扩张. 因此，$\{x_j\}_j$ 在 $F^{p^{-1}}$ 上也是线性无关的，从而证明了 K/F 是个可分扩张. ■

推论 2(F. K. Schmidt) 若 F 是完备域，则 F 上有限生成的域都具有可分超越基.

证明 由于 $F=F^{p^{-1}}$，F 上任何扩张都是可分扩张. 结论由推论 1 即得. ■

推论 3 设 K/F 是可分扩，又设 K 与 F 的扩张 L 在 F 上是独立的. 于是 KL/L 是可分扩张.

证明 不失一般性，不妨设 K 在 F 上是有限生成的. 由定理，此时 K/F 是可分生成的. 设 T 是 K/F 的一个可分超越基. 又按所设，K 与 L 在 F 上是独立的，故 T 又是 KL/L 的超越基，KL 中每个元素都可由有限多个 K 的，以及 L 的元素表出，K 中关于 $F(T)$ 的可分代数元在 $L(T)$ 上也是可分代数元. 因此，KL 的元素关于 $L(T)$ 都是可分代数元，这证明了 KL/L 是可分扩张. ■

在上述推论中，如果把 K 与 L 在 F 上的独立性强化为线性分离性，则有下述的结论：

推论 4 设 K 与 L 是在 F 上的两个线性分离的扩张. 于是 K/F 成为可分扩张，当且仅当 KL/L 是可分扩张.

证明 必要性已由推论 3 给出. 现在设 KL/L 是可分扩张. 假若 K/F 不是可分扩张，则存在 K 中关于 F 的线性无关组，它在 $F^{p^{-1}}$ 上是线性相关的，因此在 $LF^{p^{-1}}$ 上也是线性相关的. 从而 K 与 $LF^{p^{-1}}$ 在 F 上不是线性分离的. 根据所设，以及 5.3 节的引理 1，即知 KL 与 $LF^{p^{-1}}$ 在 L 上不是线性分离的(图 3)，又从 $LF^{p^{-1}} \subseteq L^{p^{-1}}$ 可得到 KL 与 $L^{p^{-1}}$ 在 L 上不是线性分离的，这就与 KL/L 是可分扩张的所设相矛盾. ■

关于可分扩张，我们还要通过下一节所介绍的求导来进行刻画.

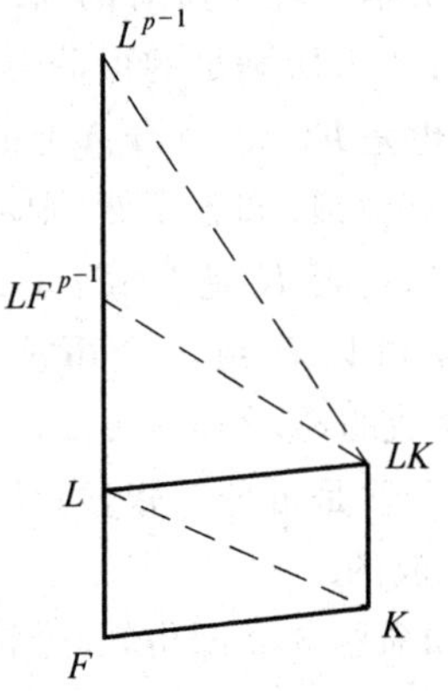

图 3

5.5 求　　导

在讨论可分代数扩张时，我们曾经使用过多项式的形式导式. 因此，把分析中的求导运算移植于代数系统，对讨论一般的可分扩张，看来是极为自然的. 设 L 是 K 的一个扩域，映射 $D:K\to L$，如果满足：

(1) $D(x+y)=Dx+Dy$；

(2) $Dxy=xDy+yDx$；

那么就称它是 K 的一个 L **值求导**. 在 $L=K$，或者不需特别强调某个 L 时，可以称为**求导**. 对于 K 的单位元素 1，由(2)有 $D1-D1^2=2D1$. 因此有 $D1=0$. 再按(1)，对于任何 $n=n1, n\in \mathbf{N}\cup\{0\}$，皆有 $Dn=0$，即 D 在 K 中由 1 所生成的整环上恒取 0 值. 另一方面，从 $y(1/y)=1$，以及(2)，立即得到 $D(1/y)=-Dy/y^2$. 故又有：

(3) $D(x/y)=(yDx-xDy)/y^2$；

由 $D1=0$，以及(2)(3)，可知 D 在 K 的素子域上恒取 0 值. 若 D 对于 K 的每个元素 x 皆有 $Dx=0$，就称 D 是平凡的，记作 0.

就 K 是 F 扩张，K 的求导 D 在 F 上的限制 $D'=D|_F$ 自然是 F 的(L 值)求导. 此时又称 D 是 D' 在 K 上的**拓展**. 如果 D' 是平凡的，那么就称 D 是 K 的一个 ***F*－求导**.

设 D, D_1, D_2 是 K 的任何 F－求导. 规定

$$\begin{cases}(yD)x=yDx, x, y\in K\\(D_1\pm D_2)x=D_1x\pm D_2x\end{cases}\tag{5.5.1}$$

易知，yD 与 $D_1 \pm D_2$ 都是 K 的 F－求导，因此，K 的全部 F－求导构成 K 上的一个向量空间，记作 $\mathscr{D}_{K/F}$，它在 K 上的维数记作 K-$\dim \mathscr{D}_{K/F}$，或简记 $\dim \mathscr{D}_{K/F}$.

先来看一个非平凡 F－求导的例子：

例 设 $K=F(X_1,\cdots,X_n)$. 令

$$\frac{\partial}{\partial X}:\begin{cases} X_j \to \delta_{ij}, i,j=1,\cdots,n \\ x \to 0, a \in F \end{cases} \tag{5.5.2}$$

再按(1)(2)，可使 $\partial/\partial X$ 成为 K 的 n 个非平凡的 F－求导. 为了与分析中的称谓保持一致，我们称以上规定的求导为**偏导映射**. 在当前的情形下，$\{\partial/\partial X_1,\cdots,\partial/\partial X_n\}$ 成为 $\mathscr{D}_{K/F}$ 的一个基. 如若 $D \in \mathscr{D}_{K/F}$ 且 $DX_i=u_i \in K, i=1,\cdots,n$，则

$$D-\sum_{i=1}^{n} u_i(\partial/\partial X_i)$$

是 K 的一个平凡 F－求导，故

$$D=\sum_{i=1}^{n} u_i(\partial/\partial X_i)$$

另一方面，$\partial/\partial X_1,\cdots,\partial/\partial X_n$ 在 K 上是线性无关的. 因为从

$$\sum_{i=1}^{n}\alpha_i(\partial/\partial X_i)=0$$

可得 $0=0X_j=\left(\sum_{i=1}^{n}\alpha_i(\partial/\partial X_i)\right)X_j=\alpha_j, j=1,\cdots,n.$

在本节中，我们主要讨论求导的拓展，以及它对域扩张所起的作用. 具体地说，设 K/F 是个扩张，D' 是 F 的一个 K－值求导. 问 D' 在 K 上的可拓展性与 K/F 的可分性两者之间有什么关系. 首先，我们就 K/F 是有限生成的情形来讨论求导的拓展.

设 $K=F(x_1,\cdots,x_n)$，又设 F 的求导 D' 在 K 上有拓展 D. 令多项式 $f(X_1,\cdots,X_n) \in F[X_1,\cdots,X_n]$ 满足 $f(x_1,\cdots,x_n)=0$. 按求导的运算法则，有

$$0=Df(x_1,\cdots,x_n)=f^{D'}(x_1,\cdots,x_n)+\sum_{i=1}^{n}(\partial f/\partial x_i)Dx_i \tag{5.5.3}$$

其中 $f^{D'}(x_1,\cdots,x_n)$ 表示以 D' 作用于 $f(X_1,\cdots,X_n)$ 的系数而得到的多项式，然后以 $(x_1,\cdots,x_n)$ 代替 $(X_1,\cdots,X_n)$，$\partial f/\partial x_i$ 是以(5.5.2)所规定的偏导映射 $\partial/\partial X_i$ 作用于 $f(X_1,\cdots,X_n)$，再以 $(x_1,\cdots,x_n)$ 代替 $(X_1,\cdots,X_n)$ 而得到的元素. 因此，(5.5.3)是有拓展 D 的必要条件. 现在来证明它又是充分的.

命题 1 设 $K=F(x_1,\cdots,x_n)$，D' 是 F 的一个求导. 又设 $\{f_\lambda(X_1,\cdots,X_n)\}_{\lambda\in\Lambda}$ 是理想

$$\{f \in F(X_1,\cdots,X_n) \mid f(x_1,\cdots,x_n)=0\}$$

的一组生成元. 若 $(u_1,\cdots,u_n) \in K^{(n)}$ 满足方程组

$$0=f_\lambda^{D'}(x_1,\cdots,x_n)+\sum_{i=1}^n(\partial f/\partial x_i)u_i,\lambda\in\Lambda \qquad (5.5.4)$$

则 D' 能拓展成 K 上一个唯一的求导 D，满足

$$Dx_i=u_i,i=1,\cdots,n$$

证明 对于 $g(x_1,\cdots,x_n)\in F[X_1,\cdots,X_n]$，规定

$$Dg(x_1,\cdots,x_n)=g^{D'}(x_1,\cdots,x_n)+\sum_{i=1}^n(\partial g/\partial x_i)u_i$$

再按(3)，就可以对 K 中每个元素 $h(x_1,\cdots,x_n)/g(x_1,\cdots,x_n)$ 规定 D 的作用. 通过直接验证，即知 D 是 D' 在 K 上的拓展，而且满足 $Dx_i=u_i,i=1,\cdots,n$. ■

应用命题 1 于单扩张 $K=F(x)$，可得下面的一些推论：

推论 1 若 $K=F(x)$ 是可分代数扩张，D' 是 F 的求导，则 D' 在 K 上有唯一的拓展.

证明 设 $m(X)$ 是 x 在 F 上的极小多项式. 由 x 的可分性，有 $m'(x)\neq 0$. 此时(5.5.4) 成为

$$m^{D'}(x)+m'(x)u=0$$

因此只能有 $Dx=u=-m^{D'}(x)/m'(x)$. ■

特别在 $D'=0$ 时，D 也只能是 0.

当 x 是 F 上的超越元时，显然有：

推论 2 若 $K=F(x)$ 是纯超越扩张，则 F 的任何求导皆可拓展成为 K 的求导 D，且 Dx 可取任何值. ■

对于纯不可分扩张，情形有所不同：

推论 3 设 $K=F(x)$ 是个纯不可分扩张，x 在 F 上的极小多项式为

$$m(X)=X^{p^e}-a$$

其中 p 为 F 的特征. F 的求导 D' 能拓展于 K，当且仅当 $D'a=0$. 又当 D' 有拓展 D 时，Dx 可取任何值.

证明 以 $m^D(x)=-D'a$ 代入(5.5.4) 即得. ■

若取 $D'=0$，从以上的三个推论易得：

命题 2 有限生成的扩张 $K=F(x_1,\cdots,x_n)$ 成为可分代数扩张，当且仅当 $\mathscr{D}_{K/F}=\{0\}$，即 K 只有平凡的 $F-$求导.

证明 必要性显然，充分性用反证法即得. ■

在以上三个推论中，单扩张这个条件并非一个实质上的限制，甚至也可以不要求 K/F 是有限生成的. 这只需在上述三个推论的基础上使用 Zorn 引理的论证即可. 因此又有：

命题 3 若 K/F 是可分生成的，则 F 的任何求导总可以拓展于 K. ■

命题 4　设 F 的特征为 $p\neq 0$，K/F 是纯不可分扩张，并且 $K^p\subseteq F$. 若 S 是 K/F 的一组生成元，F 的求导 D' 使得每个 $D'x^p=0$，$x\in S$，则 D' 可以拓展于 K. ■

为了获得对可分扩张的刻画，我们还需要进一步考虑纯不可分扩张和有限生成的扩张. 今有以下的结论：

命题 5　设 F 的特征为 $p\neq 0$，K/F 是纯不可分扩张，并且 $K^p\subseteq F$. 若 $[K:F]=p^s$，则有

(ⅰ) $\dim \mathscr{D}_{K/F}=s$；

(ⅱ) 存在 $x_1,\cdots,x_s\in K$，以及 $\mathscr{D}_{K/F}$ 的一个基 $\{D_1,\cdots,D_s\}$，使得

$$K=F(x_1,\cdots,x_s),x_j\notin F(x_1,\cdots,x_{j-1})$$

以及

$$D_jx_i=\delta_{ji},\ i,j=1,\cdots,s$$

证明　先按归纳的步骤作出 $x_1,\cdots,x_j,\cdots$ 使得

$$x_j\notin F(x_1,\cdots,x_{j-1})$$

由于

$$x_j^p\in F\subsetneqq F(x_1,\cdots,x_{j-1})$$

故

$$[F(x_1,\cdots,x_j):F(x_1,\cdots,x_{j-1})]=p$$

再按 $[K:F]=p^s$，知有 s 个 x_i，使得 $K=F(x_1,\cdots,x_s)$. 根据命题 1 的推论 3，$F(x_1,\cdots,x_j)$ 有一个 $F(x_1,\cdots,x_{j-1})$－求导 D'_j，满足 $D'_jx_j=1$. 由于每个 $x_j^p\in F$，多次使用推论 3，可使 D'_j 拓展成为 K 的 F－求导 D_j，满足 $D_jx_i=\delta_{ji}$. 这样得到的 s 个求导 $D_1,\cdots,D_s$ 在 K 上显然是线性无关的. 另一方面，对于任一 $D\in\mathscr{D}_{K/F}$，F－求导 $D-\sum_{j=1}^{n}Dx_iD_j$ 是平凡的，换言之，D 可由 $D_1,\cdots,D_s$ 线性表出，故(ⅰ)成立，从而又有(ⅱ)成立. ■

命题 2 可作为下列命题的一个特殊情形：

命题 6　设 $K=F(x_1,\cdots,x_n)$，$\dim \mathscr{D}_{K/F}=s$. 于是有：

(ⅰ) 若有 $u_1,\cdots,u_t\in K$，使得 K 是 $E=F(u_1,\cdots,u_t)$ 上的可分代数扩张，则 $t\geqslant s$；

(ⅱ) 存在 $u_1,\cdots,u_s\in K$，使得 K 是 $E=F(u_1,\cdots,u_s)$ 上的可分代数扩张；

(ⅲ) $s=\operatorname{tr.deg} K/F$，当且仅当 K/F 是可分生成的.

证明　每个 $D\in\mathscr{D}_{E/F}$ 都由 $Du_1,\cdots,Du_t$ 唯一地确定，故有 $\dim\mathscr{D}_{E/F}\leqslant t$. 由于 K/E 是可分代数扩张，据命题 1 的推论 1，E 的每个 F－求导可以唯一地拓展成 K 的 F－求导. 因此

$$s=\dim\mathscr{D}_{K/F}=\dim\mathscr{D}_{E/F}\leqslant t$$

即(ⅰ)成立.

在 F 的特征为 0 时,设 $\{u_1,\cdots,u_t\}$ 是 K/F 的一个超越基.根据在例和命题 5 的证明中所使用的构作法,可以定出 $\mathscr{D}_{K/F}$ 的一个基 $\{D_1,\cdots,D_t\}$,满足 $D_j u_i = \delta_{ji}$.此时 $\dim \mathscr{D}_{K/F} = t$.但根据所设,应有 $t = s$.

现在设 F 的特征为 $p \neq 0$.每个 $D \in \mathscr{D}_{K/F}$ 在 FK^p 上都是平凡的,故 $D \in \mathscr{D}_{K/FK^p}$.另一方面,$\mathscr{D}_{K/FK^p} \subseteq \mathscr{D}_{K/F}$,故

$$s = \dim \mathscr{D}_{K/F} = \dim \mathscr{D}_{K/FK^p}$$

K 在 FK^p 上是纯不可分扩张,故应有

$$[K : FK^p] = p^s$$

按命题 5,有 $u_1,\cdots,u_s \in K$,使得 $K = FK^p(u_1,\cdots,u_s)$,以及 $\mathscr{D}_{K/FK^p}$ 的一个基 $\{D_1,\cdots,D_s\}$,后者又是 $\mathscr{D}_{K/F}$ 的基.令

$$E = F(u_1,\cdots,u_s)$$

设 $D \in \mathscr{D}_{K/E}$,从而 $D \in \mathscr{D}_{K/F}$.因此又有

$$D = \sum_{j=1}^{s} \alpha_j D_j$$

但

$$0 = Du_i = \sum_{j=1}^{s} \alpha_j D_j u_i = \alpha_i, i = 1,\cdots,s$$

故有

$$D = 0,\ \mathscr{D}_{K/E} = \{0\}$$

根据命题 2,K/E 应是可分代数扩张,这就证明了(ⅱ).由(ⅰ)(ⅱ)立即得出(ⅲ). ■

特别在 $s = 0$ 时,就得到命题 2.作为本节的最后一个结果,今有如下定理:

定理 5.4 设 F 的特征为 $p \neq 0$.K/F 成为可分扩张,当且仅当 F 的每个求导都能拓展成为 K 的求导.

证明 必要性.设 K/F 是可分扩张.按定义,K 与 $F^{p^{-1}}$ 在 F 上是线性分离的.因此,K^p 与 F 在 F^p 上是线性分离的.令 $\{u_i\}_{i\in I}$ 是 K^p 在 F^p 上的一个基,其乘法规则由

$$u_i u_j = \sum_{k\in I} c_{ijk} u_k,\ c_{ijk} \in F^p$$

所确定.显然,$\{u_i\}_{i\in I}$ 可以作为向量空间 $F[K^p]$ 的 F 上的一个基.于是 $x \in F[K^p]$ 可以写如

$$x = \sum_{i\in I} a_i u_i, a_i \in F^p$$

且只有有限多个不等于 0.设 D' 是 F 的一个求导.规定

$$D''x = \sum_{i\in I} D'a_i \cdot u_i \tag{5.5.5}$$

D'' 显然满足求导条件(1),现在来证(2). 设

$$y=\sum_{j\in I}b_ju_j\in F[K^p]$$

按 $c_{ijk}\in F^p$,以及 $D'c_{ijk}=0$,有

$$\begin{aligned}D''xy=D''(\sum_{i,j,k}a_ib_jc_{ijk}u_k)=\\ \sum_{i,j,k}D'a_ib_jc_{ijk}u_k=\\ \sum_{i,j,k}(a_iD'b_j+b_jD'a_i)c_{ijk}u_k=\\ \sum_{i,j}(a_iD'b_j+b_jD'a_i)u_iu_j=\\ \sum_{i,j}(a_iu_iD'b_ju_j+b_ju_jD'a_iu_i)=\\ xD''y+yD''x\end{aligned}$$

这证明了 D'' 满足(2);然后再按(3),把 D'' 拓展于商域 FK^p,并且仍记作 D''. 对于元素 $0\neq x\in K$,x^p 可表示 $\{u_i\}_i$ 在 F^p 上的线性组合,按(5.5.5)的规定,取 D'' 在 K^p 上的限制,知有 $D''x^p=0$. 最后,再按命题 4,D'' 可以拓展成 K 上的一个求导 D.

充分性. 设 F 的每个求导皆可拓展于 K,D' 是 F 的任一求导. 又设 $\{x_1,\cdots,x_n\}$ 是 K 中任意一组在 F 上线性无关的元素. 我们要证明,$\{x_1^p,\cdots,x_n^p\}$ 在 F 上也是线性无关的,从而得到 K/F 的可分性. 假若此结论不成立,则 $\{x_1^p,\cdots,x_n^p\}$ 在 F 上是线性相关组. 取 $\{x_1^p,\cdots,x_m^p\}$ 为其中含最少元素的一个线性相关子组,于是有

$$\sum_{i=1}^{m}a_ix_i^p=0$$

其中每个 $a_i\neq 0$. 令 $a_m=1$,于是 $D'a_m=0$,按所设,D' 可以拓展成 K 上的求导 D. 显然,$Dx_i^p=0$,$i=1,\cdots,m$. 故有

$$\sum_{i=1}^{m}D'a_ix_i^p=\sum_{i=1}^{m-1}D'a_ix_i^p=0$$

但这与 $\{x_1^p,\cdots,x_m^p\}$ 的取法相悖. 因此只能有

$$D'a_1=\cdots=D'a_{m-1}=0$$

又由 D' 的任意性,可知 $a_1,\cdots,a_m$ 都属于 F^p,即

$$a_i=b_i^p,\ b_i\in F,i=1,\cdots,m$$

从而

$$\sum_{i=1}^{m}a_ix_i^p=(\sum_{i=1}^{m}b_ix_i)^p=0$$

以及

$$\sum_{i=1}^{m} b_i x_i = 0$$

但这与$\{x_1,\cdots,x_m\}$在F上的线性无关性相矛盾. ■

5.6 正则扩张

在本节中,首先引入一个比可分性更强的概念. 与前面的情形一样,假定所涉及的域和扩张都包含在同一个代数闭域之内.

定义 5.2 设K是F的一个扩域,$\hat{F}$是F的代数闭包. 若K与$\hat{F}$在F上是线性分离的,则称K是F上的**正则扩张**,或称K/F为正则扩张.

在F的特征$p\neq 0$时,$\hat{F}$包含$F^{p^{-1}}$. 因此,正则扩张同时是可分扩张,但反之并不必然成立,这可以从下述的定理认知. 为定理的证明起见,先有一条引理:

引理 1 设F在扩域K中是代数封闭的,u是F上的一个代数元. 于是$F(u)$与K在F上是线性分离的,同时又有

$$[F(u):F]=[K(u):K] \tag{5.6.1}$$

证明 先证(5.6.1). 设$m(X)\in F[X]$是u在F上的极小多项式. 若$m(X)$在K上有真因式$g(X)$,则$g(X)$的系数是$m(X)=0$的根对称函数,从而是F上的代数元. 据所设,有$g(X)\in F[X]$,矛盾.

令$[F(u):F]=r$,又令$\{x_1,\cdots,x_n\}$是K中关于F的一个线性无关组. 若$\{x_1,\cdots,x_n\}$在$F(u)$上是线性相关的,则有

$$\sum_{j=1}^{n} c_j x_j = 0,\ c_j\in F(u)=F[u] \tag{5.6.2}$$

据所设,c_j可表示为$\{1,u,\cdots,u^{r-1}\}$的线性组合. 令

$$c_j=\sum_{i=0}^{r-1} a_{ji}u^i, a_{ji}\in F$$

代入(5.6.2),得

$$\sum_{j=1}^{n}\sum_{i=1}^{r-1} a_{ji}x_j u^i = 0$$

这表明u在K上满足一个$r-1$次的方程$g(X)=0$,从而与(5.6.1)矛盾. ■

定理 5.5 K/F成为正则扩张,当且仅当F在K内是代数封闭的,同时K又是F上的可分扩张.

证明 若K/F是正则扩张,显然它又是可分扩张. 令$u\in K\backslash F$是F上的一个代数元. 其极小多项式的次数为$r>1$. 于是,$\{1,u,\cdots,u^{r-1}\}$在F上是线性无关的,从而它在$\hat{F}$上也是线性无关的,矛盾. 这证明了F在K内是代数封闭

的.

其次证充分性.只需证明,K 与 F 上任何一个有限代数扩张 L,关于 F 都是线性分离的.首先,若 L/F 是可分扩张,则 $L=F(u)$,按引理 1,K 与 L 在 F 上是线性分离的.再就一般而论,令 E 是 F 在 L 内的可分闭包.此时 E 与 K 在 F 上是线性分离的.再据定理 5.4 的推论 4,可知 KE/E 是个可分扩张.又从 L/E 为纯不可分扩张,可知 KE 与 L 在 E 上是线性分离的(图 4 及习题 6).根据 5.3 节的引理 1,即得结论. ■

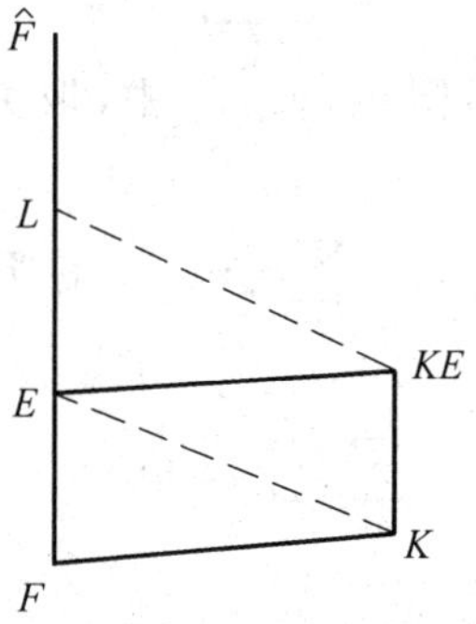

图 4

从定理立即得知,代数闭域上的任何扩张都是正则扩张.此外,还有以下的推论:

推论 1 若 K/F 是正则扩张,则它的子扩张 E/F 也同样是正则扩张. ■

推论 2 若 K/F 和 L/K 都是正则扩张,则 L/F 也是正则扩张. ■

在 5.3 节中已经见到,线性分离性是比独立性更强的概念.在增加一些条件后,也能够从独立性得出线性分离性.我们先给出几个引理:

引理 2 设 L 与 K 是 F 上两个独立的扩张.若 L/F 是纯超越扩张,则 K 与 L 在 F 上是线性分离的.

证明 设 $\{x_j\}_j$ 是 K 中一组关于 F 的线性无关元.若有

$$\sum_j c_j x_j = 0,\ c_j \in L = F(T) \tag{5.6.3}$$

不妨设 $c_j = c_j(t_1, \cdots, t_n) \in F(t_1, \cdots, t_n)$,$j$ 取(5.6.3) 中出现的所有标号.于是(5.6.3) 又可写作

$$\sum_j c_j x_j = \sum_i a_i(x) M_i(t) = 0$$

其中 $a_i(x)$ 是含 $\{x_j\}_j$ 的一次式,$M_i(t)$ 是含 $\{t_1, \cdots, t_n\}$ 的单项式.据 K 与 L 在 F 上的独立性可知,$\{t_1, \cdots, t_n\}$ 在 K 上是代数无关的,即每个 $a_i(x)=0$.再按所设,$a_i(x)$ 的系数应全为 0.因此

$$c_j = c_j(t_1, \cdots, t_n) = 0$$

即$\{x_j\}_j$在L上仍然是线性无关的. ■

引理 3 设L是F的扩域,E是另一个域,K是合成域EF.若E中关于F的线性无关组在L上也是线性无关的,则L与K在F上是线性分离的.

证明 设$\{w_j\}_j$是L中关于F的一组线性无关元,又设它在K上满足关系

$$\sum_j u_j w_j = 0,\ u_j \in K \tag{5.6.4}$$

不失一般性,每个u_j表示如下

$$u_j = \sum_k a_{jk} y_{jk}$$

其中$a_{jk} \in F$,$y_{jk} \in E$.在有限组$\{y_{jk}\}_{j,k}$中,取关于F为线性无关的最大组$\{z_i\}_i \subseteq E$,从而有

$$u_j = \sum_i c_{ji} z_i,\ c_{ji} \in F \tag{5.6.5}$$

以此代入(5.6.4),得

$$\sum_j \sum_i c_{ji} z_i w_j = 0$$

即

$$\sum_j \left(\sum_i c_{ji} w_j\right) z_i = 0$$

按所设,$\{z_i\}_i$在L上也是线性无关的,因此,对于每个i,皆有

$$\sum_j c_{ji} w_j = 0$$

再根据$\{w_j\}_j$在F上的线性无关性,有$c_{ji}=0$,对所有的i,j都成立.以此代入(5.6.5),即得$u_j=0$.这证明了$\{w_j\}_j$在K上是线性无关的,从而L与K在F上是线性分离的. ■

引理 4 设K/F是可分扩张,F的扩域L与K在F上是独立的.若以E表示L中由所有关于F的可分代数元所成的子域,则L与EK在E上是线性分离的.

证明 根据引理3,只需证明K中关于E的线性无关组在L上也是线性无关的.不失一般性,不妨设K/F是有限生成的,从而也是可分生成的.如果结论不成立,那么存在K中关于E的线性无关组,它在L上是线性相关的.取$\{y_1,\cdots,y_m\}$是具有这个性质,而且元素数m为最小的一组.于是有

$$\sum_{j=1}^{m} w_j y_j = 0,\ w_j \in L$$

不妨设$w_m=1$.由于$w_1,\cdots,w_m$不全在E内,按5.5节命题1的推论2,3知,$F(w)=F(w_1,\cdots,w_m)$有取值于L的F－求导D,使得Dw_j不全为0.

令$T=\{x_1,\cdots,x_s\}$是K/F的一个可分超越基.按所设,T关于L是独立的,因此关于$F(w)$也是独立的.据定理5.4知,D可以拓展于$F(w,T)$,仍记作D,

且有 $Dx_i=0, i=1,\cdots,s$. 这表示 D 是 $F(w,T)$ 的 $F(T)$－求导. $K/F(T)$ 是可分代数扩张,因此 $K(w)/F(w,T)$ 也是可分代数扩张. 此时 $F(w,T)$ 的 $F(T)$－求导 D 可以拓展成为 $K(w)$ 的求导,仍记作 D. 又因为 D 在 $F(T)$ 上是平凡的,从而在 K 上也是平凡的,特别有 $Dy_j=0, j=1,\cdots,n$. 以 D 作用于等式 $\sum_{j=1}^{m} w_j y_j=0$,得到

$$\sum_{j=1}^{m} Dw_j \cdot y_j=0 \tag{5.6.6}$$

又由 $w_m=1$,故 $Dw_m=0$,代入(5.6.6),即知 $y_1,\cdots,y_{m-1}$ 在 L 上线性相关. 但 $\{y_1,\cdots,y_{m-1}\}$ 在 E 上是线性无关的,这与 $\{y_1,\cdots,y_{m-1}\}$ 取法矛盾. ■

根据以上这些引理,现在证明:

命题 1 设 K/F 是正则扩张,F 的另一扩域 L 与 K 在 F 上是独立的. 于是 K 与 L 在 F 上是线性分离的.

证明 令 E 是 L 中由所有关于 F 的可分代数元所组成的子域. 此时 $E=F(u)$. 在命题的前设下,据引理 1,K 与 E 在 F 上是线性分离的. 另一方面,从 K/F 的可分性,使用引理 4,可知 L 与 KE 在 E 上是线性分离的,再根据 5.3 节的引理 1 即得到结论. ■

在命题所做的假设下,K 与 $\hat{L}$ 自然也是在 F 上独立的,因此 K 与 $\hat{L}$ 在 F 上为线性分离的. 5.3 节的引理 1 指出,LK 与 $\hat{L}$ 在 L 上线性分离,换言之,LK/L 是个正则扩张.

命题 2 设 K 与 L 是 F 上两个独立的扩张,又设 K/F 是正则扩张. 于是 KL/L 也是正则扩张. ■

结合定理 5.5 的推论 2,即得:

推论 设 K 与 L 是 F 上两个独立的扩张,同时 K/F 与 L/F 都是正则扩张. 于是 KL/K 是正则扩张. ■

作为本节的结束,我们再介绍一个与可分扩张和正则扩张相接近的概念.

定义 5.3 设 K 是 F 的扩域. 若 K 与 F 的可分代数闭包 $\hat{F}_s$ 在 F 上是线性分离的,则称 K 是 F 的一个**准素扩张**,或 K/F 是准素扩张.

命题 3 K/F 成为准素扩张,当且仅当 F 在 K 内是可分代数封闭的.

证明 若 K/F 是准素扩张,此时只能有 $\hat{F}_s \cap K=F$,故必要性成立. 反之,设 F 在 K 内是可分代数封闭的. 欲证明 K/F 是准素扩张,只要对 F 上每个有限可分扩张 L,证明 K 与 L 在 F 上是线性分离的. 由于 L 是个单扩张 $F(u)$,注意到在引理 1 中,若把条件改为 F 在 K 内可分代数封闭,以及 u 是 F 上的可分代数元,引理的结论依旧成立. 这就得到 K 与 $L=F(u)$ 在 F 上的线性分离

性. ■

对于准素扩张,有类似于定理5.5的推论1与2,现不一一列举.与命题1相比较,在准素扩张的情形下,有以下的结论成立:

命题4 设K与L是F上两个独立的扩张,其中K/F是准素扩张,L/F是可分扩张.于是K与L在F上是线性分离的.

证明 不失一般性.不妨设K/F是有限生成的,T是它的一个超越基.在特征为0时,$K/F(T)$是有限可分扩张,在特征为$p\neq 0$时,必有某个正整数m,使得$K_1=K^{p^m}F(T)$成为$F(T)$上的可分代数扩张,从而K/K_1就是一个纯不可分扩张,按K/F是准素扩张,由命题3知,F在K内是可分代数封闭的,因此F在K_1内是代数封闭的,从而K_1/F是正则扩张.据命题1知,K_1与L在F上是线性分离的.另一方面,从定理5.3的推论3,知K_1L/K_1是可分扩张,K_1L与K_1上的纯不可分扩张K,关于K_1当然是线性分离的.合并这两部分(图5),即知K与L在F上的线性分离性. ■

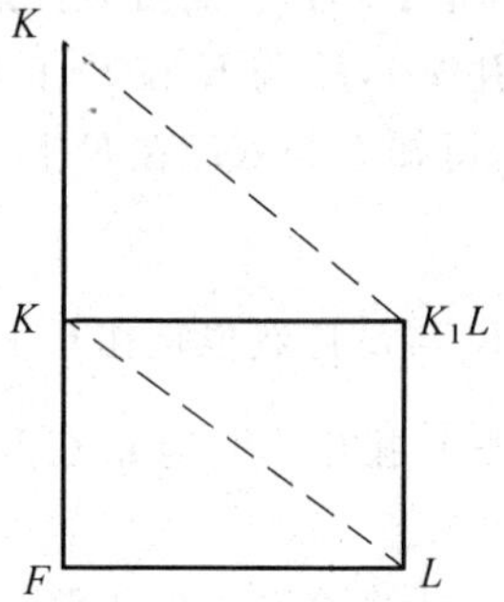

图5

从证明的过程中还见到一个事实:F上任何一个准素扩张K可以分两步得到,先是F上的一个正则扩张K_1,然后有K_1上的纯不可分扩张K.

5.7 域的张量积与域的合成

从第一章起就多次提到过域的合成这个概念,那都是在某个给定的扩域内来考虑的.要对域的合成作一般性的定义,首先要引入域的张量积.

设A,B是域F上的两个交换代数,它们的乘法单位元素就是F的单位元素.作为F上的向量空间而论,可以作出它们的张量积$A\otimes_F B$.对于这个张量积,现在来规定一个乘法,使它成为F上的一个交换代数.设$\sum_i a_i\otimes b_i$,$\sum_j a'_j\otimes b'_j$是其中任意两元素,规定

$$(\sum_i a_i \otimes b_i)(\sum_j a'_j \otimes b'_j) = \sum_i \sum_j a_i a'_j \otimes b_i b'_j \qquad (5.7.1)$$

不难验明,这样的规定是有效的. 从而 $A \otimes_F B$ 成为 F 上的一个交换代数. 自然映射

$$\bar{\sigma}: a \to a \otimes 1,\ \bar{\tau}: b \to 1 \otimes b$$

分别是从 A 和 B 到 $A \otimes_F B$ 内的 F — 同构,它们的象 $A\bar{\sigma} = A \otimes_F 1$ 与 $B\bar{\tau} = 1 \otimes_F B$ 是 $A \otimes_F B$ 中两个子代数,而且,由它们生成的代数就是 $A \otimes_F B$. 为简便起见,有时我们把 A, B 与它们在自然映射下的象等同起来,从而称 A, B 为 $A \otimes_F B$ 的子代数,此时 $A \otimes_F B$ 的元素 $\sum_i a_i \otimes b_i$ 也可以写作 $\sum_i a_i b_i$.

现在设 C 是 F 上另一个交换代数,σ 与 τ 分别是从 A 与 B 到 C 内的 F — 嵌入,以 A^σ, B^τ 记它们在 C 内的象,它们显然都是 C 的子代数. C 中包含 A^σ, B^τ 的最小代数是由所有形式如 $\sum_i a_i^\sigma b_i^\tau$ 的有限和所成的集

$$\{\sum_i a_i^\sigma b_i^\tau \mid a_i \in A, b_i \in B\}$$

称为由 a^σ 与 B^τ **生成的子代数**,记作 $[A^\sigma, B^\tau]$. 如果又有 $C = [A^\sigma, B^\tau]$,则称 C 是 A 与 B 在 F 上的一个**合成**,为明确起见,可记作 (C, σ, τ).

设 (C', σ', τ') 是 A 与 B 在 F 上的另一个合成. 如果在 C 与 C' 之间有一个 F — 同构 s,使得有 $\sigma_s = \sigma'$ 和 $\tau s = \tau'$ 成立,我们就称 (C, σ, τ) 与 (C', σ', τ') 是**等价的**,记作

$$(C, \sigma, \tau) \sim_F (C', \sigma', \tau')$$

为了阐明合成与张量积之间的关系,先应提及一个事实:在 5.3 节定义域的线性分离性时,实际上只涉及域和子域的向量空间的性质. 因此,该节的一些定义的性质(如引理 1),对于域上的向量空间或代数仍然是适用的.

命题 1 设 (C, σ, τ) 是代数 A 与 B 在域 F 上的一个合成. (C, σ, τ) 等价于张量积 $A \otimes_F B$ 的必要充分条件是,A^σ 与 B^τ 作为 C 的子代数在 F 上是线性分离的.

证明 按张量积的作法,A 与 B 在 $A \otimes_F B$ 内关于 F 是线性分离的. 若 $(C, \sigma, \tau) \sim_F A \otimes_F B$,则 A^σ 与 B^τ 在 F 上也是线性分离的. 反之,从 A^σ 与 B^τ 在 F 上的线性分离性可知,映射

$$\sum_i k_i a_i^\sigma b_i^\tau \to \sum_i k_i a_i b_i,\ k_i \in F$$

给出 C 与 $A \otimes_F B$ 间的一个同构 s,而且满足 $\sigma s = \bar{\sigma}, \tau s = \bar{\tau}$,即 $(C, \sigma, \tau) \sim_F A \otimes_F B$. ■

例 设 $(\bar{X}) = (X_1, \cdots, X_m)$,$(\bar{Y}) = (Y_1, \cdots, Y_n)$ 是 F 上两组独立的未定元,$F[\bar{X}] = F[X_1, \cdots, X_m]$ 与 $F[\bar{Y}] = F[Y_1, \cdots, Y_n]$ 在 F 上有合成 $F[X_1, \cdots, X_m; Y_1, \cdots, Y_n]$,它等价于

$$F[\overline{X}] \otimes_F F[\overline{Y}]$$

故

$$F[\overline{X}, \overline{Y}] \simeq F[\overline{X}] \otimes_F F[\overline{Y}]$$

现在转到域的情形上来，设 K,K' 是 F 的两个扩域. 它们的张量积 $K \otimes_F K'$ 是把 K,K' 作为 F 上的代数而言的，因此 $K \otimes_F K'$ 只是 F 上的一个代数. 但对于"合成"来说，我们要求它是一个域. 现在作如下的定义：

定义 5.4 设 K 与 K' 是 F 的两个扩域，L 是 F 的另一个扩域，若 σ,τ 分别是从 K,K' 到 L 内的 F－嵌入，且由 K^σ, K'^τ 在 L 内生成的子域恰等于 L，则称 L 是 K 与 K' 在 F 上的一个**合成**，记作 (L,σ,τ).

从定义来看，作为代数的合成与作为域的合成是不相同的，但有时也能一致. 例如，设 K/F 是个有限扩张，$\{u_1,\cdots,u_n\}$ 是它的一个基. 若 (L,σ,τ) 是作为域的合成，此时 L 中的代数合成 $[K^\sigma, K'^\tau]$ 可以表如

$$K'^\tau u_1^\sigma + \cdots + K'^\tau u_n^\sigma \tag{5.7.2}$$

这是 K'^τ 上的一个有限维代数. 由于它含在 L 内，所以又是整环. 因此 $[K^\sigma, K'^\tau]$ 是个域，即 $L=[K^\sigma, K'^\tau]$，这说明了在当前的情形下，K 与 K' 作为代数的合成同时又是作为域的合成.

域的合成的存在性，在 K 与 K' 中有一个是 F 上的有限扩张的情形下，可以通过张量积来给出. 今有以下的定理：

定理 5.6 设 K 与 K' 是 F 的扩域，且 K/F 是有限扩张. 又设 M 是 $K \otimes_F K'$ 的一个极大的理想. 于是有：

(i)
$$\sigma: u \to u1 + M$$
$$\tau: w \to 1w + M \tag{5.7.3}$$

分别是从 K,K' 到 $L = K \otimes_F K'/M$ 内的 F－嵌入；

(ii) (L,σ,τ) 是 K 与 K' 在 F 上的一个合成；

(iii) K 与 K' 的每个合成都可以由这种方式得出，而且，不等价的合成对应于 $K \otimes_F K'$ 的不同的极大理想；

(iv) K 与 K' 在 F 上只有有限多个不等价的合成.

证明 首先，由(5.7.3)所规定的 σ,τ 分别是从 K,K' 到 L 内的 F－同态. 由于只有 K,K' 的单位元素经 σ,τ 才映射到 L 的单位元素，所以 σ,τ 都是 F－嵌入，即(i)成立.

L 的每个元素都可以表如

$$\sum u_i w_i + M = \sum (u_i 1 + M)(1 w_i + M) = \sum u_i^\sigma w_i^\tau$$

又在所设的情况下，$[K^\sigma, K'^\tau]$ 是一个子域，故 $L=[K^\sigma, K'^\tau]$. 即 $(K \otimes_F K'/M, \sigma,\tau)$ 是 K 与 K' 的一个合成，故(ii)成立.

现在来证(iii). 设 M,M' 是 $K \otimes_F K'$ 的两个极大理想，由它们给出的合成

分别是(L,σ,τ)和(L',σ',τ'). 又设$L\simeq L'$,其间的F—同构s满足$\sigma'=\sigma s,\tau'=\tau s$.

如果$\sum u_i w_i\in M$,所按设,有$\sum u_i^{\sigma}w_i^{\tau}=0$,故又有

$$0=(\sum u_i^{\sigma}w_i^{\tau})^s=\sum u_i^{\sigma s}w_i^{\tau s}=\sum u_i^{\sigma'}w_i^{\tau'}$$

即$M\subseteq M'$. 从M的极大性即得$M=M'$. 这证明了从$(L,\sigma,\tau)\sim_F(L',\sigma',\tau')$可以得到$M=M'$.

其次,设(L',σ',τ')是K与K'按任何方式所做的一个F上的合成. 映射$\sum u_i w_i\to\sum u_i^{\sigma'}w_i^{\tau'}$是从$K\otimes_F K'$到$L'$的一个$F$—同态. 在所设的前提下,这个映射是满射的. 它的核M是$K\otimes_F K'$的一个极大理想,从而得出$K\otimes_F K'/M$与L'间的一个同构

$$s:\sum u_i w_i+M\to\sum u_i^{\sigma'}w_i^{\tau'}$$

换言之,L'等价于由张量积所给出的合成,这证明(ⅲ).

最后,在所设的前提下,$K\otimes_F K'$是K'上的有限维代数. 因此,它只能有有限多个极大理想(见6.6节的引理3),从而K与K'在F上只能有有限多个不等价的合成. ■

以下我们就域的各种不同情形来考虑张量积$K\otimes_F K'$. 首先设K/F是有限可分扩张. 令$K=F(u)$. $m(X)$是u的极小多项式. 此时$K\simeq F[X]/(m(X))$. 于是

$$K\otimes_F K'\simeq K'[X]/(m(X))$$

若$m(X)$在K'上分解成$m(X)=p_1(X)\cdots p_e(X)$,从u的可分性,知$p_1(X),\cdots,p_e(X)$是互异的不可约因式. 因此$K\otimes_F K'$只有e个不相同的极大理想$M_i\simeq(p_i(X))/(m(X)),i=1,\cdots,e$,从而$K\otimes_F K'$有如下的直和分解

$$K\otimes_F K'\simeq L_1\oplus\cdots\oplus L_e$$

其中每个L_i都是域,而且$L_i\simeq K\otimes_F K'/M_i$. 从这个事实得知张量积$K\otimes_F K'$可以有零因子,但没有非零的幂零元.

命题 2 设K/F是可分代数扩张,K'是F上的任意扩张. 于是$K\otimes_F K'$不含非零的幂零元. 特别是F在K'内为可分代数封闭时,$K\otimes_F K'$是个域.

证明 设$0\neq x\in K\otimes_F K',x=\sum_i u_i w_i$,又设此处出现的有限多个$u_i\in K$,在$K$中生成的子域为$K_1$. 于是$x\in K_1\otimes_F K'$. 但$K_1/F$是有限可分扩张,按上面的证明,$x$不是幂零元. 现在考虑包含$x$的子代数$K_1\otimes_F K'$. 由于$K_1/F$是有限可分扩张,可设$K_1=F(u)$,$m(X)$是$u$的极小多项式. 据上面的证明,有

$$K_1\otimes_F K'\simeq L_1\oplus\cdots\oplus L_e$$

但在命题的后一所设下,$m(X)$在K'上仍然是不可约的,故有

$$e=1$$

即

$$K_1 \otimes_F K' \simeq K'[X]/(m(X))$$

本身是个域. 这证明了元素 $x \neq 0$ 在 $K_1 \otimes_F K' \subseteq K \otimes_F K'$ 中有逆元素，即 $K \otimes_F K'$ 是个域. ■

其次来考虑有一个域在 F 上为纯不可分的情形. 设 K/F 是个纯不可分扩张，K'/F 是任意扩张. 对于$K \otimes_F K'$ 中任一元素 $0 \neq x = \sum u_i w_i$，恒有 p(K 的特征) 的某个幂，譬如 p^r，使得

$$x^{p^r} = \sum u_i^{p^r} w_i^{p^r} = \sum a_i w_i^{p^r}$$

此处 $u_i^{p^r} = a_i \in F$. 因此 $x^{p^r} \in K'$，这证明了 x 在$K \otimes_F K'$ 中或者是幂零元，或者有逆元素.

命题 3 设 K/F 是个纯不可分扩张，K' 是 F 上的任意域，或者 K/F 为任意扩张，F 在 K' 内是可分代数封闭的. 于是，$K \otimes_F K'$ 的每个元素或者是幂零的，或者有逆元素.

证明 只需证明命题的后一部分. 设 E 是 K/F 中最大的可分子域. 于是 $K \otimes_F K'$ 的子代数$E \otimes_F K'$ 在所设的情形下成一个域，记作EK'. 由 K 中关于E 的线性无关组$\{u_i\}_i$，以及E 中关于F 的线性无关组$\{v_j\}_j$，给出 K 在F 上的线性无关组$\{u_i v_j\}_{i,j}$ 作为$K \otimes_F K'$ 的元素，它们在 K' 上也是线性无关的. 由此可知 $\{u_i\}_i$ 关于EK' 是线性无关的. 这证明了在$K \otimes_F K'$ 内，K 与EK' 关于E 是线性分离的. 因此它包含一个与 $K \otimes_E EK'$ 同构的子代数. 但 $K \otimes_F K'$ 的每个元素都可作为 $K \otimes_E EK'$ 中的元素，例如

$$x = \sum_i \sum_j a_{ij} u_i v_j w_{ij} =$$

$$\sum_i u_i \left(\sum_j a_{ij} v_j w_{ij}\right), w_{ij} \in K'$$

从已经成立的命题前一部分，即知结论成立. ■

为了进一步讨论张量积的性质，我们再来证明几条引理：

引理 1 设 A，B 是F 上的代数. 若 $a \in A$ 不是A 中的零因子，则它也不能是 $A \otimes_F B$ 中的零因子.

证明 设有 $A \otimes_F B$ 中元素 $\sum_i a_i b_i$，使得

$$a\left(\sum_i a_i b_i\right) = \sum_i (aa_i) b_i = 0$$

不妨假定，B 中的这组元素$\{b_i\}_i$ 在F 上是线性无关的. 于是，$\{b_i\}_i$ 在 $A \otimes_F B$ 中关于 A 也是性无关的，即 $aa_i = 0$ 对每个 i 都成立. 由此得出 $a_i = 0$，从而 $\sum_i a_i b_i = 0$.

引理 2 设A',B'分别是A,B的子代数,同时A'的非零元都不是A的零因子,B'的非零元都不是B的零因子.于是$A'\otimes_F B'$的非零因子作为$A\otimes_F B$的元素而论也不是零因子.

证明 设$x'\in A'\otimes_F B'$在$A'\otimes_F B'$中不是零因子,但有

$$z\in A\otimes_F B$$

使得

$$x'z=0$$

令

$$z=\sum_i a_i b_i$$

其中$a_i\in A$,$b_i\in B$.从$\{a_i\}_i$中取关于A'为线性无关的最大子集$\{u_m\}_m$,以及从$\{b_i\}_i$中取关于B'为线性无关的最大子集$\{v_n\}_n$.按A'与B'都是整环,因此有$0\neq a'\in A'$,$0\neq b'\in B'$,使得

$$a'a_i=\sum_m a'_{im}u_m,\quad b'b_i=\sum_n b'_{in}v_n$$

其中$a'_{im}\in A'$,$b'_{in}\in B'$.于是有

$$a'b'z=\sum_m\sum_n\left(\sum_i a'_{im}b'_{in}\right)u_m v_n \tag{5.7.4}$$

以及

$$0=a'b'x'z=\sum_m\sum_n\left(x'\sum_i a'_{im}b'_{in}\right)u_m v_n$$

令$y'_{mn}=x'\sum\limits_i a'_{im}b'_{in}$.这是$A'\otimes_F B'$的一个元素,故又可写如

$$y'_{mn}=\sum_p\sum_q c_{mnpq}a'_p b'_q$$

其中$c_{mnpq}\in F$,$\{a'_p\}_p$,$\{b'_q\}_q$分别是A'与B'中关于F的线性无关组.按$\{v_n\}_n$在B'上的线性无关性,以$\{b'_q\}_q$与它相乘,所得的B中元素组$\{b'_q v_n\}_{q,n}$在F上是线性无关的.同样,A中的元素组$\{a'_p u_m\}_{p,m}$在F上也是线性无关的,再根据A与B在F上的线性分离性,$A\otimes_F B$中的乘积$a'_p b'_q u_m v_n$所成的元素组$\{a'_p b'_q u_m v_n\}_{p,q,mn}$在$F$上是线性无关的,因此,由

$$0=a'b'x'z=\sum_m\sum_n\sum_p\sum_q c_{mnpq}a'_p b'_q u_m v_n$$

应得出每个$c_{mnpq}=0$,即每个$y'_{mn}=0$.据所设,x'在$A'\otimes_F B'$中不是零因子,故又有

$$\sum_i a'_{im}b'_{in}=0$$

以此代入(5.7.4),就有$a'b'z=0$,已知$a'\neq 0$,A'是整环,按引理1,它在$A\otimes_F B$中也不是零因子,故有$b'z=0$.再从$b'\neq 0$,以及同样的理由可知$z=0$.这就证明了x'不是$A\otimes_F B$中的零因子. ■

命题4 设K/F是可分扩张，K'/F为任意扩张. 于是张量积$K\otimes_F K'$不含非零的幂零元.

证明 由于$K\otimes_F K'$的每个元素都包含在某个子代数$K_1\otimes_F K'$之内，K_1是K中一个有限生成的子域. 按K/F的可分性，K_1/F应是可分生成的. 因此，不妨直接就K/F是有限可分生成的情形来讨论. 此时K/F有可分超越基$T=\{x_1,\cdots,x_n\}$.

今证明一个断言：在$K\otimes_F K'$的全商环中包含一个子代数，如果不计同构，它就是$K\otimes_{F(T)}K'(T)$. 首先，作为$K\otimes_F K'$的子代数，$F[T]$与K'在F上是线性分离的. 由它们生成的子环是

$$K'[T]=F[T]\otimes_F K'$$

由于T是K/F的超越基，且T在K'上也是代数无关的，所以$K'[T]$是个整环. 按引理2，$K\otimes_F K'$的全商环自然包含$K'(T)$. 但$K'(T)$一方面可作为环$F(T)K'$的商域，另一方面又包含$F(T)\otimes K'$. 如果把K，$F(T)K'$都作为$F(T)$上的向量空间，那么从K与K'在F上的线性分离性，按5.3节的引理1，可知K与$F(T)K'$在$F(T)$上是线性分离的. 因此，$K\otimes_F K'$的全商环内有一个除同构不计外的子代数$K\otimes_{F(T)}K'(T)$，后者包含

$$K\otimes_{F(T)}(F(T)\otimes_F K')\simeq K\otimes_F K'$$

最后，按命题3，$K\otimes_{F(T)}K'(T)$不含非零的幂零元，从而$K\otimes_F K'$也没有非零的幂零元. ■

为了把结论再推进一步，我们再列举一条引理：

引理3 设F在K内是可分代数封闭的(或代数封闭的)，T是K上的一组超越元. 于是$F(T)$在$K(T)$内也是可分代数封闭的(或代数封闭的).

证明 不失一般性，设T是个有限组. 可以对T所含元素的个数使用归纳法. 因此，只需就一个超越元的情形来证明. 今设x是K上的超越元.

设$y\in K(x)\backslash K$是$F(x)$上的一个可分代数元，其极小多项式为$X^n+\alpha_1X^{n-1}+\cdots+\alpha_n$，其中$\alpha_i\in F(x)$. 对$y$乘以$F[x]$中一个适当的元素后，可使得其极小多项式的系数全在$F[x]$内，我们不妨假定$y$具有这个性质.

假若$y=f(x)/g(x)$，其中$f(x),g(x)\in K[x]$，并且是两个互素的多项式. 以此代入y的极小多项式，可得

$$f^n=-\alpha_1-f^{n-1}g-\cdots-\alpha_n g^n \tag{5.7.5}$$

如果$g=g(x)\notin K$，那么有不可约因式$p(x)$. 从(5.7.5)知$p(x)\mid(f(x))^n$，因此$p(x)\mid f(x)$，而与$f(x),g(x)$互素的所设相矛盾. 所以有$g(x)\in K$，即$y=K[x]$.

现在来看映射

$$\begin{cases}x\to a\in F\\ u\to u,u\in K\end{cases}$$

它给出一个从 $K[x]$ 到 K 的 K － 同态. 令

$$y=y(x)=u_0+u_1x+\cdots+u_mx^m,\ u_i\in K$$

任取 $a\in F$,代入 $y(x)$ 得

$$y(a)=u_0+u_1a+\cdots+u_ma^m$$

它满足

$$(y(a))^n+\alpha_1(a)(y(a))^{n-1}+\cdots+\alpha_n(a)=0 \tag{5.7.6}$$

由于 $\alpha_i(a)F$,因此只要取适当的 a,就可使 $w=y(a)=u_0+u_1a+\cdots+u_ma^m$ 是 F 上的可分代数元. 现在设 F 中有足够多的元素,当选取不同的 $a_1,\cdots,a_{m+1}$ 时,可使得

$$\begin{aligned} w_1&=u_0+u_1a_1+\cdots+u_ma_1^m\\ w_2&=u_0+u_1a_2+\cdots+u_ma_2^m\\ &\vdots\\ w_{m+1}&=u_0+u_1a_{m+1}+\cdots+u_ma_{m+1}^m \end{aligned} \tag{5.7.7}$$

都是 F 上的可分代数元. (5.7.7) 右边的行列式

$$\begin{vmatrix} 1 & a_1 & \cdots & a_1^m\\ 1 & a_2 & \cdots & a_2^m\\ \vdots & \vdots & & \vdots\\ 1 & a_{m+1} & \cdots & a_{m+1}^m \end{vmatrix}\neq 0$$

故 $u_0,u_1,\cdots,u_m$ 都是关于F 的可分代数元. 按所设,它们都属于F. 这证明了 $y=y(x)\in F(x)$.

如果 F 是有限域,且无足够多的元素,那么 F 的特征 $p\neq 0$. 此时可在 K 上作某个 $X^{p^r}-X$ 的分裂域K_1,又以 F_1 表示 K_1 中关于 F 的代数元所成的子域. 可以要求在 F_1 中有足够的元素使得以上的论证得以进行. 显然,F_1 在 K_1 中是可分代数封闭的. 由(5.7.7) 所给出的 $w_1,\cdots,w_{m+1}$(此时 $a_i\in F_1$) 关于 F_1 是可分代数元,从而关于 F 也是可分代数元. 但 $u_1,\cdots,u_m$ 是 K 的元素,由此又导出 $u_i\in F$,这就证明了 $y=y(x)\in F(x)$. ■

命题 设 K/F 是任意扩张,F 在 K' 内是可分代数封闭的. 于是张量积 $K\otimes_F K'$ 的零因子只能是幂零元.

证明 设 T 是 K 关于 F 的超越基,在张量积$K\otimes_F K'$ 中 T 关于 K' 也是超越的. 从命题 4 的证明过程得知,$K'(T)$ 是 $F(T)K'$ 的商域,并且

$$\begin{aligned} K\otimes_F K'\simeq K\otimes_{F(T)}(F(T)\otimes_F K')\simeq\\ K\otimes_{F(T)}F(T)K'\subseteq\\ K\otimes_{F(T)}K'(T) \end{aligned}$$

据所设,F 在 K' 内是可分代数封闭的,故由引理 3 和命题 3 即得结论. ■

如果 K 或者 K' 是 F 上的正则扩张,则由定理5.5,结合本节的命题 4,5,可

得以下的推论：

推论 1 若 K/F 是正则扩张，则对于任意域 K'，张量积 $K\otimes_F K'$ 总是整环. ■

由于代数闭域上的任何扩张都是正则的，故又有：

推论 2 若 F 是代数闭域，则对于任何 K 与 K'，张量积 $K\otimes_F K'$ 总是整环.

5.8 曾层次与条件 C_i

设 i 是实数，又设 M_i 是域 F 上由满足以下两条件的方程组所成的集：

(1) 组中每个方程都无常量项；

(2) 在方程的个数 m，每个方程的次数 $d_j(j=1,\cdots,m)$，与未知元个数 n 之间存在关系

$$n>\sum_{j=1}^{m}d_j^i$$

我们称 M_i 在 F 中有非平凡解，如果 M_i 中的每个方程组在 F 中有异于 $(0,\cdots,0)$ 的公共解.

定义 5.5 设 M_i 如上. 对所有使得 M_i 在 F 中有非平凡解的实数 i 所成的集 $\{i\}_i$，称它的下确界 $\inf\{i\}_i$ 为域 F 的**曾层次**，记作 $T_S(F)$.

由于方程 $X^2=0$ 在任何域中都只有平凡角，所以对于任何域 F，总有 $T_S(F)\geqslant 0$. 又对于实域[①] F，不论 n 取任何自然数 n，方程 $X_1^2+\cdots+X_n^2=0$ 在其中也只能有平凡解，这表明了 $T_S(F)$ 可以不是有限数. 以下将证明，对于任何自然数 i 或 0，必有曾层次为 i 或 0 的域存在. 现在先来讨论曾层次为 0 的情形.

命题 1 域 F 成为代数闭域的必要充分条件是 $T_S(F)=0$.

证明 设 $T_S(F)=0$，又设

$$a_0X^n+a_1X^{n-1}+\cdots+a_n=0,\ a_0a_n\neq 0 \tag{5.8.1}$$

是 F 上任一方程，作二元齐次方程

$$a_0X^n+a_1X^{n-1}Y+\cdots+a_nY^n=0 \tag{5.8.1$'$}$$

它显然适合前面所列的条件(1)(2). 按所设，它在 F 中有解 $(x_0,y_0)\neq(0,0)$. 由 $a_0\neq 0$，有 $y_0\neq 0$，从而 $x_0\neq 0$. 此时 x_0/y_0 就是方程(5.8.1)在 F 上的解，因此，F 是代数闭域.

欲证明必要性，需要引述一条古典结论：设 F 是个代数闭域，$f_1=f_2=\cdots=$

---

① 实域的定义见 7.1 节

$f_m=0$ 是 F 上含 n 个未知元的方程组. 当 $n>m$ 时,如果 $f_1=\cdots=f_m=0$ 在 F 中有解,则它在 F 中有无限多解.

从这个结论得知,对于满足条件(1) 的方程组,当 $m<n$ 时,在 F 中有非平凡解. 因此,$T_S(F)\leqslant 0$,从而有 $T_S(F)=0$. ■

现在来看域扩张对曾层次所起的影响. 首先考虑代数扩张的情形.

定理 5.7 设 F 的曾层次为 i,K 是 F 上的有限扩张. 于是有

$$T_S(K)\leqslant i$$

证明 设$[K:F]=r$,$\{w_1,\cdots,w_r\}$ 是 K/F 的一个基. 任取 K 上含未知元 $X_1,\cdots,X_n$ 的一个方程组

$$f_1=0,\cdots,f_m=0 \tag{5.8.2}$$

并且要求它满足前面所列的条件(1)(2). 证明(5.8.2) 在 K 中有非平凡解. 令

$$X_k=\overline{X}_{k1}w_1+\cdots+\overline{X}_{kr}w_r,\ k=1,\cdots,n$$

此处 $\overline{X}_{kl}(k=1,\cdots,n;\ l=1,\cdots,r)$ 是 nr 个新的未知元. 于是

$$f_j=f_{j1}w_1+\cdots+f_{jr}w_r,j=1,\cdots,m$$

其中 $f_{jt}=f_{jt}(\overline{X}_{11},\cdots,\overline{X}_{1r};\cdots;\overline{X}_{n1},\cdots,\overline{X}_{nr})$ 是系数取自 F 的多项式. 若 f_j 的次数为 d_j,易知 $f_{j1},\cdots,f_{jr}$ 的次数也都小于或等于 d_j. 从

$$n>\sum_{j=1}^{m}d_j^i$$

知有

$$nr>\sum_{j=1}^{m}rd_j^i$$

按所设 $T_S(F)=i$,故方程组

$$f_{jt}=0,\ j=1,\cdots,m,\ t=1,\cdots,r$$

在 F 中有非平凡解. 从而原方程组(5.8.2) 在 K 中有非平凡解,这证明了 $T_S(K)\leqslant i$. ■

定理结论中不等号是可能出现的. 例如,就 $\mathbf{R}$ 和 $\mathbf{C}$ 来看,此时$[\mathbf{C}:\mathbf{R}]=2$. 我们已知道 $T_S(\mathbf{C})=0$,而 $T_S(\mathbf{R})$ 不是一个有限数,即 $T_S(\mathbf{C})<T_S(\mathbf{R})$.

其次来考虑扩张为有限生成的情形.

定理 5.8 设 F 的曾层次 $T_S(F)=i$,K 是 F 上的一个有限生成的扩张,其超越次数为 s. 于是有 $T_S(K)\leqslant i+s$.

证明 对超越次数使用归纳法,因此只需就 $s=1$ 进行证明. 又据定理 5.7 的结论,不妨设 K 是 F 上的单超越扩张 $F(x)$.

设 $f_1=\cdots=f_m=0$ 是 K 上含未知元 $X_1,\cdots,X_n$ 的任一方程组,f_j 的次数为 $d_j(j=1,\cdots,m)$,并且满足

$$n>\sum_{j=1}^{m}d_j^{i+1}$$

不失一般性,设 $f_j \in F[x][X_1, \cdots, X_n]$, $j=1,\cdots,m$. 与定理5.7的证明一样,现在引进新的未知元 $\overline{X}_{kl}(k=1,\cdots,n;\ l=0,1,\cdots,c)$,使得

$$X_k = \overline{X}_{k0} + \overline{X}_{k1}x + \cdots + \overline{X}_{kc}x^c,\ k=1,\cdots,n \tag{5.8.3}$$

其中 c 是个特定的自然数. 于是

$$f_j = f_{j0} + f_{j1}x + \cdots + f_{jd_jc+r_j}x^{d_jc+r_j},\ j=1,\cdots,m$$

其中 $f_{jt} = f_{jt}(\overline{X}_{10}, \cdots, \overline{X}_{n0}, \cdots, \overline{X}_{nc})$ 为系数取自 F 的多项式,r_j 是 f_j 的系数中含 x 的最高次数. $f_{j0}, f_{j1}, \cdots, f_{jd_jc+r_j}$ 的次数都小于或等于 d_j,而且都不含常量项. 由于 $n > \sum_{j=1}^{m} d_j^{i+1}$,故可取适当的自然数 c,使得

$$c(n - \sum_{j=1}^{m} d_j^{i+1}) > \sum_{j=1}^{m}(r_j+1)d_j^i - n$$

成立. 从上式可得

$$n(c+1) > \sum_{j=1}^{m}(d_jc + r_j + 1)d_j^i$$

按所设 $T_S(F)=i$,因此方程组

$$f_{j0} = \cdots = f_{jd_jc+r_j} = 0, j=1,\cdots,m$$

满足本节开始所设的条件(1)(2),从而在 F 中有非平凡解. 由此得知原设的方程组

$$f_1 = \cdots = f_m = 0$$

在 K 中有非平凡解. 这就证明了 $T_S(K) \leqslant i+1$. ■

从这个定理得知,在代数闭域上的单元函数域,它的曾层次小于或等于1. 为了进一步证明它的曾层次恰等于1,并且由此证明对于任何正整数 i,总有曾层次为 i 的域存在. 我们再引进一个辅助的概念.

设 Φ 是域 F 上含 n 个未知元的一个 d 次齐次式. 如果 $n=d^i$,并且 $\Phi=0$ 在 F 中只有平凡的解,那么称 Φ 是 F 上的一个 ***i* 级 *d* 次范型**. 特别在 $i=1$ 时,简称 d 次范型.

引理1 若 F 不是代数闭域,则 F 上存在范型.

证明 设 K 是 F 的一个有限扩张,$[K:F]=n>1$. 不失一般性,可以设 K/F 是正规扩张,其自同构群为 $G=\mathrm{Aut}(K/F)$;又令 $[K:F]_{\mathrm{ins}}=e$. 若 $\{w_1, \cdots, w_n\}$ 是 K/F 的一个基,则

$$\Phi(X_1, \cdots, X_n) = \prod_{\sigma \in G}(w_1^\sigma X_1, \cdots, w_n^\sigma X_n)^e \tag{5.8.4}$$

是一个 n 次齐次式. 证明 $\Phi(X_1, \cdots, X_n)$ 是 F 的一个 n 次范型,换言之,$\Phi=0$ 在 F 中只有平凡解. 假若不然,设有 $(0,\cdots,0) \neq (a_1, \cdots, a_n) \in F^{(n)}$ 是 $\Phi=0$ 的一个解,则对某个 σ,有

$$a_1w_1^\sigma + \cdots + a_nw_n^\sigma = 0$$

从而得到

$$a_1w_1+\cdots+a_nw_n=0$$

这与$\{w_1,\cdots,w_n\}$是K/F的基相矛盾. ■

由这个引理得知,当F不为代数闭域时,其曾层次不能小于1.结合引理前面所指出的事实,即有:

推论 代数闭域上的单元函数域其曾层次为1. ■

今后还要证明,有限域的曾层次也等于1.从引理还认识到一个事实,就是在区间[0,1]之内,能作为域的曾层次的实数只有0与1.以下,我们将对任何自然数$i>1$来作出曾层次为i的域.

引理2 设$F(x)$是F上的单超越扩张.若F有i级的范型,则$F(x)$上必有$i+1$级的范型,此处i是正整数.

证明 设$\Phi(X_1,\cdots,X_n)$是F上的一个i级d次范型,$n=d^i$.作

$$\Phi^*=\Phi(\overline{X}_{01},\cdots,\overline{X}_{0n})+\Phi(\overline{X}_{11},\cdots,\overline{X}_{1n})x+\cdots+\Phi(\overline{X}_{d-11},\cdots,\overline{X}_{d-1n})x^{d-1} \tag{5.8.5}$$

其中$\overline{X}_{kl}$是nd个新的未知元.证明Φ^*是$F(x)$上的一个$i+1$级d次范型.若$\Phi^*=0$在$F(x)$中有非平凡解

$$(u_{01},\cdots,u_{0n};\ \cdots;u_{d-11},\cdots,u_{d-1n})$$

按(5.8.5),应有

$$\Phi(u_{01},\cdots,u_{0n})\equiv 0(\mathrm{mod}\ x)$$

由于Φ是F上的范型,故有

$$u_{0j}\equiv 0(\mathrm{mod}\ x),j=1,\cdots,n$$

由此可得

$$\Phi(\overline{X}_{01},\cdots,\overline{X}_{0n})=x^d\Phi(\overline{X}'_{01},\cdots,\overline{X}'_{0n})$$

以此代入(5.8.5),即得

$$\Phi(u_{11},\cdots,u_{1n})\equiv 0(\mathrm{mod}\ x)$$

于是又得到$u_{1j}\equiv 0(\mathrm{mod}\ x)$.这样继续下去,得知

$$u_{kj}\equiv 0(\mathrm{mod}\ x)$$

对$k=0,\cdots,d-1;j=1,\cdots,n$都成立.重复以上的过程,则将导出每个$u_{kj}$都可被$x$的任意次幂所整除.这只有在每个$u_{kj}=0$时才能成立.矛盾. ■

根据这个引理,如果F是$T_S(F)=1$的域,那么由引理1它有范型存在,从而F上的单超越扩张K就有二级范型.由此

$$T_S(K)\geqslant 2$$

另一方面,定理5.8指出,$T_S(K)\leqslant 2$.因此$T_S(K)=2$.再按归纳步骤可知对于每个自然数i,总有曾层次为i的域存在.

以下我们再来介绍一个与曾层次十分接近的概念,它是S. Lang于五十年

代初独立提出的，我们将对两者间的关系做一些讨论.

定义 5.6 设 i 是个实数. 若对于域 F 上任何一个齐次式 f，当它所含未知元的个数 n 满足

$$n > d^i$$

时，其中 $d = \deg f$，$f = 0$ 在 F 中有非平凡解，就称 F 满足条件 $\boldsymbol{C}_i$，或者称 F 是个 $\boldsymbol{C}_i$ **域**，有时也写作 $F \in C_i$. 又如果对于 F 上任何一个无常量项的多项式 f，当 $n > d^i$ 时，$f = 0$ 在 F 中有非平凡解，那么称 F **满足条件** $\boldsymbol{C'}_i$，或者 F 是个 $\boldsymbol{C'}_i$ **域**，$F \in C'_i$.

条件 C'_i 显然强于 C_i，要对 C_i 添加什么条件才能得到 C'_i，目前尚不清楚. 当 $F \in C'_i$ 时 $i < j$，显然有 $F \in C'_j$. 我们定义

$$D_p(F) = \inf\{i \mid F \in C'_i\}$$

并且称它为 F 的 **Diophantus 维数**.

与 $T_S(F)$ 的情形一样，$D_p(F)$ 也总是非负的实数. 从定义即知 $T_S(F) \geqslant D_p(F)$. 在给出两者的关系之前，先证明以下的命题：

命题 2(曾－Lang) 设 $F \in C'_i$，又设 $f_1, \cdots, f_m$ 是 F 上含 n 个未知元，且无常量项的 d 次多项式. 若 $n > md^i$，则

$$f_1 = f_2 \cdots = f_m = 0$$

在 F 中有非平凡解.

证明 $i = 0$ 时，据命题 1，F 是个代数闭域. 再根据在命题 1 的证明中所引述的古典结论，即知结论成立. 现在设 $i > 0$. 为证明起见，首先对引理 1 的结论稍作改进，即对于非代数闭域 F，必然有次数充分大的范型存在. 因为，若 Ψ 是 F 上一个 d 次范型，令

$$\Psi^{(1)} = \Psi(\Psi \mid \Psi \mid \cdots \mid \Psi)$$
$$\Psi^{(2)} = \Psi^{(1)}(\Psi \mid \Psi \mid \cdots \mid \Psi)$$
$$\vdots$$

其中每划一杠就以新的未知元代入，则 $\Psi^{(1)}$ 是个 d^2 次的范型，$\Psi^{(r)}$ 是 d^{r+1} 次的范型. 取 F 上一个 k 次范型 Φ，又设 $k \geqslant m$. 作

$$\Phi^{(1)} = \Phi(f_1, \cdots, f_m \mid f_1, \cdots, f_m \mid \cdots \mid 0, \cdots)$$
$$\Phi^{(2)} = \Phi^{(1)}(f_1, \cdots, f_m \mid f_1, \cdots, f_m \mid \cdots \mid 0, \cdots)$$
$$\vdots \tag{5.8.6}$$

其中每划一杠就表示以新的未知元代入，当最后剩下的未知元个数不足 m 时，则以 0 代之.

从以上的做法得知，$\Phi^{(1)}$ 的次数是 $k_1 = dk$，所含未知元个数为

$$n_1 = n\left[\frac{k}{m}\right]$$

此处[α]表示不超过正数 α 的最大正整数. $\Phi^{(r+1)}$ 的次数是

$$k_{r+1}=dk_r=d^{r+1}k$$

所含未知元的个数是

$$n_{r+1}=n\left[\frac{n_r}{m}\right]$$

如果能证明对于某个自然数 r,有 $n_{r+1}>k_{r+1}^i$,则按条件 C'_i,方程

$$\Phi^{(r+1)}=0$$

在 F 中有非平凡解,从而 $\Phi=0$ 在 F 中有非平凡解. 但 Φ 是个范型,故

$$f_1=\cdots=f_m=0$$

在 F 中有非平凡解. 因此,问题演变成为对于充分大的正整数 r,证明有不等式 $n_{r+1}>k_{r+1}^i$ 成立. 这可以通过如下的演算获得

$$\frac{n_{r+1}}{k_{r+1}^i}=\frac{n[\frac{n_r}{m}]}{k_r^i d^i}=$$

$$\frac{n}{md^i}\frac{n_r}{k_r^i}-\frac{n}{md^i}\frac{t_r}{k^i d^{ir}}(0\leqslant t_r<m)>$$

$$\frac{n}{md^i}\frac{n_r}{k_r^i}-\frac{n}{md^i}\frac{m}{k^i d^{ir}}>$$

$$\left(\frac{n}{md^i}\right)^2\left(\frac{n_{r-1}}{k_{r-1}^i}-\frac{m}{k^i(d^i)^{r-1}}\right)-\frac{n}{md^i}\frac{m}{k^i(d^i)^r}>\cdots>$$

$$\left(\frac{n}{md}\right)^r\left(\frac{n_1}{k_1}\right)-\frac{m}{k}\frac{n}{m}\frac{1}{(d^i)^{r+1}}\left(\left(\frac{n}{m}\right)^r+\left(\frac{n}{m}\right)^{r-2}+\cdots+1\right)=$$

$$\left(\frac{n}{md^i}\right)^r\left(\frac{n_1}{k_r^i}\right)-\frac{m}{k^i}\frac{n}{m}\frac{1}{(d^i)^{r+1}}\frac{\left(\frac{n}{m}\right)^r-1}{\left(\frac{n}{m}\right)-1}=$$

$$\left(\frac{n}{md^i}\right)^{r+1}\frac{k-t}{k^i}-\frac{m}{k^i}\frac{n}{m}\frac{1}{(d^i)^{m+1}}\frac{m(n^r-m^r)}{m^r(n-m)}=$$

$$\left(\frac{n}{md^i}\right)^{r+1}\frac{k-t}{k^i}-\frac{m}{k^i}\frac{n}{md^i}\frac{m}{n-m}\left(\left(\frac{n}{md^i}\right)^r+\frac{1}{(d^i)^r}\right)=$$

$$\left(\frac{n}{md^i}\right)^{r+1}\left(\frac{k-t}{k^i}-\frac{m^2}{k^i(n-m)}\right)+\frac{1}{(d^i)^m}\frac{mn}{k^i d^i(n-m)}=$$

$$\left(\frac{n}{md^i}\right)^{r+1}\left(\frac{(k-t)(n-m)-m^2}{k^i(n-m)}\right)+\frac{1}{(d^i)^m}\frac{mn}{k^i d^i(n-m)}$$

按所设,$n>md^i$,故$(\frac{n}{md^i})^{r+1}\to\infty$,当 $r\to\infty$. 又对于适当选择的 k,可以使得 $(k-t)(n-m)-m^2>0$. 因此上式的第一项趋于 ∞. 至于第二项,当 $r\to\infty$ 时,从正的一方趋于 0. 这证明了当 r 取适当大的正整数时,可以使得$\frac{n_{r+1}}{k_{r+0}^i}>1$,故命

题成立. ■

使用这个命题,可以证得在一定的所设下,$D_p(F)$ 与 $T_S(F)$ 相等的一个结论:

命题 3(曾—Lang) 设 $D_p(F)=i$,i 是个正整数. 若对于每个正整数 s,F 上都有 i 级的 s 次范型,则有 $T_S(F)=i$.

证明 设 $f_1=\cdots=f_m=0$ 是 F 上任何一组含 n 个未知元的无常量方程组,其中 $\deg f_j=d_j$,$j=1,\cdots,m$. 证明,当 $n>\sum_{j=1}^{m}d_j^i$ 时,$f_1=\cdots=f_m=0$ 在 F 中有非平凡的解. 令

$$d=d_1\cdots d_m$$
$$\delta_j=d/d_j,j=1,\cdots,m$$

设 $\Phi_j(X_1,\cdots,X_{\delta_j^i})$,$j=1,\cdots,m$ 是 F 上的一组 i 级 δ_j 次范型. 据此作出以下的方程组

$$\begin{gathered}
\Phi_1(f_1\mid\cdots\mid f_1)=0,\\
\Phi_1(f_1\mid\cdots\mid f_1)=0,\cdots,\\
\Phi_1(f_1\mid\cdots\mid f_1)=0\\
\Phi_2(f_2\mid\cdots\mid f_2)=0,\\
\Phi_2(f_2\mid\cdots\mid f_2)=0,\cdots,\\
\Phi_2(f_2\mid\cdots\mid f_2)=0\\
\vdots\\
\Phi_m(f_m\mid\cdots\mid f_m)=0,\cdots,\\
\Phi_m(f_m\mid\cdots\mid f_m)=0
\end{gathered}\tag{5.8.7}$$

其中第一列的方程个数是 d_1^i,第二列的个数是 d_2^i,……,最后一列的个数是 d_m^i. 故(5.8.7)所含方程数为 $d_1^i+\cdots+d_m^i$. 在第一列的每个方程中,每划一杠即以新的未知元代入;同时,每个方程所代入的未知元都不相同. 对于以下每个列也都能做同样的处理,但代入其中的新未知元应与代入第一列的相同. 因此,方程组(5.8.7)所含未知元的个数是 $n\delta_j^id_j^i=nd^i$. 又在任何一列中,每个方程都是次数为 $\delta_jd_j=d$ 的无常量项的方程. 由所设 $n>\sum_{j=1}^{m}d_j^i$,知

$$nd^i>(d_1^i+\cdots+d_m^i)d^i$$

按命题 2,(5.8.7)在 F 中有非平凡解. 但 $\Phi_j(X_1,\cdots,X_{\delta_j^i})$ 都是范型,因此得知 $f_1=\cdots=f_m=0$ 在 F 中有非平凡解. 这证明了

$$T_S(F)\leqslant i=D_p(F)$$

因此即有 $T_S(F)=D_p(F)=i$. ■

为了得出有限域的曾层次,我们还需要一条引理:

引理 3(Warning) 设 F 是个有限域，又设 f 是 F 上一个 n 元的 d 次多项式. 以 $N(f)$ 记方程 $f=0$ 在 F 中的相异解的个数. 若 $n>d$，则有

$$N(f)\equiv 0(\bmod p)$$

其中 $p\neq 0$ 是 F 的特征.

证明 设 $|F|=q$，又以 $f(\bar{X})$ 记 $f(X_1,\cdots,X_n)$. 对于每一组元素 $(\bar{x})=(x_1,\cdots,x_n)\in F^{(n)}$，恒有

$$1-(f(\bar{x}))^{q-1}=\begin{cases}1, 若\ f(x)=0\\ 0, 其他\end{cases}$$

令 $(\bar{x})$ 遍取 $F^{(n)}$ 中所有的 n 元对，然后相加，得

$$\overline{N(f)}=\sum_{(\bar{x})\in F^{(n)}}(1-(f(\bar{x}))^{q-1})=-\sum_{(\bar{x})\in F^{(n)}}(f(\bar{x}))^{q-1}$$

此处 $\overline{N(f)}$ 是把 $N(f)$ 作为 F 的元素，然后取 $N(f)(\bmod p)$. 因此，只需证明，当 $n>d$ 时，有

$$\sum_{(\bar{x})\in F^{(n)}}(f(\bar{x}))^{q-1}=0 \tag{5.8.8}$$

首先，$(f(\bar{X}))^{q-1}$ 的次数为 $d(q-1)$，它又是形式如

$$(\bar{X})^{\mu}=X_1^{\mu_1}\cdots X_n^{\mu_n}$$

的单项式在 F 上的线性组合. 但

$$\sum_{(\bar{x})\in F^{(n)}}(\bar{x})^{\mu}=\prod_{j=1}^{n}(\sum_{x_j\in F}x_j^{\mu_j}) \tag{5.8.9}$$

由于 $n>d$，所以至少有一个 μ 不被 $q-1$ 除尽. 现在设 $q-1\nmid\mu_1=v$. 于是 $\rho:x\to x^v$ 是 F 的一个非平凡的自同构. 若对于某个 $a\in F$，有 $\rho(a)\neq 1$，则由

$$\sum_{x\in F}\rho(x)=\sum_{x\in F}\rho(ax)=\rho(x)\sum_{x\in F}\rho(x)$$

即得

$$\sum_{x\in F}\rho(x)=0$$

从而(5.8.9)的右边为 0，由此又导出(5.8.8). ■

根据这个引理，在 f 无常量项时，方程 $f=0$ 必有非平凡解. 这就证明了：

推论 有限域 F 满足 C'_1. ■

按引理1，有限域上存在范型. 又因为对于每个正整数 n，有限域 F 总有 n 次扩张，从而 F 上有 n 次范型. 根据命题 3 的证明，可知 $T_S(F)\leqslant 1$. 又由于$[0,1]$间只有 0 与 1 才能作为域的曾层次，因此这就证明了：

命题 4(Chevaley) 对于有限域 F，有 $T_S(F)=1$. ■

这个命题结合引理 2 后面所提到的事实，即知有限域上的单超越扩张其曾层次为 2. 在 6.9 节我们还会用到这个结论.

习　题　5

1. 设 Ω 是代数闭域，Ω 包含域 F. 又设 τ 是中间域 K 与 K' 间的一个 F－同构. 若 $\text{tr.deg}\, K/F<\infty$，试证：$\tau$ 可以拓展成 Ω 的一个 F－自同构.

2. 设 Ω 如上. 若 $\text{tr.deg}\, \Omega/F<\infty$，则 Ω 的每个 F－自同态都是 F－自同构.

3. 在第一题中，若 $\text{tr.deg}\, K/F\geqslant\infty$，试举反例证明该题的结论不成立.

4. 令 $K=F(x,y)$，其超越元 x,y 满足关系

$$x^2+y^2=1$$

试证：K/F 是个单超越扩张.

5. K/F 成为可分扩张，当且仅当 K 与 $F^{p^{-\infty}}$ 在 F 上是线性分离的，此处 $F^{p^{-\infty}}$ 指扩域 $\bigcup\limits_{i=1}^{\infty}F^{p^{-i}}$（在 F 的某个代数闭包 $\hat{F}$ 之内）.

6. 证明：$F^{p^{-\infty}}$ 是在 $\hat{F}$ 内包含 F 的最小完备域.

7. 设 F 的特征为 $p\neq0$，$K=F(x,y)$，其中 x,y 满足关系

$$x^p+ay^2=1,bx^2+y^p=1$$

$a,b\in F$. 若 $ab\neq0$，则 K/F 是可分代数扩张.

8. 设 $\{x_1,\cdots,x_n\}$ 是在 F 的某个扩域中的元素. 若有多项式 $f_1,\cdots,f_n\in F[x_1,\cdots,x_n]$，使得 $f_j(x_1,\cdots,x_n)=0,j=1,\cdots,n$，以及

$$\det\left((\partial f_i/\partial X_j)(x_1,\cdots,x_n)\right)\neq0$$

则 $F(x_1,\cdots,x_n)/F$ 是可分代数扩张. 反之，若 $F(x_1,\cdots,x_n)/F$ 是可分代数扩张，则有 $f_1,\cdots,f_n\in F[x_1,\cdots,x_n]$，使得 $f_j(x_1,\cdots,x_n)=0,j=1,\cdots,n$，以及上面的行列式不等于 0.

9. 设 F 的特征为 2，x,y 是 F 上两个超越元，满足 $x^2=ay^2+b$，其中 $a,b\in F\backslash F^2$. 证明：$F(x,y)/F$ 不是可分生成的.

10. 设 K/F 的特征为 $p=0$. 称 K 中子集 S 为 K/F 的一个 p－基，如果它满足：

(1) $K=F(K^p)(S)$；

(2) 对于 S 的任何真子集 S，$K\neq F(K^p)(S')$.

试证明：当 S 是 K/F 的一个 p－基时，对于每个 $x\in S$，存在一个 $D_x\in\mathscr{D}_{K/F}$，使得对任何 $y\in S$，皆有

$$D_xy=\delta_{xy}$$

11. 若 S 是 K/F 的一个 p－基，K/F 是有限生成的，则有 $|S|=\dim\mathscr{D}_{K/F}$.

12. 对于有限域 F，证明：$D_p(F)=1$.

第六章 赋值

从本章起，我们将讨论一些非代数性质．首先要介绍的是域的赋值和绝对值．众所周知，实数域 $\mathbf{R}$ 除了代数结构外，还具有由通常的绝对值所规定的一种度量．在这一度量下，$\mathbf{R}$ 成一个完全域．另一方面，p－进数域 $\mathbf{Q}_p$(6.9 节)，也同样可以作为某种度量下的完全域．对这两种域做统一的处理，正是赋值理论发展的一个主要推动力．从历史上看，除了来自数论的原因外，赋值这个概念还可以从 Dedekind 和 Weber 的代数函数论中找到它的根源，那就是函数域的位．我们将会见到(6.4 节)，域的赋值和位是两个紧密相关的概念．赋值论方面的第一篇论文是 J. Kürschak 于 1913 年发表的，他所定义的赋值现在通称作绝对值，而所谓赋值，则是指 W. Krull 在 1932 年所做的推广．

6.1 绝　对　值[①]

设 $|\ |$ 是从域 F 到 $\mathbf{R}$ 的一个映射．如果 $|\ |$ 满足以下各条件：

(1) 对于每个 $a\in F$，恒有 $|a|\geqslant 0$，而且，$|a|=0$，当且仅当 $a=0$；

(2) $|ab|=|a||b|$；

(3) $|a+b|\leqslant|a|+|b|$.

① 符号“$|\ |$”，我们也用来表示集的基数．此处又将用来表示绝对值．由于涉及的对象不同，将不致引起误解．

那么我们就称$|\ |$是F的一个**绝对值**,有时用$(F, |\ |)$来表示域F和具有绝对值$|\ |$.从条件(1)(2),立即有$|\pm 1|=1$, $|\pm a|=|a|$,以及$|a^{-1}|=1/|a|$.对于任何的域F,如果对每个$a\neq 0$,都规定$|a|=1$,以及$|0|=0$,显然它满足以上各条件,那么我们称它是F的一个平凡绝对值.对于元素数是q的有限域F,它只能有平凡的绝对值.因若$|a|>1$,则由$a^{q-1}=1$,可得$1=|1|=|a|^{q-1}>1$.矛盾.对于常见的域$\mathbf{Q}$,$\mathbf{R}$和$\mathbf{C}$,通常意义下的绝对值显然都满足以上的条件,而且都是非平凡的.但对于有理数域$\mathbf{Q}$,还可以用另一种方式来规定它的一个绝对值.令p是一个取定的素数.每个有理数$a\neq 0$都可以表如形式$a=p^{v(a)}b/c$,其中$v(a)$是整数,b和c都是与p互素的整数.规定

$$|a|_p=\begin{cases}\rho^{v(a)}, & \text{当 } 0\neq a=p^{v(a)}b/c\\ 0, & \text{当 } 0=a\end{cases} \tag{6.1.1}$$

其中ρ是实数,$0<\rho<1$.易知$|\ |_p$是$\mathbf{Q}$的一个绝对值,它又称作$\mathbf{Q}$的***P*－进赋值**,后一称谓的意义在下文中将可明了,在验证$|\ |_p$满足条件(3)时,我们发现它实际上满足一个强于(3)的不等式

(3′) $|a+b|\leqslant \max\{|a|,|b|\}$.

我们称(3)为三角不等式,(3′)为强三角不等式.根据这一事实,绝对值可分成两类:满足条件(1)(2)与(3′)的称为**非阿基米德绝对值**;满足(1)(2)与(3),但不满足(3′)的,称为**阿基米德绝对值**.$\mathbf{Q}$的通常绝对值是一种阿基米德绝对值,但p－进赋值却是非阿基米德的.对于非阿基米德绝对值,有如下的判别法则:

命题1 以n简记$(F, |\ |)$中的整元素$n1$,$n\in\mathbf{Z}$.以下的命题是等价的:

(ⅰ) $|\ |$是非阿基米德绝对值;

(ⅱ) 对于F的每个整元素n,恒有$|n|\leqslant 1$;

(ⅲ) 存在某个正整数M,使得对于每个整元素$n\in F$,恒有$|n|\leqslant M$.

证明 (ⅰ)⇒(ⅱ),(ⅱ)⇒(ⅲ)显然成立,现在设$|\ |$满足(ⅲ).由

$$(a+b)^m=\sum\binom{m}{i}a^{m-i}b^i, m\in\mathbf{N}$$

有

$$\begin{aligned}|a+b|^m&\leqslant\sum\binom{m}{i}|a|^{m-i}|b|^i\leqslant\\ &M\sum|a|^{m-i}|b|^i\leqslant\\ &(m+1)M\cdot\max\{|a|,|b|\}^m\end{aligned}$$

因此

$$|a+b|\leqslant\sqrt[m]{(m+1)M}\cdot\max\{|a|,|b|\}$$

令$m\to\infty$,即得(3′),故(ⅰ)成立. ■

推论1 特征为$p\neq 0$的域上的绝对值只能是非阿基米德的. ■

设 k 是 $(F,|\ |)$ 的一个子域. $|\ |$ 在 k 上的限制记作 $|\ |_k$,它自然是 k 的绝对值. 当 $|\ |_k$ 是平凡绝对值时,我们称 $|\ |$ 是 F 在 k 上的绝对值,或简称 F/k 的绝对值.

推论 2 若 $|\ |$ 是 F 在某个子域上的绝对值,则 $|\ |$ 是非阿基米德的. ■

非阿基米德绝对值还有一个常用的性质:

命题 2 设 $|\ |$ 是 F 的一个非阿基米德绝对值. 若对于 $a,b\in F$,有 $|a|\neq |b|$,则

$$|a+b|=\max\{|a|,|b|\}$$

证明 不妨设 $|a|>|b|$. 由 $a=(a+b)-b$ 可得 $|a|\leqslant\max\{|a+b|,|b|\}=|a+b|$. 因此 $|a|\leqslant|a+b|\leqslant|a|$,从而得到 $|a+b|=|a|=\max\{|a|,|b|\}$. ■

域的绝对值可给出域的一个拓扑,即以 $\{x\in F\mid |x-a|<\varepsilon\}$ 作为 a 的邻域基而生成的拓扑 $\mathfrak{T}_{|\ |}$,此处 ε 取所有的正实数. 不难验知,$\mathfrak{T}_{|\ |}$ 使 F 成为一个 Hausdorff 空间. F 中的序列 $\{a_i\}_{i\in N}$,如果关于 $\mathfrak{T}_{|\ |}$ 收敛于 $a\in F$,那么可以称 $\{a_i\}_{i\in N}$ 在 $(F,|\ |)$ 中是**收敛的**,以 a 为其**极限**,记作 $|\ |-\lim\limits_i a_i=a$. 特别当 $a=0$ 时,称 $\{a_i\}_{i\in N}$ 是 $(F,|\ |)$ 中的零序列,从拓扑的角度来讨论域的绝对值和赋值,将在第八章论述,现在仅用它来定义绝对值的等价性. 设 $|\ |_1$, $|\ |_2$ 是 F 的两个绝对值,如果 $\mathfrak{T}_{|\ |_1}=\mathfrak{T}_{|\ |_2}$,那么我们就称 $|\ |_1$ 与 $|\ |_2$ 是**等价的**,记作 $|\ |_1\sim|\ |_2$. 关于绝对值的等价性,今有如下定理:

定理 6.1 设 $|\ |_1$, $|\ |_2$ 是 F 的两个绝对值,并且 $|\ |_1$ 是非平凡的. 于是以下各命题等价:

(i) 由 $|a|_1<1$ 可以导出 $|a|_2<1$, $a\in F$;

(ii) 存在某个正实数 s,使得 $|a|_2=|a|_1^s$ 对每个 $0\neq a\in F$ 都成立;

(iii) $|\ |_1\sim|\ |_2$.

证明 (ii)⇒(iii) 显然. 设(iii)成立,且 $|a|_1<1$. 于是有 $|\ |_1-\lim\limits_i a^i=0$,从而 $|\ |_2-\lim\limits_i a^i=0$. 后者导出 $|a|_2<1$,因此(i)成立.

现在来证(i)⇒(ii). 首先,从(i)知,由 $|b|_1<|c|_1$ 可导出 $|b|_2<|c|_2$. 按所设 $|\ |_1$ 是非平凡的,故存在某个 $a_0\in F$,使得 $|a_0|>1$. 从而有 $|a_0|_2>1$. 可任取满足 $|a_1|>1$ 的 a,此时 $|a|_2>1$. 令

$$\log|a|_1/\log|a_0|_1=t$$

显然 $t>0$,并且有 $|a|_1=|a_0|_1^t$. 将证 $|a|_2=|a_0|_2^t$. 设 $|a|_2=|a_0|_2^{t'}$, $t'>0$. 若 $t\neq t'$,则必有某个有理数 m/n 在两者之间,不妨设 $t<m/n<t'$. 于是 $|a|_1^n<|a_0|_1^m$,即 $|a^n|_1<|a_0^m|_1$. 从而有 $|a^n|_2<|a_0^m|_2$,故 $|a|_2<|a_1|_2^{m/n}<|a_0|_2^{t'}$,矛盾. 这证明了 $t=t'$,即

$$\log|a|_1/\log|a_0|_1=\log|a|_2/\log|a_0|_2=t$$

从而有

$$\log|a|_2/\log|a|_1=\log|a_0|_2/\log|a_0|_1=s>0$$

这证明了对所有满足 $|a|_1$ 的 a 皆有

$$|a|_2=|a|_1^s$$

若 $|a|_1<1$，考虑 $b=a^{-1}$ 即可，故(ⅱ)成立. ■

为了证明有关不等价绝对值的一条重要定理，先给出下面的引理：

引理1 设 $|\,|_1,\cdots,|\,|_n$ 是域 F 的 n 个两两不等价的非平凡绝对值. 于是有 $c\in F$，使得

$$|c|_1>1,\ |c|_i<1,i=2,\cdots,n \tag{6.1.2}$$

证明 先证 $n=2$ 的情形. 按定理 6.1，存在 $a\in F$，使得 $|a|_1>1$，$|a|_2\leqslant 1$，以及 $b\leqslant F$，使得

$$|b|_2>1,\ |b|_1\leqslant 1$$

令 $c=a/b$，即有

$$|c|_1>1,\ |c|_2<1$$

故引理在 $n=2$ 时成立. 为证明 n 为任意自然数的情形，先注意下面一个有关的事实

$$|\,|-\lim_r\frac{a^r}{1+a^r}=\begin{cases}0,\text{当 }|a|<1\\1,\text{当 }|a|>1\end{cases} \tag{6.1.3}$$

现在设 $n>2$，并假定引理对 $n-1$ 的情形已经成立，即存在 $a\in F$，使得

$$|a|_1>1,\ |a|_i<1,i=3,\cdots,n$$

以及 $b\in F$，使得

$$|b|_1>1,\ |b|_2<1$$

若 $|a|_2\leqslant 1$，此时作 $c_r=a^rb$. 对于每个 $r\in\mathbf{N}$，皆有

$$|c_r|_1>1,\ |c_r|_2<1$$

另一方面，只要取适当大的 r，即有

$$|c_r|_i<1,i=3,\cdots,n$$

又若 $|a|_2>1$，此时作

$$c_r=a^rb/(1+a^r)$$

按(6.1.3)，当 $r\to\infty$，有

$$|c_r|_1\to|b|_1>1,\ |c_r|_2\to|b|_2<1$$

以及

$$|c_r|_i\to 0,i=3,\cdots,n$$

因此，对于充分大的 r，取 $c=c_r$，即可使(6.1.2)成立. ■

利用上面的引理，对于有限多个互不等价的绝对值，我们可以证明一条类似于中国剩余定理的结论：

定理 6.2(逼近定理) 设 $|\,|_1,\cdots,|\,|_n$ 是 F 的 n 个互不等价的非平凡绝对值. 又设 $a_1,\cdots,a_n$ 是 F 中任意给定的元素. 于是对于每个 $\varepsilon>0$,必有 $a\in F$,使得

$$|a-a_i|_i<\varepsilon,i=1,\cdots,n$$

证明 取满足(6.1.2)的元素 c. 由(6.1.3)知

$$|\,|_1-\lim_r\frac{c^r}{1+c^r}=1$$

以及

$$|\,|_i-\lim_i\frac{c^r}{1+c^r}=0,i=2,\cdots,n$$

因此,对一个给定的正数 δ,只要取充分大的 $r\in\mathbf{N}$,元素 $u_1=\dfrac{c^r}{1+c^r}$ 就满足

$$|u_1-1|_1<\delta$$

以及

$$|u_1|_i<\delta,i=2,\cdots,n$$

用同样的方式确定出 $u_2,\cdots,u_n$,使得对所有的 $i,j=1,\cdots,n$,恒有

$$|u_1-1|_i<\delta,\ |u_i|_j<\delta,\ j\neq i$$

成立. 作 $a=\sum_i a_iu_i$,则有

$$|a-a_i|_i\leqslant|a_i(u_i-1)|_i+\sum_{j\neq i}|a_ju_j|_i$$

对于给定的 $\varepsilon>0$,只要取适当的 δ,从而确定 $u_1,\cdots,u_n$,即可使上式右边小于 ε,定理即成立. ■

下面的推论指出不等价的绝对值具有某种意义的独立性.

推论 设 $|\,|_1,\cdots,|\,|_n$ 是 F 的 n 个互不等价的非平凡绝对值,于是等式

$$|a|_1^{r_1}\cdots|a|_n^{r_n}=1 \tag{6.1.4}$$

只有在 $r_1=r_2=\cdots=r_n=0$ 时,才能对所有的 $a\in F$ 成立.

证明 如若 $r_1\neq 0$,可取 $a\in F$,使得

$$|a|_1<\varepsilon$$

以及

$$|a-1|_i<\varepsilon,i=2,\cdots,n$$

对于这个 a,(6.1.4)不能成立. ■

在结束本节之前,我们来讨论有理数域 $\mathbf{Q}$ 所能具有的绝对值. 设 $|\,|$ 是 $\mathbf{Q}$ 的一个非平凡的非阿基米德绝对值. 按命题 1,应有正整数 n,满足 $|n|<1$. 令 m 是集 $\{n\in\mathbf{N}\mid |n|<1\}$ 的最小数. 显然,$m\neq 1$. 首先,m 应是个素数. 因若不然,设 $m=st$,这里 s,t 都是整数,而且 $1<s,t<m$,于是 $|s|=|t|=1$,从而 $|m|=|s||t|=1$ 矛盾. 现以 p 记这个素数 m.

若整数 a 与 p 互素,即有

$$a = np + a_0, 1 \leqslant a_0 < p$$

当 $n=0$,有

$$|a| = |a_0| = 1$$

当 $n \neq 0$,有

$$|np| = |n||p| \leqslant |p| < 1$$

按命题 2,有

$$|a| = |np + a_0| = \max\{|np|, |a_0|\} = 1$$

对于有理数 a,可表如 $p^{v(a)} b/c$,其中 b,c 都与 p 互素. 于是 $|a|$ 有(6.1.1)所给的形式,即 $|\ |$ 等价于某个 $p-$进赋值. 为了讨论阿基米德绝对值,我们先证明一条引理:

引理 2(Artin) 设 m,n 是正整数,$n>1$. 于是对于 $\mathbf{Q}$ 的任何非平凡绝对值 $|\ |$,恒有

$$|m| \leqslant \max\{1, |n|^{\log m/\log n}\} \tag{6.1.5}$$

证明 由于 $n>1$,我们可以把 m 表如

$$m = a_0 + a_1 n + \cdots + a_t n^t,\ a_t \neq 0,\ 0 \leqslant a_i < n$$

于是

$$|m| < n(1 + |n| + \cdots + |n|^t) \leqslant$$
$$(1+t)\max\{1, |n|^t\}$$

由于 $m \geqslant n^t$,故

$$\log m \geqslant t\log n$$

以 $t \leqslant \text{lot}\ m/\log n$ 代入上式,可得

$$|m| < n(1 + \log m/\log n)\max\{1, |n|^{\log m/\log n}\}$$

在上式中以 m^r 代替 m,则有

$$|m|^r < n(1 + r\log m/\log n)\max\{1, |n|^{r\log m/\log n}\}$$

从而

$$|m| < n(n + nr\log m/\log n)^{1/r}\max\{1, |n|^{\log m/\log n}\}$$

最后令 $r \to \infty$,即得(6.1.5). ■

定理 6.3(Ostrowski 第一定理) 有理数域 $\mathbf{Q}$ 的非平凡绝对值只能是通常的绝对值,$p-$进赋值,以及与它们等价的绝对值.

证明 设 $|\ |$ 是 $\mathbf{Q}$ 的一个非平凡绝对值,若 $|\ |$ 是非阿基米德的,我们已经见到,它必然等价于某个 $p-$进赋值. 现在设 $|\ |$ 是阿基米德的. 因此有正整数 m,满足 $|m|>1$. 由引理 2,对于任何正整数 $n \neq 1$,也应有 $|n|>1$,并且

$$|m|^{1/\log m} \leqslant |n|^{1/\log n}$$

由 m 与 n 的对称性,知等号成立. 故有

$$\log|m|/\log m=\log|n|/\log n=s$$

从而对于每个整数n,有$|n|=n^s$. 对于负整数n,可考虑其通常绝对值$\|n\|$. 此时有

$$|n|=\|n\|^s$$

即$||\sim\|\ \|$. ■

对于有理函数域$F(X)$,也有某种类似的结论. 任取一个不可约多项式$p=p(X)\in F[X]$,于是每个$a=a(X)\in F(X)$皆可写如

$$a=p(X)^{v_p(a)}\cdot b(X)/c(X)$$

其中$v_p(a)\in\mathbf{Z}$,$b(X)$,$c(X)$都是与$p(X)$互素,且无公因式的多项式. 现在规定

$$|a|_p=\begin{cases}\rho^{v_p(a)}, & \text{当 } a\neq 0\\ 0, & \text{当 } a=0\end{cases}\tag{6.1.6}$$

其中$0<\rho<1$. 这是$F(X)$的一个非阿基米德绝对值. 除此以外,尚可规定另一种非阿基米德绝对值:对于$0\neq a\in F(X)$,令

$$a=b(X)/c(X)$$

其中

$$b(X)=b_0+\cdots+b_mX^m$$
$$c(X)=c_0+\cdots+c_nX^n$$

并且$b_m\neq 0$,$c_n\neq 0$. 规定

$$|a|_\infty=\begin{cases}\rho^{n-m}, & \text{当 } a\neq 0\\ 0, & \text{当 } a=0\end{cases}\tag{6.1.7}$$

其中$0<\rho<1$. 不难验证,$||_\infty$满足非阿基米德绝对值的三个条件. 还可以见到,由(6.1.6)和(6.1.7)所给定的绝对值在F上都是平凡的. 可以证明(由读者自行完成),$F(X)$在F上的非平凡绝对值只有以上的$||_p$(对所有不可约多项式$p=p(X)$),和$||_\infty$以及与它们等价的绝对值. 但$F(X)$可以还有别的绝对值(见本章的习题5).

6.2 完全域,阿基米德绝对值

设$\{a_i\}_{i\in N}$是$(F,||)$中一个序列. 如果对于任意给定的实数$\varepsilon>0$,总有一个自然数N,使得当$n,m>N$时,有$|a_n-a_m|<\varepsilon$成立,则称$\{a_i\}_{i\in N}$是一个Cauchy序列. 凡关于拓扑$\mathfrak{T}_{||}$是收敛的序列,显然是Cauchy序列. 反之,如果$(F,||)$中每个Cauchy序列关于$\mathfrak{T}_{||}$都是收敛的,那么我们就称$(F,||)$为**完全域**. 对于任何个$(F,||)$,所谓它的**完全化**,是指一个带有绝对值的扩域

$(\widetilde{F}, |\ |')$. 它满足以下的三个条件：

(1) $(\widetilde{F}, |\ |')$ 是个完全域；

(2) $|\ |'$ 在 F 上的限制是 $|\ |$（或者说，$|\ |'$ 是 $|\ |$ 在 $\widetilde{F}$ 上的拓展）；

(3) F 在 $\widetilde{F}$ 内关于拓扑 $\mathfrak{T}_{|\ |'}$ 是稠密的.

在本节中，我们将要证明的第一个结论是完全化的存在性，以及在某种意义下的唯一性.

设 C 是 $(F, |\ |)$ 中由所有 Cauchy 序列所组成的集. 对于其中任何两元素 $\{a_i\}_{i\in\mathbf{N}}$ 与 $\{b_i\}_{i\in\mathbf{N}}$，规定它们的和与积为

$$\{a_i\}_{i\in\mathbf{N}} + \{b_i\}_{i\in\mathbf{N}} = \{a_i + b_i\}_{i\in\mathbf{N}}$$

与

$$\{a_i\}_{i\in\mathbf{N}} \cdot \{b_i\}_{i\in\mathbf{N}} = \{a_i b_i\}_{i\in\mathbf{N}}$$

不难验明，在这样的规定下，C 成一个交换环，它的零元素和单位元素分别是每个 $a_i = 0$ 和每个 $a_i = 1$ 的序列. 此外

$$a \to \{a\}_{i\in\mathbf{N}} \tag{6.2.1}$$

是从 F 到 C 内的一个嵌入映射. 以 $\{F\}$ 记 F 在这个映射下的象. 易知，C 中所有关于 $|\ |$ 的零序列组成一个理想，记作 B. 由于 $B \cap \{F\} = \{0\}$，所以 B 是 C 的真理想. 现在证明：

引理 1 B 是 C 的一个极大理想.

证明 设 B' 是 C 中一个真包含 B 的理想. 于是有 $\{a_i\}_{i\in\mathbf{N}} \in B' \backslash B$，即 $\{a_i\}_{i\in\mathbf{N}}$ 是 Cauchy 序列，但不是零序列. 因此存在某个 $\eta > 0$，以及自然数 N，使得当 $i \geqslant N$ 时，有 $|a_i| > \eta$. 令 $b_i = a_i, i \geqslant N$，以及 $b_i = 1, i < N$. 显然有

$$\{b_i\}_{i\in\mathbf{N}} \in B', \{b_i^{-1}\}_{i\in\mathbf{N}} \in C$$

以及

$$\{b_i\}_{i\in\mathbf{N}} - \{a_i\}_{i\in\mathbf{N}} \in B \subsetneqq B'$$

从而又有

$$\{b_i^{-1}\}_{i\in\mathbf{N}} \cdot (\{b_i\}_{i\in\mathbf{N}} - \{a_i\}_{i\in\mathbf{N}}) \in B'$$

由此导出 $\{1\}_{i\in\mathbf{N}} \in B'$. 这证明 $B' = C$，即 B 是 C 的一个极大理想. ■

从这个事实可知剩余环 $\widetilde{F} = C/B$ 是一个域. 又由 $B \cap \{F\} = \{0\}$，可知由 (6.2.1) 以及 C 到 $\widetilde{F}$ 的自然同态给出一个由 F 到 $\widetilde{F}$ 内的嵌入. 因此，如果不计其同构，可以把 $\widetilde{F}$ 作为 F 的一个扩域. 现在来对 $\widetilde{F}$ 规定一个绝对值，使它成为 $|\ |$ 在 $\widetilde{F}$ 上的拓展. 从绝对值定义中的条件(3)，知不等式

$$\| a_n | - | a_m \| \leqslant | a_n - a_m |$$

成立. 当 $\{a_i\}_{i\in\mathbf{N}}$ 是 Cauchy 序列时，实数序列 $\{|a_i|\}_{i\in\mathbf{N}}$ 是收敛的. 对 $\widetilde{F}$ 的元素 $\{a_i\}_{i\in\mathbf{N}} + B$ 规定

$$|\{a_i\}_{i\in\mathbf{N}} + B|' = \lim |a_i| \tag{6.2.2}$$

不难验明，$|\,|$ 是 $\widetilde{F}$ 的一个绝对值，而且它在 F 上的限制是 $|\,|$. 至于 F 在 $\widetilde{F}$ 中的稠密性(关于拓扑 $\mathscr{T}_{|\,|'}$)，可以从 $\widetilde{F}$ 的元素能表作 F 中序列的 $|\,|'$ - 极限这一事实认知. 令 $\alpha=\{a_i\}_{i\in\mathbf{N}}+B\in\widetilde{F}$. 按(6.2.2)，应有

$$|\alpha-a_s|'=\lim_{i\to\infty}|a_i-a_s|$$

当 s 充分大时，即有

$$|\alpha-a_s|'<\varepsilon$$

因此 $|\,|'-\lim_s a_s=\alpha$.

剩下有待验证，就是$(\widetilde{F},|\,|')$ 的完全性. 设$\{\alpha_i\}_{i\in\mathbf{N}}$ 是 $\widetilde{F}$ 中一个 Cauchy 序列. 根据 F 在 $\widetilde{F}$ 中的稠密性，对于每个 α_i，可以确定一个 $a_i\in F$，使得

$$|\alpha_i-a_i|'<1/2^i$$

这样得到的$\{a_i\}_{i\in\mathbf{N}}$，易知是 F 中的一个 Cauchy 序列. 令 $\alpha=\{a_i\}_{i\in\mathbf{N}}+B\in\widetilde{F}$，则有

$$|\,|'-\lim\alpha_i=\alpha$$

因此，$(\widetilde{F},|\,|')$ 是完全的.

以上的论证表明，通过上述方式作出的$(\widetilde{F},|\,|')$是$(\widetilde{F},|\,|)$ 的一个完全化. 最后来讨论它是否具有在某种意义下的唯一性. 设$(\widetilde{F}^{(1)},|\,|')$ 与$(\widetilde{F}^{(2)},|\,|'')$ 是 $(F,|\,|)$ 的两个完全化. 对于 $\alpha^{(1)}\in\widetilde{F}^{(1)}$，按条件(3)，它可以作为 F 中某个序列 $\{a_i\}_{i\in\mathbf{N}}$ 关于 $|\,|'$ 的极限，即

$$\alpha^{(1)}=|\,|'-\lim_i a_i$$

根据所设，又有 $\alpha^{(2)}\in\widetilde{F}^{(2)}$，使得

$$\alpha^{(2)}=|\,|''-\lim_i a_i$$

令

$$\theta:\alpha^{(1)}\to\alpha^{(2)}\tag{6.2.3}$$

不难验知，θ 是 $\widetilde{F}^{(1)}$ 与 $\widetilde{F}^{(2)}$ 间的一个同构，它使 F 的元素不变，而且把 $\widetilde{F}^{(1)}$ 中的零序列对应到 $\widetilde{F}^{(2)}$ 的零序列. 我们称这个 θ 是$(\widetilde{F}^{(1)},|\,|')$ 与$(\widetilde{F}^{(2)},|\,|'')$ 间的一个**拓扑同构**. 总结以上所论，即得：

定理 6.4 每个有绝对值的域$(F,|\,|)$ 都有完全化，而且，除拓扑同构不计外，是唯一确定的. ■

对于完全域，现在来证明一个有关绝对值拓展的定理：

定理 6.5 设$(F,|\,|)$ 是个完全域，K/F 是有限扩张$[K:F]=n$. 若 $|\,|$ 在 K 上有拓展 $|\,|'$，则：

(i) $(K,|\,|')$ 是完全域；

(ii) $|\,|'$ 是唯一的，且由下式给出

$$|\alpha|'=\sqrt[n]{|N_{K/F}(\alpha)|},\ \alpha\in K\tag{6.2.4}$$

证明 设$\{w_1,\cdots,w_n\}$是K/F的一个基,又设$\{\alpha_i\}_{i\in\mathbf{N}}$是$(K,|\ |')$中一个Cauchy序列.令

$$\alpha_i=\sum_{j=1}^{n}a_{ji}w_j \tag{6.2.5}$$

首先证明,由(6.2.5)所得的n个序列$\{a_{ji}\}_{i\in\mathbf{N}},j=1,\cdots,n$,都是$(F,|\ |)$中的Cauchy序列,从而在$F$中有$|\ |$-极限.用归纳法,设结论(ⅰ)在$n-1$时已经成立.假若$\{a_{ji}\}_{i\in\mathbf{N}}$不是$(F,|\ |)$中的Cauchy序列,则于某个$\varepsilon>0$,不论如何取自然数$n_0$,总有$s,t\geqslant n_0$,使得

$$|a_{ns}-a_{nt}|>\varepsilon$$

成立.取两组自然数列$s_1<s_2<\cdots$与$t_1<t_2<\cdots$,使得$|a_{ns_i}-a_{nt_i}|>\varepsilon$对每个$i$都成立.令

$$\beta_i=(a_{ns_i}-a_{nt_i})^{-1}(\alpha_{s_i}-\alpha_{t_i})$$

于是

$$|\beta_i|'<\frac{1}{\varepsilon}|\alpha_{s_i}-\alpha_{t_i}|'\to 0$$

即

$$|\ |'=\lim\beta_i=0$$

但β_i可以写如

$$\beta_i=\sum_{j=1}^{n-1}b_{ji}w_j+w_n$$

且$\{\beta_i-w_n\}_{i\in\mathbf{N}}$是$(K,|\ |')$中的Cauchy序列.按归纳法的假设,$\{b_{ji}\}_{i\in\mathbf{N}}$在$(F,|\ |)$中有极限$b_j,j=1,\cdots,n-1$.这就导出$0=b_1w_1+\cdots+b_{n-1}w_{n-1}+w_n$,矛盾.这证明了(6.2.5)中的每个$\{a_{ji}\}_{i\in\mathbf{N}}$都是$(F,|\ |)$中的Cauchy序列,因此收敛于$a_j\in F,j=1,\cdots,n$.从而

$$|\ |'-\lim n_i=a_1w_1+\cdots+a_nw_n$$

即(ⅰ)成立.

现在来证(ⅱ).如若结论不成立,则有K的某个元素$\alpha\neq0$,使得

$$|\alpha|'^n=|\alpha^n|'\neq|N_{K/F}(\alpha)|$$

不失一般性,设$|\alpha^n|'<|N_{K/F}(\alpha)|$.令$\beta=\alpha^n/N_{K/F}(\alpha)$.于是$|\beta|'<1$,从而

$$|\ |'-\lim_i\beta^i=0$$

以及

$$|\ |'-\lim_i\beta^iw_j=0,j=1,\cdots,n$$

若

$$\beta^iw_j=\sum_{l=1}^{n}b_{li}^{(j)}w_l,i=1,2,\cdots$$

从上一段的证明得知$\{b_{li}^{(j)}\}_{i\in\mathbf{N}}$的极限都是0,此处$j,l=1,\cdots,n$.另一方面,由于

$$N_{K/F}(\beta^i)=\det(b_{li}^{(j)})$$

故有

$$||-\lim_i N_{K/F}(\beta^i)=0$$

但$N_{K/F}(\beta^i)=(N_{K/F}(\beta))^i=(N_{K/F}(\alpha^n)/(N_{K/F}(\alpha))^n)^i=1$,矛盾.这就证明了(ⅱ).

■

在上述定理中,我们对$||$在K上拓展的存在性做了假定.事实上,这是一个能够证明的命题.但在证明的方法上,对阿基米德绝对值与对于非阿基米德绝对值是迥然不同的.后者可以在更为一般的情况下来证明(见6.4节).在本节的其余部分,我们专门就阿基米德的情形来讨论.

设$(F,||)$是带有阿基米德绝对值的域.首先,F的特征为0,不妨设$F\supseteq\mathbf{Q}$. $||$在$\mathbf{Q}$上的限制是非平凡的.据定理6.3,$||$在$\mathbf{Q}$上的限制等价于$\mathbf{Q}$的通常绝对值$\|\ \|$,即存在某个$s>0$,使得

$$\|x\|=|x|^s,\ x\in\mathbf{Q} \tag{6.2.6}$$

证明,这个$\|\ \|$可以拓展到F.为此,需验证三角不等式,从

$$|a+b|\leqslant|a|+|b|\leqslant 2\max\{|a|,|b|\}$$

得

$$\|a+b\|\leqslant 2^s\max\{\|a\|,\|b\|\}$$

重复这一过程,可得

$$\|a_1+\cdots+a_{2^r}\|\leqslant(2^r)^s\max\{\|a_1\|,\cdots,\|a_{2^r}\|\}$$

对于自然数n,取$2^{r-1}\leqslant n<2^r$.于是从上式得到

$$\|a_1+\cdots+a_n\|\leqslant(2n)^s\max\{\|a_1\|,\cdots,\|a_n\|\}$$

特别有

$$\|a+b\|^n=\|\sum\binom{n}{i}a^ib^{n-i}\|\leqslant$$

$$(2(n+1))^s\max\left\{\|a\|^n,\cdots,\binom{n}{i}\|a\|^i\|b\|^{n-i},\cdots,\|b\|^n\right\}\leqslant$$

$$(2(n+1))^s(\|a\|+\|b\|)^n$$

即

$$\|a+b\|\leqslant(2(n+1))^{s/n}(\|a\|+\|b\|)$$

令$n\to\infty$,得$\|a+b\|\leqslant\|a\|+\|b\|$对$F$中所有的$a,b$都成立,即$\|\ \|$可以拓展到$F$.

根据以上的讨论,不妨设$||$在$\mathbf{Q}$上的限制就是通常的绝对值$\|\ \|$,从而当$(F,||)$是完全域时,就有$F\supseteq\mathbf{R}$.如果F含有方程$X^2+1=0$的解$\sqrt{-1}$,则F包含$\mathbf{R}(\sqrt{-1})=\mathbf{C}$,否则,可以考虑域$F(\sqrt{-1})$.首先我们来证明,$||$能够拓展

到 $F(\sqrt{-1})$.

命题 1 设$(F,|\ |)$是阿基米德绝对值的完全域，且$\sqrt{-1}\notin F$. 于是

$$|\alpha|'=\sqrt{|N_{K/F}(\alpha)|} \tag{6.2.7}$$

是$|\ |$在 $K=F(\sqrt{-1})$ 上的拓展.

证明 为证$|\ |'$是K 的绝对值，只需就三角不等式的一个简化形式进行验证，即对于任何 $\alpha\in K$，有

$$|1+\alpha|'\leqslant 1+|\alpha|'$$

成立. 设 $\alpha\in K\backslash F$ 所满足的不可约方程为

$$X^2-aX+b=0$$

其中 $a=\alpha+\bar{\alpha}$，$N_{K/F}(\alpha)=\alpha\bar{\alpha}$；$\bar{\alpha}$ 是α 的共轭元. 现在作

$$N_{K/F}(1+\alpha)=(1+\alpha)(1+\bar{\alpha})=1+a+b$$

于是所欲证明的不等式是

$$\begin{aligned}|1+\alpha_i^{-1}|'=\sqrt{|N_{K/F}(1+\alpha)|}&=\\(|1+a+b|)^{1/2}&\leqslant\\1+|b|^{1/2}&\end{aligned}$$

或者改写作

$$|1+a+b|\leqslant(1+|b|^{1/2})^2=1+2|b|^{1/2}+|b| \tag{6.2.8}$$

若 $|a|\leqslant 2|b|^{1/2}$，则

$$1+2|b|^{1/2}+|b|\geqslant 1+|a|+|b|\geqslant|1+a+b|$$

即上式成立. 假定 $|a|>2|b|^{1/2}$，或者 $|a|^2>4|b|$. 基于 $\alpha=a-b\alpha^{-1}$，按以下的方式来作出 F 中的一个序列$\{a_i\}_{i\in\mathbf{N}}$ 为

$$a_1=\frac{1}{2}a,\ a_{i+1}=a-ba_i^{-1},\ i=1,2,\cdots \tag{6.2.9}$$

首先，每个 $a_i\neq 0$，$i=1$ 时显然可知. 若 $|a_i|\geqslant\frac{1}{2}|a|$，则

$$\begin{aligned}|a_{i+1}|=|a-ba_i^{-1}|\geqslant|a|-|b||a_i|^{-1}&\geqslant\\|a|-2|b|/|a|&\geqslant\\|a|-|a|^2/2|a|&=\\|a|-|a|/2=|a|/2&>0\end{aligned}$$

因此每个 $a_i\neq 0$. 又由

$$a_{i+2}-a_{i+1}=ba_{i+1}^{-1}a_i^{-1}(a_{i+1}-a_i)$$

得知

$$\begin{aligned}|a_{i+2}-a_{i+1}|/|a_{i+1}-a_i|=|b||a_{i+1}|^{-1}|a_i|^{-1}&\leqslant\\4|b||a|^{-2}&<1\end{aligned}$$

从而实数级数$\sum_{j=1}^{n}|a_{i+1}-a_i|$是收敛的,即$\{a_i\}_{i\in\mathbf{N}}$是$(F,|\,|)$中的Cauchy序列.由$(F,|\,|)$的完全性,它在$F$中有$|\,|$-极限.另一方面,从(6.2.9)知$\{a_i\}_{i\in\mathbf{N}}$的极限适合$X^2-aX+b=0$,即$\alpha\in F$,矛盾.这证明了(6.2.8)成立.即$|\,|'$是$|\,|$在$K$上的拓展. ■

做了如上的准备,现在来证明一个有关阿基米德绝对值的重要结果.

定理 6.6(Ostrowski 第二定理) 设$(F,|\,|)$是阿基米德绝对值的完全域.于是,除拓扑同构不计外,F只能是$\mathbf{R}$或$\mathbf{C}$.

证明 根据在命题1之前所做的讨论,我们可以设$|\,|$在$\mathbf{Q}$上的限制为$\|\,\|$,此时$F\supseteq\mathbf{R}$.如果F包含$\sqrt{-1}$,则$F\supseteq\mathbf{C}$,并且$|\,|$在$\mathbf{C}$上的限制就是复数的通常绝对值;如果$\sqrt{-1}\notin F$,可以考虑$F(\sqrt{-1})$.按命题1,$|\,|$能拓展于$F(\sqrt{-1})$.因此,不失一般性,我们可以就$F\supseteq\mathbf{C}$,以及$|\,|$在$\mathbf{C}$上的限制为通常绝对值的情形进行证明.此时所要证的就是$F=\mathbf{C}$.

用反证法.假若$F\neq\mathbf{C}$,则存在$\alpha\in F\backslash\mathbf{C}$.此时对于任何复数$x$,皆有

$$|\alpha-x|>0$$

实数集$\{|\alpha-x|\mid x\in\mathbf{C}\}$既是下方有界的,故存在下确界$m$.先来证明,必有某个复数$x_0$,使得

$$|\alpha-x_0|=m$$

由于m是$\{|\alpha-x|\mid x\in\mathbf{C}\}$的下确界,故可以从这个实数集中选出一个递减的实数序列$\{|\alpha-x_i|\}_{i\in\mathbf{N}}$,使得

$$\lim_i|\alpha-x_i|=m$$

从$|x_i|\leqslant|\alpha-x_i|+|\alpha|\leqslant|\alpha-x_1|+|\alpha|$,可知$\{x_i\}_{i\in\mathbf{N}}$是有界的复数集,因此有收敛的子序列,仍记作$\{x_i\}_{i\in\mathbf{N}}$.设$|\,|-\lim x_i=x_0$.从$\mathbf{C}$到$\mathbf{R}$的映射$x\to|\alpha-x|$在通常绝对值的拓扑下是连续的,因此有

$$m=\lim_i|\alpha-x_i|=|\alpha-x_0|$$

又由于$\alpha\notin\mathbf{C}$,所以$m>0$.

现在令$\beta=\alpha-x_0$.可以证明,对于每个满足$|y|<m$的$y\in\mathbf{C}$,恒有$|\beta-y|=m$.设n是任何一个自然数.由$\beta^n-y^n=(\beta-y)(\beta-\zeta y)\cdots(\beta-\zeta^{n-1}y)$,其中$\zeta$是1的$n$次本原根,可得

$$|\beta-y|\cdots|\beta-\zeta^{n-1}y|=|\beta^n-y^n|\leqslant|\beta|^n+|y|^n=\\|\beta|^n(1+|y|^n/|\beta|^n)$$

但$|\beta-\zeta^l y|\geqslant m,l=1,\cdots,n-1$.因此

$$|\beta-y|m^{n-1}\leqslant|\beta-y|\cdots|\beta-\zeta^{n-1}y|\leqslant\\m^n(1+|y|^n/|\beta|^n)$$

从而得到

$$|\beta - y| \leqslant m(1 + |y|^n / |\beta|^n)$$

在 $|y| < m$ 的情形下，$\lim_n (1 + |y|^n / m^n) = 1$. 由此得 $|\beta - y| = m$. 现以 $\beta - y$ 代替 β，再次重复以上的过程，即得 $|\beta - 2y| = m$. 做多次的重复，可得 $|\beta - ny| = m$ 对每个自然数 n 都成立，从而有

$$2m = 2|\beta| = |\beta| + |\beta - ny| \geqslant |ny| = |n||y| = n|y|$$

矛盾. 这就证明了 $F = \mathbf{C}$. ■

从这个定理可以得知，凡具有阿基米德绝对值的域，必然拓扑同构于复数域 **C** 的一个子域. 因此，有阿基米德绝对值的域是一类很特殊的域.

定理 6.6 还有进一步的推广：设 F 是 **R** 上的扩域，$|\ |$ 在 **R** 上的限制为通常的绝对值，$|\ |$ 满足 6.1 节中的条件(1)(3)，以及

(2′) $|ab| \leqslant |a||b|$.

我们称$(F, |\ |)$ 是 **R** 上的一个赋范域. 此时定理 6.6 可以改进为(见[1])：

定理 6.6′(Gelfand-Tornheim) **R** 上的赋范域只能是 **R** 或者 **C**.

6.3 赋值和赋值环

在域的非阿基米德绝对值的定义中，我们注意到只有实数的一个运算 —— 乘法，以及实数的序在起作用，而不涉及实数的加法运算. 这使得我们有理由用一个具有序结构的乘法群来代替 **R**，从而推广了绝对值的概念. 现在先来定义有序的交换群.

定义 6.1 设 Γ 是乘法交换群，1 是它的单位元素，$\Gamma \neq \{1\}$. 若存在 Γ 的一个乘法封闭子集"Δ"，$1 \notin \Delta$，而且有 $\Gamma = \Delta \cup \{1\} \cup \Delta^{-1}$，此处 $\Delta^{-1} = \{\delta^{-1} \mid \delta \in \Delta\}$，则称"$\Delta$" 给出 Γ 的一个**序结构**，或者说 Γ 是个**有序的乘法交换群**，以下简称**序群**，记作(Γ, Δ).

对于如上所定义的序群(Γ, Δ)，不难在它的元素间规定一个序关系"$\leqslant$". 设 $\gamma, \gamma' \in \Gamma$. 若有 $\gamma \cdot \gamma'^{-1} \in \Delta \cup \{1\}$，则定义 $\gamma \leqslant \gamma'$. 特别在 $\gamma \cdot \gamma'^{-1} \in \Delta$ 时，可写作 $\gamma < \gamma'$. 这个二元关系具有反对称性和传递性；又由 $\gamma \leqslant \gamma'$ 可以导出 $\gamma\delta \leqslant \gamma'\delta$，$\delta \in \Gamma$. 根据这个事实，具有序结构的群同时又能定义元素间的一个序关系，因此(Γ, Δ) 也可以写作$(\Gamma, \leqslant)$.

以下为简便起见，不妨称 Γ 是个序群而不特别指出其序结构"Δ"，或者序关系"$\leqslant$"，现在设 0 是 Γ 以外的一个符号，它与 Γ 的元素间满足如下的关系

$$0 \cdot \gamma = \gamma \cdot 0 = 0 \cdot 0 = 0,\ 0 \leqslant \gamma$$

我们称这样规定的代数结构 $\Gamma \cup \{0\}$ 为扩大了的序群.

定义 6.2 设 φ 是从域 F 到扩大了的序群 $\Gamma \cup \{0\}$ 的一个映射,它满足:

(1) φ 是满射的;

(2) $\varphi(a) = 0$,当且仅当 $a = 0$;

(3) $\varphi(ab) = \varphi(a)\varphi(b)$;

(4) $\varphi(a+b) \leqslant \max\{\varphi(a), \varphi(b)\}$.

我们称 φ 是 F 的一个**赋值**,Γ 是 φ 的**值群**,又称 F 是带有赋值 φ 的域,简称**赋值域**,记以 (F, φ).

域的非阿基米德绝对值"$|\ |$",满足定义中的条件(2)(3)(4). 至于(1),只需把 Γ 取作"$|\ |$"所取的值所成的乘群即可. 因此,非阿基米德绝对值是当前意义下的赋值. 非阿基米德绝对值的一个基本性质(见 6.1 节的命题 2),对于赋值也同样成立. 为以后应用的方便起见,另写如下:

命题 1 设 F 的元素 $a_1, \cdots, a_n$ 在赋值 φ 下所取的值互不相等. 于是有

$$\varphi(a_1 + \cdots + a_n) = \max_{1 \leqslant i \leqslant n}\{\varphi(a_i)\} \qquad \blacksquare$$

为了把平凡绝对值的特殊情形也包罗在内,我们添入 $\Gamma = \{1\}$ 的情形,此时称 φ 为**平凡赋值**. 从序群的定义而言,它不能是有限的. 因此,有限域的赋值只能是平凡赋值,这也是需要引入平凡赋值的一个原因.

在有些场合下,以加法作为交换群 Γ 的运算较为方便. 此时单位元素常记作 0,而以 ∞ 作为 Γ 以外的符号,它与 Γ 的元素满足如下的运算律

$$\infty \pm \gamma = \infty + \infty = \infty, \ \gamma \leqslant \infty$$

在这种运算的改换下,赋值的定义也要做相应的更改:

定义 6.2′ 设 v 是从域 F 到扩大的序群 $\Gamma \cup \{\infty\}$ 的一个映射,它满足:

(1) v 是满射的;

(2) $v(a) = \infty$,当且仅当 $a = 0$;

(3) $v(ab) = v(a) + v(b)$;

(4) $v(a+b) \geqslant \min\{v(a), v(b)\}$. 我们称 v 是 F 的一个**加法赋值**,或者 **Krull 赋值**.

赋值与加法赋值并无实质的差异,这从 $\mathbf{Q}$ 的 $p-$ 进赋值的例子可以说明. 因为,(6.1.1) 所规定的"$|\ |_p$"是当前意义下的一个赋值,而在该处出现的 v_p 就是 $\mathbf{Q}$ 的一个加法赋值. v_p 的值群为加法群 $\mathbf{Z}$. 由对应

$$|a|_p \to v_p(a) = -\log_p |a|_p \tag{6.3.1}$$

两者可以互相转化.

作为赋值或加法赋值的值群,除上面见到的实数乘群和 $\mathbf{Z}$ 以外,尚有其他的序群,举例如下:

例 取加法群 $\mathbf{Z} \times \mathbf{Z}$. 现在对它来规定一个序关系"$\leqslant$"如下

$$(m,m')\leqslant(n,n')$$

当且仅当

$$\begin{cases} m \leqslant n \\ m = n, m' \leqslant n' \end{cases} \tag{6.3.2}$$

在上式右边所出现的“$\leqslant$”，是通常整数间的大小关系.在(6.3.2)的规定下，$\Gamma=\mathbf{Z}\times\mathbf{Z}$ 成一个有序加群.现在来作一个以它为值群的加法赋值.

设 $F=\mathbf{Q}[X]$，v_p 是 $\mathbf{Q}$ 的一个如上面所指出的加法赋值.先对 $\mathbf{Q}[X]$ 的元素来规定 v，即

$$v(a)=\begin{cases}(n,v_p(a_n)),\text{当 } \alpha=a_nX^n+\cdots+a_0,\ a_n\neq 0 \\ \infty,\text{当 } \alpha=0\end{cases} \tag{6.3.3}$$

不难验证，这个 v 是满足定义 6.2′ 中的条件的.如果 $\beta=b_mX^m+\cdots+b_0, b_m\neq 0$ 是 $\mathbf{Q}[X]$ 中另一元素，那么规定

$$v(\alpha/\beta)=(n-m,v_p(a_n)-v_p(b_m))$$

可以证明(本章的习题 2)，v 对于 F 的元素满足定义6.2′ 的各条件.因此，由(6.3.3)所确定出的 v 给出 $\mathbf{Q}(X)$ 的一个赋值.这是一个不同于我们在6.1节的末段所举的赋值.

现在来考虑赋值域(F,φ)中的子集

$$A_\varphi=\{x\in F\mid \varphi(x)\leqslant 1\} \tag{6.3.4}$$

首先，A_φ 是 F 的一个子环，以 F 为它的商域，并且，对于任何元素 $0\neq a\in F$，总有 $a\in A_\varphi$ 或者 $a^{-1}\in A_\varphi$.具有这一性质的子环有特殊的重要性，我们在后面将会见到，现在先作一个定义：

定义 6.3 设 A 是域 F 的一个子环.若对于任何$0\neq a\in F$，总有 $a\in A$ 或者 $a^{-1}\in A$，则称 A 是 F 的一个**赋值环**.特别在 $A=F$ 时，称它为 F 的**平凡赋值环**.

根据这个定义，(6.3.4) 所规定的 A_φ 可称作(F,φ)的赋值环.对于取定的 F，也可称作 **φ 的赋值环**.从定义还可知道，赋值环包含域的单位元素，又若 a 与 a^{-1} 同时属于赋值环 A，则称 a 为 A 的**单位**，A 中其他的元素称作**非单位**.A 中所有的单位按域的乘法成一个乘法群，称为 A 的**单位群**，记作 U.显然，它是乘群 $\dot{F}=F\backslash\{0\}$ 的一个子群.赋值环有以下的基本性质：

命题 2 设 A 是 F 的一个赋值环.现有：

(ⅰ)A 中所有非单位所成的集 M 是 A 中唯一的极大理想；

(ⅱ) 满足 $A\subseteq B\subseteq F$ 的子环 B 必然是 F 的赋值环；

(ⅲ)F 中关于 A 的整元素必属于 A.

证明 (ⅰ) 首先，由 $a\in A, b\in M$ 立即有 $ab\in M$.设 a,b 是 M 中任意两个非零元.由于 ab^{-1} 与 $a^{-1}b$ 至少有一个在 A 中，不妨设 $ab^{-1}\in A$.此时 $1+$

$ab^{-1} \in A$，从而有

$$a + b = (1 + ab^{-1})b \in M$$

这就证明了 M 是 A 的一个理想. 它在 A 中的极大性是显然的.

(ⅱ) 的成立至为显然. 现在来证(ⅲ). 设 $c \in F$ 是关于 A 的整元素，即有

$$c^n + a_1 c^{n-1} + \cdots + a_n = 0 \tag{6.3.5}$$

其中 $a_1, \cdots, a_n \in A$. 若 $c \notin A$，则 $c^{-1} \in A$. 但由(6.3.5)得

$$c = -a_n c^{-n+1} - \cdots - a_1 \in A$$

矛盾. 因此 $c \in A$. ■

从这个命题可知赋值环($\neq F$)是局部环，而且在 F 中是整闭的.

对于赋值环 A_φ 来说，此时 $M = \{x \in F \mid \varphi(x) < 1\}$，它又可记作 M_φ，称为 φ 的**赋值理想**.

从 M 是 A 的极大理想，可知剩余类环 A/M 成一个域. 当 A 取 φ 的赋值环 A_φ 时，称 $\overline{F}_\varphi = A_\varphi/M_\varphi$ 为**赋值 $\boldsymbol{\varphi}$ 的剩余域**. 特别当 φ 为平凡赋值时，它的赋值环是 F，赋值理想是(0)，剩余域等同于 F 自身.

按赋值环的定义，我们知道乘法群 $\dot{F}$ 可能表如

$$\dot{F} = \dot{M} \cup U \cup \dot{M}^{-1}$$

右边是三个互不相并的子集的并集，其中 $\dot{M} = M \backslash \{0\}$，$\dot{M}^{-1}$ 的意义如前. 从 $\dot{F}$ 的这个分解式，又可得出因子群 $\Gamma = \dot{F}/U$ 的一个相应的分解

$$\Gamma = \Delta \cup \{1\} \cup \Delta^{-1} \tag{6.3.6}$$

其中 $\Delta = \{aU \mid a \in \dot{M}\}$，1 表示陪集 $1 \cdot U$，即 Γ 的单位元素. 显然，(6.3.6)是满足定义 6.1 的一个分解式. 因此，$\Gamma = \dot{F}/U$ 是一个序群. 现在来看从 F 到 $\Gamma \cup \{0\}$ 的一个映射

$$\varphi_A: \begin{cases} a \to aU, \ a \neq 0 \\ a \to 0, \ a = 0 \end{cases} \tag{6.3.7}$$

不难验明，φ_A 是 F 的一个赋值，以 $\dot{F}/U$ 为它的值群. 定义 6.2 的(1)～(3)显然成立，只需验证(4). 设 $\varphi_A(a) \leqslant \varphi_A(b)$，即 $aU \leqslant bU$. 按前面的规定，此时

$$ab^{-1} \in \dot{M} \cup U \subseteq A$$

从而又有 $1 + ab^{-1} \in A$，因此

$$\varphi_A(1 + ab^{-1}) \leqslant 1$$

按定义的条件(3)，两边同乘以 $\varphi_A(b)$，得

$$\varphi_A(a + b) \leqslant \varphi_A(b) = \max\{\varphi_A(a), \varphi_A(b)\}$$

即(4)成立. 由于 φ_A 是经 F 的赋值环 A 所作的，因此我们称它为 A 所确定的**正规赋值**. 从赋值环给出域的赋值这一事实，我们认识到赋值这个概念可以由域的内在性质(子环)所给出. 这表明了对绝对值所做的这样的推广是十分恰当的.

设(F,φ)是个赋值域. 以A记φ的赋值环,再按以上的方式,作出A的正规赋值φ_A. 现在要问,φ与φ_A有什么关系? 为此,先引入一个称谓:设$(\Gamma,\leqslant)$与$(\Gamma',\leqslant')$是两个序群,σ是Γ与Γ'间的一个同构,如果由$\gamma\leqslant\delta$可得到$\sigma(\gamma)\leqslant'\sigma(\delta)$,此处$\gamma,\delta\in\Gamma$,则称$\sigma$是个**保序同构**. 或者说$(\Gamma,\leqslant)$与$(\Gamma',\leqslant')$是保序同构的.

设φ_1,φ_2是F的两个赋值,其值群为Γ_1,Γ_2. 如果Γ_1与Γ_2是保序同构的,那么就称φ_1与φ_2是**等价的**,记以$\varphi_1\sim\varphi_2$. 此时对于任何$a\in F$,有$\varphi_2(a)=\sigma(\varphi_1(a))$,因此也可表作$\varphi_2=\sigma\circ\varphi_1$,这里$\sigma$是$\Gamma_1$与$\Gamma_2$间的保序同构.

以上述概念用于任一赋值φ以及由它经(6.3.6)所确定的φ_A. 首先,映射

$$\sigma:\varphi(a)\rightarrow aU$$

是从φ的值群到φ_A的值群上的一个同态. 从$\sigma(\varphi(a))=1=1U$,应有$a\in U$,即$\varphi(a)=1$. 因此σ是单一的,从而σ是个同构. 另一方面,若$\varphi(a)\leqslant 1$,则有$a\in A=M\cup U$,从而$aU\leqslant 1$. 因此σ又是保序的. 这就证明了$\varphi\sim\varphi_A$,即任何一个赋值与由它的赋值环所给出的正规赋值是等价的. 从这个事实可以得到的论断是:**有相同赋值环的赋值都是等价的**. 这个论断的逆理也同样成立. 如若φ_1,φ_2是F的两个等价的赋值,它们的赋值环分别是A_1,A_2,则

$$A_i=\{x\in F\mid\varphi_i(x)\leqslant 1\},\ i=1,2$$

从$\varphi_1\sim\varphi_2$知有$A_1=A_2$. 归结以上的讨论,我们有:

定理 6.7 域的等价的赋值具有相同的赋值环,反之也成立. ■

非阿基米德绝对值是取实数值的赋值,所以可称作实数值赋值,或者一阶赋值. 后一名称的含义,以后将会见到[①]. 一个序群$(\Gamma,\leqslant)$,如果满足阿基米德公理,那么可以证明,它与实数群的子群是保序同构的. 以下就加法的情形进行证明,乘法群的情形也完全一样.

命题 2(Hölder) 设$(\Gamma,\leqslant)$是以加法为运算,满足阿基米德公理的序群,单位元素为0,任取Γ中的一个正元素γ,则存在从Γ到$\mathbf{R}^+$的一个唯一的保序单一同态σ,使得$\sigma(\gamma)=1$.

证明 不失一般性,任取Γ的元素$x>0$,以及整数n,则有整数$n(x)$,满足

$$n(x)\gamma\leqslant nx\leqslant(n(x)+1)\gamma$$

若整数$m\mid n$,不难验知

$$\frac{m(x)}{m}\leqslant\frac{n(x)}{n}<\frac{n(x)+1}{n}\leqslant\frac{m(x)+1}{m}\qquad(6.3.8)$$

因此,有理数列$\left\{\frac{n!\ (x)}{n!}\right\}$是收敛的. 令

---

① 见本章习题6.

$$\lim_{n\to\infty}\frac{n!\,(x)}{n!}=\sigma(x)\in\mathbf{R}^+ \tag{6.3.9}$$

易知映射

$$\sigma: x\to\sigma(x)$$

是从Γ到$\mathbf{R}^+$内的一个保序的单一同态，并且$\sigma(\gamma)=1$. 现在设σ'是另一个具有同样性质的单一同态. 若$\sigma\neq\sigma'$，则有某个$x\in\Gamma$，使得$\sigma(x)\neq\sigma'(x)$. 不妨设$\sigma'(x)<m/n<\sigma(x)$. 从$m/n<\sigma(x)$，有$m\sigma(\gamma)<n\sigma(x)$，即$\sigma(m\gamma)<\sigma(nx)$. 按$\sigma$的保序性，应有$m\gamma<nx$. 于是

$$m=m\sigma'(\gamma)=\sigma'(m\gamma)<\sigma'(nx)=n\sigma'(x)<$$
$$n\cdot m/n=m$$

矛盾！因此σ是唯一的. ■

基于上面的命题，凡值群为阿基米德序群的赋值，除等价不计外，就是非阿基米德绝对值. 特别在值群为循环群时，就称作离散赋值. $\mathbf{Q}$的$p-$进赋值，以及$F(X)$的"$|\ |_p$"和"$|\ |_\infty$"都是离散赋值的例子.

6.4 位，同态的拓展定理及应用

在给出"位"的定义之前，先对任给的域L，以及L以外的一个符号∞，来规定其间的运算如下

$$x\pm\infty=\infty\quad(x\in L)$$
$$x\cdot\infty=\infty\quad(x\neq 0)$$
$$\infty\cdot\infty=\infty,\ 1/\infty=0,\ 1/0=\infty \tag{6.4.1}$$

但对于$\infty\pm\infty$，$0\cdot\infty$，$0/0$，以及∞/∞则不予任何意义.

定义 6.4 设π是从域F到$L\cup\{\infty\}$的一个映射，L是另一个域，符号∞满足(6.4.1). 若对于F的任何元素a,b，等式

$$\pi(a+b)=\pi(a)+\pi(b)$$
$$\pi(ab)=\pi(a)\pi(b) \tag{6.4.2}$$

在等号右边有意义时恒成立，同时又有$\pi(1)=1$，则称π是F的一个$\boldsymbol{L}$**值位**，有时也简称**位**. 若$\pi(a)\neq\infty$，称a为关于π的**有限元**，否则为**无限元**；特别当F的每个元素都是有限元时，π就是从F到L的一个同构，此时称π为F的**平凡位**.

从(6.4.2)知，F中所有的有限元组成一个子环，记作A_π，或简记作A，π在A上的限制是A到L内的环同态，又从(6.4.2)立即可知，A_π是F的一个赋值环，称作位π的赋值环.

如果事先给出F的一个赋值环A，我们不难由此作出F的一个位. 令M是

A 的赋值理想，又令 π 是从 A 到剩余域 A/M 的自然同态. 对于 $x \in F \backslash A$ 令 $\pi(x)=\infty$. 只要取 $L=A/M$，π 就满足定义 6.4 的条件. 因此，π 是 F 的一个位，称作赋值环 A 的**正规位**.

与赋值的情形一样，对于位也可以引进等价的概念. 设 π，π' 分别是 F 的 L 值位和 L' 值位. 若 L 与 L' 同构，τ 是其间的同构映射，并且对于每个 $a \in F$，皆有 $\pi'(a)=\tau(\pi(a))$[①]，我们就称 π 与 π' 是等价的，记作 $\pi \sim \pi'$，此时有 $\pi'=\tau \circ \pi$. 互为等价的位显然有相同的赋值环，反之也成立，因为它们都与赋值环的正规位等价.

从以上的事实，结合 6.3 节的讨论，可知位这个概念与赋值环和赋值都是可以互相转化的. 在定理6.5 的条件中，曾涉及实数值赋值在代数扩张中拓展的存在性问题. 在此我们将通过位的概念来给出回答，这就是以下的定理：

定理 6.8(同态的拓展定理) 设 S 是域 F 的一个子环[②]，又设 π_0 是由 S 到某个代数闭域 Ω 内的同态，并且有 $\pi_0(1)=1$. 于是 π_0 可以拓展成为 F 的一个 Ω 值位.

证明 首先不妨设 S 是个局部环，而且 π_0 的核 $\operatorname{Ker} \pi_0$ 是 S 的极大理想. 如若 $\ker \pi_0=p$，则它显然是 S 的一个素理想. 不难验知，π_0 可以唯一地拓展成为由局部环 S_p 到 Ω 的一个同态，此时它的核就是 S_p 的极大理想 pS_p，同时 S_p 在 Ω 内的象应是 Ω 的一个子域 L.

在做了如上的安排后，先来证明一条引理：

引理 1 设 S 是域 F 中的一个局部环，M 是它的极大理想，又设 $x \in F \backslash S$. 于是 M 在 $S[x]$ 与 $S[x^{-1}]$ 中不能同时生成单位理想.

证明 用反证法. 假若结论不成立，则有以下的等式成立

$$1=p_0+p_1 x+\cdots+p_n x^n \tag{6.4.3}$$

$$1=q_0+q_1 x^{-1}+\cdots+q_m x^{-m} \tag{6.4.4}$$

其中 p_i，q_i 都属于 M. 不妨设 n，m 是使得上述等式成立的最小正整数. 不失一般性，令 $n>m$. 对(6.4.4) 乘以 x^m. 由于 $1-q_0 \notin M$，所以它是 S 中的单位，从而 x^m 可表作次数低于 m 的含 x 的多项式，且系数取自 M. 再以 x^m 的这个式子代入(6.4.3) 的右边，就得到一个有同样形式，但次数低于 n 的等式，这与 n 的取法矛盾. ■

现在回到定理的证明上来，设 $MS[x]$ 不是单位理想. 因此它包含在 $S[x]$ 的某个极大理想 P 内，且有 $P \cap S=M$. 令 σ 是从 $S[x]$ 到某个域的同态，以 P 为它的核. σ 在 S 上的限制以 M 为它的核，因此与 π_0 等价. 不失一般性，不妨令 σ

---

① 规定 $\tau(\infty)=\infty$.

② 此处所谓子环，皆指有单位元素的子环，并且单位元素就是域的单位元素.

在 S 上的限制等于 π_0. 此时有 $\sigma(S)=\pi_0(S)=L$. 设 $\sigma(x)=t$. 若 t 关于 L 是个超越元，我们作从 $L[t]$ 到 Ω 内的映射 τ，使得 τ 在 L 上为恒同映射，$\tau(t)$ 取 Ω 中任一元素. 显然，τ 可以扩大成为同态，从而 $\tau\circ\sigma$ 就是 τ_0 在 $S[x]$ 上的一个拓展. 另一方面，若 t 关于 L 是代数的，设它满足 L 上的方程

$$X^n+c_1X^{n-1}+\cdots+c_n=0$$

此时同样可取 τ 在 L 上为恒同映射，但 $\tau(t)$ 应为上列方程在 Ω 中的任何一个解. 在 Ω 是代数闭域的所设下，这种选择总是可能的. 因此，无论何种情形，π_0 必能拓展成为 $S[x]$ 到 Ω 内的一个同态.

今考虑由所有 (T,π) 所组成的集，其中 T 是 F 中包含 S 的子环，π 是从 T 到 Ω 内的同态，而且是 π_0 的拓展. 我们规定

$$(T_1,\pi_1)\leqslant(T_2,\pi_2)$$

如果 $T_1\subseteq T_2$，同时 π_2 是 π_1 的拓展. 显然，这使得集 $\{(T_j,\pi_j)\}_{j\in J}$ 成一个归纳的偏序集，根据 Zorn 引理，它有极大元，令 (T,π) 是其中之一. 按证明的首段所做的讨论，T 应是局部环. 若 T 不是 F 的赋值环，则有某个 $x\in F$，使得 x 与 x^{-1} 都不在 T 内，据引理 1，此时 $M\cdot T[x]$ 与 $M\cdot T[x^{-1}]$ 不能同时是单位理想. 重复上面的论证，将导出 (T,π) 不是 $\{(T_j,\pi_j)\}_{j\in J}$ 中的极大元，而与所做的选择矛盾. 这证明了 T 是 F 的一个赋值环. 此时只需对 $x\in F\backslash T$ 规定 $\pi(x)=\infty$，就使得 π 满足要求，定理即告证明. ■

从定理的证明可得一个直接的推论：

推论　域中如果存在局部环，那么按包含关系的极大局部环必然是域的赋值环. ■

通过定理 6.8，可以得出有关赋值环和赋值的拓展定理. 先考虑赋值环的情形. 设 A 是域 F 的一个赋值环，K 是 F 的任一扩域. A 到它的剩余域 $\overline{F}=A/M$ 有自然同态 π_0. 令 Ω 为 $\overline{F}$ 的代数闭包. 于是 π_0 是环 A 在 Ω 内的同态. A 又可作为 K 的子环，按定理 6.8，π_0 可以拓展成为 K 的一个 Ω 值位 π. 若以 B 表示 π 的赋值环，由于 π 是 π_0 的拓展，故有 $A=B\cap F$，换言之，A 在 F 的扩域 K 中至少有一个拓展 B.

现在来考虑赋值的拓展. 设 φ 是 F 的一个赋值，其赋值环为 A，值群为 Γ. 按上段的讨论，A 在 K 上有拓展为 B. 以 M_A，M_B 分别记 A 与 B 的赋值理想，U_A，U_B 分别记 A 与 B 的单位群. 易知

$$M_A=F\cap M_B,\ U_A=F\cap U_B$$

因此 $\dot{F}/U_A$ 可以保序地嵌入 $\dot{K}/U_B$. 这表明了由 B 所给出的正规赋值 ψ_B 是 A 所给出的正规赋值 φ_A 在 K 上的拓展. φ 与 φ_A 等价，故 Γ 与 $\dot{F}/U_A$ 是序同构的. 设 Λ 是一个与 $\dot{K}/U_B$ 序同构的群，同时又包含 Γ 为它的子群. 于是有 K 的一个以 Λ 为值群的赋值 ψ，它是 φ 在 K 上的拓展.

归结以上的讨论,即有:

命题 1 设 K 是 F 的一个扩域,对于 F 的任一赋值 φ,在 K 上必然存在它的拓展. ■

同态的拓展定理 6.8 是一个非常有用的定理. 现在来举出它的一些应用.

设 R 是 F 的一个子环. 不难验知,F 中所有关于 R 的整元素所成的集是一个子环,称为 R 在 F 中的**整闭包**.

命题 2(Kurll) 子环 R 在 F 中的整闭包,等于 F 中所有包含 R 的赋值环所成的交.

证明 首先,据 6.3 节命题 1,R 的整闭包显然包含在每个含 R 的赋值环中. 反之,设 $x \in F$ 不在 R 的整闭包之内. 于是 $x \notin R' = R[x^{-1}]$,从而 x^{-1} 在 R' 中不是单位. 因此,x^{-1} 含在 R' 的某个极大理想 M' 之内. 令 Ω 是域 R'/M' 的一个代数闭包. 自然映射

$$R' \to R'/M' \subseteq \Omega$$

在 R 上的限制是从 R 到 Ω 内的一个同态. 按定理6.8,它能拓展成 F 的一个 Ω 值位 π. 以 A_π 记 π 的赋值环,显然有 $A_\pi \supseteq R$. 根据 π 的作法,有 $\pi(x^{-1}) = 0$,故 $\pi(x) = \infty$,即 $x \notin A_x$. ■

以下的讨论,虽与本章的主题无关,却仍然是同态拓展定理的应用.

引理 2 设 $R \subseteq S$ 是两个整环,作为 R 上的代数,S 是有限生成的. 又设 Ω 是代数闭域. 任取 $0 \neq c \in S$,必有 $0 \neq a \in R$,使得每个由 R 到 Ω 内的同态 σ,只要 $\sigma(a) \neq 0$,就可拓展成为由 S 到 Ω 的同态 τ,使得有 $\tau(c) \neq 0$.

证明 对生成元素的个数使用归纳法,因此,只需就一个生成元的情形来证明. 设 $S = R[x]$. 现在有两种可能的情形:(1)x 是 R 上的超越元. 此时令

$$c = a_0 x^n + \cdots + a_n, a_0 \neq 0, a_i \in R$$

取 $a = a_0$. 若 $\sigma: R \to \Omega$ 是一个同态,使得 $\sigma(a_0) \neq 0$. 根据所设,Ω 是代数闭域,故有 $\xi \in \Omega$,使得

$$\sigma(a_0)\xi^n + \cdots + \sigma(a_n) \neq 0$$

于是由 $x \to \xi$ 就给出 σ 在 S 上的一个拓展 τ,它满足 $\tau(c) \neq 0$.

(2)x 是 R 上的代数元. 以 F, K 分别记 R, S 的商域,此时 K/F 是个代数扩张. c 是含 x 的一个整式,故 c 与 $c^{-1} \in K$ 都是 F 上的代数元. 设

$$b_0 X^m + b_1 X^{m-1} + \cdots + b_m = 0 \qquad (6.4.5)$$

$$b'_0 X^n + b'_1 X^{n-1} + \cdots + b'_n = 0 \qquad (6.4.6)$$

分别是 x 与 c^{-1} 在 F 上的极小方程,其中 $b_i, b'_j \in R, b_0 b'_0 \neq 0$. 取 $a = b_0 b'_0$. 令 $\sigma: R \to \Omega$ 是一个同态,满足 $\sigma(a) \neq 0$. σ 可以拓展成 $\sigma_1: R[a^{-1}] \to \Omega$,只需令

$$\sigma_1(a^{-1}) = (\sigma(a))^{-1}$$

据定理 6.8,σ_1 又能拓展成 K 的一个 Ω 值位 π,以 A 记 π 的赋值环. 显然,

$R[a^{-1}]\subseteq A$. 由(6.4.5)，x 关于 $R[a^{-1}]$ 是整元素，因此 $x\in A$，从而

$$S=R[x]\subseteq A$$

另一方面，c^{-1} 关于 $R[a^{-1}]$ 也是整的，故 $c^{-1}\in A$. 这证明了 c 是 A 中的单位，因此 $\pi(c)\neq 0$. 设 τ 是 π 在 S 上的限制，它显然是 σ 的拓展，同时又满足 $\tau(c)=\pi(c)\neq 0$. ■

从上述引理即得到：

命题 3(Zariski) 设 $F[x_1,\cdots,x_n]$ 是 F 上的代数，若 $F[x_1,\cdots,x_n]$ 是域，则它是 F 的代数扩张.

证明 在引理 2 中，令 $R=F, S=F[x_1,\cdots,x_n], c=1$. 由于域的非零同态是同构，因此从 F 到 Ω 内的同构可以拓展成 $F[x_1,\cdots,x_n]$ 到 Ω 内的同构. 因此 $F[x_1,\cdots,x_n]/F$ 是代数扩张. ■

我们在第一章中知道，当 $F(x_1,\cdots,x_n)$ 是 F 上的代数扩张时，有

$$F(x_1,\cdots,x_n)=F[x_1,\cdots,x_n]$$

命题 3 可以作为这一事实的逆理. 另一方面，它也是 Hilbert 零点定理的又一形式. 阐述如下：设 F 是代数闭域，$F[X_1,\cdots,X_n]$ 是 F 上的 n 元多项式环，M 是它的一个极大理想. 于是 $F[X_1,\cdots,X_n]/M$ 是一个域，而且可以作为 F 上的扩域. 按命题 3，此时应有

$$F[X_1,\cdots,X_n]/M\simeq F$$

设 $a_i\in F$ 是 X_i 在同构映射下的象，于是，对于每个 $f(X_1,\cdots,X_n)\in M$，皆有

$$f(a_1,\cdots,a_n)=0$$

我们称 $(a_1,\cdots,a_n)\in F^{(n)}$ 是理想 M 的一个零点. 上述命题指出，当 F 是代数闭域时，$F[X_1,\cdots,X_n]$ 中任何一个极大理想在 $F^{(n)}$ 中必有零点. 对于 $F[X_1,\cdots,X_n]$ 的任何一个真理想 I，由于 $F[X_1,\cdots,X_n]$ 满足升链条件，所以必然至少有一个极大理想 $M\supseteq I$. M 的零点自然也是 I 的零点，因此从命题 3 可得到：

命题 4 设 F 是代数闭域，I 是多项式环 $F[X_1,\cdots,X_n]$ 的任何一个真理想. 于是 I 在 $F^{(n)}$ 中必定有零点. ■

上述命题被称作 Hilbert 零点定理的弱形式. 为证得该定理的完整形式，现引入有关的符号如下，先设 F 为一代数闭域，$A=F[X_1,\cdots,X_n]$ 为 F 上一 n 元多项式环，I 是 A 中任一理想. 令

$$V(I)=\{F^{(n)}\text{ 中所有满足 } g(a_1,\cdots,a_n)=0 \text{ 的点 } (a_1,\cdots,a_n) \text{ 组成的集，} g \text{ 遍取 } I \text{ 中所有的多项式}\}$$

当 $I=(1)$ 时，显然有 $V(I)=\varnothing$.

设 E 为 $F^{(n)}$ 中任一子集. 令

$$g(E)=\{g\in A\mid \text{对任一}(a_1,\cdots,a_n)\in E\text{，均有 } g(a_1,\cdots,a_n)=0\}$$

当 $E=F^{(n)}$ 时，则有 $g(E)=(0)$.

定理 6.9(Hilbert 零点定理①)　设 F 为代数闭域，I 是 $F[X_1,\cdots,X_n]$ 的任一理想. 若多项式 $f=f(x_1,\cdots,x_n)\in F[X_1,\cdots,X_n]$ 对于 I 在 $F^{(n)}$ 中的每个零点 $(a_1,\cdots,a_n)$ 皆有 $f(a_1,\cdots,a_n)=0$，则必有 $f^m\in I$，m 是某个正整数，换言之，f 属于 I 的幂零根 $\sqrt{I}$.

若使用定理前所引入的符号，则定理的结论可以表如

$$g(V(I))=\sqrt{I} \tag{6.4.7}$$

证明　首先，按命题 4，知 $V(I)\neq\varnothing$. 设 $f\in\sqrt{I}$，即对某个正整数 m，$f^m\in I$. 令 $\alpha=(a_1,\cdots,a_n)\in V(I)$. 于是有 $f^m(\alpha)=(f(\alpha))^m=0$，故 $f(\alpha)=0$. 由于 α 为 $V(I)$ 中任一点，因此有 $f\in g(V(I))$，从而 $\sqrt{I}\subseteq g(V(I))$.

为证明逆向的包含关系，对 A 添加一未定元 Y. 于是有

$$B=A[Y]=F[X_1,\cdots,X_n,Y]$$

在 B 中作由 I 及 $1-fY$ 生成的理想 J. 此处 f 为 $g(V(I))$ 中任取一元. 若 J 为 B 中真理想，按命题 4，$V(I)\neq\varnothing$. 设 $(a_1,\cdots,a_n,b)\in F^{n+1}$ 为 $V(J)$ 中的一点. 显然有 $\alpha=(a_1,\cdots,a_n)$ 应属于 $V(I)$. 在 J 中取

$$h=\sum_{i=1}^{r}f_ig_i+(1-fY)$$

其中 $f_i\in I,g_i\in B$. 按 $f\in g(V(I))$，以及 $(a_1,\cdots,a_n,b)\in V(J)$，故应有

$$h(a_1,\cdots,a_n,b)=0$$

但另一方面

$$\begin{aligned}h(a_1,\cdots,a_n,b)=&\sum_{i=1}^{r}f_i(a_1,\cdots,a_n)g_i(a_1,\cdots,a_n,b)+\\&(1-f(a_1,\cdots,a_n)b)=1\end{aligned}$$

矛盾！因此应有 $J=(1)$，即有如下等式成立

$$1=\sum_{i=1}^{s}f_ig_i+(1-fY)g$$

其中 $f_i\in I,g_i,g\in B$. 取 $Y=1/f$，有 $1-fY=0$. 令 $(1/f)^r$ 是含于所有 g_i 中的最高次幂. 于是

$$f^rg_i=d_i\in A,i=1,\cdots,s$$

从而有

$$f^r=\sum_{i=1}^{s}f_if^rg_i=\sum_{i=1}^{s}f_id_i\in I$$

---

① 若 F 不是代数闭域，则 $V(I)$ 应为 $\Omega^{(n)}$ 中 I 的零点所成的子集，Ω 是 F 的代数闭包，在此情况下，定理仍然成立，见参考文献[3].

即 $f \in \sqrt{I}$. 这就证明了 $g(V(I)) \subseteq \sqrt{I}$. 结合以上所证，故等式(6.4.7) 成立. 证毕. ■

命题 3,4 与定理 6.9 三者实际上是等价的. 现在我们从命题 4 来证明命题 3. 不妨设 F 为任意域，Ω 为其代数闭包，此时命题 4 应为，当 I 为 $F[X_1, \cdots, X_n]$ 中任一真理想时，I 在 $\Omega^{(n)}$ 中必定有零点. 设 $K = F[x_1, \cdots, x_n]$ 为一域. 作 $A = F[X_1, \cdots, X_n]$. 令 π 为从 A 到 K 的一个 F — 同态，即

$$\pi: X_i \rightarrow x_i,\ i = 1, \cdots, n$$

设 M 是 π 的核. 由于 K 是域，故 M 为 A 中极大理想，$A/M \simeq K$. 按命题 4，$V(M)$ 是 $\Omega^{(m)}$ 中一非空集. 任取 $(a_1, \cdots, a_n) \in V(M)$. 于是

$$\varphi: x_i \rightarrow a_i,\ i = 1, \cdots, n$$

给出从域 K 到 Ω 中子域 $F(a_1, \cdots, a_n)$ 的一个 F — 同构，从而 K 是 F 上的代数扩域，即命题 3 成立.

至于从定理 6.9 导出命题 3 是很容易的，设 I 为 A 中任一真理想. 于是有极大理想 $M \supsetneqq I$. M 是素理想，故 $\sqrt{M} = M$. 由(6.4.7) 知 $g(V(M)) = M$，因此 $V(M) \neq \phi$，又由 $V(M) \subseteq V(I)$，故 $V(I) \neq \phi$. 这就证明了命题 4.

定理 6.9 通称为零点定理的强形式，命题 4 称作定理的弱形式，至于命题 3 则称作零点定理的域论形式. 除这三种形式外，零点定理尚有几种等价形式. 今不一一列举.

6.5 赋值在代数扩张上的拓展

根据 6.4 节的命题 1，F 的赋值 φ 在任何扩张域 K 上都有拓展. 但我们最感兴趣的是 K/F 为代数扩张，特别是有限扩张的情形. 在这里，我们仅就 φ 是实数值赋值(非阿基米德绝对值) 的特殊情形来研究它的拓展的某些数量方面的性质①. 为此，先有一个基本事实：

命题 1 设 K 是 F 的一个代数扩张(不限于有限扩张). F 的实数值赋值 φ 在 K 上的每个拓展也都是实数值赋值.

证明 按所设，φ 的值群 Γ 可以作为由实数所成的乘法群. 令 $\alpha \in K \backslash F$，它满足 F 上的不可约方程

$$\alpha^n + a_1\alpha^{n-1} + \cdots + a_n = 0$$

① 一般的情形见文献[2][5].

设 ψ 是 φ 在 K 上的一个拓展. 按 6.3 节命题 1. 上式左边必有某两个项关于 ψ 的值是相同的. 设

$$\psi(a_i\alpha^{n-i})=\psi(a_j\alpha^{n-j}),\ i\neq j$$

若 $j>i$,则有

$$\psi(\alpha^{j-i})=\psi(a_j/a_i)=\varphi(a_j/a_i)\in\Gamma$$

即 $(\psi(\alpha))^{j-i}\in\Gamma$. 因此,对任何 $0\neq\alpha\in K$,$\psi(\alpha)$ 都是正的实数. ■

从上面的证明还可能看到,如果 φ 是 F 的平凡赋值,那么 φ 在代数扩张 K 上的拓展只能是平凡赋值. 又若 K/F 是个有限扩张,$[K:F]=n$,则对于每个 $0\neq\alpha\in K$,恒有 $(\psi(\alpha))^{n!}\in\Gamma$. 这表明了,从 ψ 的值群 Λ 到 φ 的值群 Γ 的映射

$$\xi\to\xi^{n!},\ \xi\in\Lambda \tag{6.5.1}$$

是个同态. 由于 Λ 和 Γ 都是正实数的乘群,而且是无扭的,因此(6.5.1) 是个单一同态,即 Λ 同构于 Γ 的一个子群. 在 Γ 为循环群时,Λ 也是循环群.

命题 2 若 K/F 是有限扩张,则 F 的离散赋值在 K 上的拓展也都是离散赋值. ■

以下我们再引入几个有关赋值拓展的概念. 为叙述的简便起见,先有几个称谓:若 ψ 是 F 的赋值 φ 在扩域 K 上的拓展,我们将简称 (K,ψ) 为 (F,φ) 的拓张;当 K/F 代数扩张时,称 (K,ψ) 为 (F,φ) 的代数扩张;对有限扩张也有类似的称谓.

在 φ,ψ 的赋值环 A,B,以及赋值理想 M_A,M_B 之间,已知有 $A=B\cap F$ 与 $M_A=M_B\cap F$ 的关系,从而剩余域 $\overline{F}=A/M_A$ 可以作为 $\overline{K}=B/M_B$ 的子域. 如果 $\overline{K}/\overline{F}$ 是代数扩张,那么我们称 $[\overline{K}:\overline{F}]$ 为 ψ 关于 F 的**剩余次数**. 设 Γ,Λ 分别是 φ 和 ψ 的值群. 显然,Γ 可以作为 Λ 的子群. 我们称 Λ 关于 Γ 的群指数 $(\Lambda:\Gamma)$ 为 ψ 关于 F 的**分歧指数**. 不难验明,当 φ 是实数值赋值时,φ 在 (F,φ) 的完全化 $\tilde{F}$ 上的拓展 $\tilde{\varphi}$,它关于 F 的剩余次数和分歧指数都是 1,换言之,φ 与 $\tilde{\varphi}$ 有相同的剩余域和值群. 以下,我们就有限扩张的情形来考虑一些简单的性质.

引理 1 若 (K,ψ) 是 (F,φ) 的有限扩张,则 ψ 关于 F 的剩余次数 $f=[\overline{K}:\overline{F}]\leqslant[K:F]$.

证明 设 ψ,φ 的赋值环如前. 由于 K,F 分别是 B,A 的商域,所以只需证明:对于 B 中任何 n 个元素 $\alpha_1,\cdots,\alpha_n$,如果它们在 F 上是线性相关的,那么它们的剩余域 $\overline{K}$ 中的象元 $\overline{\alpha}_1,\cdots,\overline{\alpha}_n$ 关于 $\overline{F}$ 也是线性相关的. 设

$$a_1\alpha_1+\cdots+a_n\alpha_n=0 \tag{6.5.2}$$

其中 $a_1,\cdots,a_n\in F$,且不全为 0. 取 a_j,使得

$$\varphi(a_j)=\max_{1\leqslant i\leqslant n}\{\varphi(a_i)\}$$

令 $b_i=a_i/a_j$,$i=1,\cdots,n$. 于是有

$$b_1 a_1 + \cdots + b_n a_n = 0$$

其中 $b_1, \cdots, b_n \in A$，且 $b_j = 1$. 由此立即得到

$$\bar{b}_1 \bar{a}_1 + \cdots + \bar{b}_n \bar{a}_n = \bar{0}$$

这是 $\bar{F}$ 上的一个线性关系，$\bar{b}_i$ 不全为$\bar{0}$. 因此 $\bar{a}_1, \cdots, \bar{a}_n$ 在 $\bar{F}$ 上是线性相关的. ■

对于分歧指数也有类似的结果.

引理 2 若(K, ψ) 是(F, φ) 的有限扩张，则 ψ 关于 F 的分歧指数 $e = (\Lambda : \Gamma) \leqslant [K : F]$.

证明 设 $\alpha_1, \cdots, \alpha_n$ 是K 中 n 个元素. 只需证明，如果 $\alpha_1, \cdots, \alpha_n$ 在 F 上是线性相关的，那么它们的值$\xi_i = \psi(\alpha_i)$ 所成的 n 个陪集 $\xi_1 \Gamma, \cdots, \xi_n \Gamma$ 其必有相同的. 因由(6.5.2)，必然对于某一对标号 $i \neq j$，有

$$\psi(a_i \alpha_i) = \psi(a_j \alpha_j)$$

即

$$\xi_i \varphi(a_i) = \xi_j \varphi(a_j)$$

因此 $\xi_i \Gamma = \xi_j \Gamma$. ■

对于这两个引理中的结论，我们还可以做进一步的改进. 为此，再列举一条引理：

引理 3 设(K, ψ) 是(F, φ) 上的代数扩张. 对于 B 中元素 $\alpha_1, \cdots, \alpha_n$，如果它们的剩余类$\bar{\alpha}_1, \cdots, \bar{\alpha}_n$ 在$\bar{F}$ 上是线性无关，那么对于F中任何一组元素$a_1, \cdots, a_n$，恒有

$$\psi(a_1 \alpha_1 + \cdots + a_n \alpha_n) = \max_{1 \leqslant i \leqslant n} \{\varphi(a_i)\} \tag{6.5.3}$$

证明 当 $a_1, \cdots, a_n$ 全为 0 时，结论自然成立. 现在设 α_i 不全为 0，并且 $\varphi(a_j) = \max\limits_{1 \leqslant i \leqslant n} \{\varphi(a_i)\}$. 令 $b_i = a_i / a_j$. 于是所欲证明的(6.5.3) 演化成

$$\psi(b_1 \alpha_1 + \cdots + b_n \alpha_n) = \varphi(1) = 1 \tag{6.5.4}$$

按所设，$\alpha_i \in B$. 因此

$$b_1 \alpha_1 + \cdots + b_n \alpha_n \in B$$

从而

$$\psi(b_1 \alpha_1 + \cdots + b_n \alpha_n) \leqslant 1$$

若 $\psi(b_1 \alpha_1 + \cdots + b_n \alpha_n) < 1$，则有

$$\bar{b}_1 \bar{\alpha}_1 + \cdots + \bar{b}_n \bar{\alpha}_n = \bar{0}$$

因为 $\bar{b}_j = \bar{1}$，故 $\bar{\alpha}_1, \cdots, \bar{\alpha}_n$ 在 $\bar{F}$ 上线性相关，与所设矛盾，从而证明了(6.5.4) ■

命题 3 设(K, ψ) 是(F, φ) 的有限扩张，$[K : F] = n$. 于是 ψ 关于 F 的分歧指数 e 与剩余次数 f 的乘积 ef，满足 $ef \leqslant n$.

证明 在 K 中取元素 $\alpha_1, \cdots, \alpha_l$，使得由 $\xi_1 = \psi(\alpha_1), \cdots, \xi_l = \psi(\alpha_l)$ 在因子

群Λ/Γ中所代表的陪集$\xi_1\Gamma,\cdots,\xi_l\Gamma$是互异的. 又在$B$中取元素$\beta_1,\cdots,\beta_k$,使得它们在$\bar{K}$上所代表的剩余类$\bar{\beta}_1,\cdots,\bar{\beta}_k$关于$\bar{F}$是线性无关的. 证明,这$lk$个元素$\{\alpha_i\beta_j\}_{i=1,\cdots,l;\ j=1,\cdots,k}$在$F$上是线性无关的. 因此,$lk\leqslant n$. 由此可导出$ef\leqslant n$.

假若$\{\alpha_i\beta_j\}_{i=1,\cdots,l;\ j=1,\cdots,k}$关于$F$是线性相关的,那就有

$$\sum_{i=1}^{l}\sum_{j=1}^{k}c_{ij}\alpha_i\beta_j=0$$

其中$c_{ij}\in F$,且不全为0. 上式改写为

$$\sum_i\left(\sum_j c_{ij}\beta_j\right)\alpha_i=0 \tag{6.5.5}$$

项$\left(\sum_j c_{ij}\beta_j\right)\alpha_i$的值为$\psi\left(\sum_j c_{ij}\beta_j\right)\xi_i$. 如果它不等于0,按引理3,它应属于$\xi_i\Gamma$. 由于$c_{ij}$不全为0,从(6.5.5)可以得出某个$\xi_i\Gamma=\xi_j\Gamma$,$i\neq j$. 但这与所设矛盾. 因此,这$lk$个$\alpha_i\beta_j$在$F$上是线性无关的,从而$lk\leqslant n$. ■

在上述命题中,等号与不等号都有出现的可能,下面将给出一个有关等号成立的结论①.

命题4 设φ是F的一个离散赋值,并且(F,φ)是完全的. 若K/F是有限扩张,则$[K:F]=ef$,此处e,f的意义如前.

证明 首先,φ在K上的拓展是唯一的,记作ψ. 又根据6.5节命题2,ψ是个离散赋值. 令A,B分别是φ,ψ的赋值环,Γ,Λ分别是它们的值群. 此时B中有元素u,使得Λ是由$\psi(u)$生成的循环群. 我们称u为(K,ψ)的一个素元,从而K的每个元素都可写如εu^v,此处ε是B中的单位,$v\in\mathbf{Z}$. 若Γ是由$\varphi(t)$生成的循环群,则由$t=\varepsilon u^e$可知e就是ψ关于F的分歧指数$(\Lambda:\Gamma)$. 设$\alpha_1,\cdots,\alpha_f$是B中的f个元素,使得$\bar{\alpha}_1,\cdots,\bar{\alpha}_f$成为$\bar{K}$关于$\bar{F}$的一个基. 按命题3的证明,元素组

$$\{u^i\alpha_j \mid i=0,1,\cdots,e-1;\ j=1,\cdots,f\}$$

在F上是线性无关的. 现在证明,它是K/F的一个基. 设$\beta\neq 0$是K的任一元素. 总可取$a\in F$,使得$\psi(a\beta)\leqslant 1$. 因此不妨就$\beta\in B$的情形进行证明. 从$\alpha_1,\cdots,\alpha_f$的取法,知

$$\beta=b_{01}\alpha_1+\cdots+b_{0f}\alpha_f+u\beta_1$$

其中$b_{0j}\in A$,$\beta_1\in B$. 然后对β_1做同样的处理,于是有

$$\beta_1=b_{11}\alpha_1+\cdots+b_{1f}\alpha_f+u\beta_2$$

以此代入前式,得

$$\beta=b_{01}\alpha_1+\cdots+b_{0f}\alpha_f+u(b_{11}\alpha_1+\cdots+b_{1f}\alpha_f)+u^2\beta_2$$

重复进行e次后,可得

$$\beta=b_{01}\alpha+\cdots+b_{0f}\alpha_f+u(b_{11}\alpha_1+\cdots+b_{1f}\alpha_f)+$$

---

① 关于不等号出现的例子,可见文献[5],pp. 150-154.

$$u^2(b_{21}\alpha_1+\cdots+b_{2f}\alpha_f)+\cdots+$$
$$u^{e-1}(b_{e-11}\alpha_1+\cdots+b_{e-1f}\alpha_f)+t\beta' \qquad (6.5.6)$$

其中$\beta'\in B$,其余的系数都属于A.对于元素β'再进行如上的处理,并以其结果代入(6.5.6).于是有

$$\begin{aligned}\beta=&((b_{01}+tb'_{01})\alpha_1+\cdots+(b_{0f}+tb'_{0f})\alpha_f)+\\&u((b_{11}+tb'_{11})\alpha_1+\cdots+(b_{1f}+tb'_{1f})\alpha_f)+\cdots+\\&u^{e-1}((b_{e-11}+tb'_{e-11})\alpha_1+\cdots+(b_{e-1f}+tb'_{e-1f})\alpha_f)+\\&t^2\beta''\end{aligned}$$

再对β''做同样的处理,经过k次演算,可得到如下的

$$\begin{aligned}\beta=&((b_{01}+tb'_{01}+\cdots+t^{k-1}b_{01}^{(k-1)})\alpha_1+\cdots+\\&(b_{0f}+tb'_{0f}+\cdots+t^{k-1}b_{0f}^{(k-1)})\alpha_f)+\cdots+\\&((b_{e-11}+tb'_{e-11}+\cdots+t^{k-1}b_{e-11}^{(k-1)})\alpha_1+\cdots+\\&(b_{e-1f}+tb'_{e-1f}+\cdots+t^{k-1}b_{e-1f}^{(k-1)})\alpha_f)+\\&t^k\beta^{(k)}\end{aligned}\qquad(6.5.7)$$

其中 $\beta^{(k)}\in B$, 其余的系数取自 A. 但由 $\psi(t^k\beta^{(k)})\leqslant\varphi(t^k)<1$, 知有 $\lim\limits_{k\to\infty}\psi(t^k\beta^{(k)})=0$,即

$$\psi-\lim_k t^k\beta^{(k)}=0$$

又在(6.5.7)的每个系数内所成的无穷级数,例如

$$b_{01}+b'_{01}t+\cdots+b_{01}^{(k)}t^k+\cdots$$

都是$\varphi-$收敛的.据(F,φ)完全性,它们在A中有$\varphi-$极限.因此,β可表示为$\{u^i\alpha_j\}_{i=0,1,\cdots,e-1;\,j=1,\cdots,f}$的线性组合.这就证明了元素组$\{u^i\alpha_j\}_{i=0,1,\cdots,e-1;j=1,\cdots,f}$是$K$在$F$上的一个基,从而$[K:F]=ef$. ■

6.6 基本不等式

本节的内容是继续上一节的讨论,并对该处所证明的命题做进一步的改进.在有限扩张的情况下,我们将证明一个涉及拓展个数、剩余次数、分歧指数,以及域的扩张次数的不等式.最后再就等式出现的情形进行讨论.与6.5节一样,仍然是限于实数值赋值的情形,又K/F恒指有限扩张,将不一一指明.

设(F,φ)的完全化为$\widetilde{F}$,φ在$\widetilde{F}$上的自然拓展为$\tilde{\varphi}$(由(6.2.1)所规定的).任取K与$\widetilde{F}$在F上的一个合成(L,σ,τ).对于$\widetilde{F}$在L内的象$\widetilde{F}^\tau$,我们规定

$$\varphi_{\widetilde{F}^\tau}(\alpha^\tau)=\varphi(\alpha),\ \alpha\in\widetilde{F}$$

其中$\alpha^\tau=\tau(\alpha)$.这显然是$\widetilde{F}^\tau$的一个赋值,而且$(\widetilde{F}^\tau,\varphi_{\widetilde{F}^\tau})$是完全的.由于$[L:\widetilde{F}^\tau]\leqslant[K:F]$,所以$\varphi_{\widetilde{F}^\tau}$在$L$上有唯一的拓展$\psi_L$,并且$(L,\psi_L)$也是完全

的(定理6.5).以 ψ_{K^σ} 记 ψ_L 在 K^σ 上的限制,从 ψ_{K^σ} 可以给出 K 的一个赋值

$$\psi(c)=\psi_{K^\sigma}(c^\sigma),\ c\in K$$

易见 ψ 是 φ 在 K 上的一个拓展.现在来证明:

引理 1 K 与 $\widetilde{F}$ 在 F 上等价的合成给出 φ 在 K 上相同的拓展.

证明 设 $(L,\sigma,\tau)\sim_F(L',\sigma',\tau')$.此时有同构 $s:L\simeq L'$,满足 $\sigma s=\sigma'$,以及 $\tau s=\tau'$.按 $\varphi_{\widetilde{F}^\tau}$,$\varphi_{\widetilde{F}^{\tau'}}$ 在 L,L' 上拓展分别为 ψ_L,$\psi_{L'}$,规定

$$\psi'_{L'}(\gamma^s)=\psi_L(\gamma),\ \gamma\in L$$

于是 $\psi'_{L'}$ 是 L' 的一个赋值,对于元素 $\alpha^{\tau s}=\tau s(\alpha)$,有

$$\psi'_{L'}(\alpha^{\tau s})=\psi_L(\alpha^\tau)=\varphi_{\widetilde{F}^\tau}(\alpha^\tau)=\varphi(\alpha)=\varphi_{\widetilde{F}^{\tau'}}(\alpha^{\tau s})$$

$$\alpha\in\widetilde{F}$$

从拓展的唯一性,知有 $\psi'_{L'}=\psi_{L'}$,即对于每个 $\gamma\in L$,有

$$\psi_{L'}(\gamma^s)=\psi_L(\gamma)$$

它们在 K^σ,$K^{\sigma'}$ 上的限制是

$$\psi_{K^\sigma}(c^\sigma)=\psi_{K^{\sigma'}}(c^{\sigma s})=\psi_{K^{\sigma'}}(c^{\sigma'})$$

再转回到 K 上,即得

$$\psi(c)=\psi_{K^\sigma}(c^\sigma)=\psi_{K^{\sigma'}}(c^{\sigma'})=\psi'(c)$$

换言之,L 与 L' 给出 φ 在 K 上的同一拓展. ■

这个引理的逆理也同样是正确的,即不等价的合成在 K 上给出不同的拓展.因为,若 ψ 与 ψ' 是 φ 在 K 上两个相同的拓展,则

$$\psi_{K^\sigma}(c^\sigma)=\psi'_{K^{\sigma'}}(c^{\sigma'}),\ c\in K$$

令 $s:c^\sigma\to c^{\sigma'}$,它显然是 K^σ 与 $K^{\sigma'}$ 间的一个同构.由于 L 与 L' 分别是 $(K^\sigma,\psi_{K^\sigma})$ 与 $(K^{\sigma'},\psi'_{K^{\sigma'}})$ 的完全化,故 s 可以拓展成为 L 与 L' 间的一个同构.另一方面,$\widetilde{F}^\tau$ 与 $\widetilde{F}^{\tau'}$ 分别是 F^τ 与 $F^{\tau'}$ 在 L 与 L' 中的闭包.由于 F^τ 与 $F^{\tau'}$ 是同构的(两者均同构于 F),所以 s 在 $\widetilde{F}^\tau$ 上的限制是个同构,使得

$$x^{\tau'}=x^{\tau s},x\in F$$

从而有 $(L,\sigma,\tau)\sim_F(L',\sigma',\tau')$.

引理 2 赋值的每个拓展都可由域的合成而得到.

证明 设 ψ 是 φ 在 K 上的一个拓展,作 (K,ψ) 的完全化 L.令 σ 是从 K 到 L 的自然嵌入,又令 τ 是 (F,φ) 的完全化 $\widetilde{F}$ 到 L 内的同构.于是,K^σ 与 $\widetilde{F}^\tau$ 在 L 内生成的子域是 $\widetilde{F}^\tau$ 的一个有限扩张(因为 $[L:\widetilde{F}^\tau]\leqslant[K:F]$),从而关于 ψ 是完全的,这就应与 L 相等.因此 (L,σ,τ) 是 K 与 $\widetilde{F}$ 在 F 上的一个合成.由 (L,σ,τ) 给出的拓展显然就是 ψ. ■

总结以上的讨论,即得:

命题 1 设 $\widetilde{F}$ 是 (F,φ) 的完全化,K/F 如前.于是 φ 在 K 上的拓展,与由 K 和 $\widetilde{F}$ 在 F 上的合成所成的等价类一一对应. ■

从引理 2 的证明还可以得知一个事实，即如果 ψ 是 K 上由 (L,σ,τ) 所给定的拓展，则 (K,ψ) 的完全化与 L 是同构的.

命题 1 结合定理 5.6，可得：

定理 6.10 在命题 1 的所设下，φ 在 K 上的拓展与 $K\otimes_F\widetilde{F}$ 的极大理想成一一对应. 若 ψ 是与极大理想 M 相对应的、φ 在 K 上的拓展，则 $L=(K\otimes_F\widetilde{F})/M$ 同构于 (K,ψ) 的完全化. ■

以下我们来讨论 φ 在 K 上的拓展的个数问题. 先证明一个较弱的结论，就是拓展的个数不会超过 $[K:F]$. 这个结论可以从一条代数引理直接得出：

引理 3 域上任何一个有单位元素的有限维交换代数，只能有有限多个极大理想.

证明 设 C 是 F 上的有限维交换代数，单位元素为 1，设 $M_1,\cdots,M_h$ 是 C 的 h 个不同的极大理想，K_i 为剩余类域 C/M_i，$i=1,\cdots,h$. K_i 包含同构于 F 的子域，因此，不妨设 K_i 都是 F 的扩域. 作直和

$$D=K_1\oplus\cdots\oplus K_h$$

映射

$$s:a\rightarrow(a+M_1,a+M_2,\cdots,a+M_h)$$

显然给出从 C 到 D 的一个同态，它的核是 $J=\bigcap_{i=1}^{h}M_i$. 现在证明，s 是满射的. 首先，由 M_i 的极大性，知有

$$C=M_1+M_2\cdots M_h=M_1+M_2\cap\cdots\cap M_h$$

于是，C 的任一元素 a 总可写如 $a=b+c$，其中 $b\in M_1$，$c\in M_2\cap\cdots\cap M_h$. 设 $r_1\in K_1$，它在 C/M_1 中表如 $r_1=a+M_1$. 于是又有 $r_1=a+M_1=c+M_1$，其中 $c\in M_2\cap\cdots\cap M_h$. 从而

$$\begin{aligned}(r_1,0,\cdots,0)=(a+M_1,M_2,\cdots,M_h)=\\(c+M_1,M_2,\cdots,M_h)=\\(c+M_1,c+M_2,\cdots,c+M_h)\end{aligned}$$

即 $(r_1,0,\cdots,0)$ 是 c 在 s 下的象. 同样可知任何一个 $(0,\cdots,0,r_i,0,\cdots,0)$ 必然是 C 中某个元素在 s 下的象. 由于 s 是同态，所以 D 的任一元素 $(r_1,\cdots,r_h)$ 都可作为 C 中元素的象，即 s 是满射的. 由此得知

$$[C:F]\geqslant[D:F]=\sum_{i=1}^{h}[K_i:F]$$

这就证明了 M_i 的个数不超过 $[C:F]$. ■

当 K/F 是有限扩张时，已知 $[K\otimes\widetilde{F}:\widetilde{F}]\leqslant[K:F]$，即 $K\otimes\widetilde{F}$ 满足引理 3 的假设. 因此，$K\otimes\widetilde{F}$ 所含极大理想的个数，从而 φ 在 K 上的拓展个数，至多只能等于 K/F 的扩张次数 $[K:F]$.

现在令 $M_1,\cdots,M_h$ 是 $K\otimes\widetilde{F}$ 的全部极大理想. 于是 $K\otimes\widetilde{F}$ 的 Jacobson 根

是 $J=M_1\cap\cdots\cap M_h$. 从而有

$$K\otimes\widetilde{F}/J\simeq L_1\oplus\cdots\oplus L_h$$

其中 $L_i=K\otimes\widetilde{F}/M_i$. 上面已经指出, L_i 同构于 K 关于 φ 的拓展 ψ_i 的完全化. 我们称扩张次数 $n_i=[L_i:\widetilde{F}]$ 为 K 关于 ψ_i 的**局部次数**. 今有

$$\sum_{i=1}^{h}n_i=\sum_{i=1}^{h}[L_i:\widetilde{F}]\leqslant[K\otimes\widetilde{F}:\widetilde{F}]\leqslant[K:F] \tag{6.6.1}$$

在 6.4 节中曾经指出, φ 作为在 $\widetilde{F}$ 上的拓展, 它与原来的 φ 具有相同的剩余域与值群. 因此, ψ_i 关于 F 的剩余次数和分歧指数也就等于它关于 $\widetilde{F}$ 的剩余次数和分歧指数, 分别以 f_i 和 e_i 来记它们. 按 6.5 节的命题 3, 结合以上的(6.6.1), 即有如下的定理:

定理 6.11 设 K/F 是有限扩张. 若 F 上的实数值赋值 φ 在 K 上有 h 个不同的拓展 $\psi_1,\cdots,\psi_h$, 它们关于 F 的分歧指数和剩余次数分别为 $e_1,\cdots,e_h$ 和 $f_1,\cdots,f_h$ 则有以下的不等式成立

$$\sum_{i=1}^{h}e_if_i\leqslant[K:F] \tag{6.6.2}$$

■

这个不等式称为**赋值拓展的基本不等式**, 此处是根据实数值赋值证明的, 但对于任意的赋值也同样是正确的, 见文献[2][4].

以下我们就单代数扩张来给出一个确定拓展个数的方法, 设 $K=F(u)$, u 在 F 上的极小多项式为 $m(X)$. 于是

$$K\simeq F[X]/(m(X))$$

若 $\widetilde{F}$ 是 F 关于 φ 的完全化, 则有

$$K\otimes_F\widetilde{F}\simeq\widetilde{F}[X]/(m(X))$$

设 $m(X)$ 在 $\widetilde{F}$ 上分解成

$$m(X)=m_1(X)\cdots m_h(X)$$

其中每个 $m_j(X)$ 都是首系数为 1, 且在 $\widetilde{F}$ 上为不可约的多项式. 于是 $\widetilde{F}[X]/(m(X))$ 的极大理想只能是

$$(m_j(X))/(m(X)),\ j=1,\cdots,h$$

从而 φ 在 K 上至多只有 h 个不同的拓展, 设为 ψ_j, $j=1,\cdots,h$. 如果 ψ_j 是对应于 $(m_j(X))/(m(X))$ 的拓展, 根据上面的论证, 可知 (K,ψ_j) 的完全化同构于

$$\widetilde{F}[X]/(m(X))/\ (m_j(X))/\ (m(X))\simeq\widetilde{F}[X]/(m_j(X))$$

特别在有限可分扩张的情形, 可以证明以下的命题:

命题 2 设 K/F 是有限可分扩张, u 是它的一个本原元. 又设 u 在 F 上的极小多项式 $m(X)$ 在 (F,φ) 的完全化 $\widetilde{F}$ 上分解成

$$m(X)=m_1(X)\cdots m_h(X)$$

于是,实数值赋值 φ 在 K 上恰有 h 个拓展 ψ_j,并且 $[K:F]=\sum_{j=1}^{h}n_j$,其中 n_j 是 K 关于 ψ_j 的局部次数.

证明 命题的第一部分从定理 6.11 立即可得. 由于 $\widetilde{F}[X]/(m(X))$ 的极大理想是

$$(m_j(X))/(m(X)),j=1,\cdots,h$$

所以它的 Jacobson 根是(0). 因此

$$\widetilde{F}[X]/(m(X))\simeq\widetilde{F}[X]/(m_1(X))\oplus\cdots\oplus\widetilde{F}[X]/(m_h(X))$$

$\widetilde{F}[X]/(m(X))$ 同构于 K 关于 ψ_j 的完全化 L_j,它在 $\widetilde{F}$ 上的扩张次数就是 K 关于 ψ_j 的局部次数 n_j,因此有

$$[K:F]=[K\otimes_F\widetilde{F}:\widetilde{F}]=[\widetilde{F}[X]/(m(X):\widetilde{F})]=\sum_{j=1}^{h}[L_j:\widetilde{F}]=\sum_{j=1}^{h}n_j$$ ■

这个命题结合 6.5 节的命题 4,即得:

命题 3 设 (F,φ) 是个离散赋值的域,又设 K/F 为有限可分扩张. 若 $\psi_1,\cdots,\psi_h$ 是 φ 在 K 上的全部拓展,则有

$$[K:F]=\sum_{j=1}^{h}e_jf_j \tag{6.6.3}$$

成立,其中 e_j,f_j 的意义如前. ■

当基本不等式(6.6.2)中出现等号时,我们称它为**基本等式**.

6.7 Hensel 赋值

域 F 的一个赋值 φ①,如果在 F 的任何代数扩张上都只有一个拓展,那么我们就称它是 F 的一个 **Hensel 赋值**,它的赋值环为 **Hensel 赋值环**,或者说 (F,φ) 是个 **Hensel 赋值域**. 这种赋值具有特别重要的意义,在本节中我们将对它进行刻画,而且不限于实数值赋值的情形.

首先,如果 K 是 F 上任何一个纯不可分扩张,φ 在 K 上就只能有一个拓展. 如若 ψ_1,ψ_2 是 φ 在 K 上的两个拓展,对于任何 $\alpha\in K$,必有某个 $n\in\mathbf{N}$,使得 $\alpha^n=a\in F$,从而

$$(\psi_1(\alpha))^n=(\psi_2(\alpha))^n=\varphi(a)$$

① 指非平凡赋值,以下同.

但 φ 的值群 Γ 总可嵌入一个有序的可除群 Λ 之内，且 Γ 是无扭的，故 $\lambda^n=\varphi(a)$ 在 Λ 中只有唯一的解. 这就证明了

$$\psi_1(\alpha)=\psi_2(\alpha)$$

从而 $\psi_1=\psi_2$.

根据这个事实，要判别 F 的赋值是否成为 Hensel 赋值，只需考虑 F 的可分代数扩张. 下面的命题是极为明显的，它的证明从略.

命题 1 φ 成为 F 的 Hensel 赋值，当且仅当 φ 在 F 的每个有限可分扩张上都只有唯一的拓展，或者 φ 在 F 的可分代数闭包内只有唯一的拓展. ■

对于 Hensel 赋值，可证明一个类似于定理 6.5 的结论：

命题 2 设 φ 是 F 的 Hensel 赋值，K/F 是一个 Galois 扩张. 对于每个 $0\neq\alpha\in K$，如果它在 F 上的极小多项式为

$$m(X)=X^n+a_1X^{n-1}+\cdots+a_n$$

则 φ 在 K 上的唯一拓展 ψ 可由下式给出

$$\psi(\alpha)=\sqrt[n]{\varphi(a_n)} \tag{6.7.1}$$

同时又有

$$\sqrt[n]{\varphi(a_n)}\geqslant\sqrt[j]{\varphi(a_j)},\ j=1,\cdots,n-1 \tag{6.7.2}$$

证明 设 ψ 是在 K 上的拓展. 对于每个 $\tau\in\mathrm{Aut}(K/F)$，由 $\psi'(x)=\psi(\tau(x))$ 显然给出 φ 的又一个拓展. 但从拓展的唯一性知，有 $\psi(x)=\psi(\tau(x))$ 成立. 现在设 α 的 $F-$共轭元素为 $\alpha=\tau_1(\alpha),\tau_2(\alpha),\cdots,\tau_n(\alpha)$. 于是有

$$(-1)^na_n=\tau_1(\alpha)\cdots\tau_n(\alpha)$$

从而立即可得出(6.7.1).

由于 a_j 是 $\{\tau_1(\alpha),\cdots,\tau_n(\alpha)\}$ 的第 j 个初等对称函数，它的每一项都是 j 个 $\tau_i(\alpha)$ 乘积. 从而 $\varphi(a_j)$ 不能超过 j 个 $\psi(\tau_i(\alpha))$ 的乘积中之最大者，即

$$\varphi(a_j)\leqslant\max\{\psi(\tau_i(\alpha))\cdots\psi(\tau_i(\alpha))\},i\in\{1,\cdots,n\}=$$
$$(\varphi(\alpha))^j=(\varphi(\alpha_n))^{j/n}$$

因此(6.7.2) 成立.

对于 Hensel 赋值，我们也可以从域的内在性质来进行刻画，也就是从赋值环方面来给出它的特征. 从以下的引理开始：

引理 1 设 A 是 F 的 Hensel 赋值环，$\overline{F}$，π 分别是它的剩余域和由 A 所确定的正规位. 对于 $A[X]$ 中任何一个首系数为 1 的不可约多项式 $p(X)$，它的位 π 下的象 $p^\pi(X)$ 将是 $\overline{F}[X]$ 中某个不可约多项式的幂.

证明 对于 $\deg p(X)=1$ 的情形，结论自然成立. 因此，设 $\deg p(X)>1$，又设 K 是 $p(X)$ 的一个分裂域，$\alpha\in K$ 是 $p(X)=0$ 的一个根. A 在 K 上的唯一拓展设为 B，由它所确定的正规位记作 Π. 显然，Π 是 π 的一个拓展. 对于 $\tau\in\mathrm{Aut}(K/F)$，令

$$(\Pi \circ \tau)x = \Pi(\tau(x)),\ x \in K$$

于是 $\Pi \circ \tau$ 也是 π 在 K 上的一个拓展,它的赋值环同样是 A 在 K 上的拓展,即等于 B. 从而 $\Pi \circ \tau$ 与 Π 是等价的,故有

$$\theta \in \mathrm{Aut}(\overline{K}/\overline{F})$$

使得 $\Pi \circ \tau = \theta \circ \Pi$. 于是 $p^{\pi}(X) = 0$ 的根都在

$$\{\Pi(\tau(\alpha)) \mid \tau \in \mathrm{Aut}(K/F)\}$$

之内,也就是在

$$\{\theta(\Pi(\alpha)) \mid \theta \in \mathrm{Aut}(\overline{K}/\overline{F})\}$$

之内,这就证明了 $\Pi(\alpha)$ 在 $\overline{F}$ 上的极小多项式是能整除 $p^{\pi}(X)$ 的唯一不可约因式. ■

在做进一步讨论之前,我们先对赋值引进一个被称作 Hensel 条件的性质:

设 A 是 F 的一个赋值环,π 的意义同前. 若对于 A 上任一多项式

$$f(X) = a_0 X^n + a_1 X^{n-1} + \cdots + a_n,\ a_0 \neq 0 \tag{6.7.3}$$

只要有

$$f^{\pi}(X) = \bar{a}_0 X^n + \cdots + \bar{a}_{n-m} X^m,\ n > m > 0,\ \bar{a}_{n-m} \neq 0 \text{①} \tag{6.7.4}$$

那么 $f(X)$ 在 F 上就是可约的.

当赋值环 A 具有上述性质时,我们就 A 满足 Hensel 条件.

命题 3 Hensel 赋值环满足 Hensel 条件.

证明 我们先来证明一个事实:当 φ 是 Hensel 赋值时,F 上的多项式

$$f(X) = a_0 X^n + \cdots + a_n,\ a_0 \neq 0$$

如果在 F 上是不可约的,那么必有

$$\varphi(a_i) \leqslant \max\{\varphi(a_0), \varphi(a_n)\},\ i = 1, \cdots, n-1 \tag{6.7.5}$$

分两种情形来讨论:设 $\varphi(a_0) \leqslant \varphi(a_n)$. 此时 $\varphi(a_n)/\varphi(a_0) \geqslant 1$. 假若(6.7.5) 不成立,则有某个 j,$1 \leqslant j \leqslant n-1$,使得 $\varphi(a_j) > \varphi(a_n)$. 从而

$$\varphi(a_j)/\varphi(a_0) > \varphi(a_n)/\varphi(a_0) \geqslant 1$$

因此有

$$\sqrt[j]{\varphi(a_j/a_0)} > \sqrt[j]{\varphi(a_n/a_0)} > \sqrt[n]{\varphi(a_n/a_0)}$$

这与(6.7.2) 相矛盾.

其次设 $\varphi(a_0) > \varphi(a_n)$. 若有 $\varphi(a_i) > \varphi(a_0)$,则 $\varphi(a_j/a_0) > 1$,从而 $\sqrt[j]{\varphi(a_j/a_0)} > 1 > \sqrt[n]{\varphi(a_j/a_0)}$,与(6.7.2) 相矛盾.

利用以上的事实,现在来证明引理. 设 A 是 Hensel 赋值环,π 是它所确定的正规位,φ 是正规赋值. 设 $f(X)$ 由(6.7.3) 所给出,并且满足(6.7.4). 如果

① 对于 $\bar{a}_{n-m}$ 以前的系数不做任何要求.

$f(X)$ 在 F 上不可约，按以上证明的事实，应有(6.7.5)成立．因此，在(6.7.4)中应有 $\bar{a}_0 \neq 0$，即 $\varphi(a_0)=1$．此时

$$f_1(X)=\frac{1}{a_0}f(X)=X^n+a'_1X^{n-1}+\cdots+a'_n$$

$$a'_i=a_i/a_0$$

是 A 上的多项式，且在 F 上不可约．但

$$f_1^{\pi}(X)=X^n+\cdots+\bar{a}'_{n-m}X^m=$$
$$X^m(X^{n-m}+\cdots+\bar{a}'_{n-m})$$
$$\bar{a}'_{n-m}\neq\bar{0}$$

它不是 $\bar{F}$ 上某个不可约多项式的幂，从而与引理1的结论相矛盾．因此 $f_1(X)$，从而 $f(X)$ 在 F 上是可约的，即 A 满足 Hensel 条件． ■

命题3的逆理也是成立的．为证明起见，我们再给出以下的引理：

引理2 若赋值环 A 满足 Hensel 条件，则对于 F 上任一不可约多项式(6.7.3)，必有(6.7.5)成立，其中 φ 是一个以 A 为赋值环的赋值．

证明 假若(6.7.5)不成立，则对于某些 a_i，$1\leqslant i\leqslant n-1$，将有 $\varphi(a_i)>\max\{\varphi(a_0),\varphi(a_n)\}$．令 j 是具有这一性质的最大标号，于是

$$f_1(X)=\frac{1}{a_j}f(X)\in A[X]$$

并且

$$f_1^{\pi}(X)=\bar{a}'_0X^n+\cdots+X^{n-j},\ n>n-j>0$$

按 Hensel 条件，此时 $f_1(X)$ 在 F 上可约，从而 $f(X)$ 也在 F 上可约，矛盾． ■

现在转到主要的课题上来．我们要证明，任何以 A 为赋值环的赋值 φ，当 A 满足 Hensel 条件时，就是 Hensel 赋值．根据命题1，不失一般性，只需对 K/F 是有限 Galois 扩张的情形来考虑．设 $[K:F]=s$，又设 $0\neq\alpha\in K$ 在 F 上的极小多项式为

$$X^n+a_1X^{n-1}+\cdots+a_n$$

令

$$\psi(\alpha)=\sqrt[n]{\varphi(a_n)} \tag{6.7.6}$$

先证明 ψ 是 φ 在 K 上的一个拓展．为此，只需验证定义6.2中的条件(3)(4)．由于 $[K:F]=s$，K 中每个元素都满足一个 s 次的域多项式；同时，元素的域多项式等于它的极小多项式的一个幂．由此即可得知

$$\sqrt[n]{a_n}=\sqrt[s]{N_{K/F}(\alpha)}$$

因此

$$\psi(\alpha)=\sqrt[s]{\varphi(N_{K/F}(\alpha))}$$

设 $0\neq\beta\in K$ 是另一元素，其极小多项式为

$$X^m + b_1 X^{m-1} + \cdots + b_m$$

于是

$$\psi(\beta) \sqrt[m]{\varphi(b_m)} = \sqrt[s]{\varphi(N_{K/F}(\beta))}$$

由 $N_{K/F}(\alpha\beta) = N_{K/F}(\alpha) N_{K/F}(\beta)$，可得

$$\psi(\alpha\beta) = \sqrt[s]{\varphi(N_{K/F}(\alpha\beta))} = \sqrt[s]{\varphi(N_{K/F}(\alpha))} \cdot \sqrt[s]{\varphi(N_{K/F}(\beta))} = \psi(\alpha)\psi(\beta)$$

即定义 6.2 的条件(3) 成立. 欲验证条件(4)，只需对于 $\psi(\alpha) \geqslant 1$ 来证明 $\psi(1+\alpha) \leqslant \psi(\alpha)$ 即可. 设 α 的极小多项式如前. 此时

$$\varphi(a_n) = (\psi(\alpha))^n \geqslant 1$$

由引理 3 知有

$$\varphi(a_i) \leqslant (\psi(\alpha))^n \tag{6.7.7}$$

另一方面，元素 $1+\alpha$ 的极小多项式可以从 α 的极小多项式经代换 $X = Y-1$ 而得，它的常量项为

$$d_n = a_n - a_{n-1} + a_{n-2} + \cdots + (-1)^n$$

据(6.7.7)，有 $\varphi(d_n) \leqslant (\psi(\alpha))^n$，从而得到

$$(\psi(1+\alpha))^n = \varphi(d_n) \leqslant (\psi(\alpha))^n$$

即 $\psi(1+\alpha) \leqslant \psi(\alpha)$. 这证明了由(6.7.6) 所规定的 ψ 是 φ 在 K 上的一个拓展. 为了证明 ψ 的唯一性，我们还需要一条引理：

引理 3 在引理 2 的所设下，若

$$p(X) = X^n + a_1 X^{n-1} + \cdots + a_n$$

是 F 上的不可约多项式，则有

$$\varphi(a_i) \leqslant (\varphi(a_n))^{i/n},\ i = 1, \cdots, n$$

证明 设 K 是 $p(X)$ 的分裂域，$\alpha_1, \cdots, \alpha_n$ 是它的 n 个零点. 上面已经证明，在当前的所设下，φ 在 K 上有一个拓展 ψ，并且

$$\psi(\alpha_i) = (\varphi(a_n))^{i/n},\ i = 1, \cdots, n$$

由于 $p(X)$ 的系数 a_i 是 $\alpha_1, \cdots, \alpha_n$ 的第 i 个初等对称函数，它的每一项都是 $\alpha_1, \cdots, \alpha_n$ 中 i 个 α_j 的乘积，从而在赋值 ψ 下所取的值为$(\varphi(a_n))^{i/n}$，因此引理结论成立. ■

命题 4 若(F,φ) 的赋值环 A 满足 Hensel 条件，则 φ 是个 Hensel 赋值.

证明 在引理 3 之前，我们已经对 F 上的有限 Galois 扩张 K 证明了，由(6.7.6) 所规定的 ψ 是 φ 在 K 上的一个拓展. 现在只需证明它的唯一性. 假若结论不成立，则 φ 在 K 上有另一个拓展 ψ'. 于是对于某个 $\alpha \in K$，有 $\psi(\alpha) \neq \psi'(\alpha)$. 设 α 在 F 上的极小多项式是引理 3 中的 $p(X)$. 若 $\psi'(\alpha) > \psi(\alpha)$，则有

$$\psi'(\alpha) > \sqrt[n]{\varphi(a_n)}$$

从而

$$\psi'(\alpha^n) = (\psi'(\alpha))^n > \varphi(a_n)$$

$$\begin{aligned}\psi'(\alpha^n) = (\psi'(\alpha))^{n-i}(\psi'(\alpha))^i > \\ (\psi'(\alpha))^{n-i}(\varphi(a_n))^{i/n} \geqslant \\ (\psi'(\alpha))^{n-i}\varphi(a_i) \quad (\text{引理 } 3)\end{aligned}$$

即

$$\psi'(\alpha^n) > \varphi(a_i)\psi'(\alpha^{n-i}),\ i=1,\cdots,n$$

但这与 α 是 $p(X)=0$ 的根这一事实相矛盾. 若 $\psi'(\alpha) < \psi(\alpha)$，经同样的演变可得出

$$\varphi(a_n) > \psi'(\alpha)^{n-i}\varphi(a_i),\ i=1,\cdots,n-1$$

同样导致一矛盾. 因此应有 $\psi=\psi'$. ■

命题 3 和命题 4 给出了关于 Hensel 赋值的一个刻画：

定理 6.12 (F,φ) 是 Hensel 赋值域，当且仅当 φ 的赋值环 A 满足 Hensel 条件. ■

Hensel 条件实质上是对赋值环上多项式的可约性的一个判别法则，它还可能表达如下：

引理 4 设 A 是 F 的一个 Hensel 赋值环，π，$\bar{F}$ 的意义同前. 又设 $f(X) \in A[X]$ 是首系数为 1 的多项式. 若 $f^{\pi}(X)$ 在 $\bar{F}$ 上分解成

$$f^{\pi}(X) = \bar{g}(X)\bar{h}(X)$$

其中 $\bar{g}$，$\bar{h}$ 是 $\bar{F}$ 上首系数为单位元素的、次数大于或等于 1 的互素多项式，则 $f(X)$ 在 $A[X]$ 中可分解为首系数为 1 的多项式之积：$f(X)=g(X)h(X)$，且有

$$g^{\pi}(X) = \bar{g}(X),\ h^{\pi}(X) = \bar{h}(X)$$

证明 首先证明如下的论断：若 $f(X)$ 在 $F[X]$ 中分解为 $f_1(X)f_2(X)$，其中 $f_1(X)$，$f_2(X)$ 的首系数都是 1，则 $f_i(X) \in A[X]$，$i=1,2$. 设 a_s 是 $f_1(X)$ 的系数中值 $\varphi(a_s)$ 为最大的第一个（从最高次项算起），b_t 是 $f_2(X)$ 的系数中值为最大的第一个. 于是 $f_1(X)/a_s$ 与 $f_2(X)/b_t$ 都属于 $A[X]$，从而

$$(f_1(X)/a_s)(f_2(X)/b_t) = f(X)/a_sb_t \in A[X]$$

并且其中含 X^{n-s-t} 的系数是 A 中的单位. 以 $c(f)$，$c(f_1)$，$c(f_2)$ 分别表示 $f(X)$，$f_1(X)$，$f_2(X)$ 的系数就赋值 φ 所取的最大值. 于是有

$$c(f) = c(f_1)c(f_2)$$

在所设 $f(X) \in A[X]$ 的情形下，$c(f)=1$. 另一方面，由于 $f_1(X)$，$f_2(X)$ 的首系数都是 1，故有

$$c(f_i) \geqslant 1, i=1,2$$

从而应有

$$c(f_1)=c(f_2)=1$$

即 $f_1(X), f_2(X)$ 都属于 $A[X]$.

设 $f(X)$ 在 F 上分解为首系数为 1 的不可约因式之积 $p_1(X)\cdots p_h(X)$. 按上面所证的事实,这些因式都是 A 上的不可约多项式. 由引理 1, $p_i^\pi(X)$ 应为 $\bar{F}$ 上某个不可约式之幂. 由于 $\bar{g}(X)$ 与 $\bar{h}(X)$ 是互素的,所以每个 $p_i^\pi(X)$ 只能属于其中的一个. 以 $g(X)$ 表示这样一些 $p_i(X)$ 的积,使得经 π 映射于 $\bar{g}(X)$ 的因式,而以 $h(X)$ 表示其余的 $p_j(X)$ 之积. 于是有

$$f(X)=g(X)h(X)$$

同时满足 $g^\pi(X)=\bar{g}(X)$,以及 $h^\pi(X)=\bar{h}(X)$. ■

这个结论又可称作首系数为 1 的 Hensel 引理.

对于 Hensel 赋值域,正面的引理是个很有用的结论:

引理 5(Krasner) 设(F,φ) 是 Hensel 赋值域,Ω 是 F 的代数闭包. φ 在 Ω 上的唯一拓展仍记作 φ. 又设 $\alpha\in\Omega\backslash F$ 是关于 F 的一个可分元. 令

$$\lambda=\min_{\alpha'\neq\alpha}\{\varphi(\alpha-\alpha')\}$$

其中 α' 遍取与 α 共轭,但不等于 α 的元素. 若 $\beta\in\Omega$ 满足

$$\varphi(\alpha-\beta)<\lambda$$

则有 $F(\alpha)\subseteq F(\beta)$.

证明 按所设,α 是 F 上的可分代数元,故有 $\lambda>0$. 设 $\tau\in \mathrm{Aut}(\Omega/F(\beta))$. 由于共轭元素关于 φ 取相同的值,故有

$$\varphi(\beta-\alpha)=\varphi(\tau(\beta-\alpha))=\varphi(\beta-\tau(\alpha))=\varphi(\beta-\alpha')$$

另一方面,由

$$\varphi(\alpha-\alpha')=\varphi(\alpha-\beta+\beta-\alpha')\leqslant \max\{\varphi(\beta-\alpha),\varphi(\beta-\alpha')\}<\lambda$$

可得出 $\alpha=\alpha'$. 因此 $\alpha\in F(\beta)$,从而 $F(\alpha)\subseteq F(\beta)$. ■

以上的讨论,并不限于 φ 是实数值赋值的情形. 作为本节的结束,我们再就实数值赋值的特殊情形来给出 Hensel 赋值域的另一个刻画. 首先注意一个事实,即当(F,φ) 是完全域时,按定理 6.5,φ 在 F 的任何代数扩张上都只有唯一的拓展,换言之,(F,φ) 是 Hensel 赋值域. 至于(F,φ) 不为完全域,则有以下的结论:

命题 5 实数值赋值域(F,φ) 成为 Hensel 的赋值域,当且仅当 F 在(F,φ) 的完全化 $\widetilde{F}$ 内是可分代数封闭的.

证明 必要性. 设 $\alpha\in\widetilde{F}$ 是 F 上的一个可分代数元. 如果 $\alpha\notin F$,则 α 的极小多项式 $m(X)\in F[X]$ 在 $\widetilde{F}$ 上至少有两个互素的多项式因式. 按 6.6 节命题 2,φ 在 $F(\alpha)$ 上至少有两个不同的拓展,矛盾.

充分性. 假若 φ 不是 Hensel 赋值,则 φ 在 $\widetilde{F}$ 中某个可分代数子域 $F(\alpha)$ 上应有多于一个的拓展. 设 α 关于 F 的极小多项式为 $m(X)$. 由于 φ 在 $F(\alpha)$ 上的拓展数等于 $m(X)$ 在 $\widetilde{F}$ 上的因式个数,即 $m(X)$ 在 $\widetilde{F}[X]$ 中有真因式 $g(X)$. 方程 $g(X)=0$ 的根都是 α 关于 F 的共轭元,因此是 F 上的可分代数元,从而 $g(X)$ 的系数都是 F 上的可分代数元. 由所设,应有 $g(X)\in F[X]$,从而 $g(X)\mid m(X)$,矛盾. ■

6.8 非分歧扩张与弱分歧扩张

在本节中,我们要讨论赋值域 (F,φ) 的代数扩张与剩余域 $\overline{F}$ 的扩张间的关系. 这部分内容属于分歧理论的范围,但我们仅限于实数值 Hensel 赋值进行讨论,以下将不一一指明. 我们还限制所讨论的代数扩张都包含在 F 的一个代数闭包 Ω 之内. φ 在 Ω 上的唯一拓展记作 φ_Ω,其他的记法、符号均同于以上各节. 首先,在所设的情形下,有:

引理 1 (Ω,φ_Ω) 的剩余域 $\overline{\Omega}$ 是 $\overline{F}$ 的代数闭包.

证明 设 $\overline{\alpha}\in\overline{\Omega}$. 按所设,在 (Ω,φ_Ω) 的赋值环 B_Ω 内应有某个 α,使得 $\overline{\alpha}=\pi(\alpha)$,$\pi$ 是 B_Ω 所确定的正规位. 令 α 在 F 上的极小多项式为 $m(X)$. 由 6.7 节命题 3 的证明知有 $m(X)\in A[X]$. 因此

$$m^\pi(X)\in\overline{F}[X]$$

并且

$$m^\pi(\overline{\alpha})=\overline{0}$$

这证明了 $\overline{\Omega}/\overline{F}$ 是代数扩张.

设 $\overline{f}(X)\in\overline{F}[X]$ 是任何一个首系数为单位元素的多项式,$\deg\overline{f}(X)>1$. 作 A 上首系数为 1 的多项式 $f(X)$,使得

$$\deg\overline{f}(X)=\deg f(X)$$

以及

$$f^\pi(X)=\overline{f}(X)$$

按所设,$f(X)$ 在 Ω 上分解成一次因式之积. 又因 6.7 节引理 4 的证明知,$f(X)$ 分解成 $B_\Omega[X]$ 中一次因式之积,从而 $\overline{f}(X)=f^\pi(X)$ 在 $\overline{\Omega}[X]$ 内分解成一次因式之积,这证明了 $\overline{\Omega}$ 是 $\overline{F}$ 上的代数闭包. ■

定义 6.5 设 (K,ψ) 是 (F,φ) 的一个有限扩张. 若以下的条件成立:

(1) $[K:F]=[\overline{K}:\overline{F}]$;

(2) $\overline{K}/\overline{F}$ 是可分代数扩张.

则称 (K,ψ) 是 (F,φ) 的一个**非分歧扩张**,有时也简称 K/F 为非分歧扩张.

据 6.5 节中所证明的事实，此时 ψ 关于 F 的分歧指数为 1.

命题 1 由 (F,φ) 在 Ω 中所有非分歧扩张所成的集，与 $\bar{F}$ 上所有有限可分扩张（在 $\bar{\Omega}$ 内）所成的集，两者之间存在叠合对应.

证明 设 $\bar{F}(\bar{\alpha})$ 是 $\bar{F}$ 上一个有限可分扩张，并且 $\bar{F}(\bar{\alpha})\subseteq\bar{\Omega}$. 又设 $\bar{\alpha}$ 在 $\bar{F}$ 上的极小多项式为 $\bar{m}(X)$. 在 $A[X]$ 中作一个首系数为 1 的多项式 $m(X)$，使得与 $\bar{m}(X)$ 有相同的次数，并且

$$m^{\pi}(X)=\bar{m}(X)$$

于是 $m(X)$ 在 F 上是不可约的. 因若不然，则 $m(X)$ 在 $A[X]$ 中有分解，从而 $\bar{m}(X)$ 在 $\bar{F}[X]$ 内可分解. 矛盾. 在 Ω 中任取 $m(X)=0$ 的一个根 α，又令 $K=F(\alpha)$. 设 φ 在 K 上的拓展为 ψ，(K,ψ) 的剩余域为 $\bar{K}$，可以取 $\bar{\alpha}$ 为 α 在标准同态下的象，于是有

$$\deg m(X)=[K:F]\geqslant[\bar{K}:\bar{F}]\geqslant[\bar{F}(\bar{\alpha}):\bar{F}]=\deg\bar{m}(X)$$

因此

$$[K:F]=[\bar{K}:\bar{F}]=[\bar{F}(\bar{\alpha}):\bar{F}]$$

即 (K,ψ) 是 (F,φ) 的一个非分歧扩张. 同时也证明了 $\bar{F}$ 的每个有限可分扩张都可以作为 F 的某个非分歧扩张的象.

其次要证明，对于 $\bar{F}$ 上给定的有限可分扩张，只能有 F 的一个非分歧扩张以它作为剩余域. 假设前面的 $\bar{F}(\bar{\alpha})$ 除了是 K 的剩余域外，又是另一个非分歧扩张 (K',ψ') 的剩余域，则有

$$[K':F]=[\bar{K}:\bar{F}]=[K:F] \tag{6.8.1}$$

令 $m(X)=0$ 在 Ω 内的根为 $\alpha_1=\alpha,\cdots,\alpha_n$. 由 $m^{\pi}(X)=\bar{m}(X)$ 的可分性，知 $\bar{\alpha}_1,\cdots,\bar{\alpha}_n$ 是互异的. 因此应有

$$\varphi_{\Omega}(\alpha_i-\alpha_j)=1, i\neq j$$

从而

$$\lambda=\lim_{t\to\infty}\{\varphi_{\Omega}(\alpha_i-\alpha_j)\}=1$$

设 $\beta\in K'$ 满足 $\bar{\beta}=\bar{\alpha}$，于是 $\varphi_{\Omega}(\beta-\alpha)<1$. 按 6.7 节引理 5，此时应有

$$K=F(\alpha)\subseteq F(\beta)\subseteq K'$$

再按(6.8.1) 即得 $K'=K$. ■

从命题的证明立即得出：

推论 1 Ω 内的有限子扩张 K/F，成为非分歧扩张的必要充分条件是 $K=F(\alpha)$，这里 α 是 $A[X]$ 中某个首系数为 1 的多项式 $f(X)$ 的零点，同时 $\bar{f}(X)$ 只有单零点. ■

推论 2 设 K,L 是 F 在 Ω 中的两个非分歧扩张. 于是从 $\bar{K}\subseteq\bar{L}$ 可得出 $K\subseteq L$.

证明　由于$\overline{L}$可以作为$\overline{K}$上的可分代数扩张，因此有K上的非分歧扩张L_1（在Ω内），使得$\overline{L}_1=\overline{L}$. 由命题知$L_1=L$，即$K\subseteq L$. ■

对于F上任何一个有限扩张K，我们不难求得一个唯一的、按包含关系为极大的非分歧子域. 从命题1的证明，可知有限扩张$\overline{K}/\overline{F}$的可分部分，即$\overline{F}$在$\overline{K}$内的可分代数闭包应为$F$在$K$中的某个非分歧扩张$K_0$的剩余域$\overline{K}_0$. 若$L$是$F$的另一个非分歧扩张，且$L\subseteq K$，则应有$\overline{L}\subseteq\overline{K}_0$，从而$L\subseteq K_0$. 这就证明了$K_0$是$K$中唯一的极大非分歧子域，我们称它为$K/F$的**惯性域**.

定义 6.6　设(K,ψ)是(F,φ)的有限扩张，e,f分别是ψ关于F的分歧指数和剩余次数. 若下列条件成立：

(1)$ef=[K:F]$；

(2)$\overline{K}/\overline{F}$是可分代数扩张；

(3)$\overline{F}$的特征p不整除e，即$p\nmid e$.

则称(K,ψ)是(F,φ)的一个**弱分歧扩张**，或简称K/F为弱分歧扩张.

在$\overline{F}$的特征为0时，条件(2)自然成立；条件(3)不存在；又在(F,φ)为实数值 Hensel 赋值域的前提下，条件(1)必然成立①. 此时K/F无例外地是弱分歧扩张. 因此，上面的定义实际上只在$\overline{F}$的特征为$p\neq 0$时有意义. 在本节中，今后恒假定$\overline{F}$的特征为$p\neq 0$，将不一一声明. 从定义立即得知，非分歧扩张同时是弱分歧扩张，弱分歧扩张的子域也是弱分歧扩张. 下述的引理也可以直接从定义得出：

引理 2　若K/F与L/K都是弱分歧扩张，则L/F也是弱分歧扩张. ■

以下我们要证明，任何一个弱分歧扩张可以通过一个非分歧扩张再对它添加根式而生成. 为此，先有如下的引理：

引理 3　对于F上的多项式

$$f(X)=X^d-a\quad(a\neq 0)\tag{6.8.2}$$

只要$p\nmid d$，由添加它的根$\alpha\in\Omega$所得的域$K=F(\alpha)$，将是F上的一个弱分歧扩张.

证明　令(K,ψ)的值群为Λ. 从$(\psi(\alpha))^d=\varphi(a)$知，在因子群$\Lambda/\Gamma$中，$\psi(\alpha)$所属的陪集其阶数$s$必能除尽$d$. 设

$$(\psi(\alpha))^s=\varphi(b),b\in F$$

于是$\beta=\alpha^s/b$是K中的单位，同时又是多项式

$$g(X)=X^{d/s}-\frac{a}{b^{d/s}}$$

的零点. 由于$\varphi(a/b^{d/s})=1$，故$g(X)\in A[X]$. 又由$p\nmid d$，有

---

① 见文献[6]定理4.8.

$$\psi(g'(\beta))=\varphi(d/s)\psi(\beta^{d/s-1})=1$$

因此$\bar{g}(X)=0$只有单根.从命题1的证明知$F(\beta)/F$是非分歧扩张,从而也是弱分歧扩张.

α满足$F(\beta)$上的方程

$$h(X)=X^s-b\beta=0$$

但φ在$F(\beta)$上的拓展φ_1其值群为Γ,$\psi(\alpha)$关于Γ的阶为s,即ψ关于$F(\beta)$的分歧指数$e_1\geqslant s$.但由于$[K:F(\beta)]\leqslant s$,故应有$e_1=s=[K:F(\beta)]$.按所设,$p\nmid s$.因此$K/F(\beta)$是个弱分歧扩张,再由引理2,即知K/F是弱分歧扩张. ■

现在来考虑F上任何一个弱分歧扩张K.令K_0是它的惯性域.(K_0,ψ_0)的值群等于Γ,因子群Λ/Γ是阶为e的交换群.如果e分解为素数幂的积$e=d_1\cdots d_t$,则Λ/Γ就是阶为d_i的循环群的直积.按所设,这里每个d_i都与p互素.现在就任何一个这样的循环来考虑.

设$\alpha\in K$,并且$\psi(\alpha)$关于Γ的阶为d,即

$$(\psi(\alpha))^d=\psi_0(a),\ a\in K_0 \tag{6.8.3}$$

因此$\alpha^d=\varepsilon a$,$\varepsilon\in K$,且$\psi(\varepsilon)=1$.又由$\overline{K}=\overline{K}_0$,有

$$\varepsilon\equiv c(\bmod M_K),c\in K_0$$

从而$\varepsilon=c+\delta$,此处$\delta\in M_K$.代入前式,得

$$\alpha^d=ca+\delta a=b+\beta$$

此处$b\in K_0$,$\beta\in K$,并且有$\psi(\beta)<\psi_0(b)=\psi_0(a)$.多项式

$$g(X)=X^d-b \tag{6.8.4}$$

是可分的,设它在Ω上分解成

$$g(X)=(X-\gamma)(X-\gamma^{(2)})\cdots(X-\gamma^{(d)})$$

于是

$$\varphi_\Omega(\gamma^{(i)})=\sqrt[d]{\psi_0(b)},i=1,\cdots,d$$

另一方面

$$\psi(\alpha)=\sqrt[d]{\psi_0(a)}=\sqrt[d]{\psi_0(b)}=\varphi_\Omega(\gamma)$$

又由$\varphi_\Omega(\gamma^{(i)}-\gamma^{(j)})\leqslant\varphi_\Omega(\gamma)$,以及

$$g'(\gamma)=(\gamma-\gamma^{(2)})\cdots(\gamma-\gamma^{(d)})=d\gamma^{d-1}$$

可得

$$\varphi_\Omega(g'(\gamma))=\varphi_\Omega(\gamma-\gamma^{(2)})\cdots\varphi_\Omega(\gamma-\gamma^{(d)})=(\varphi_\Omega(\gamma))^{d-1}$$

因此

$$\varphi_\Omega(\gamma^{(i)}-\gamma^{(j)})=\varphi_\Omega(\gamma),\ i\neq j$$

从而有

$$\lambda=\min_{i\neq j}\{\varphi_\Omega(\gamma^{(i)}-\gamma^{(j)})\}=\varphi_\Omega(\gamma)$$

现在

$$g(\alpha)=\alpha^d-b=\beta=(\alpha-\gamma)(\alpha-\gamma^{(2)})\cdots(\alpha-\gamma^{(d)})$$

故有

$$\varphi_\Omega(\alpha-\gamma)\cdots\varphi_\Omega(\alpha-\gamma^{(d)})=\psi(\beta)<\psi_0(b)=(\varphi_\Omega(\gamma))^d$$

由此又可得知，在上式的左边必有某一项，例如$\varphi_\Omega(\alpha-\gamma)$，满足 $\varphi_\Omega(\alpha-\gamma)<\varphi_\Omega(\gamma)=\lambda$. 按 6.7 节引理 5，应有 $K_0(\gamma)\subseteq K_0(\alpha)\subseteq K$. 这证明了，在 K 可求得一个 γ，它可表示为 K_0 中元素的根式，并且 $\psi(\gamma)$ 关于 Γ 的阶是 e 的一个素数幂因子. 按引理 3，$K_0(\gamma)$ 是 K_0 上的一个弱分歧扩张，其扩张次数等于分歧指数 d.

对于 e 的每个素数幂因子 d_i，都可以求得这样的一个 γ_i，使得 γ_i 成为 K_0 中元素的根式，同时域 $K_0(\gamma_1,\cdots,\gamma_t)$ 关于 K_0 的扩张次数为 $e=d_1\cdots d_t$. 因此应有 $K=K_0(\gamma_1,\cdots,\gamma_t)$.

命题 2 F 上任何一个弱分歧扩张 K，都可以对 K/F 的惯性域 K_0 经添加有限多个根式而得到. ■

最后我们来讨论 K/F 是任意有限代数扩张的情形. 当 K/F 不是弱分歧扩张时，ψ 关于 F 的分歧指数 e 可写如 $e=e_0p^l$，e_0 与 p 互素. 设 e_0 分解成素数幂的积 $e_0=d_1\cdots d_t$. 按前面的讨论，我们得到 K 中一个弱分歧子域 $K_1=K_0(\gamma_1,\cdots,\gamma_t)$. 可以证明，$K_1$ 是 K 中唯一的极大弱分歧子域. 首先，φ 在 K_1 上的拓展 ψ_1 有分歧指数 e_0；同时 ψ_1 与 ψ_0 有相同的剩余次数. 因此，K_1 是 K 中具有最大扩张次数的弱分歧扩张. 为了证明 K_1 的唯一性，我们再引用一条引理：

引理 4 设 K/F 是个弱分歧扩张，L/F 是 Ω 中任何一个有限代数扩张. 于是 LK/L 也是个弱分歧扩张.

证明 由命题 2，有 $K=K_0(\gamma_1,\cdots,\gamma_t)$. 又从命题 1 的推论 1 立即得知 LK_0/L 是个非分歧扩张. 因此，$LK=LK_0(\gamma_1,\cdots,\gamma_t)$ 是 LK_0 上的弱分歧扩张. 再根据引理 2，即知 LK/L 也是弱分歧扩张. ■

现在假定 K 中尚有另一个不含在 K_1 内的弱分歧子域 L. 于是 LK_1/F 也是个弱分歧扩张，它的扩张次数为

$$[LK_1:F]=[LK_1:K_1][K_1:F]>[K_1:F]$$

但这与$[K_1:F]$是 K 中所含弱分歧子域所能具有的最大次数这一事实相矛盾. 因此应有 $K_1\supseteq L$.

命题 3 若 K/F 是 Ω 中一个有限扩张，则 K 中存在一个唯一的极大弱分歧子域 K_1. ■

这个子域 K_1 称为 K/F 的分歧域.

6.9 局　部　域

在讨论局部域之前，先来给出一个有关离散赋值完全域的性质(命题 1).

现在先引入一个称谓:在(F,φ)的赋值环A中,子集S如果满足以下三个条件:

(1)$0\in S$;

(2) 对于$a_1,a_2\in S$,由$a_1\neq a_2$,可得$a_1\not\equiv a_2 \pmod M$;

(3) 对于A的每个α,必有$a\in S$,使得$\alpha\equiv a \pmod M$,则称S是$\overline{F}$的一个**完全代表系**.

命题 1　设(F,v)是离散赋值的完全域[①],S是$\overline{F}$的一个完全代表系,又设$\{t_i\}_{i\in Z}$是F中的元素列,满足$v(t_i)=i$.于是F的每个元素x都能唯一地表如

$$x=\sum_{i=r}^{\infty}a_it_i \tag{6.9.1}$$

其中$a_i\in S$,$a_r\neq 0$.反之,每个形如(6.9.1)的级数都是F的元素.且有$v(x)=r$.特别在$t_i=t^i$时,x可表如

$$x=\sum_{i=r}^{\infty}a_it^i,a_r\neq 0 \tag{6.9.2}$$

此处t是(F,v)的一个素元.

证明　首先,从$v(a_it_i)=v(a_i)+v(t_i)\geqslant i$,应有$v-\lim\limits_{i\to\infty}a_it_i=0$.因此,$\sum\limits_{i=r}^{\infty}a_it_i$将$v-$收敛于$F$中某个元素$x$(见习题 3),并且有$v(x)=r$.

设$0\neq x\in F$,$v(x)=r$.于是$xt_r^{-1}\in U$.根据S的性质(3),应有$0\neq a_r\in S$,使得

$$xt_r^{-1}\equiv a_r \pmod M$$

从而$v(x-a_rt_r)>r$.设在S中已经取定了元素$a_r,\cdots,a_m$,使得对于

$$s_m=a_rt_r+\cdots+a_mt_m$$

有

$$v(x-s_m)=m+i_1>m$$

于是$(x-s_m)t_{m+i_1}^{-1}\in U$,从而又可在$S$中选定一个$a_{m+i_1}$,使得对于

$$s_{m+i_1}=a_rt_r+\cdots+a_mt_m+a_{m+i_1}t_{m+i_1}$$

有

$$v(x-s_{m+i_1})=m+i_1$$

由于$\lim\limits_{mi\to\infty}v(x-s_m)=\infty$,因此$\sum\limits_{i=r}^{\infty}a_it_i$以$x$为其$v-$极限.其次来证明(6.9.1)的唯一性.若

$$x=\sum_{i=r}^{\infty}a_it_i=\sum_{i=r'}^{\infty}a'_it_i$$

---

① 此处暂用加法赋值是为了陈述方便.

则应有 $r=v(x)=r'$. 又由

$$\sum_{i=r}^{\infty}(a_i-a'_i)t_i=0$$

可以见到，如果 j 是第一个有 $a_i\neq a'_j$ 出现的标号，则 $a_i-a'_j\notin M$，从而 $v(0)=j$，矛盾. ■

对于离散赋值的完全域，现在举出两个重要的例子：

例 1　p－进数域. 前已指出，有理数域 $\mathbf{Q}$ 的 p－进赋值 $|\ |_p$ 是个离散赋值. $(\mathbf{Q},|\ |_p)$ 的完全化域记作 $\mathbf{Q}_p$，称为 **p－进数域**，它的元素称作 **p－进数**. p 就是这个域的一个素元. 易知，它的赋值理想是 pA，剩余域是

$$\bar{\mathbf{Q}}\simeq\mathbf{Z}/(p)\simeq\mathbf{F}_p$$

即特征为 p 的素域. 此时子集 $\{0,1,\cdots,p-1\}$ 就是 $\bar{\mathbf{Q}}_p$ 的一个完全代表系. 按命题 1，每个 p－进数可以唯一地表如形式

$$x=\sum_{i=r}^{\infty}c_ip^i,\ c_i\in\{0,1,\cdots,p-1\},\ c_r\neq 0$$

例 2　形式幂级数域. 在 6.1 节的末段所举出的例子中，如果取 $p=X$，这样给出的 $|\ |_p$ 自然是 $F(X)$ 的一个离散赋值，我们把 $(F(X),|\ |_p)$ 的完全化记作 $F((X))$，并称它为 **F 上的形式幂级数域**. 我们知道，$F((X))$ 的剩余域等于 $(F(X),|\ |_p)$ 的剩余域，但 $\overline{F(X)}\simeq F[X]/(X)\simeq F$，因此 F 可以作为 $F((X))$ 的一个完全代表系. 由命题 1，$F((X))$ 的每个元素都可以表如

$$a(X)=\sum_{i=r}^{\infty}a_iX^i,\ a_i\in F,\ a_r\neq 0 \tag{6.9.3}$$

称之为 F 上的**形式幂级数**. 对于 $F((X))$ 中的两元素

$$a(X)=\sum_{i=r}^{\infty}a_iX^i$$

$$b(X)=\sum_{i=r'}^{\infty}b_iX^i$$

它们的和与积分别是

$$\begin{aligned}a(X)+b(X)&=\sum_{i=\min(r,r')}^{\infty}(a_i+b_i)X^i\\ a(X)b(X)&=\sum_{i=\min(r,r')}^{\infty}\Big(\sum_{j+j'=i}(a_jb_{j'})\Big)X^i\end{aligned} \tag{6.9.4}$$

我们还可以从反方向进行讨论. 首先作 F 上所有具形式(6.9.3)的幂级数，并且以(6.9.4)来定义元素间的和与积. 易知，在这样的规定下，所有的幂级数组成一个域 $F((X))$. 然后对它的元素(6.9.3)规定 $v(a(X)=r$，以及 $v(0)=\infty$. 显然，$F((X),v)$ 是个离散赋值的完全域.

在对离散赋值的完全域做了以上的介绍后，现在转回到本节的主题上来.

以下我们仍然用乘法赋值 φ.

定义 6.7 带实数赋值的域(F,φ),如果满足:

(1)(F,φ) 是完全的;

(2)φ 是离散赋值;

(3) 剩余域 $\bar{F}$ 是有限域.

那么就称作**局部域**.

例 1 中的 $p-$ 进数域 $\mathbf{Q}_p$,以及有限域上的形式幂级数域都是局部域的例子,而且这是两种典型的局部域.下面将要证明,任何一个局部域总是这两种类型之一,或者就是它们的有限代数扩张.为此,先有一条引理:

引理 1 设(F,φ)是局部域,又设它的剩余域 $\bar{F}=A/M$ 所含元素个数为 q.于是方程 $X^q=X$ 的解全在 A 中,它们组成 $\bar{F}$ 的完全代表系.

证明 按定理 1.18,有限域 $\bar{F}$ 是由 $X^q=X$ 的全部解所组成.但 $X^q=X$ 又是 A 上的可分方程.由(F,φ)的完全性,Hensel 引理(见 6.7 节引理 4)成立.因此,A 中含有 $X^q=X$ 的全部解 $\zeta_1=0,\zeta_2,\cdots,\zeta_q$,它们组成 $\bar{F}$ 的完全代表系. ■

设 t 是(F,φ)的一个素元.此时有 $M=tA$.又以 S 记$\{\zeta_1,\cdots,\zeta_q\}$.按命题 1,$F$ 中元素可表如

$$x=a_{k_1}t^{k_1}+a_{k_2}t^{k_2}+\cdots,\ a_{k_1}\neq 0 \tag{6.9.5}$$

其中 $a_{k_i}\in S$,并且由 x 唯一地确定,指数 $k_1<k_2<\cdots$,此时

$$\varphi(x)=\varphi(t)^{k_1}$$

子集 S 在 A 中显然是乘法封闭的.若 F 的特征为 $p\neq 0$,易知 S 关于加法也是封闭的.此时 S 是 F 的一个子域,从而 F 成为子域 S 上关于 t 的形式幂级数域 $S((t))$.如果 F 的特征为 0,但 $\bar{F}$ 的特征为 p,此时 F 包含 $\mathbf{Q}$,并且 $p\in M=(t)$.不失一般性,令 $p=t^e$.于是 φ 在 $\mathbf{Q}$ 上的限制是个 $p-$ 进赋值.又从(F,φ)的完全性,知有 $F\supseteq\mathbf{Q}_p$.

在(6.9.5)中,令 $k_i=el_i+r_i$,其中 $0\leqslant r_i\leqslant e-1$.于是

$$x=a_{k_1}(p^{l_1}t^{r_1})+\cdots$$

从而(6.9.5)可以改写成

$$x=x_0+x_1t+\cdots+x_{e-1}t^{e-1} \tag{6.9.6}$$

其中每个 x_i 都具有形式$\sum\limits_{j=1}^{\infty}a_{i_j}p^{l_j}$,$a_{i_j}\in S$.因此 $x_i\in\mathbf{Q}_p(S)$.又因为

$$\varphi(x_it^i)=\varphi(t)^{el_i+i},i=0,\cdots,e-1$$

当 $i\neq j$ 时,有

$$el_i+i\neq el_j+j$$

所以(6.9.6)的右边只有在每个 $x_i=0$ 时,才能为 0.这证明了$\{1,t,\cdots,t^{e-1}\}$在 $\mathbf{Q}_p(S)$ 上是线性无关的,从而 F 是 $\mathbf{Q}_p(S)$ 上的,并且也是 $\mathbf{Q}_p$ 上的有限扩张.

归纳以上的讨论，即有：

定理 6.13 设(F,φ)是局部域．若F的特征为0，则它是某个p－进数域$\mathbf{Q}_p$上的有限扩张．若F特征为$p \neq 0$，则它是某个有限域上的形式幂级数域．

■

以下我们来讨论局部域的有限扩张．

设(K,ψ)是局部域(F,φ)上的有限扩张．按定理6.5，以及6.5节命题2，(K,ψ)也是个局部域．令e,f分别记ψ关于F的分歧指数和剩余次数．据6.6节命题3，此时有$[K:F]=ef$．又因为$\bar{F},\bar{K}$都是有限域，$\bar{K}/\bar{F}$自然是可分代数扩张．在讨论K/F的构造之前，先引述一条有关多项式不可约性的判别法则：

引理 2(Eisenstein 判别法) 设(F,φ)是个离散赋值域，又设

$$f(X)=X^n+a_1X^{n-1}+\cdots+a_{n-1}X+a_n \in F[X]$$

若$v(a_i)\geqslant 1, i=1,\cdots,n-1; v(a_n)=1$，则$f(X)$在$F$上是不可约的，此处$v(a)=-\log_\rho\varphi(a)$，$\rho=\varphi(t)$，$t$是$(F,\varphi)$的一个素元．

证明 在所设的前提下，实际上$f(X)\in A[X]$．从6.7节引理4的证明得知，如果$f(X)$在$F[X]$中可分解，则它分解为$A[X]$中因式的乘积

$$f(X)=(X^r+b_1X^{r-1}+\cdots+b_r)(X^s+c_1X^{s-1}+\cdots+c_s) \qquad (6.9.7)$$

由$v(a_n)=v(b_r)+v(c_s)=1$，应有$v(b_r)=0$，或者$v(c_s)=0$．设$v(b_r)=0$，于是$v(c_s)=1$．现在令h是使得$v(c_i)\geqslant 1, i=h+1,\cdots,s$，但$v(c_h)=0$的标号．显然$h\geqslant 0$[①]．我们来看$f(X)$中含$X^{s-h}$的项的系数

$$a_{n+h-s}=b_rc_h+b_{r-1}c_{h+1}+\cdots+b_{r+h-s}c_s$$

除第一项b_rc_h外，以后各项在赋值v下所取的值都大于或等于1．但

$$v(b_rc_h)=v(b_r)+v(c_h)=0$$

因此$v(a_{n+h-s})=0$．从而应有$n+h=s$，即$n\leqslant s\leqslant n$，故$n=s$．这就证明了$f(X)$在F上不能有形式如(6.9.7)的分解． ■

凡满足引理假设的多项式，称为(F,φ)上的 **Eisenstein 多项式**．

命题 2 设(K,ψ)，(F,φ)如上．若$\bar{F}$的特征p不整除e，则有

$$K=K_0(\sqrt[e]{t}) \qquad (6.9.8)$$

此处t是惯性域K_0的一个素元．

注意 在命题的所设下，K/F是个弱分歧扩张．因此，按6.8节命题2，K可由K_0经添加有限个根式而得，但在局部域的情况下，我们可以直接证明(6.9.8)．

证明 设U是K的一个素元，即$\psi(u)$生成循环群Λ．由于$(\Lambda:\Gamma)=e$．

---

① 此处设$c_0=1$．

$(\psi(u))^e$ 属于K_0的值群，故有$t_0 \in K_0$，使得$u^e = \varepsilon t_0$，这里ε是K中一个单位. 按$\overline{K} = \overline{K}_0$，所以有$u_0 \in K_0$，使得$\bar{\varepsilon} = \bar{u}_0$，即$\psi(\varepsilon - u_0) < 1$. 从而$t = u_0 t_0$也是$K_0$的一个素元. 令

$$c = t_0(\varepsilon - u_0)$$

则$u^e = t + c$，并且$\psi(c) < \psi_0(t_0)$.

由引理 2，多项式$f(X) = X^e - t$在K_0上是不可约的，我们要证明，K中含有$f(X) = 0$的根. 设Ω是F的一个代数闭包，且包含K. 由于$p \nmid e$，因此$f(X) = 0$在Ω中只有单根. 令

$$f(X) = (X - \alpha_1) \cdots (X - \alpha_e), \ \alpha_i \in \Omega$$

我们知道，$\varphi_\Omega(\alpha_i) = \sqrt[e]{\psi_0(t)} = \psi(u)$，$i = 1, \cdots, e$. 因此$\varphi_\Omega(\alpha_i - \alpha_j) \leqslant \psi(u)$，$i \neq j$. 与 6.7 节命题 2 的证明一样，可得

$$\varphi_\Omega(\alpha_i - \alpha_j) = \psi(u), i \neq j$$

从而

$$\lambda = \min_{i \neq j}\{\varphi_\Omega(\alpha_i - \alpha_j)\} = \psi(u)$$

但

$$\begin{aligned}\varphi_\Omega(u - \alpha_1) \cdots \varphi_\Omega(u - \alpha_e) = \psi(f(u)) = \psi(u^e - t) = \\ \psi(c) < \psi_0(t_0) = \\ (\psi(u))^e\end{aligned}$$

因此必有某个i，使得

$$\varphi_\Omega(u - \alpha_i) < \psi(u) = \lambda$$

按 6.7 节引理 5，可得

$$K_0(\alpha_i) \subseteq K_0(u) \subseteq K$$

即K含有$f(X) = 0$的一个根$\alpha_i = \sqrt[e]{t}$. 从

$$e = [K : K_0] \geqslant [K_0(\sqrt[e]{t}) : K_0] = e$$

即得(6.9.8). ■

现在来讨论p能整除e的情形. 此时K/F不是弱分歧扩张，但K仍是K_0上某种特殊的有限扩张. 我们有：

命题 3 设(K, ψ)，(F, φ)如前. 若$\overline{F}$的特征p能整除e，则K可由惯性域K_0经添加(K_0, ψ_0)上某个 Eisenstein 多项式的零点而得.

证明 设u, t的意义如前. 由于$u^e = t \in K_0$，从6.5 节命题 4 的证明知$\{1, u, \cdots, u^{e-1}\}$是$K/K_0$的一个基. 现在设$m(X) \in K_0[X]$是$u$在$K_0$上的极小多项式，$m(X) = 0$在$\Omega$上的每个根关于$\varphi_\Omega$都有相同的值$\sqrt[e]{\psi_0(t)}$. 因此，每个根都可写如$\varepsilon_i u$，这里$\varepsilon_i$是$(\Omega, \varphi_\Omega)$中的单位. 从而$m(X)$的系数都在$(K_0, \psi_0)$的赋值环内. $m(X)$的首系数是 1，它的常量项为$\pm N_{K/K_0}(u)$. 由

$$\psi_0(N_{K/K_0}(u)) = \psi(u^e) = \psi_0(t)$$

即常量项又可写如 $\varepsilon_0 t$，ε_0 是 K_0 中的单位. 至于 $m(X)$ 的其他各项系数，它们的根是初等对称函数，所以不能是 K_0 中的单位. 这就证明了 $m(X)$ 是 K_0 上的一个 Eisenstein 多项式. ■

在定理 6.13 中出现的两种局部域，分别称为**特征不相等的局部域**，和**特征相等的局部域**. 不论两者在外形上如何相似，它们却是有差异的. 作为本节的结束，现在我们来考虑它们的曾层次，借以说明两者的差别. 先看特征相等的局部域.

引理 3　设 (F,φ) 是特征相等的局部域，t 是它的一个素元. 又设 $f_j(\overline{X}) = f_j(X_1,\cdots,X_n)$，$j=1,\cdots,m$ 是 A 上含 n 个元的多项式. 于是，方程组

$$f_j(\overline{X}) = 0, j=1,\cdots,m \tag{6.9.9}$$

在 A 中有解，当且仅当对于每个 $r=0,1,2,\cdots$，同余方程组

$$f_j(\overline{X}) \equiv 0 (\bmod t^{r+1}),\ j=1,\cdots,m \tag{6.9.10}$$

在 A 中都有解.

证明　只需证充分性. 令 $\overline{F}_r = A/(t)^{r+1}$，$\overline{F}_0 = \overline{F}$. 此时每个剩余类环 $\overline{F}_r$ 都是有限的. 按所设，每个同余方程组 $(6.9.10)_r$ 在 $\overline{F}_r$ 中有解. 以 S_r 记由这些解所成的集. 显然，$\varnothing \neq S_r \subseteq \overline{F}_r^{(n)}$. 在复合形式

$$\overline{F} \leftarrow \overline{F}_1 \leftarrow \cdots \leftarrow \overline{F}_{r-1} \overset{\tau_r}{\leftarrow} \overline{F}_r \leftarrow \cdots$$

中每个 τ_r 都是自然态. 任意取定一个 r，对于 $j>r$，令

$$S_{j,r} = \tau_{r+1} \cdot \cdots \cdot \tau_{j+1} \cdot \tau_j(S_j)$$

于是得到一个递降的子集列

$$S_r \supseteq S_{r+1,r} \supseteq \cdots \supseteq S_{j,r} \supseteq \cdots$$

其中每一个子集都是非空的和有限的. 因此，从某一项开始应出现等号，或者说，它们的交 T_r 是个非空的集. T_r 中任何一个解

$$(a_{10} + a_{11}t + \cdots + a_{1r}t^r, \cdots, a_{n0} + a_{n1}t + \cdots + a_{nr}t^r)$$

都可以提升为 mod t^{j+1} 的解 $j>r$，即

$$(a_{10} + \cdots + a_{1r}t^r + \cdots + a_{1j}t^j, \cdots, a_{n0} + \cdots + a_{nr}t^r + \cdots + a_{nj}t^j)$$

这样就得到 n 个无穷级数

$$a_1 = a_{10} + a_{11}t + \cdots + a_{1j}t^j + \cdots$$
$$\vdots$$
$$a_n = a_{n0} + a_{n1}t + \cdots + a_{nj}t^j + \cdots$$

从 (F,φ) 的完全性，知 $a_1,\cdots,a_n \in A$. 若取 $r=0$，则按以上方式所给出的 $(a_1,\cdots,a_n)$，显然满足每个同余方程组 $(6.9.10)_r$，$r=0,1,2,\cdots$. 从而 $(a_1,\cdots,a_n) \in A^{(n)}$ 就是方程组 (6.9.9) 的一个解. ■

在 5.8 节中，我们知道有限域 F 的曾层次为 1，以及单元有理函数域 $F(T)$ 的曾层次为 2. 现在考虑系数取自 $F((T))$ 的一个方程组 $f_j(\overline{X})=0, j=1,\cdots,m$；同时要求它们满足 5.8 节的条件(1)(2). 不失一般性，不妨设 $f_j(\overline{X})$ 的系数取自 $F[[T]]$. 按例 2 的方式使 $F((T))$ 成为一个局部域. 按引理 3，方程组

$$f_j(\overline{X})=0, j=1,\cdots,m$$

在 $F((T))$ 中有非零解，当且仅当对每个 r

$$f_j(\overline{X})\equiv 0(\mathrm{mod}\ T^{r+1}),\ j=1,\cdots,m$$

在 $F[T]$ 中有非零解. 至于以上的同余方程组，在去掉含等于或高于 T^{r+1} 的项后，可以作为 $F[T]$ 上的方程组. 由此可知 $F((T))$ 的曾层次等于 $F(T)$ 的曾层次，即等于 2. 因此，我们有结论：**特征相等的局部域其曾层次为 2，从而是 C_2 域.**

对于特征不相等的局部域，情况又将如何？Artin 曾经猜测，每个 $\mathbf{Q}_p$ 都是 C_2 域. 但这个猜测在 1966 年为 G. Terjanian 所否定. 尽管如此，Artin 的猜测在相当大的程度上仍然是正确的. 因为 Ax 和 Kochen 证明过如下的结论：**对于每个给定的 d，除有限多个素数以外，就其余的 p 而言，$\mathbf{Q}_p$ 都是 $C_2(d)$ 域**（第五章参考文献[2]）.

习 题 6

1. 设 φ 是从 F 到 R 的一个群同态，且又规定 $\varphi(0)=0$，试证三角不等式 $\varphi(a+b)\leqslant\varphi(a)+\varphi(b)$ 与不等式 $\varphi(a+b)\leqslant 2\max\{\varphi(a),\varphi(b)\}$ 是等价的，此处 a,b 为 F 中任何元素.

2. 设 φ 是从整环 D 到扩大了序群 $\Gamma\cup\{0\}$ 上的一个映射，满足：(1) $\varphi(a)=0$ 当且仅当 $a=0$；(2) $\varphi(ab)=\varphi(a)\varphi(b)$；(3) $\varphi(a+b)\leqslant\max\{\varphi(a),\varphi(b)\}$. 试证：$\varphi$ 可以拓展成为 D 的商域 F 的一个赋值，以 Γ 为其值群.

3. 设 $\sum_{i=1}^{\infty}a_i$ 是赋值完全域 (F,φ) 中的一个无穷级数. 证明：$\sum_{i=1}^{\infty}a_i$ 在 F 中是 φ 一收敛的，当且仅当 $\varphi-\lim_{i\to\infty}a_i=0$.

4. 证明：离散赋值的赋值环是主理想环. 反之，若赋值环是 Noether 环，则它必然是某个离散赋值的赋值环.

5. 证明：赋值环中的任何两理想 I_1, I_2，必有 $I_1\subseteq I_2$，或者 $I_2\subseteq I_1$ 成立.

6. 设 A 是赋值 φ 的赋值环. A 中所有的真素理想(即不等于 A,(0) 的素理想) 按包含关系成一个链. 我们取反向的包含关系，称它的序型为 φ 的阶. 当 A 只有唯一的真素理想 M 时，称 φ 为一阶赋值. 试证明，一阶赋值的值群是阿基米

德序群，换言之，一阶赋值就是实数值赋值.

7. 设 $f(X)=a_0X^n+\cdots+a_n$ 是赋值域 (F,φ) 上任一多项式. 规定

$$\psi(f(X))=\max_{0\leqslant i\leqslant n}\{\varphi(a_i)\}$$

证明：这样规定的 ψ 可通过习题 2 的结果拓展成为域 $F(X)$ 的一个赋值.

8. 设 (F,φ) 是个赋值域. 证明：剩余域 $\bar{F}$ 与 F 有相同的特征，当且仅当 φ 在 F 的素子域 $\mathbf{F}$ 上是平凡的.

9. 设 $K=F(X_1,\cdots,X_m)$ 是 F 上含 m 个未定元的有理函数域. 证明：存在 K 的一个 $F-$ 值位 Π，使得 Π 在 F 上的限制是个平凡位.

10. 证明：$X^3=4$ 在 $\mathbf{Q}_5$ 中有一个根.

11. 设 (F,φ) 是一阶赋值的完全域，又设 $f(X)$ 是 F 上一个首系数为 1 的不可约多项式. 证明：在习题 7 所规定的赋值下，若 $g(X)$ 是首系数为 1，且与 $f(X)$ 次数相同的多项式，则当 $\psi(f-g)$ 充分小时，$g(X)$ 也是不可约的.

12. 设 (F,φ) 是一阶赋值的完全域，Ω 是 F 的一个代数闭包，已知 φ 在 Ω 上有唯一的拓展 φ_Ω. 证明：(Ω,φ_Ω) 的完全化也是代数闭域.

第七章 实域

在本章中，我们将研究域的另一种非代数结构：域的序结构. 如在第六章开始时所指出的一样，实数域 **R** 就是具有序结构的一个原始的例子. 对任意域建立序和实性等概念，开始于20世纪20年代Artin和Schreier的工作，但是它的历史根源可以上溯到Hilbert在19世纪末关于几何基础的工作. 本章包含实域的一般理论，以及与之有关的Hilbert第十七问题的近代处理.

7.1 可序域与实域

设 F 为一任意域，0，1 分别为它的零元和乘法单位元. 若 -1 不能表示成 F 中的平方和，就称 F 为**实域**（或**形式实域**）. 有理数域 **Q** 和实数域 **R** 都是实域. 显然，实域的子域也是实域，但它的扩域就不一定是实域，如复数域 **C** 就非实域，有限域也不是实域.

设 S 是域 F 中任一子集. 现在先来规定有关的符号意义如下

$$-S=\{-a \mid a\in S\}$$

$$S+S=\{a+b \mid a,b\in S\}$$

$$S\cdot S=\{ab \mid a,b\in S\}$$

有了以上的记法，今有：

定义 7.1　设 P 是域 F 的一个子集. 若 P 满足如下条件:

(1) $P \neq F$;

(2) $P \cup -P = F$;　　(7.1.1)

(3) $P + P \subseteq P, P \cdot P \subseteq P$.

则称 P 是 F 的一个**正锥**.

从以上的条件立刻可得 $1 \in P, -1 \in -P$. 由此又导出 $P \cap -P = \{0\}$. 当 F 有正锥 P 时,可规定 F 的一个二元关系"$\underset{P}{\leqslant}$"(有时可简记作"$\leqslant$")如下

$$a \underset{P}{\leqslant} b \text{ 当且仅当 } b - a \in P \tag{7.1.2}$$

从(7.1.1)可得出"$\leqslant$"满足以下各条件:

(1) $a \leqslant a$;

(2) 对任何 $a, b \in F$,必有 $a \leqslant b$ 或 $b \leqslant a$;

(3) 由 $a \leqslant b$ 与 $b \leqslant a$,可得 $a = b$;　　(7.1.3)

(4) 由 $a \leqslant b$ 与 $b \leqslant c$,可得 $a \leqslant c$;

(5) 由 $a \leqslant b$ 有 $a + c \leqslant b + c$,c 为 F 中任一元;

(6) 由 $0 \leqslant a$ 与 $0 \leqslant b$,有 $0 \leqslant ab$.

反之,如果在 F 中先给一个满足(7.1.3)的二元关系"$\leqslant$",则可由此得到 F 的一个正锥

$$P = \{a \in F \mid 0 \leqslant a\}$$

这个事实表明,域 F 有正锥与有满足(7.1.3)的二元关系是等价的. 称正锥 P 或与之相关的"$\leqslant$"确定出 F 的一个**序**,此时称 F 为**序域**,记以 (F,P) 或 $(F, \leqslant)$. 为方便起见,也可将正锥 P 称为序域 (F,P) 的序. 凡有序的域皆称作**可序域**. 可序域一般可有许多的序. 在序域 (F,P) 中,凡属于 $\dot{P} = P \backslash \{0\}$ 的元称为 (F,P) 的正元,$-\dot{P}$ 中的元则称为负元.

一个域可能有多个序,在序与序之间有一个简单的关系:

引理 1　设 P_1, P_2 是 F 的两个序,并且 $P_1 \subseteq P_2$. 于是有 $P_1 = P_2$.

证明　设有 $a \in P_2 \backslash P_1$,则 $-a \in P_1 \subseteq P_2$. 从而有

$$-1 = (-a)\frac{1}{a} = (-a)\left(\frac{1}{a}\right)^2 a \in P_2 \cdot P_2 \cdot P_2 = P_2$$

矛盾!

至于不可序的域是大量存在的,例如复数域 $\mathbf{C}$,以及有限域和特征为素数的域. 以下,我们将对有序域做一刻画.

在可序域的讨论中,一个特别重要的子集乃是由所有平方和所组成的子集

$$S_F = \{\sum x_i^2 \mid x_i \in F\} \tag{7.1.4}$$

其中 $\sum$ 表示有限和. 对于序域 (F,P) 而言,从定义 7.1 的条件(2)(3)知,有

$S_F \subseteq P$.

从本节首段对实域所下的定义可知任一域 F 成为实域的条件是 $-1 \notin S_F$.

至于考虑实域与序域两者是否一致. 首先有:

引理 2　若 P 是域 F 的一个序,则有以下两个等价的条件成立:

(1) $-1 \notin P$;

(2) $P \cap -P = \{0\}$.

证明　设 $a \in F \backslash P$. 由定义 7.1 知 $a \in -P$,或者 $-a \in P$. 若 $-1 \in P$,则 $a = (-1)(-a) \in P$,矛盾. 因此(1) 成立. 证明(1) 与(2) 是等价的. 由(2) 立即可得(1). 反之,设(1) 成立,若有 $0 \neq a \in P \cap -P$,则有 $-a \in P \cap -P$. 从而 $(-a)^{-1} \in P \cap -P$. 由此又导出 $-1 = a(-a)^{-1} \in P \cap -P \subseteq P$,矛盾. 因此(2) 成立.

当(F,P) 为序域时,由引理 2,$-1 \notin P$. 因此 $-1 \notin S_F$. 按上述成为实域的条件即有:

命题 1　序域都是实域. ■

至于非序域是否也可成为实域,今有:

命题 2　序域的特征必然为 0.

证明　设结论不成立,有序域(F,P) 其特征为 $P \neq 0$. 于是在 F 中有

$$-1 = \underbrace{1 + \cdots + 1}_{p-1\text{个}} \in S_F \subseteq P$$

矛盾! ■

从这个命题的证明可知有限域不是序域,同时也不是实域. 至于实域是否为序域,为回答这个问题,再引入一个概念.

定义 7.2　设 Q 是域 F 的一个子集,若有:

(1) $-1 \notin Q$;

(2) $S_F \subseteq Q$;　　(7.1.5)

(3) $Q + Q \subseteq Q, Q \cdot Q \subseteq Q$.

则称 Q 是 F 的一个**亚正锥**,或者说,Q 给出 F 的一个**亚序**,为方便起见,也可称 Q 为 F 的一个亚序.

有亚序 Q 的域 F 可称为**亚序域**,记以(F,Q). 对于任何一个亚正锥 Q,显然有 $0,1 \in Q$.

引理 3　域 F 中按包含关系的极大亚序就是 F 的一个序.

证明　设 Q 是 F 中一个按包含关系的极大亚正锥. (7.1.1) 中的条件(1) 和(3) 显然满足. 现验证条件(2). 设 $0 \neq a \in F \backslash Q$. 作 $Q_0 = Q - aQ$. 易见 $Q \subseteq Q_0$,并且 Q_0 满足(7.1.5) 的(2) 和(3). 假设 $-1 \in Q_0$,则有

$$-1 = q_1 - aq_2, q_1, q_2 \in Q, q_2 \neq 0$$

从而 $aq_2=1+q_1\in Q+Q\subseteq Q$. 又由 $q_2^{-1}=q_2(q_2^{-1})^2\in Q$,故有 $a\in Q$,矛盾. 这证明了 Q_0 也是个亚正锥. 但由 Q 的极大性知有 $Q=Q_0$,从而 $-a\in Q_0=Q$,即 Q 满足(7.1.1) 的(2). 这就证明了 Q 是 F 的一个序. ■

当 F 为实域时,S_F 就是它的一个亚序,而且是 F 最小的亚序. 通过 Zorn 引理的论证,F 中存在极大亚序. 再按上述引理即得:

定理 7.1(Artin-Schreier) 域 F 成为实域,当且仅当它是个可序域. ■

上述引理指出,每个亚序总可以扩大成序. 这个事实还可以有一个类似的结论:

引理 4 设 Q 是域 F 的一个亚序. 若 $a\in Q$,并且 $a\neq 0,1$,则存在 F 的一个序 P,满足 $Q\subseteq P$,以及 $a\notin P$.

证明 作 $Q_0=Q-aQ$. 由引理 3 的证明知 Q_0 也是个亚序,满足 $Q\subseteq Q_0$,以及 $-a\in Q$. 从而有 $a\notin Q_0$. 重复这个构作可得

$$Q\subseteq Q_0\subseteq Q_1\subseteq\cdots\subseteq Q_i\subseteq\cdots$$

这是一个按集包含关系递升键,其中每个亚序均不会含 a. 这个键在 F 中有上界,按 Zorn 引理存在极大元 P,满足

$$Q\subseteq P, a\notin P, -a\in P$$

现在来证明 P 是个序. 为此,只需验证(7.1.1) 的条件(2). 设 $x\notin P$. 令

$$P_0=P-xP$$

与引理 3 的情形相同,可证明 P_0 是个亚序. 若 $a\in P_0$,则有

$$a=p_1-xp_2, p_1,p_2\in P$$

从而 $xp_2=p_1-a\in P+P\subseteq P$. 由此得到 $x\in P$,矛盾. 因此 $a\notin P_0$. 按 P 的极大性即得 $P_0=P$,因此 $P=P-xP$,从而 $-x\in P$. 这就证明了 P 满足(7.1.1) 的(2). 至于该定义中的条件(1)(3),P 显然满足,故 P 是 F 的一个序,证毕. ■

满足引理条件的序可称作亚序域(F,Q) 的序,由以上的论证可得:

定理 7.2 对于亚序域(F,Q),有等式

$$Q=\bigcap_P P$$

成立,其中 P 遍取(F,Q) 的序. ■

当 F 为实域时,按定义应有 $-1\notin S_F$;又由定理7.1 及定义 7.2 知 S_F 是 F 中最小的亚序,故有:

推论 设 F 为一实域. 于是有

$$S_F=\bigcap_P P \tag{7.1.6}$$

其中 P 遍取 F 中所有的序. ■

特别在 F 只有一个序的情形,此时 S_F 就是它唯一的序. 除熟知的实数域 **R** 和有理数域 **Q** 只有一个序外,还可以有其他的域也属此类.

例 设 F 是个实域,又设对于每个 $0\neq a\in F$,必有$\sqrt{a}\in F$,或者$\sqrt{-a}\in$

F. 此时集

$$F^2 = \{x^2 \mid x \in F\}$$

给出 F 的一个序，且又有 $S_F = F^2$. 因为按引理 1，同一个域的两个序是不存在包含关系的. 从 $S_F \supseteq F^2$，以及上述推论知两者相等，即 F^2 是 F 唯一的序.

在下一节我们还将对此做进一步的探讨. 在序域 (F,P) 中也可以引入**绝对值**这一概念. 对于任一 $a \in F$，规定

$$\| a \| = \begin{cases} a, \text{当 } a \in P \\ -a, \text{当 } a \notin P \\ 0, \text{当 } a = 0 \end{cases} \tag{7.1.7}$$

以"$\leqslant$"表示由 P 所确定的序关系，以上所确定的绝对值 $\| \ \|$ 能满足通常的演算法则

$$\begin{aligned} \| a+b \| &\leqslant \| a \| + \| b \| \\ \| ab \| &= \| a \| \cdot \| b \| \end{aligned} \tag{7.1.8}$$

对于 (F,P) 的元 a，若 $a \in \dot{P} = P \backslash \{0\}$，则称为 (F,P) 中的**正元**；若 $a \in \dot{P}$，则为 (F,P) 中的**负元**. 在 F 为实域时，若 $0 \neq a$ 属于 F 的每个序，即 $a \in S_F$，则称 a 为 F 的**全正元**. 从 $a \in S_F$ 又可得知，实域中的非零元 a 成为全正元等同于 a 是该域中的平方和.

还应当指出，式(7.1.6) 的左边对任何域都是有意义的. 若 F 不是实域，且特征不等于 2，则对任何 $a \neq 0$ 皆可表如

$$a = \left(\frac{a+1}{2}\right)^2 - \left(\frac{a-1}{2}\right)^2$$

由于 F 不是实域，故有 $-1 \in S_F$，设为 $-1 = \sum_{i=1}^{n} x_i^2$. 以此代入上式就得到 a 的一个平方和表达式，这表明 $S_F = F$. 但此时(7.1.6) 这一等式自然不存在，这可说是定理 7.2 的推论在 F 为特征不等于 2 的非实域时的一个蜕化特殊情况.

为以后的应用起见，我们在交换环上来建立亚序和序的概念. 设 A 是一个有乘法单位元 1 的交换环，以 S_A 记 A 中由所有有限平方和 $\sum x_i^2$ 组成的子集. 与域的情形相同，A 的子集 Q，如果满足定义 7.2 的条件(1)(2)(3)，那么就称作 A 的一个**亚正锥**，由它给出的序关系称作 A 的**亚序**. 当 $-1 \notin S_A$ 时，称 A 为实环. 此时 S_A 就是 A 的一个亚正锥，或称作亚序.

就交换环而论，有如下的结论：

命题 3 设 Q_0 是交换环 A 的一个亚序. 于是存在亚序 Q，满足 $Q \supseteq Q_0$，以及

$$Q \cup -Q = A, Q \cap -Q = J \tag{7.1.9}$$

其中 J 是 A 的一个素理想.

证明　A 中所有包含 Q_0 的亚序按集包含关系组成一个递升的归纳集. 使用 Zorn 引理可得到一个极大元 Q. 证明 Q 满足命题的要求. 首先，对于 A 中任一元 $x \neq 0$，作

$$Q_1 = Q - Qx, Q_2 = Q + Qx$$

它们显然都包含 Q，且满足(7.1.5)的条件(2)(3). 今断言，其中必有一个满足条件(1). 如若不然，则有下列两等式出现

$$-1 = q_1 - q_2 x, -1 = q_3 + q_4 x$$

其中 $q_1, q_2, q_3, q_4 \in Q$. 改写以上两式为

$$q_2 x = 1 + q_1, -q_4 x = 1 + q_3$$

两边分别相乘可得 $-q_2 q_4 x^2 = 1 + q_5, q_5 \in Q$. 由此导致

$$-1 = q_5 + q_2 q_4 x^2 \in Q$$

矛盾！这证明了(7.1.9)中必有一个是亚序. 不失一般性，设 $Q_1 = Q - Qx$ 是个亚序. 从 Q 的极大性应有$Q = Q - Qx$，从而 $-x \in Q$. 这就证明了(7.1.9)中的第一式.

现在来考虑(7.1.9)中的第二式. 首先，从已证得的 $Q \cup -Q = A$ 可知 J 是 A 的一个理想. 假设 $x_1 x_2 \in J$，但 x_1, x_2 均 $\notin J$. 不妨设 $x_1, x_2 \notin -Q$. 此时应有 $Q \neq Q - Qx_1, Q \neq Q - Qx_2$. 由 Q 的极大性可知 $Q - Qx_i, i = 1,2$ 均非 A 的亚序. 因此有

$$-1 = q_1 - q_2 x_1, -1 = q_3 - q_4 x_2$$

成立，其中 $q_1, q_2, q_3, q_4 \in Q$，将以上两式改写如

$$1 + q_1 = q_2 x_1, 1 + q_3 = q_4 x_2$$

然后两式相乘，得 $1 + q_1 + q_3 + q_1 q_3 = q_2 q_4 x_1 x_2$. 因此有

$$-1 = q_1 + q_3 + q_1 q_3 - q_2 q_4 x_1 x_2$$

成立. 由于 $x_1 x_2 \in J \subseteq -Q$，故 $-q_2 q_4 x_1 x_2 \in Q$. 从而有 $-1 \in Q$，矛盾！这就证明了(7.1.9)的第二式中出现的 J 是个素理想. 命题即成立. ■

根据这个命题，我们称满足(7.1.9)的亚序为环 A 的序，其中出现的 J 为序 Q 的**支柱**，记以 Supp(J). 于是命题 3 可表述为：交换环的任一亚序都可以扩大成序. 有亚序的环称为**半实环**. 按上述命题，-1 不能表示成平方和环为半实环. 在上述命题中，若 $J \neq (0)$，剩余环$\overline{A} = A/J$ 是个整环. Q 在$\overline{A}$ 上诱导出一个序 $\overline{Q}$，即

$$\overline{Q} = \{\overline{a} \mid \overline{a} \text{ 的每个代表元均 } \in Q\}$$

不难验知 $\mathrm{Aupp}(\overline{Q}) = \overline{(0)}$.

又若在上述命题中 $J = (0)$，并且 A 是个整环，则 Q 可以在 A 的商域 F 上确定出一个序 P，只需令

$$P = \{a/b \mid ab \in Q, b \neq 0\} \tag{7.1.10}$$

P 在 A 上的限制自然是 Q.

至于由此所确定的 P 是否为商域 F 的一个序,可就定义 7.1 进行检验. 定义中的条件(1)(2) 是显然成立的. 今验证 $P+P\subseteq P$. 设 $a/b,a'/b'$ 为 P 中任意两个元. 于是有 $ab,a'b'\in Q$,以及 $b,b'\neq 0$. 由

$$bb'(ab'+a'b)=abb'^2+a'b'b^2\in Q$$

故有 $a/b+a'/b'\in P$. 因此 $P+P\subseteq P$ 成立. 至于$P\cdot P\subseteq P$,显然成立. 因此由(7.1.10) 所确定的 P 确是 Q 在 F 上给出的一个序.

至于它的唯一性也不难验知. 若 P' 是 Q 在 F 上给出的另一个序. 于是 F 中某个 $a/b\in P\backslash P'$. 按(7.1.10),有 $ab\in Q\subseteq P'$. 又由 $(1/b)^2\in P'$ 可得 $a/b=(ab)(1/b)^2\in P'$,矛盾!

总结以上的讨论,即有:

命题 4 若(A,Q) 是个序整环,$F=qf(A)$,则 Q 在 F 上可按(7.1.10) 确定出 F 的唯一的序. ■

在上一章我们曾给出位的概念. 现将用它来对实域做一探讨.

设 F,L 为任意两个域,π 是满足(6.4.2) 的一个映射 $\pi:F\to L\cup\{\infty\}$. 令

$$A_\pi=\{x\in F\mid \pi(x)\in L\}$$
$$M_\pi=\{x\in F\mid \pi(x)\in 0\}$$

易知 A_π 是 π 在 F 中所确定的一个赋值环,M_π 是 A_π 的极大理想. 由此又得到 A_π 关于 M_π 的剩余类域 $\overline{F}_\pi=A_\pi/M_\pi$. 若 $\overline{F}_\pi$ 是个实域,就称 π 是 F 的一个实位,A_π 是 F 的实赋值环. 当然,$\overline{F}_\pi$ 同构于 L 的一个子域. 如果 L 是实域,那么 π 自然是实位. 但 A_π 也可能等于 F,此时 π 是 F 的平凡位.

现在来探讨域的实位与实域间的关系.

引理 5 设 A 是域 F 的一个实域值环. 若 F 中有 $\sum\limits_{i=1}^{n}x_i^2\in A$ 成立,则 $x_i\in A,i=1,\cdots,n$. 特别是 $\sum\limits_{i=1}^{n}x_i^2=0$ 时,有 $x_i=0,i=1,\cdots,n$.

证明 由于 A 是个赋值环. 它给 F 的一个赋值 v. 现在取 $v(x_1)$ 为 $\{v(x_i)\}_i$ 中的最大值. 于是 $v(x_i/x_1)\leqslant 1$,即 $x_i/x_1\in A,i=2,\cdots,n$. 从而有

$$x_1^2(1+(x_2/x_1)^2+\cdots+(x_n/x_1)^2)\in A$$

按所设,A 是个实赋值环,故

$$1+(x_2/x_1)^2+\cdots+(x_n/x_1)^2\in A\backslash M$$

由此可得 $x_1^2\in A$. 若 $x_1\notin A$,则 $1/x_1\in A$,从而有 $x_1=(1/x_1)x_1^2\in A$,矛盾. 再按 $x_i/x_1\in A$,即得 $x_i\in A,i=1,\cdots,n$.

对于引理的后一部分,可用反证法. 不妨设每个 $x_i\neq 0$. 与前面一样,设 x_1 整除每个 x_i,于是有

$$x_1^2(1+(x_2/x_1)^2+\cdots+(x_n/x_1)^2)=0$$

但括号内的部分不属于 M,因此不等于 0. 从而有 $x_1^2=0$,以及 $x_1=0$,矛盾! 引理即已证明. ■

设域 F 有实位 π. 从而有实赋值环 A_π. 若 F 中存在等式

$$\sum_{i=1}^{n}x_i^2=-1$$

按上述引理,有每个 $x_i\in A_\pi$. 由此得出实域 $\overline{F}_\pi$ 上的等式

$$\sum_{i=1}^{n}\overline{x}_i^2=-\overline{1}$$

矛盾!

命题 5 有实位的域必然是实域. ■

这个命题的逆理也是成立的. 为证明起见,只需在实域 F 上作出一个实赋值环. 任取 F 的一个序 P,以及 F 的一个子域 k. 令

$$A(k,P)=\{x\in F\mid 有某个\ c\in k\cap P,\ 使得\ \|x\|<c\}$$

上式中的"$<$"是 P 所确定出的序关系. 首先,不难验证,$A(k,P)$ 是个子环. 如若 $x,y\in A(k,P)$,则

$$\|x\pm y\|\leqslant\|x\|+\|y\|<c+d\in k$$

因此

$$x\pm y\in A(k,P)$$

其余从略. 我们称 $A(k,P)$ 是 k 在 (F,P) 中的阿基米德包,它的子集

$$M(k,P)=\{x\in F\mid 对于每个\ e\in k\cap P,\ 皆有\ \|x\|<e\}$$

是其中唯一的极大理想. 若 $x\notin A(k,P)$,则对于每个 $d\in k\cap P$,皆有 $\|x\|>d$,从而

$$\|x^{-1}\|=\|x\|^{-1}<1/d$$

因此

$$x^{-1}\in M(k,P)\subsetneqq A(k,P)$$

这证明了 $A(k,P)$ 是 F 的一个赋值环. 由 $P\cap A(k,P)$ 可以在剩余类域 $\overline{F}(k,P)=A(k,P)/M(k,P)$ 上诱导出一个序,所以 $A(k,P)$ 是个实赋值环.

命题 6 实域必然有实位. ■

最后还应当提起,实域的实位可能是平凡的,例如有理数域 **Q**,它只有唯一的序,且本身又是素域. 此时 **Q** 关于它自身的阿基米德包自然是 **Q** 自身,因此所得的实赋值环是个平凡赋值环. 不过,**Q** 尚有其他的赋值环,但都不是实赋值环.

7.2 实 闭 域

实闭域是一种非常重要的情形. 在本节中,我们先来讨论它的一般性质,并对它做出刻画. 在以后的几节,我们还将从其他的角度进行讨论. 首先作定义如下:

定义 7.3 设 F 是实域. 若 F 的任何真代数扩张都不再是实域,则称 F 是实闭域.

引理 1 若 F 是实域,但二次扩张 $F(\sqrt{a})$ 不是实域,则有 $-a \in S_F$.

证明 由于 $F(\sqrt{a})$ 不是实域,故有

$$-1=\sum_{j=1}^{m}(x_j+y_j\sqrt{a})^2, x_j, y_j \in F$$

比较等式两边,可得

$$-1=\sum_{j=1}^{m}x_j^2+a\sum_{j=1}^{m}y_j^2$$

因为 F 是实域,故 $\sum_{j=1}^{m}y_j^2 \neq 0$. 从而有

$$-a=(1+\sum_{j=1}^{m}x_j^2)/\sum_{j=1}^{m}y_j^2 \in S_F$$ ■

命题 1 实闭域 F 只有唯一的序 $P=F^2$.

证明 先证 F 中每个形式如 $1+x^2$ 的元素都是 F 中的平方,如若 $a=1+x^2 \notin F^2$,则 $F(\sqrt{a})$ 是 F 的一个真代数扩张. 按所设,它不再是实域,故由引理 1,知 $-a \in S_F$. 因此

$$-1-x^2=\sum_{j=1}^{m}y_j^2$$

从而 $-1=x^2+\sum_{j=1}^{m}y_j^2 \in S_F$,矛盾.

欲证明 $F^2=S_F$ 是 F 的一个序,只需验证定义 7.1 的条件(2). 设 $0 \neq a \notin F^2$. 于是 $F(\sqrt{a})$ 是 F 的真代数扩张. 由于它不再是实域,故 $-a \in S_F=F^2$,即(2) 成立. ■

实闭域的存在性只要通过通常的超限归纳步骤就可得到. 我们有:

定理 7.3 每个实域都至少有一个实闭的代数扩张.

证明 设 F 的实域 $\hat{F}$ 是它的一个代数闭包. 以 $\mathcal{T}$ 记 F 在 $\hat{F}$ 中由所有成为实域的子扩张所成的集. 如果 $\{F_j\}_{j\in J}$ 是 $\mathcal{T}$ 中一个按包含关系所成的链,那么它

们的并集显然也属于$\mathscr{T}$. 按Zorn引理，知$\mathscr{T}$中至少有一个极大元，例如R. R是一个实域，同时它在$\hat{F}$内的任何真代数扩张将不再是实域，故R是实闭域. ■

设k是序域(F,P)的一个子域. 易知子集$P_k=P\cap k$是k的一个序. 我们称P_k是P在子域k上的限制，或者说是在k上诱导出的序；同时称P为P_k在F上的拓展，还可以称(F,P)为(k,P_k)的一个**序扩张**. 对于序扩张的问题，以后将另行讨论. 在此我们仅指出一个事实，即定理7.1的必要性部分，可以从命题1和定理7.3得出. 因为，任何一个实域至少有一个实闭扩张R，R有唯一的序R^2. 这个序在所给的实域上的限制就使得该实域成为一个序域，因此，实域是可序域.

由于命题1所阐明的事实，我们在讨论实闭域之前，有必要先对以F^2为序的域F来做一刻画.

引理2 若F是以F^2为序的序域，于是$\mathrm{i}=\sqrt{-1}\notin F$，并且$K=F(\mathrm{i})$上无二次扩张.

证明 第一个论断显然成立，因为$-1\notin F^2$. 第二个论断等价于：K的每个元素都是K内的完全平方. 首先，F的元素在K内是完全平方. 如若$x\notin F^2$，则$-x\in F^2$；此时$x=-y^2=(\mathrm{i}y)^2\in K^2$. 考虑$K$中元素$\alpha=a+b\mathrm{i}$，$a,b\in F$，$b\neq 0$. 由刚证明的事实，不妨设$b=2$. 于是问题成为求$x,y\in F$，使得有

$$(x+y\mathrm{i})^2=\alpha=a+2\mathrm{i}$$

上式等价于求解联立方程

$$\begin{cases}x^2-y^2=a\\ xy=1\end{cases}$$

令$\lambda=x^2$，于是λ应是方程

$$X^2-aX-1=0 \tag{7.2.1}$$

在F中的解. (7.2.1)的判别式为a^2+4. 在由F^2所确定的序关系下，应有$a^2+4>0$. 现以$\sqrt{a^2+4}$表示它在F内的正平方根. 又令$\lambda=(a+\sqrt{a^2+4})/2$. 若$\lambda\geqslant 0$，此时有$x\in F$，使得$\lambda=x^2$，从而断言成立. 如若不然，则有$a+\sqrt{a^2+4}\leqslant 0$，从而

$$a-\sqrt{a^2+4}=(a+\sqrt{a^2+4})-2\sqrt{a^2+4}<0$$

由此又将导出

$$-4=a^2-(a^2+4)=$$
$$(a+\sqrt{a^2+4})(a-\sqrt{a^2+4})>0$$

矛盾. ■

上述引理可以进一步改进成为：

命题 2 F 以 F^2 作为它的序，当且仅当 $\mathrm{i}=\sqrt{-1}\notin F$，并且 F 上无次数为 2^l 的 Galois 扩张，此处 l 为任何大于或等于 2 的整数.

证明 必要性. $\mathrm{i}\notin F$ 显然成立. 按引理 2，$F(\mathrm{i})$ 上无二次扩张，故 $F(\mathrm{i})$ 是 F 上仅有的二次扩张. 因若不然，有 $F(u)\neq F(\mathrm{i})$，以及 $[F(u):F]=2$，则 $[F(u,\mathrm{i}):F(\mathrm{i})]=2$，矛盾.

设 K/F 是个 Galois 扩张，$[K:F]=2^l$，$l\geqslant 2$. 此时

$$G=\mathrm{Aut}(K/F)$$

是个 2－群. 因此有子群 H_1，H_2，它们的阶分别是 2^{l-1}，2^{l-2}，并且满足 $H_2\subsetneq H_1\subsetneq G$. 令 E_1，E_2 分别是 H_1，H_2 的稳定域. 于是按 Galois 理论有

$$F\subsetneq E_1\subsetneq E_2\subsetneq K$$

以及

$$[E_1:F]=2,[E_2:E_1]=2$$

从上一段的论证，知 $E_1=F(\mathrm{i})$；又按引理 2，E_1 上不能有二次扩张，矛盾.

充分性. 首先，$F(\mathrm{i})$ 是 F 上唯一的二次扩张. 如若另有二次扩张 $F(u)\neq F(\mathrm{i})$，则 $[F(u,\mathrm{i}):F]=4$，且 $F(u,\mathrm{i})/F$ 是个 Galois 扩张，与所设矛盾.

现在来证明 F^2 是 F 的一个序. 设 $c\in F\backslash F^2$. 于是

$$F(\sqrt{c})=F(\mathrm{i})$$

即 $\sqrt{c}=a+b\mathrm{i}$，$a,b\in F$. 从而

$$c=a^2-b^2,ab=0$$

由此又导出 $a=0$，$b\neq 0$，即 $c=-b^2\in F^2$. 这证明了 $F=F^2\cup -F^2$.

对于定义 7.1 的条件(3)，只需验证 $F^2+F^2=F^2$. 用反证法. 设有 $a,b\in F$，使得 $a^2+b^2\notin F^2$. 从上面的论断知有 $a^2+b^2=-d^2$，$d\in F$. 从而

$$(a/d)^2+(b/d)^2=-1$$

因此不妨设 $a^2+b^2=-1$，其中 a，b 都不等于 0.

现在令 $\alpha=a+b\mathrm{i}$. 今断言，α 不是 $F(\mathrm{i})$ 中的完全平方. 如若不然，则有 $\alpha=x^2$，$x\in F(\mathrm{i})$. 设 $\tau\in\mathrm{Aut}(F(\mathrm{i})/F)$，$\tau\neq\iota$. 于是

$$\tau(\alpha)=a-b\mathrm{i}=-1/\alpha$$

从而 $\alpha\cdot\tau(\alpha)=-1$，即

$$-1=x^2\cdot\tau(x^2)=[x\cdot\tau(x)]^2\in F^2$$

与所设矛盾.

再令 $u=\sqrt{\alpha}$. 于是

$$[F(u):F]=[F(u):F(\alpha)][F(\alpha):F]=4$$

u 在 F 上的共轭元为 u，$-u$，$\tau_1(u)$，$-\tau_1(u)$，此处 τ_1 是 τ 在 $F(u)$ 上的拓展. 由

$$[\tau_1(u)]^2=\tau_1(u^2)=\tau(\alpha)=-1/\alpha$$

得到 $\tau_1(u)=\pm i/u$. 因此 $F(u)/F$ 是正规扩张. 此外, $u, -u, i/u, -i/u$ 是互异的. 如若 $u=\pm i/u$, 则 $\alpha\pm i$, 从而 $a=0$. 这与前面的所设矛盾. 这证明了 $F(u)/F$ 是个 4 次的 Galois 扩张, 而与所设矛盾. ■

从证明的过程还可以见到命题的 l, 只要求 $l=2$ 即可.

以下回到对实闭域的刻画上来. 先有:

引理 3 设 F 是实域, $f(X)\in F[X]$ 是奇数次的不可约多项式. 于是 $f(X)=0$ 有一个根 u, 使得 $F(u)$ 是实域.

证明 就 $F(X)$ 的次数 n 使用归纳法. $n=1$ 时结论显然. 设 $n>1$, 并且对次数低于 n 的奇数次多项式, 结论已经成立. 假设对于 $f(X)=0$ 的任何一个根 u, $F(u)$ 都不是实域, 于是有

$$-1=\sum_{j=1}^{m}(g_j(u))^2$$

其中 $g_j(X)\in F[X]$, 且 $\deg(g_j(X))\leqslant n-1$. 从 $f(X)$ 在 F 上的不可约性, 有

$$-1=\sum_{j=1}^{m}(g_j(X))^2+f(X)h(X) \tag{7.2.2}$$

其中 $h(X)\in F[X]$. 右边 $\sum\limits_{j=1}^{m}(g_j(X))^2$ 的最高次项系数是 F 中的一个平方和. 由于 F 是实域, 所以它不等于 0. 因此 $\deg\left(\sum\limits_{j=1}^{m}(g_j(X))^2\right)$ 是个正的偶数, 且小于或等于 $2n-2$. $f(X)h(X)$ 应与 $\sum\limits_{j=1}^{m}(g_j(X))^2$ 有相同的次数, 从而 $\deg(h(X))$ 是个奇数, 而且小于或等于 $n-2$. 按归纳法的假设, $h(X)$ 有一个奇数次的不可约因式, 后者有零点 α, 使得 $F(\alpha)$ 成为实域. 但以 $X=\alpha$ 代入(7.2.2), 就得到 $-1=\sum\limits_{j=1}^{m}(g_j(X))^2$, 矛盾. ■

推论 1 实闭域上的奇数次方程在该域内必有解. ■

引理 3 结合命题即得:

推论 2 序域 (F,P) 成为一个实闭域, 当且仅当 $P=F^2$, 以及 F 上每个奇数次的方程在 F 内都有解. ■

要进一步刻画实闭域, 让我们先来证明下述命题:

命题 3 若 F 是实闭域, 则 $F(\sqrt{-1})$ 是代数闭域.

证明 只需证明 $F(\sqrt{-1})$ 上每个多项式都能在其中分解成一次因式的乘积.

设 $f(X)\in F(\sqrt{-1})[X]$, 又以 $f^{\tau}(X)$ 记 $f(X)$ 系数经自同构 $\tau: a+bi\to a-bi$ 而得到的多项式. 于是有 $f(X)f^{\tau}(X)\in F[X]$. 若 $f(X)f^{\tau}(X)$ 在

$F(\sqrt{-1})$ 上分解成一次因式之积，则 $f(X)$ 也同样如此. 现在设 $f(X)f^{\tau}(X)$ 的分裂域为 Ω，要证明

$$\Omega = F(\sqrt{-1})$$

按引理 3 的推论 1，F 上的奇数次多项式在 F 上必有一次因式. 因此，$[\Omega : F] = 2^l$. 从命题 1,2 知 $l \leqslant 1$；又从命题 2 的证明知 $F(\sqrt{-1})$ 是 F 上仅有的二次扩张，故应有 $\Omega = F(\sqrt{-1})$. ■

这个命题的结论实际上可能用来刻画实闭域. 设 $\sqrt{-1} \notin F$，且 $F(\sqrt{-1})$ 是代数闭域. 从命题 2 的证明知，知 $F(\sqrt{-1})$ 是 F 上仅有的二次扩张. 据命题 2，F 是个实域. 如果 F 不是实闭的，那么由引理 3，F 上将有奇数次的实扩张 $F(u)$. 但

$$F(u, \sqrt{-1}) = F(\sqrt{-1})$$

因此 $u \in F(\sqrt{-1})$，即 $F(u)/F$ 不是奇数次的实扩张. 这证明了 F 是实闭的. 结合命题 3，即有：

定理 7.4 F 成为实闭域，当且仅当 $\sqrt{-1} \notin F$，以及 $F(\sqrt{-1})$ 是代数闭域. ■

我们知道，实数域 **R** 只有唯一的序(即通常的顺序)$\mathbf{R}^2$，而且其上任何奇数次方程在 **R** 中都有解. 因此 **R** 是实闭域. 从上述定理又有：

推论 复数域 $\mathbf{C} = \mathbf{R}(\sqrt{-1})$ 是代数闭域. ■

R 是实闭域这个事实又启示我们可以从另一方面来刻画实闭域，这就是说，可以比照 **R** 的性质，先在实域上建立一些类似的概念，然后用它们来刻画实闭域.

设 (F, P) 是个序域，$f(X) \in F[X]$，又设 $a, b \in F$，使得 $f(a)f(b) \neq 0$. 若 $f(a)f(b) \in -\dot{P}$，或者用 P 所确定的序关系"$\leqslant$"来表示 $f(a)f(b) < 0$，我们就称 $f(X)$ 在 a 与 b 处有**变号**. 对于序域 (F, P)，若下述命题成立：

"对于每个多项式 $f(X) \in F[X]$，以及 F 中任意两元素 a, b，当 $f(a)f(b) < 0$ 成立时，方程 $f(X) = 0$ 在 F 中有解 c，满足 $a < c < b$ 或者 $b < c < a$."

我们就称 (F, P) 具有多项式的**中间值性质**. 域 **R** 具有这一性质. 设 F 是实闭域，$f(X) \in F[X]$ 是任一多项式. 由于 $F(\sqrt{-1})$ 是代数闭域，所以 $f(X)$ 在 F 上能分解成一次或二次不可约因式的乘积. 设 $X^2 + eX + d$ 是 $f(X)$ 在 F 上的一个二次不可约因式. 它可以改写如

$$\left(X + \frac{e}{2}\right)^2 + \left(d - \frac{e^2}{2}\right) \tag{7.2.3}$$

由于它在 F 上不可约，故有 $e^2 < 4d$. 因此，无论 X 取 F 上何值，(7.2.3) 关于唯一的序 F^2 总是正的. 因此，如果 $f(X)$ 在 a 与 b 处有变号，那么只有 $f(X)$ 的一

次因式才参与符号的改变,从而有某个适合 $a < c < b$ 或$b < c < a$ 的元素 $c \in F$,使得 $X - c$ 是 $f(X)$ 的一个因式,换言之,$f(X) = 0$ 在 F 中有一个位于 a 与 b 间的根 c.

引理 4 实闭域具有多项式的中间值性质. ■

为了证明上述引理的逆理,我们先给出两个与实数情形相类似的结果:

引理 5 设$(F, \leqslant)$ 上的多项式

$$f(X) = X^n + a_1 X^{n-1} + \cdots + a_n, n \geqslant 1 \tag{7.2.4}$$

令 $M = \max\limits_{1 \leqslant i \leqslant n}\{\| a_i \|\} + 1$. 于是有 $f(M) > 0$. 当 n 为奇数时,有

$$f(-M) < 0$$

证明 由

$$M^n > M^n - 1 = (M-1)M^{n-1} + \cdots + (M-1) \geqslant$$
$$\| a_1 \| M^{n-1} + \cdots + \| a_n \|$$

即得 $f(M) > 0$. 当 n 为奇数时,以$(-1)^n$ 乘上式两边,得

$$(-M)^n < a_1 M^{n-1} \pm a_2 M^{n-2} \pm \cdots \pm a_n$$

故有 $f(-M) < 0$. ■

引理 6 设 $f(X)$ 如(7.2.4),又令

$$M = \max\{1, \| a_1 \| + \cdots + \| a_n \|\}$$

若 u 是 $f(X) = 0$ 在$(F, \leqslant)$ 的任何一个序扩张中的根,则有

$$\| u \| \leqslant M$$

证明 若 $\| u \| \leqslant 1$,结论成立. 设 $\| u \| > 1$. 由

$$u^n = -a_1 u^{n-1} - \cdots - a_n$$

两边取绝对值,根据演算法则(7.1.8),再以 $\| u \|^{n-1}$ 除两边,即得

$$\| u \| \leqslant \| a_1 \| \| 1/u \| + \cdots + \| a_n \| \| 1/u \|^{n-1} < M$$ ■

为了刻画实闭域,在序域中再引进区间的概念. 若 $a < b$ 是$(F, \leqslant)$ 中任两元素,则必有 $c \in F$,使得 $a < c < b$(例如取 $c = \frac{a+b}{2}$). 因此,在 a 与 b 之间必然有无限多个这样的 $c \in F$. 这个事实可称为序域的**稠密性**. 对于任意两元素 $a < b$,记

$$(a, b) = \{c \in F \mid a < c < b\}$$
$$[a, b] = \{c \in F \mid a \leqslant c \leqslant b\}$$

分别称作 a 与 b 所确定的**开区间**和**闭区间**. 现在来证明:

定理 7.5 序域(F, P) 成为实闭域,当且仅当它具有多项式的中间值性质.

证明 只需证明充分性. 设"$\leqslant$"是 P 所确定的序关系,又设 $a > 0$. 作多项式 $f(X) = X^2 - a$. 若 $a < 1$,此时有 $f(0) < 0 < f(1)$,按中间值性质,在$(0,1)$ 中有

某个 c，使得 $f(c)=0$，换言之，a 是 F 中的完全平方. 若 $a>1$，此时有 $f(0)<0<f(a)$. 同样可知在 $(0,a)$ 中有某个 c，使得 $a=c^2$. 这就证明了 $P=F^2$.

现在设 $f(X)$ 是由(7.2.4)所给出的一个奇数次多项式. 取引理 5 中的元素 $-M,M$. 由于 $f(X)$ 在 $-M,M$ 处有变号，按中间值性质，区间 $(-M,M)$ 中有某个 c，使得 $f(c)=0$.

根据以上的论证，从定理 7.3 的推论 2 即知 F 是个实闭域. ■

现在我们再给出实闭域的另一特征，它可以看作是定理 7.4 的进一步深化.

定理 7.6(Artin-Schreier) 设 Ω 是一个特征可为任何数的代数闭域，R 是它的真子域. 若 Ω/R 是有限扩张，则 R 是个实闭域，并且有 $\Omega=R(\mathrm{i})$，$\mathrm{i}=\sqrt{-1}$.

证明 首先证明 R 是完备域. 如若不然，则 R 的特征为 $p\neq 0$，且有某个 $a\in R$ 不能表示成 R 中元素的 p 次幂. 由此可知 $X^{p^r}-a$ 在 R 上不可约，r 可取任何自然数. 但这与 $[\Omega:R]<\infty$ 的所设相矛盾.

若 $\Omega=R(\mathrm{i})$，结论由定理 7.4 得出. 假设 $\Omega\neq R(\mathrm{i})$. 在 R 是完备域的情形下，$\Omega/R(\mathrm{i})$ 为有限 Galois 扩张，设 q 是 $[\Omega:R(\mathrm{i})]$ 的一个素因子. 于是 $\Omega/R(\mathrm{i})$ 的 Galois 群 G 有一个阶为 q 的循环子群 H. 令 F 是 H 的稳定域，从而 Ω/F 是个 q 次循环扩张. 如果 q 等于 Ω 的特征 p，按定理 1.16，F 上将有 p^r 次的扩张，r 可取任何自然数，从而又与 $[\Omega:R(\mathrm{i})]<\infty$ 矛盾. 因此，$q\neq p$.

令 ζ_n 是 q^n 次本原单位根. 由于 $[F(\zeta_1):F]<q$，故 $\zeta_1\in F$. 根据 1.13 节命题 1，此时有 $\Omega=F(a^{1/q})$，$a\in F$. 设 u 是方程 $X^{q^2}=a$ 的一个根. 从 $[\Omega:F]=q$ 知 $X^{q^2}-a=\prod\limits_j(X-\zeta_2^j u)$ 在 F 上是可约的. 令 $g(X)\in F$ 是它的一个首系数为 1 的不可约因式，且有 $g(u)=0$. 由于 $u\notin F$，故 $\deg g(X)=q$. $g(X)$ 的常量项具有形式 $u^q\zeta_2^s$. u^q 是 $X^q=a$ 的一个根，因此 $u^q\notin F$. 从而又有 $\zeta_2^s\notin F$. 由此可得 $\Omega=F(\zeta_2)$.

现在取 Ω 的素子域 $\mathbf{P}$，以及自然数 r，使得 $\zeta_r\in\mathbf{P}(\zeta_2)$，但 $\zeta_{r+1}\notin\mathbf{P}(\zeta_2)$. 这种 r 是存在的，因为扩张次数 $[\mathbf{P}(\zeta_r):P]$ 随 r 而递增，以 $h(X)$ 记 ζ_{r+1} 在 F 上的极小多项式，显然有

$$h(X)\in(\mathbf{P}(\zeta_{r+1})\cap F)[X]$$

由于 $\deg h(X)=q$，故

$$[\mathbf{P}(\zeta_{r+1}):(\mathbf{P}(\zeta_{r+1})\cap F)]=q$$

另一方面，由于 $\zeta_{r+1}\notin\mathbf{P}(\zeta_r)=\mathbf{P}(\zeta_2)$，故

$$[\mathbf{P}(\zeta_{r+1}):\mathbf{P}(\zeta_r)]=q$$

因为 $r\geqslant 2$，$\zeta_r\notin F$，即 $\mathbf{P}(\zeta_r)\notin F$. 由此得知

$$\mathbf{P}(\zeta_r)\neq F\cap\mathbf{P}(\zeta_{r+1})$$

这表明了群 $\mathrm{Aut}(\mathbf{P}(\zeta_{r+1})/\mathbf{P})$ 至少含有两个循环子群，它们的阶等于 q. 从而得知 $\mathrm{Aut}(\mathbf{P}(\zeta_{r+1})/\mathbf{P})$ 不是循环群. 这只能在 $\mathbf{P}=\mathbf{Q}$，以及 $q=2$ 时才有可能. 前者表明 Ω 的特征为 0，后者给出 $r=2$. 但在 $q=r=2$ 时，有 $\zeta_2=\pm\mathrm{i}$. F 是 $R(\mathrm{i})$ 的扩张，故 $\mathrm{i}\in F$. 但这又与 $\mathrm{i}=\pm\zeta_2\notin F$ 相矛盾. 这就证明了 $\Omega=R(\mathrm{i})$. ■

7.3 Sturm 性质与 Sturm 定理

本节将继续对实闭域进行刻画；同时，本节的主要结果：实闭域上的 Sturm 定理，又为以后的讨论提供了一个工具.

设 (F,P) 是个序域，$f(X)\in f[X]$ 是无重因式的多项式. 所谓 $f(X)$ 的**标准列**，是指一个由多项式组成的列，按以下的方式规定：

$f_0=f$；$f_1=f'$（$f(X)$ 关于 X 的形式导式）又当 $f_0,\cdots,f_j\ (j\geqslant 1)$ 已经规定后，f_{j+1} 由以下的等式给出

$$f_{j-1}=f_jg_j-f_{j+1} \tag{7.3.1}$$

其中

$$g_j=g_j(X)\in F[X]$$
$$\deg f_{j+1}(X)<\deg f_j(X)$$

按照这一方式可以得出一个有限长的多项式列

$$f_0,f_1,\cdots,f_s \tag{7.3.2}$$

其中最后的一个是 F 的非零元. 这是由于 f 无重因式，而 f_s 应是 f 与 f' 的最高公因式.

据 7.2 节的引理 6，我们可在 F 中选择一个适当的正元素 M，使得(7.3.2)中的每个多项式在 F 的任何一个序扩张内的零点都包含在 $(-M,M)$ 之内，考虑两个由非零元所成的有限列

$$f_0(-M),f_1(-M),\cdots,f_s(-M)$$
$$f_0(M),f_1(M),\cdots,f_s(M)$$

并且以 $\delta_f(-M)$ 和 $\delta_f(M)$ 分别表示这两个列中符号改变的个数. 如果 $f(X)=0$ 在 F 内的根的个数等于 $\|\delta_f(-M)-\delta_f(M)\|$，我们就称 $f(X)$ **具有 Sturm 性质**. 若 F 上每个无重因式的多项式都具有 Sturm 性质，则称**序域 (F,P) 具有 Sturm 性质**. 现在先来证明一个命题：

命题 1 具有 Sturm 性质的序域是实闭域.

证明 设 (F,P) 具有 Sturm 性质 $a\in\dot{P}$. 考虑多项式

$$f(X)=X^2-a$$

这是个无重因式的多项式，其标准列为

$$X^2 - a,\ 2X,\ a \tag{7.3.3}$$

取适当的 $M \in \dot{P}$，可以使得(7.3.3) 在 $-M$ 与 M 处的符号分别为

$$+, -, +$$
$$+, +, +$$

因此

$$\delta_f(-M) - \delta_f(M) = 2$$

由于 F 具有 Sturm 性质，所以 $X^2 - a$ 在 F 内有零点. 换言之，a 是 F 中的完全平方.

其次，设 $f(X) \in f[X]$ 是一个无重因式的奇数次多项式，其首系数为 1，而且 $\deg f(X) > 1$. 设它的标准列为(7.3.2). 于是取适当的 $M \in \dot{P}$，可使得(7.3.2) 在 $-M$ 与 M 处的符号分别具有如下的形式

$$-, +, \cdots, \pm \tag{7.3.4}$$
$$+, +, \cdots, \pm \tag{7.3.5}$$

其中中间那一部分符号，视具体的多项式而定；由于 f_s 是个常量项，所以在上述两列中取同一符号. 现在要证明，对于这样的 $f(X)$，恒有

$$\| \delta_f(-M) - \delta_f(M) \| \geqslant 1$$

为此，先有一条简单的引理：

引理 1 设

$$\varepsilon_n, \varepsilon_{n-1}, \cdots, \varepsilon_0$$
$$\varepsilon'_n, \varepsilon'_{n-1}, \cdots, \varepsilon'_0$$

是两个有限长的符号列，其中每个 $\varepsilon_j, \varepsilon'_j$ 可以任取符号"+"或"−"；又设 $\varepsilon_0 = \varepsilon'_0$. 若以 δ_s 与 $\delta_{s'}$ 分别表示上、下两列的变号个数，则当 $\varepsilon_n = \varepsilon'_n$ 时，有

$$\| \delta_s - \delta_{s'} \| \text{ 为偶数或 } 0$$

而当 $\varepsilon_n \neq \varepsilon'_n$ 时，有

$$\| \delta_s - \delta_{s'} \| \text{ 为奇数}$$

证明 只需对 n 使用归纳法，从略. ■

现在回到命题的证明上来. 根据上述引理，符号列(7.3.4) 与(7.3.5) 的变号数之差应为奇数，因此 $\| \delta_f(-M) - \delta_f(M) \| \geqslant 1$. 按所设，$f(X) = 0$ 在 F 内至少有一个解. 命题的结论由定理 7.4 的推论即可得出. ■

当 F 是实闭域时，上述命题的逆理也成立，而且还可得到更强的结论，在取实数域 $\mathbf{R}$ 时，它就是古典的 Sturm 定理. 为证明起见，再对多项式引进一个较标准列稍强的多项式列.

设 $f(X) \in f[X]$，$[a,b]$ 是(F,P) 的一个闭区间. 又设

$$f_0, f_1, \cdots, f_s \tag{7.3.6}$$

是 F 上的一个多项式列，它满足以下各条件：

(1) 最后项 $f_s = f_s(X)$ 在$[a,b]$内无零点；

(2) 若 $u \in [a,b]$ 是某个 $f_j(X)=0$ 的根，$0<j<s$，则有

$$f_{j-1}(u)f_{j+1}(u)<0$$

(3) $f_0(a)f_0(b)\neq 0$；

(4) 若对于某个 $u\in[a,b]$，有 $f(u)=0$，则存在开区间(c,u)及(u,d)，此处 $a<c$，$d<b$，使得对(c,u)中每个 x，都有 $f_0(x)f_1(x)<0$，又对(u,d)中每个 y，都有 $f_0(y)f_1(y)>0$；我们称多项式列(7.3.6)是 $f(X)$ 在$[a,b]$上的一个 Sturm 列. 对于 $u\in[a,b]$，以 $\delta_f(u)$ 记元素列

$$f_0(u),\ f_1(u),\cdots,f_s(u) \qquad (7.3.7)$$

的符号改变个数，此处 $f_0,\cdots,f_s$ 是 $f(X)$ 在$[a,b]$上的某个 Sturm 列. 如果在(7.3.7)中有 0 出现，在计算 $\delta_f(u)$ 时，应略去再行计算. 例如$\{1,-2,8,0,-1,0,-3,5\}$这个列的符号去 0 变数为 4.

命题 2(Sturm 定理) 设 F 是实闭域，$f(X)\in f[X]$ 无重因式，于是 $f(X)=0$ 在$[a,b]$内的解的个数等于 $f(X)$ 在$[a,b]$上任何一个 Sturm 列的端点 a 与 b 处的变号个数之差，即 $\delta_f(a)-\delta_f(b)$.

证明 设(7.4.6)是 $f(X)$ 在$[a,b]$上的一个 Sturm 列. 取出其中每个 f_j 在$[a,b]$内的零点，连同端点 a,b，按它们关于 F 的唯一的序关系"≤"顺列如下

$$a=a_0<a_1<\cdots<a_m=b$$

这就使得每个 f_j 在每个开区间(a_i,a_{i+1})之内都无零点.

设 $c\in(a_0,a_1)$. 证明，$\delta_f(a)=\delta_f(c)$. 首先，按 7.2 节引理 4，有

$$f_j(a)f_j(c)\geqslant 0,0\leqslant j\leqslant s$$

若每个 $f_j=0$ 都不以 a 为根，则 $f_j(a)f_j(c)>0$，从而 $\delta_f(a)=\delta_f(c)$. 若有 $f_k(a)=0$，按条件(1)(3)，可知 $f(a)\neq 0$，$f_s(a)\neq 0$，故有 $0<k<s$. 此时据(2)，有

$$f_{k-1}(a)f_{k+1}(a)<0$$

由于 f_{k-1}，f_{k+1} 在$[a,b]$内无零点，所以有

$$f_{k-1}(a)f_{k-1}(c)>0,\ f_{k+1}(a)f_{k+1}(c)>0$$

从而 $f_{k-1}(c)f_{k+1}(c)<0$. 因此

$$f_{k-1}(a),f_k(a)=0,\ f_{k+1}(a)$$

与

$$f_{k-1}(c),f_k(c),f_{k+1}(c)$$

都只有一个变号. 由此得知

$$f(a),f_1(a),\cdots,f_s(a)$$

与

$$f(c),f_1(c),\cdots,f_s(c)$$

有相同个数的变号，即 $\delta_f(a)=\delta_f(c)$.

据完全相同的论证可以得知，对于 $d \in (a_{m-1}, b)$，有 $\delta_f(d) = \delta_f(b)$. 又在 $f(a_i) \neq 0$ 时，同样可以证得

$$\delta_f(a_i) = \delta_f(c)$$

以及

$$\delta_f(a_i) = \delta_f(d)$$

从而 $\delta_f(c) = \delta_f(d)$，此处 $c \in (a_{i-1}, a_i)$，$d \in (a_i, a_{i+1})$.

其次来讨论 $f(a_i) = 0$ 的情形. 根据(4)，对于上面所设的 c 与 d，有 $f_0(c)f_1(c) < 0$ 与 $f_0(d)f_1(d) > 0$ 成立，即

$$f_0(c), f_1(c) \text{ 有一个变号}$$

$$f_0(d), f_1(d) \text{ 无变号}$$

使用与上一段相同的论证，可以得知

$$f_{j-1}(c), f_j(c), f_{j+1}(c)$$

与

$$f_{j-1}(d), f_j(d), f_{j+1}(d)$$

有相同的符号改变数，此处 $2 \leqslant j \leqslant s-1$. 因此，$\delta_f(c) - \delta_f(d)$ 在 $f(a_i) = 0$ 的情形下为 1. 现在对每个 i 任取 $a'_i \in (a_{i-1}, a_i)$，于是有

$$\begin{aligned}\delta_f(a) - \delta_f(b) = &(\delta_f(a) - \delta_f(a'_1)) + \\ &\sum_{i=1}^{m-1}(\delta_f(a'_i) - \delta_f(a'_{i+1})) + \\ &(\delta_f(a'_m) - \delta_f(b))\end{aligned}$$

根据前面的证明，有 $\delta_f(a) = \delta_f(a'_1)$，以及 $\delta_f(a'_m) = \delta_f(b)$. 至于上式右边中间的那一部分，当 $f(a_i) \neq 0$ 时，有

$$\delta_f(a'_i) = \delta_f(a'_{i+1})$$

而当 $f(a_i) = 0$ 时，有

$$\delta_f(a'_i) - \delta_f(a'_{i+1}) = 1$$

因此，$f(X) = 0$ 在 $[a, b]$ 中的根的个数等于 $\delta_f(a) - \delta_f(b)$. 此外，从证明的过程还可以见到，这一结论的成立与 Sturm 列的取法是无关的. ■

例 在 2.3 节中曾考虑过方程 $f(X) = 2X^5 - 5X^4 + 5 = 0$ 的实根个数. 首先，根据 7.2 节引理 6，$f(X) = 0$ 的实根都在 $[-5, 5]$ 之间. $f(X)$ 在 $[-5, 5]$ 上的一个 Sturm 列是

$$f_0 = f, f_1 = 10X^4 - 20X^3$$

$$f_2 = 2X^3 - 5, f_3 = -25X + 50$$

$$f_4 = -11$$

分别以 ± 5 代入 $\{f_0, \cdots, f_4\}$，得

$$\delta_f(-5) = 4,\ \delta_f(5) = 1$$

因此，$f(X)=0$ 恰有三个实根.

对于 F 上任一无重因式的多项式 $f(X)$，如何作出它在某个闭区间$[a,b]$上的 Sturm 列，这自然是个首要的问题. 在本节开始时所作的标准列(7.3.2)，只要 $f(a)f(b)\neq 0$，就是 $f(X)$ 在$[a,b]$上的一个 Sturm 列. 根据前面的条件进行检验，条件(1)(3) 显然成立. 设 $u\in[a,b]$，且有 $f_j(u)=0$. 由 $f_{j-1}=f_jg_j-f_{j+1}$ 可得出 $f_{j-1}(u)f_{j+1}(u)\leqslant 0$，而且 $f_{j-1}(u)=0$ 当且仅当 $f_{j+1}(u)=0$. 但由此又将导出 $f_{j+1}(u)=\cdots=f_s(u)=0$，矛盾. 因此应有

$$f_{j-1}(u)f_{j+1}(u)<0$$

即(2) 成立. 设 $f(u)=0$. 于是有

$$f(X)=(X-u)g(X),g(u)\neq 0$$

以及

$$f_1(X)=f'(X)=(X-u)g'(X)+g(X)$$

取$[a,b]$中一个包含 u 的区间$[c,d]$，使得 $f_1(X)g(X)$ 在其中不取零值，按 7.2 节引理 4，$f_1(X)g(X)$ 在其中有定号. 又因为

$$f_1(u)g(u)=(g(u))^2>0$$

故 $f(X)f_1(X)=(X-u)f_1(X)g(X)$ 在$[c,d]$中的符号等于 $X-u$ 在$[c,d]$中的符号，这证明了条件(4)，因此，对于无重因式的 $f(X)$，在适当的区间$[a,b]$上，它的标准列就是它的一个 Sturm 列. 由于我们总可以选取一个适当的正元素 M，使得 $f(X)=0$ 在 F 内的根都在$(-M,M)$之内，所以在实际使用上，条件(3) 并不成为一个限制.

推论 实闭域具有 Sturm 性质. ■

再结合命题 1，即得：

定理 7.7 序域(F,P) 成为一个实闭域，当且仅当它具有 Sturm 性质.

利用上述定理，不难证得以下的引理：

引理 2 设 F 是实闭域，k 是它的一个子域. 若 k 在 F 内是代数封闭的，则 k 也是实闭域.

证明 设 $f(X)\in k[X]$ 是无重因式的多项式，又设 $f(X)=0$ 在 F 中有根 u. 按 7.3 节引理 6，适当地选择 $a,b\in k$，可使得 $f(X)=0$ 在 F 中的根都在$[a,b]$之内，按命题 2，根的个数等于 $\delta_f(a)-\delta_f(b)$. 由于 u 关于 k 是代数的，故 $u\in k$. 从而 $f(X)=0$ 在 k 中的根的个数等于 $\delta_f(a)-\delta_f(b)$. 这证明了 k 具有 Sturm 性质，因此是实闭域. ■

7.4 序扩张，实闭包

序扩张的概念已在 7.2 节中提到，在本节中，我们首先要讨论它存在的条

件，然后引入序域的实闭包，并且进而证明它的唯一性.

设 K 是序域(F,P) 的一个扩张. 作 K 的子集

$$S_K(P)=\{\sum a_j x_j^2 \mid a_j \in P, x_j \in K\} \tag{7.4.1}$$

其中$\sum$ 表示任一有限和. 利用这个子集，就可以判断在什么情况下，P 能拓展于K.

引理 1 F 的序P 能拓展于K，当且仅当$-1 \notin S_K(P)$.

证明 设P 在K 上有拓展P'. 此时有

$$S_K(P) \subseteq P'$$

由于$-1 \notin P'$，故$-1 \notin S_K(P)$.

反之，设$-1 \notin S_K(P)$. 由$S_K(P) \supseteq S_K$，以及$S_K(P)$ 关于加法与乘法的封闭性，所以$S_K(P)$ 是K 的一个亚序. 按 7.1 节引理 3，可得到K 的一个包含$S_K(P)$ 的序P'. 但由$S_K(P) \supseteq P$，可知

$$P' \cap F \supseteq P$$

再据 7.1 节引理 4，即得$P' \cap F = P$. ■

从这个引理，立即得到：

推论 若$K=F(t_1,\cdots,t_n)$是F上的纯超越扩张，则F的序必能拓展于K. ■

下面是一个定理 7.2 相类似的结论：

命题 1 若F 的序P 在K 上有拓展，则有

$$S_K(P)=\bigcap_{P'} P' \tag{7.4.2}$$

其中P' 遍取P 在K 上所有的拓展. 又在P 不能拓展于K，或者K 不是实域的情形，则有

$$S_K(P)=K$$

证明 先讨论P 在K 上有拓展的情形. 此时有

$$S_K(P) \subseteq \bigcap_{P'} P'$$

设$x \notin S_K(P)$. 由于$-1 \notin S_K(P)$，按 7.1 节引理 4，知K 中存在包含$S_K(P)$，但不包含x 的序P'. 从而$x \notin \bigcap_{P'} P'$，即(7.4.2) 成立.

如果P不能拓展于K，按引理 1，此时应有$-1 \in S_K(P)$. 又若K不是实域，则有$-1 \in S_K \subseteq S_K(P)$. 另一方面，$K$ 是F 的扩张，故特征为 0. 在定理 7.2 的推论中已经证明，此时K 中任一元$a \neq 0$ 均可表如

$$a=\left(\frac{a+1}{2}\right)^2-\left(\frac{a-1}{2}\right)^2$$

令

$$x=\frac{a+1}{2}, y=\frac{a-1}{2}$$

则有 $a=x^2-y^2\in S_K(P)$. 因此 $S_K(P)=K$. ■

设 (F,P) 是个序域. 如果 P 不能拓展于 F 的任何一个真代数扩张,那么就称 (F,P) 为**极大序域**. 实闭域 (F,F^2) 显然是一个极大序域. 如果 (K,P') 是 (F,P) 的代数序扩张,同时又是极大序域,那么称 (K,P') 为 (F,P) 的一个**实闭包**.

引理 2 任何一个序域 (F,P) 都至少有一个实闭包.

证明 设 $\hat{F}$ 是 F 的任何一个代数闭包. 以 $\mathscr{L}$ 表示由 $\hat{F}/F$ 的这种中间域 K 所成的集,即 P 能拓展于 K. $\mathscr{L}$ 是非空的,因为 $F\in\mathscr{L}$. 令

$$K_1\subseteq K_2\subseteq\cdots$$

是 $\mathscr{L}$ 中任何一个升链. 作 $K=\bigcup_i K_i$,则应有 $K\in\mathscr{L}$. 如若 $K\notin\mathscr{L}$,则 $-1\in S_K(P)$,或者写如

$$-1=\sum a_i x_i^2,\ x_i\in K$$

上式右边的 x_i,必然同属某个 K_j. 因此有 $-1\in S_{K_j}(P)$,矛盾. 对归纳集 $\mathscr{L}$ 使用 Zorn 引理,就得到一个极大序域 (K,P'),它就是 (F,P) 的一个实闭包. ■

上面提过,实闭域是极大序域. 今证明它的逆理:

命题 2 极大序域必然是实闭域.

证明 设 (F,P) 是个极大序域. 首先,F 上只能有唯一的序 F^2. 由于 $F^2\subseteq P$,只需证明 $P\subseteq F^2$. 若有 $a\in P\backslash F^2$,则 $F(\sqrt{a})$ 是 F 上的真代数扩张. 按 P 不能拓展于 $F(\sqrt{a})$,根据引理 1,应有 $-1=\sum_i a_i(b_i+c_i\sqrt{a})^2$,其中 $a_i\in P,b_i,c_i\in F$. 由此导出

$$-1=\sum_i a_i b_i^2+a\sum_i a_i c_i^2\in P$$

矛盾. 其次来证 (F,P) 上无奇数次的扩张. 如若 K/F 是个奇数次扩张,按 7.2 节引理 3,K 是个实域. 从而 K 有序,设 P' 是其中之一. 据上段的结论,$P=F^2$ 是 F 唯一的序,故有 $P'\cap F=P$,即 P 可以拓展于 K,而与所设矛盾. 命题的结论由 7.2 节引理 3 的推论 2 即得. ■

上述命题表明,极大序域与实闭域事实上是一致的,尽管它们的定义方式不同.

从以上存在性的证明来看,无法得出任何关于序域的实闭包“唯一性”的结论. 类似于代数闭包的情形,实闭包也具有某种意义下的唯一性. 为了建立一种合理的唯一性,我们先来引进一个概念:

设 (F_1,P_1),(F_2,P_2) 是两个序域,τ 是 F_1 与 F_2 间的一个同构. 若 τ 满足

$$\tau(P_1)=P_2$$

或者由序关系表如

$$0 \underset{P_1}{\leqslant} a \text{ 当且仅当 } 0 \underset{P_2}{\leqslant} (a)$$

则称(F_1, P_1)与(F_2, P_2)是**序同构的**，或称τ为**保序同构**.

以下我们将证明，序域的实闭包除序同构外是唯一确定的. 为了证明的需要，再给出一个引理：

引理 3 设(F,P)是序域，K是对F添加所有正元素的平方根所得到的域. 于是P在K上有拓展.

证明 当(F,P)是平方封闭的实域时，$K=F$，结论显然，设F不是平方封闭的. 按引理 1，只需证明$-1 \notin S_K(P)$. 假若不然，有$-1 \in S_K(P)$，于是方程

$$-1 = \sum b_j X_j^2,\ b_j \in P$$

在K中有解. 从而在K的某个子域$F(\sqrt{a_1}, \cdots, \sqrt{a_r})$内有解. 对$r$使用归纳法. 因此不妨就$F(\sqrt{a})$的情形来考虑. 若有$-1 = \sum_j b_j(c_j + d_j\sqrt{a})^2$成立，则将导出

$$-1 = \sum_j b_j c_j^2 + a\sum_j b_j d_j^2 \in P$$

矛盾. ■

引理 4 设序域K是(F,P)上的一个有限序扩张，R是个实闭域. 又设$\tau: F \to R$是从(F,P)到(R,R^2)内的序同构. 于是τ可以拓展成为从K到(R,R^2)内的一个序同构$\mu: K \to R$.

证明 设$K=F(u)$，u在F上的极小多项式为

$$m(X) = X^n + a_1X^{n-1} + \cdots + a_n$$

按 7.4 节命题 2，$m(X)=0$在K的实闭域扩张内的根的个数为$\delta_m(-M) - \delta_m(M)$，$M$是$(F,P)$中某个适当的正元素. 由于$\tau$是序同构，所以对于$R$上的多项式

$$m^\tau(X) = X^n + \tau(a_1)X^{n-1} + \cdots + \tau(a_n)$$

应有

$$\delta_{m^\tau}(-\tau(M)) - \delta_{m^\tau}(\tau(M)) = \delta_m(-M) - \delta_m(M) > 1$$

因此，方程$m^\tau(X)=0$在R中有解. 设w是它的一个解，于是映射

$$u \to w$$

可以扩大成为τ在K上的一个拓展. 由于K/F是有限扩张，τ在K上至多只有有限个拓展. 证明，在这些拓展中，必定有一个是序同构. 假若不然，设τ在K上所有的拓展

$$\mu_j: K \to R, j = 1, \cdots, r$$

都不是序同构，则对于每个$j=1,\cdots,r$，都有K中的元素$\alpha_j > 0$，使得$\mu_j(\alpha_j) < 0$. 按引理 3，$L = K(\sqrt{\alpha_1}, \cdots, \sqrt{\alpha_r})$是$K$的一个序扩张，从而也是$(F,P)$的一个有限序扩张. 因此，存在$\tau$的一个拓展$\mu: L \to R$. μ在K上的限制应是$\mu_1, \cdots,$

μ_r 中的一个，设为 μ_1. 于是

$$\mu_1(\alpha_j)=\mu(\sqrt{\alpha_j})^2>0, j=1,\cdots,r$$

此乃一矛盾，证毕. ■

此引理尚可改进如下：

引理5 设R是序域(F,P)的一个实闭包，R_1是某个实闭域. 若$\tau:F\to R_1$是从(F,R)到(R_1,R_1^2)内的序同构，则τ可以唯一地拓展成从R到R_1内的一个序同构$\mu:R\to R_1$.

证明 先来作一个从R到R_1的单一映射，使得它在F上的限制就是τ. 设$\alpha\in R$，它在F上的极小多项式为$m(X)$. 又设$m(X)=0$在R中的根为$\alpha_1,\cdots,\alpha_r$，并且有

$$\alpha_1<\cdots<\alpha_j=\alpha<\cdots<\alpha_r$$

此处"$<$"表示R^2在R中所确定的序关系. 另一方面，$m^\tau(X)=0$在R_1中应有相同个数的根，设为$\beta_1,\cdots,\beta_r$. 今以"$<'$"表示由R_1^2在R_1中所确定的序关系，如果

$$\beta_1<'\cdots<'\beta_r$$

我们令

$$\mu:\alpha=\alpha_j\to\beta_j \tag{7.4.3}$$

以及

$$\mu:x\to\tau(x),\ x\in F$$

这就给出了一个从R到R_1的单一映射，而且是τ在R上的拓展.

其次证明这样规定的μ是从R到R_1的同构. 设$\alpha,\alpha'\in R$，又设$m_1(X)$，$m_2(X)$，$m_3(X)$，$m_4(X)$分别表示$\alpha,\alpha',\alpha+\alpha'$和$\alpha\alpha'$在$F$上的极小多项式. 作

$$g(X)=m_1(X)m_2(X)m_3(X)m_4(X)$$

又令$\gamma_1,\cdots,\gamma_l$是$g(X)=0$在R中相异的根. 作$K=F(\gamma_1,\cdots,\gamma_l)$. 按引理4，$\tau$可以拓展成一个序同构$\mu_1: K\to R_1$. 设

$$m_3(X)=0$$

在R内的解为$\gamma_{j_1},\cdots,\gamma_{j_n}$，又设$\alpha+\alpha'=\gamma_{j_s}$. 据7.4节的命题2，$m_3^\tau(X)=0$在$R_1$中也有$j_n$个根，设为$\delta_{j_1},\cdots,\delta_{j_n}$，并且$\delta_{j_1}<'\cdots<'\delta_{j_n}$. 根据$\mu_1$的作法，它们应是$\mu_1(\gamma_{j_1}),\cdots,\mu_1(\gamma_{j_n})$；同时应有

$$\mu_1(\gamma_{j_1})<'\cdots<'\mu_1(\gamma_{j_n})$$

再按(7.4.3)对μ的规定，有

$$\mu(\gamma_{j_s})=\mu_1(\gamma_{j_s})$$

对于元素$\alpha\alpha'$，可以做全然相同的考虑. 由于μ_1是个同构，所以由(7.4.3)所规定的单一映射μ是个从R到R_1的同构映射.

至于μ是个序同构，从$\mu(R^2)\subseteq R_1^2$即知. 最后要证明这样规定的μ是τ的唯一

拓展. 假若不然, 设 μ' 是 τ 的另一拓展, $\mu' \neq \mu$. 于是对于某个 $\alpha \in R$, 有 $\mu'(\alpha) \neq \mu(\alpha)$. 设 $m(X)$ 是 α 在 F 上的极小多项式, 它在 R 中的零点为 $\alpha_1 < \cdots < \alpha_j = \alpha < \cdots < \alpha_r$. 于是 $m^\tau(X) = 0$ 在 R_1 内也有 r 个根. 从引理 4 的证明可以知道它们是

$$\{\mu(\alpha_1), \cdots, \mu(\alpha_r)\} = \{\mu'(\alpha_1), \cdots, \mu'(\alpha_r)\}$$

从 $\mu(\alpha_1) < \cdots < \mu(\alpha_r)$, 以及 $\mu'(\alpha_1) < \cdots < \mu'(\alpha_r)$ 即可得到

$$\mu(\alpha) = \mu(\alpha_j) = \mu'(\alpha_j) = \mu'(\alpha)$$

矛盾. ■

在建立了以上的定理后, 我们很容易获得实闭包的唯一性结论. 设 R, R' 是 (F, P) 的两个实闭包. 在上述定理中, 如果取 τ 是从 F 到 R' 内的恒同嵌入, 按定理即可得到一个从 R 到 R' 的序同构. 不难见到, 这个同构又是满射的. 因此有:

定理 7.8(实闭包的唯一性) 每个序域 (F, P) 都有一个实闭包, 并且除 $F-$ 序同构外, 它是唯一确定的. ■

根据这个事实, 今后可以使用 R 是 (F, P) 的实闭包这样的称谓. 作为定理的一个应用, 我们有:

命题 3 设 K 是序域 (F, P) 的一个代数扩张, 又设 R 是 (F, P) 的实闭包. 于是, 由 K 到 R 内的 $F-$ 同构所成的集, 与 P 在 K 上的拓展所成的集是一一对应的.

证明 设 P 在 R 中的唯一拓展记作 P_R. 若 $\tau: K \to R$ 是个 $F-$ 嵌入, 此时 $P' = \tau^{-1}(P_R)$ 是 K 的一个序, 而且是 P 在 K 上的拓展.

设 (K, P') 是 (F, P) 的一个代数序扩张, R' 是 (K, P') 的实闭包. 显然, R' 同时也可作为 (F, P) 的实闭包. 按引理 5, 存在 $F-$ 序同构 $\mu: R' \to R$. 令 τ 是 μ 在 K 上的限制, 它是 K 到 R 内的一个 $F-$ 序嵌入. 由

$$\tau^{-1}(P_R \cap \mu(K)) = P_{R'} \cap K = P'$$

可知 τ 所对应的序就是 P'.

如果 τ_1, τ_2 是 K 到 R 内的两个 $F-$ 嵌入, 那么它们对应于 K 的同一个序 P'; 又以 R' 记 (K, P') 的实闭包, 则由引理 5 的证明过程可知 τ_1, τ_2 得以拓展成为 R' 与 R 间的一个序同构, 从而 $\tau_1 = \tau_2$. ■

作为命题 3 的一个应用, 现在来考虑 $F = \mathbf{Q}$ 的情形. $\mathbf{Q}$ 上的代数元称为代数数. 在 7.1 节中已知 $\mathbf{Q}$ 只有一个序. 关于这个序的实闭包 R 就是由全体实代数数所成的域.

令 K 是 $\mathbf{Q}$ 上的代数扩张. 按命题 3, K 的序所成的集, 与 K 到 R 内的 $\mathbf{Q}-$ 嵌入所成的集是一一对应的. 对于 $\alpha \in K$, α 成为全正元, 当且仅当对于每个 $\mathbf{Q}-$ 嵌入 τ, 都有 $\tau(\alpha) > 0$. 因此, 按定理 7.2 及其推论, 即有:

命题 4(Landau) 设 K 是个代数数域($\mathbf{Q}$ 上的有限扩张), $\tau_1, \cdots, \tau_r (r \geqslant 0)$

是由 K 到 R 的全部 $\mathbf{Q}$－嵌入，此处 R 是由所有实代数数所成的域. $\alpha \in K$ 都表示为 K 中的平方和，当且仅当 $\tau_i(\alpha) > 0, i=1,\cdots,r$. ■

在结束本节之前，为以后的应用起见，我们对序的实闭包再做一些考虑.

设 S 是 (F,P) 的一个子集. 若对于任一 $x \in F$，必有某个 $s \in S$，使得 $s < x$ 成立，则称 S 与 F 是**同始的**；若对于任一 $y \in F$，必有某个 $s \in S$，使得 $y < s$ 成立，则称 S 与 F 是**同终的**. 不难见到，这是两个各自独立的概念. 又如果对于 F 中任何两元素 $x < y$，必有某个 $s \in S$，满足 $x < s < y$，则称 S 在 F 中是**稠密的**. 若子集 S 在 F 中是稠密的，那么 S 与 F 既是同始的，又是同终的. 但反过来并不成立. 这只要从有理数 $\mathbf{Q}$ 中的整数子集 $\mathbf{Z}$ 就可以得知.

引理 6 设 R 是 (F,P) 的实闭包. 于是 P 与 R^2 是同始的和同终的，从而 F 与 R 也是同始的和同终的.

证明 对于子域的正元素集而论，同始与同终这两个概念显然是可以互相推导的. 对于 $\alpha \in R^2$，按 7.2 节引理 6，必有某个 $a \in P$，满足 $\alpha \leqslant a$. 因此，P 与 R^2 是同终的，从而也是同始的. 引理的后一断言可由此得出. ■

如在前面所指出，由此并不能得到 F 在 R 内成为稠密的这一结论. 请看下面的例子.

例 设 t 是 $\mathbf{Q}$ 上的一个超越元. 在有理函数域 $F=\mathbf{Q}(t)$ 中，规定 $0 < t < x$，此处 x 可遍取所有的正有理数. 不难验知，这样确定了 F 的一个序(此时可称 t 为正无限小，将在 7.7 节中另行讨论). 作 F 关于这个序的实闭包 R. 于是 $\sqrt{t}$ 和 $2\sqrt{t}$ 都是 R 的元素，且有 $\sqrt{t} < 2\sqrt{t}$. 但就所规定的序而言，F 中不存在满足 $\sqrt{t} < \alpha < 2\sqrt{t}$ 的元素 α. 因此，F 在 R 中不是稠密的.

上面的例子启示我们，对于 R 的元素可以分成两类. 设 $\alpha \in R$. 若对于每个 $h \in \dot{P}$，区间 $(\alpha-h, \alpha+h)$ 中总含有 F 的元素，则称 α 是(关于 F 的) **极限元**；否则，称为(关于 F 的) **孤立元**. 在后一种情形，必有某个 $h \in \dot{P}$，使得 $(\alpha-h, \alpha+h)$ 与 F 无公有元素. 此时我们称 $(\alpha-h, \alpha+h)$ 与 F 是**分离的**.

现在设 F 在 R 内不稠密. 不难证明，R 中必然存在孤立元. 因为，由所设知有 $\alpha, \beta \in R, \alpha < \beta, (\alpha, \beta)$ 与 F 是分离的. 今断言，α 与 β 都是孤立元. 令 $h \in \dot{P}$，$h < \beta - \alpha$，从而有 $\alpha < \alpha + h < \beta$. 因此在 $(\alpha, \alpha+h)$ 中不含 F 的元素. 如果 $(\alpha - h, \alpha)$ 中有 $b \in F$，则 $\alpha - h < b < \alpha$. 从而 $\alpha < b + h < \alpha + h$，矛盾. 这证明了 $(\alpha - h, \alpha + h)$ 与 F 是分离的，即 α 是孤立元. 同样可以证明 β 也是孤立元.

另一方面，R 中所有关于 F 的极限元组成一个包含 F 的子域. 现仅就极限元之和仍为极限元进行验证. 设 α, β 都是极限元. 于是对于每个 $h \in \dot{P}$，有 $\beta < c < \beta + h$ 与 $\alpha - h < d < \alpha$ 成立. 此处 $c, d \in F$. 从而

$$\alpha + \beta - h < c + d < \alpha + \beta + h$$

即区间 $(\alpha + \beta - h, \alpha + \beta + h)$ 含有 F 的元素，故 $\alpha + \beta$ 是极限元.

今以 $\widetilde{F}_R$ 记这个子域. 显然,F 在 $\widetilde{F}_R$ 中是稠密的. 如果 $F=\widetilde{F}_R$,此时可称 F **在 R 中是完全的**. 又可以见到,R 中关于 $\widetilde{F}_R$ 的极限元同时也是关于 F 的极限元,换言之,$\widetilde{F}_R$ 在 R 中是完全的. 因此,$\widetilde{F}_R$ 可称作 **F 在 R 中的完全化**.

下述引理以后将会用到:

引理 7 设多项式

$$f(X)=X^n+\alpha_1X^{n-1}+\cdots+\alpha_n\in\widetilde{F}_R[X]$$

在 R 中有单零点 α. 对于任意给定的 $d\in\dot{P}$,必有某个 $h\in\dot{P}$,使得当 F 上的多项式

$$g(X)=X^n+\alpha_1X^{n-1}+\cdots+\alpha_n$$

满足 $\|\alpha_j-a_j\|<h$ 时,$j=1,\cdots,n$,$g(X)=0$ 在 R 中有单根 β,满足 $\|\alpha-\beta\|<d$.

证明 由于 α 是 $f(X)=0$ 的单根,所以在 α 的某个充分小的领域内 $f(X)$ 是单调的,即对于某个 $d'<d$,有不等式

$$f(\alpha-d')f(\alpha+d')<0$$

取 $\dot{P}$ 中元素 h 满足

$$h<\min(\|f(\alpha-d')\|,\|f(\alpha+d')\|)$$

又取 $\dot{P}$ 中的 k,使得

$$\|\alpha\pm d'\|^j\leqslant k,j=0,\cdots,n-1$$

由于 F 在 $\widetilde{F}_R$ 中是稠密的,故可选取适当的 $a_j\in F$,使得

$$\|\alpha_j-a_j\|<h/nk<d,\ j=1,\cdots,n$$

令

$$g(X)=X^n+\alpha_1X^{n-1}+\cdots+\alpha_n$$

于是

$$\|f(\alpha\pm d')\cdot g(\alpha\pm d')\|\leqslant$$
$$\sum_{j=1}^{n}\|\alpha_j-a_j\|\,\|\alpha\pm d'\|^{n-j}<h$$

因此有

$$f(\alpha-d')g(\alpha-d')>0$$
$$f(\alpha+d')g(\alpha+d')>0$$

这表明了 $g(X)=0$ 在 R 的区间 $(\alpha-d',\alpha+d')$ 内有单根 β,并且满足 $\|\alpha-\beta\|<d'<d$. ■

7.5 Pythagoras 域

定义 7.4 实域 F,如果满足

$$F^2+F^2=F^2$$

就称它为 **Pythagoras 域**.

作为Pythagoras域的例子,前面已经见到过的有平方闭域和实闭域.另外,以 F^2 为序的域自然是Pythagoras域,对于它的一个刻画已经从7.2节的命题2得知.不过,Pythagoras 域并不必然是序域(F,F^2).

命题1 设$\sqrt{-1}\notin F$.于是 $F^2+F^2=F^2$.当且仅当 F 上无4次循环扩张.

证明 必要性.假若 F 上存在4次循环扩张 K,则应有2次的中间域 E.因此有 $a,b,c\in F$,使得

$$E=F(\sqrt{a}),K=E(\sqrt{b+c\sqrt{a}})$$

令 $e=\sqrt{b+c\sqrt{a}}$,又以 τ 记 $\mathrm{Aut}(K/F)$ 的生成元.于是有

$$\tau^2(e)=-e,\ (\tau(e))^2=\tau(e^2)=b-c\sqrt{a}$$

从而

$$(e\tau(e))^2=e^2\cdot\tau(e^2)=b^2-c^2a$$

另一方面

$$\tau^2(e\cdot\tau(e))=\tau^2(e)\cdot\tau(\tau^2(e))=$$
$$(-e)\cdot\tau(-e)=e\cdot\tau(e)$$

故 $e\cdot\tau(e)\in E$.现在设 $e\cdot\tau(e)=x+y\sqrt{a}$.于是

$$(e\cdot\tau(e))^2=x^2+ay^2+2xy\sqrt{a} \tag{7.5.1}$$

但$(e\cdot\tau(e))^2=b^2-c^2a\in F$,故应有 $xy=0$.若 $y=0$,此时

$$e\cdot\tau(e)=x\in F$$

由此有

$$\tau(e)\cdot\tau^2(e)=\tau(e\cdot\tau(e))=e\cdot\tau(e)$$

从而 $\tau^2(e)=e=-e$,与所设 $-1\notin F^2$ 相矛盾.

若 $x=0$,此时$(e\cdot\tau(e))^2=ay^2$,即 $b^2=a(c^2+y^2)$.若

$$c^2+y^2=0,(e\cdot\tau(e))^2=ay^2=-c^2a$$

又将导出 $-1\in F^2$.但在 $c^2+y^2\neq 0$ 时,则有 $a=\dfrac{b^2}{c^2+y^2}$.按所设 $F^2+F^2=F^2$,知 $a\in F^2$,与所设矛盾.

充分性,若对于某个 $a\in F$,有 $1+a^2=b\notin F^2$,作

$$E=F(\sqrt{b})$$

以及 $K=F(\sqrt{b+\sqrt{b}})$,令 $e=\sqrt{b+\sqrt{b}}$,以及 $d=\sqrt{b-\sqrt{b}}$.于是 e 有四个互异的共轭元 $e,-e,d,-d$.如若 $d=\pm e$,则将导出 $2\sqrt{b}=0$,即 F 的特征为2,而与 $\sqrt{-1}\notin F$ 相矛盾.又由

$$d = a\sqrt{b} \,/\, \sqrt{b+\sqrt{b}} \in K$$

所以 K/F 是 Galois 扩张.

设 $\tau \in \mathrm{Aut}(K/F)$，使得 $\tau(e) = d$. 于是

$$\tau^2(e) = \tau(d) = -a\sqrt{b} \,/\, \tau(e) = -a\sqrt{b} \,/\, d = -e$$

故 τ 的阶不等于 2，从而 $\mathrm{Aut}(K/F)$ 是 4 阶循环群，矛盾. ■

由命题立即得出：

定理 7.9 F 成为 Pythagoras 域，当且仅当 $-1 \notin F^2$，同时 F 上不存在 4 次循环扩张. ■

前面已经提到，Pythagoras 域可以具有多个序. 现在来看以下的例子.

例 设 F 是 Pythagoras 域，$K = F((t))$ 是 F 上关于超越元 t 的形式幂级数域. 今证明，K 也是 Pythagoras 域，而且 F 的每个序在 K 上恰有两个拓展.

设"$\leqslant$"是 F 的一个序关系. 对于 K 的元素

$$x = a_m t^m + \cdots, a_m \neq 0 \tag{7.5.2}$$

规定 $0 < x$，当且仅当 $0 < a_m$. 容易验知，这是"$\leqslant$"在 K 上的拓展，而且是使得 $0 < t$ 的唯一拓展(见习题 14). 从 K 中元素的运算又可以认识到，凡具有形式

$$1 + a_1 t + a_2 t^2 + \cdots$$

的元素，在 K 中总是一个完全平方. 设

$$y = b_n t^n + \cdots, b_n \neq 0$$

是 K 中另一个元素. 若 $n < m$，则有

$$x^2 + y^2 = (b_n t^n)^2 (1 + c_1 t + \cdots) = (b_n t^n)^2 z^2$$

即 $x^2 + y^2 \in K^2$. 对于 $m < n$，有类似的结果. 设 $n = m$. 此时有

$$x^2 + y^2 = (a_n^2 + b_n^2) t^{2n} (1 + d_1 t + \cdots) = (a_n^2 + b_n^2) t^{2n} w^2$$

按所设，F 是 Pythagoras 域，故 $a_n^2 + b_n^2 \in F^2$. 从而 $x^2 + y^2 \in K^2$. 这就证明了 K 是 Pythagoras 域.

对于由(7.6.2)所给出的 x，如果规定 $0 < x$，当且仅当

$$0 < (-1)^m a_m$$

同样不难验知，它给出"$\leqslant$"在 K 上的一个拓展，而且又是使得 $t < 0$ 的唯一拓展.

在这个例子中，若取 F 为只有唯一的序 F^2 的 Pythagoras 域，则 $K = F((t))$ 就是恰有两个序的 Pythagoras 域. 重复这一过程，即可得知

$$F((t_1)) \cdots F((t_n))$$

是恰有 2^n 个序的 Pythagoras 域.

对于任何一个实域 F，我们可以通过以下的方式获得一个包含 F 的最小 Pythagoras 域.

设$\{K_i\}_{i\in I}$是由所有包含F的Pythagoras域所成的集.这是一个非空集,因为F的每个实闭包都是Pythagoras域.作$F_P=\bigcap_{i\in I}K_i$.首先,F_P是个实域.对于F_P中任意x,有

$$1+x^2=y_i^2,y_i\in K_i,i\in I$$

因此,对于每组标号$i,j\in I$,应有$y_i^2=y_j^2$,从而$y_i=\pm y_j$.只要取定一个y_j,就有$y_j\in\bigcap_{i\in I}K_i=F_P$.这证明了$F_P$是Pythagoras域,同时又是包含$F$的最小Pythagoras域.它的唯一性是显然的,我们称它作F的Pythagoras闭包.

命题2 设F是实域,但不是Pythagoras域.于是F的Pythagoras闭包F_P包含F的一个4次循环扩张.

证明 由所设,F不是Pythagoras域,故有$a\in F$,使得

$$b=1+a^2\notin F^2$$

但$b\in F_p^2$,以及

$$b+\sqrt{b}=1+a^2+\sqrt{1+a^2}=$$
$$\frac{a^2}{2}+\frac{1}{2}(1+\sqrt{1+a^2})^2\in$$
$$F_p^2+F_p^2=F_p^2$$

因此F_p包含$F(\sqrt{b+\sqrt{b}})$.从命题1的证明可以见到

$$K=F(\sqrt{b+\sqrt{b}})$$

是F上的4次循环扩张. ■

推论 若F是实域,F上的有限代数扩张K是Pythagoras域,则F本身是Pythagoras域.

证明 首先,K包含F的Pythagoras闭包F_P.此时自然有$[F_P:F]<\infty$.因此F_P包含一个真子域$E\supseteq F$,使得E与F_P之间无中间域.由于E不是Pythagoras域,按命题,F_P包含E上的一个4次循环扩张,如在命题证明中所出现的$E(\sqrt{b+\sqrt{b}})$;即使有$F_P=E(\sqrt{b+\sqrt{b}})$,F_P与E之间仍然有中间域$E(\sqrt{b})$,而与E的取法相矛盾. ■

从这个推论可以得知这样一个事实:如果实域F不是Pythagoras域,那么它的Pythagoras闭包F_P必然是F上的无限代数扩张.

7.6 阿基米德序域

实数域**R**按通常的顺序所规定的序是我们最熟悉的一种序.在本节中,我们先对此做一般的讨论.在此基础上,最后对实数域**R**做出刻画.

设 k 是序域$(F,\leqslant)$的一个子域. 若对于元素 $x \in F$,有某个 $a \in k$,使得 $\|x\| \leqslant \|a\|$ 成立,就称 x **关于 k 是有限的**,或称 x 是 **k 上的有限元**. 又若对于每个 $0 \neq a \in k$,恒有 $0 \leqslant \|x\| \leqslant \|a\|$,则称 x 是**关于 k 的无限小**. 一个与它对称的概念是:若对于每个 $a \in k$ 恒有 $\|x\| \geqslant \|a\|$,则称 x 是**关于 k 的无限大**. 显然,x 关于 k 是无限大等价于 x^{-1} 关于 k 是无限小. k 中任何非零元都不能是关于 k 的无限小,从而 k 中也不能有关于 k 的无限大. 由于序域的特征是 0,不妨以 $\mathbf{Q}$ 作为其素子域. 当取 $k=\mathbf{Q}$ 时,我们把关于 $\mathbf{Q}$ 的有限元、无限小和无限大,简称作 F 中的有限元、无限小和无限大.

定义 7.5 若序域$(F,\leqslant)$不含关于子域 k 的无限大(从而也不含关于 k 的非零无限小),则称$(F,\leqslant)$关于 k 是**阿基米德的**. 特别当取 $k=\mathbf{Q}$ 时,就称$(F,\leqslant)$是**阿基米德序域**. 若 F 中含有关于 k 的无限大,就称$(F,\leqslant)$关于 k 是**非阿基米德的**. 当 $k=\mathbf{Q}$ 时,简称$(F,\leqslant)$为**非阿基米德序域**.

若$(F,\leqslant)$关于子域 k_1 是阿基米德的,k_1 关于子域 k 又是阿基米德的[①],那么 F 关于 k 也是阿基米德的. 根据这个事实,使用 Zorn 引理,就可得知:对于给定的子域 k,F 中必然有一个关于 k 的、极大的阿基米德子域. 当 k 是 F 的真子域,而且 F 中关于 k 的极大阿基米德子域就是 k 自身时,我们称 k 是$(F,\leqslant)$的一个**极大阿基米德子域**. 序域$(F,\leqslant)$成为阿基米德序域的必要充分条件是,除 F 自身外,F 中不存在其他的极大阿基米德子域. 又从以上的定义立即可知,$(F,\leqslant)$的极大阿基米德子域在 F 内是代数封闭的. 关于极大阿基米德子域,在 7.10 节中将给出它的一个刻画. 现在回到阿基米德序域上来. 首先有一个非常有用的判别法则(证明留给读者):

引理 1 序域$(F,\leqslant)$成为阿基米德序域,当且仅当对于 F 中任意两正元素 a,b,总有自然数 $n=n(a,b)$,使得有 $a \leqslant nb$ 成立,这里 nb 是指 n 个 b 之和. ■

根据这个引理,$\mathbf{Q}$ 和 $\mathbf{R}$ 对于它们唯一的序而言都是阿基米德序域,因为它们满足阿基米德公理.

命题 1 序域$(F,\leqslant)$成为阿基米德序域,当且仅当素子域 $\mathbf{Q}$ 在 F 中是稠密的.

证明 充分性由定义直接可知. 现证其必要性. 设 $a<b$ 是 F 中任意两元素. 若 $a<0<b$,结论自然成立,因为 $0 \in \mathbf{Q}$. 设 $0 \leqslant a<b$,此时 $1/(b-a)>0$. 按引理 1,对于某个 $n \in \mathbf{N}$,有

$$n=n1>1/(b-a)$$

或者 $1/n<b-a$. 从 F 是个阿基米德序域,可知子集$\{j \in \mathbf{N} \mid j>na\}$是非空的.

---

① k_1 的序是 F 的序在 k_1 上的限制.

令 m 是集中最小的自然数. 于是有 $m/n\in\mathbf{Q}, 0\leqslant a<m/n$, 以及 $m-1\leqslant na$. 因此有

$$a<m/n=(m-1)/n+1/n\leqslant a+(b-a)=b$$

即 $\mathbf{Q}$ 中的数 m/n 满足 $a<m/n<b$. 最后，如果 $a<b\leqslant 0$，只需改换成 $0\leqslant -b<-a$ 的情形即可. 这就证明了 $\mathbf{Q}$ 在 $(F,\leqslant)$ 中的稠密性. ■

引理 2 $(F,\leqslant)$ 与它的实闭包 R，必然同时成为阿基米德序域或否.

证明 只需就 F 是阿基米德序域的情形来证明. 设 α,β 是 R 中任意两个正元素. 若对于所有的 $n\in\mathbf{N}$，都有 $0<n\alpha<\beta$，则按 7.5 节引理 4，知有 $a,b\in F$，使得 $0<a<\alpha<\beta<b$. 从而又有

$$0<na<n\alpha<\beta<b \tag{7.6.1}$$

由于 F 是阿基米德域，故有某个自然数 m，使得 $b<ma$ 成立. 以此代入 (7.6.1)，即得

$$0<na<n\alpha<\beta<b<ma \tag{7.6.2}$$

对所有的 $n\in\mathbf{N}$ 成立，矛盾. ■

这个引理结合命题 1 可得：

推论 每个阿基米德序域在它的实闭包内总是稠密的.

在 6.3 节的末段，我们已经见到，每个阿基米德序群必然序同构于实数群的一个子群. 这个事实对于阿基米德序域也同样是成立的.

命题 2 对于每个阿基米德序域 $(F,\leqslant)$，必有一个唯一的、从 F 到 $\mathbf{R}$ 的保序单一同态.

证明 从 6.3 节命题 3，知存在一个唯一的、从序加群 F^+ 到 $\mathbf{R}^+$ 的保序单一同态 τ，使得 $\tau(1)=1$. 今证明

$$\tau(xy)=\tau(x)\tau(y)$$

先考虑加群 F^+ 到自身的映射

$$\mu_y: x\mapsto xy,\ y\neq 0 \tag{7.6.3}$$

显然，根据 $y>0$ 或 $y<0$，μ_y 是序群 F^+ 的一个保序的，或反序的自同构. 按同样的方式可以规定加群 $\mathbf{R}^+$ 的一个保序的，或反序的自同构 $\mu_{\tau(y)}$. 为方便起见，不妨设 $y>0$. 于是 $\mu_{\tau(y)^{-1}}\cdot\tau\cdot\mu_y$ 是一个从 F^+ 到 $\mathbf{R}^+$ 的保序单一映射，且有

$$(\mu_{\tau(y)^{-1}}\cdot\tau\cdot\mu_y)\mid=\mu_{\iota(y)^{-1}}(\tau(y))=$$
$$\tau(y)\tau(y)^{-1}=1$$

按 τ 的唯一性，应有 $\mu_{\tau(y)^{-1}}\cdot\tau\cdot\mu_y=\tau$. 但作为 $\mathbf{R}^+$ 的自同构，$\mu_{\tau(y)^{-1}}$ 等于 $\mu_{\tau(y)}$ 的逆映射 $\mu_{\tau(y)}^{-1}$. 因此有

$$\tau\cdot\mu_y=\mu_{\tau(y)}\cdot\tau \tag{7.6.4}$$

从而又有

$$\tau(xy)=\tau(\mu_y(x))=(\tau\cdot\mu_y)x=(\mu_{\tau(y)}\cdot\tau)x=$$

$$\mu_{\tau(y)}(\tau(x)) = \tau(x)\tau(y)$$

这就证明了 τ 是从 $(F, \leqslant)$ 到 $\mathbf{R}$ 的保序单一同态. 由于它是域同态, $\tau(1) = 1$, 所以它又是唯一的. ■

为了进一步讨论阿基米德序域,需要引用一些类似于分析中的概念.

设 $\{a_n\}_{n\in\mathbf{N}}$ 是 $(F, \leqslant)$ 中的一个序列. 若对于 F 中每个正元素 h,必有一个自然数 $n_0 = n_0(h)$,使得当 $n \geqslant n_0$ 时,总有 $\| a_n \| < h$,就称 $\{a_n\}_{n\in\mathbf{N}}$ 是 $(F, \leqslant)$ 中的一个**零序列**,或者说 $\{a_n\}_{n\in\mathbf{N}}$ 的极限为0,记作 $\lim a_n = 0$. 若对于某个 $a \in F$,序列 $\{a_n - a\}_{n\in\mathbf{N}}$ 是一个零序列,则称 $\{a_n\}_{n\in\mathbf{N}}$ 是**收敛的**,以 a 为其**极限**,记以 $\lim a_n = a$. 应予注意的是,当 $(F, \leqslant)$ 是个非阿基米德序域时, $\{a_n\}_{n\in\mathbf{N}}$ 可能有几个不同的极限(实际上是无限多个),但在阿基米德序域的情形下,这是不会出现的. 在本节中,我们只讨论阿基米德域,因此情况与分析中所出现的全然类似.

设 $\{a_n\}_{n\in\mathbf{N}}$ 是一个收敛的序列. 于是重序列

$$\{C_{m,n}\}_{m,n\in\mathbf{N}} = \{a_m - a_n\}_{m,n\in\mathbf{N}}$$

就是一个零序列. 对于任何一个 $\{a_n\}_{n\in\mathbf{N}}$,如果由它所定的重序列是个零序列 $\{a_m - a_n\}_{m,n\in\mathbf{N}}$,我们就称 $\{a_n\}_{n\in\mathbf{N}}$ 是个 **Cauchy 序列**. 如同在分析中,或者第六章中所见到的那样,在序域中,Cauchy 序列并不一定都是收敛的. 如果 $(F, \leqslant)$ 的每个 Cauchy 序列都是收敛的,我们就称 $(F, \leqslant)$ 是 **$\boldsymbol{\omega}$ — 完全的**. 在分析中我们已经知道,实数域 $\mathbf{R}$ 关于它唯一的序是 ω — 完全的. 为了对 $\mathbf{R}$ 给出刻画,现再对序域引入一些有关的概念.

设 S 是 $(F, \leqslant)$ 中一个非空集,如果存在 $b \in F$,使得对于 S 中每个 x,皆有 $x \leqslant b$,就称 S 是**上方有界限**, b 是它的一个**上界**,又如果上界 b 还具有最小性,即对于 S 的任何一个上界 d,总有 $b \leqslant d$,则称 b 是 S 的一个**上确界**. 上方有界集自然不一定有上确界,但当它有上确界时,易知它是唯一的. 我们称序域 $(F, \leqslant)$ 是 **Dedekind 序域**,如果 $(F, \leqslant)$ 的每个上方有界集都有上确界. 实数域 $\mathbf{R}$ 关于它唯一的序就是 Dedekind 序域的一个典型例子. 事实上,我们将证明,如果不计序同构, $\mathbf{R}$ 就是唯一的 Dedekind 序域. 为此,先给出一条引理:

引理 3 Dedekind 序域必然是阿基米德序域.

证明 设 $(F, \leqslant)$ 是 Dedekind 序域. 又令 a, b 是 F 中任意两个正元素,如果对于所有的自然数 n,都有 $na \leqslant b$ 成立,则集

$$S = \{na \mid n \in \mathbf{N}\}$$

就是 F 中一个上方有界集. 按所设,它有上确界 d. 据上确界的定义,对于某个 $n \in \mathbf{N}$,应有 $d - a < na$. 由此得出

$$d < (n+1)a \leqslant d$$

矛盾. ■

结合命题 2 即知 Dedekind 序域必然序同构于 $\mathbf{R}$ 的子域. 在此基础上,现在

来进一步证明以下的结论.

定理 7.10 Dedekind 序域必然序同构于 $\mathbf{R}$.

证明 设 $(F, \leqslant)$ 是 Dedekind 序域. 据命题 2,它序同构于 $\mathbf{R}$ 的一个子域 K. 今证 $K=\mathbf{R}$.

首先,由于 $\mathbf{Q}\subseteq K$,以及 $\mathbf{Q}$ 在 $\mathbf{R}$ 中是稠密的这一事实,所以 K 在 $\mathbf{R}$ 中是稠密的. 设 $c\in\mathbf{R}$ 为任一实数. 作

$$C=\{x\in K\mid x\leqslant c\} \tag{7.6.5}$$

由于 K 在 $\mathbf{R}$ 中的稠密性,所以子集 C 是非空的. 其次,这是 K 中一个上方有界集. 因为存在有理数 b,满足 $c<b<c+1$,所以 $b\in\mathbf{Q}\subseteq K$ 就是 C 的一个上界. 现在令 α 是 C 在 K 中的上确界. 若有 $\alpha<c$,则必然有某个 $a\in\mathbf{Q}\subseteq K$,使得 $\alpha<a<c$,但这与 α 是上确界这一事实相矛盾. 同样,若 $c<\alpha$,则有有理数 a,使得 $c<a<\alpha$. 从 α 是 C 的上确界知有 $\beta\in C$,满足 $c<a<\beta<\alpha$,而与 (7.6.5) 矛盾. 因此只能有 $c=\alpha$,即 $c\in K$. 这就证明了 $K=\mathbf{R}$. ■

如命题 2 所示,从 F 到 $\mathbf{R}$ 的序同构 τ 是唯一的. 因此,如果对互为序同构的域不予区分的话,Dedekind 序域就只能是 $\mathbf{R}$.

最后,我们还要证明一个事实,即对于阿基米德序域而论,域的 ω — 完全性与成 Dedekind 序域,两者是等价的. 按上面的定理,Dedekind 序域与 $\mathbf{R}$ 是序同构的,后者从分析上知道是 ω — 完全的. 今往证其逆. 设 F 是个 ω — 完全的阿基米德序域. 按命题 2,不妨设 F 是 $\mathbf{R}$ 的一个子域. 因此,只需证明 $F=\mathbf{R}$. 令 $a<b$ 是 F 中任意两元素. 它们在 F 中确定的闭区间记作 $[a,b]_F$. 又作为 $\mathbf{R}$ 的元素而论,以 $[a,b]_R$ 记在 $\mathbf{R}$ 中所确定的闭区间. 从 F 的 ω — 完全性,以及分析上的知识,知有 $[a,b]_F=[a,b]_R$.

现在给出一个一般性的引理:

引理 4 设 F 是序域 K 的一个子域. 若 F 包含 K 的一个闭区间 $[a,b]$,则有 $F=K$.

证明 按所设,F 包含所有满足 $a\leqslant x\leqslant b$ 的元素 $x\in K$. 因此,F 包含 K 中所有小于 $b-a$ 的正元素. 由于 F 是个子域,所以它也包含 K 中所有大于 $1/(b-a)$ 的正元素. 但 K 中任何一个正元素必然可表示为两个大于 $1/(b-a)$ 的正元素之差,因此也属于 F,从而 $F=K$. ■

利用这个引理,根据上面的既证事实,即有:

命题 3 设 $(F, \leqslant)$ 是阿基米德序域. F 成为 ω — 完全的,当且仅当 F 是 Dedekind 序域. ■

7.7 实函数域

设 K 是序域 F 上含任意有限多个元的代数函数域. 若 K 同时又是实域，则称 K 是 F 上的实函数域. 本节主要就 F 上有限生成的实函数域来证明一个同态定理和嵌入定理. 本节的内容来自 S. Lang 的工作.

在进入主题之前，先对实闭域上单元有理函数域的序来做一考虑.

引理 1 设 F 是实闭域. 于是有理函数域 $F(X)$ 的序可以由集 $F \cup \{X\}$ 的序确定.

证明 根据 7.1 节的命题 4，只需考虑整环 $F[X]$ 的序. 由于 F 是实闭的，每个 $f(X) \in F[X]$ 都能分解成 F 上的一次和二次不可约因式的乘积. 如在7.2 节引理 4 的证明中所见，$f(X)$ 的符号只与它的一次因式有关. 若 $X - c$ 是其中一个因式，则 $X - c > 0$ 当且仅当 $X > c$. 这就证明了 $F[X]$ 的序由集 $F \cup \{X\}$ 的序而定. ■

如果$(F, \leqslant)$ 并不是实闭的，但在其实闭包内稠密，此时 $F(X)$ 的序仍然可由集 $F \cup \{X\}$ 的序来确定. 根据这个事实，可以进一步得到：

引理 2 设$(F, \leqslant)$ 在它的实闭包 R 内是稠密的. 又令 $K = F(X)$，$\{h_j(X)\}_{j \in J}$ 是 K 中一个有限组. 对于"$\leqslant$"在 K 上的一个拓展，每个 $h_j(X)$ 都有一个符号. 于是存在无限多个 $c \in F$，使得每个 $h_j(c)$ 都有意义，而且 $h_j(c)$ 与 $h_j(X)$ 关于取定的序有相同的符号，$j \in J$.

证明 不妨设 $h_j(X)$ 都是多项式，它们在 R 上分解为一次因式与二次不可约因式的乘积. 按 F 在 R 中的稠密性，以及上面所指出的事实，$h_j(X)$ 的符号只与它在 R 上的一次因式有关. 若 $a < X < b$，其中 $a, b \in F$，则有无限多个 $c \in F$，满足 $a < c < b$. 因此恒有无限多个 $c \in F$，使得每个 $h_j(X)$ 都与 $h_j(c)$ 有相同的符号. ■

这个引理对于多元的情形也同样成立，见本节最后的命题.

引理 3 设 F 是个实闭域，$K = F(X, y)$ 是 F 上的单元实函数域. 于是存在从子环 $F[X, y]$ 到 F 的 F 一同态

$$\tau: F[X, y] \to F$$

证明 设 y 满足 $F(X)$ 上的不可约方程

$$f(X, Y) = Y^m + a_1(X) Y^{m-1} + \cdots + a_m(X) = 0$$

作 $f(X, Y)$ 关于 Y 的 Sturm 列 $f_0 = f, \cdots, f_s$，它们的系数都属于 $F(X)$. 取定 K 的一个序，作 K 关于它的实闭包 R'，它显然包含 $F(X)$ 关于这个序的实闭包 R. 于是，作为关于 Y 的多项式，$f(X, Y) = 0$ 在 R' 中的根的个数等于 $\delta_f(u(X)) -$

$\delta_f(v(X))$，此处 $u(X)$ 与 $v(X)$ 是 $F(X)$ 中两个适当的元素，并且在取定的序下，有 $u(X) < v(X)$ 成立.

现在把引理 2 中的 $\{h_j(X)\}_{j\in J}$ 取作由

$$\{a_1(X),\cdots,a_m(X)\}$$

$$\{f_j(X,u(X))\}_{j=0,\cdots,s}$$

以及

$$\{f_j(X,v(X))\}_{j=0,\cdots,s}$$

所成的有限组. 根据引理 2，可选择 F 的元素 c，使得每个 $h_j(X)$ 与 $h_j(c)$ 有相同的符号，同时又使得 $f(c,Y)$ 无重因式. 因式

$$\begin{aligned}&\delta_{f(c,Y)}(u(c))-\delta_{f(c,Y)}(v(c))=\\&\delta_f(u(X))-\delta_f(v(X))\neq 0\end{aligned}\tag{7.7.1}$$

由于 F 是实闭域，从(7.7.1)知 $f(c,Y)=0$ 在 F 中有解，而且是单解. 设 d 是其中的一个. 于是，由映射

$$(X,y)\to(c,d)$$

可以确定出一个从 $F[X,y]$ 到 F 的 F－同态 τ. ■

只要对上面的论证稍做更改，即得：

推论 设 F 是实闭域，$K=F(x_1,\cdots,x_n)$ 是 F 上有限生成的单元实函数域，于是存在 F－同态

$$\tau: F[x_1,\cdots,x_n]\to F$$ ■

在上面的引理和推论中，F 是实闭域这个条件是可以去掉的，但结论需做相应的修改.

引理 4 设 F 是实域，$K=F(x_1,\cdots,x_n)$ 是 F 上一个超越次数为 1 的实函数域. 取定 K 的一个序，并且以 R 记 F 关于这个序的实闭包，于是有 F－同态

$$\tau: F[x_1,\cdots,x_n]\to R\tag{7.7.2}$$

证明 首先作 K 关于所取的序的实闭包 R'. 令 R_0 是 F 在 R' 内的代数闭包. 按 7.4 节引理 2，R_0 是 F 的一个实闭扩张，从而 $R_0(x_1,\cdots,x_n)$ 是 R_0 上的单元实函数域，且

$$F(x_1,\cdots,x_n)\subseteq R_0(x_1,\cdots,x_n)$$

据引理 3 的推论，知有某个 F－同态

$$\tau_0: F[x_1,\cdots,x_n]\to R_0$$

其中 R_0 在 F 上诱导出的序正是 K 的序在 F 上的限制. 令 F 关于这个序的实闭包为 R. 据实闭包的唯一性. 知存在 F－同构 $\mu: R_0\simeq R$，从而 $\tau=\mu\circ\tau_0$ 满足引理的要求. ■

对这条引理的进一步改进，就是去掉"单元"这一限制. 这只要对超越次数使用归纳法就可以办到. 今设 K 关于 F 的超越次数为 r，又设 $K\supseteq K_1\supseteq F$，其

中 K 关于 K_1 的超越次数是1. 我们以 R', R_1 分别表示 K 与 K_1 关于它们的序的实闭包，又以 R 取引理4中的意义. 由于 K 关于 K_1 的超越次数是1，据引理4知，存在某个 K_1－同态

$$\mu: K_1[x_1, \cdots, x_n] \to R_1$$

但 $F(\mu x_1, \cdots, \mu x_n)$ 关于 F 的超越次数至多只能是 $r-1$. 按归纳法假设，存在一个 F－同态

$$\tau_1: F[\mu x_1, \cdots, \mu x_n] \to R$$

从而 $\tau_1 \circ \mu$ 在 $F[x_1, \cdots, x_n]$ 上的限制

$$\tau: F[x_1, \cdots, x_n] \to R$$

就是一个满足要求的 F－同态.

推论 设 F 是实域，$K = F(x_1, \cdots, x_n)$ 是 F 上有限生成的实函数域，任取 K 的一个序，又以 R 记 F 关于这个序的实闭包. 于是存在 F－同态

$$\tau: F[x_1, \cdots, x_n] \to R \quad ■ \tag{7.7.3}$$

经过以上的准备，现在很容易证明以下的同态定理. 这个定理是对上述推论的一个强化，而且是一个十分有用的结果.

定理 7.11(Lang) 设 F 是实域，$K = F(x_1, \cdots, x_n)$ 是 F 上有限生成的实函数域. 取定 K 的一个序"$\leqslant$"，又以 R 记 F 关于这个序的实闭包. 若 $F[x_1, \cdots, x_n]$ 的元素 $y_1, \cdots, y_r$ 满足

$$y_1 < y_2 < \cdots < y_r \tag{7.7.4}$$

则存在 F－同态 τ，即

$$\tau: F[x_1, \cdots, x_n] \to R$$

使得在 R 中有 $\tau(y_i) \in R$, $i = 1, \cdots, r$，并且有

$$\tau(y_1) < \tau(y_2) < \cdots < \tau(y_r) \tag{7.7.5}$$

成立.

证明 设 R' 是 K 关于所取的序的实闭包. 今取元素 $y_j \in R'$，使得

$$y_j^2 = y_{j+1} - y_j, j = 1, \cdots, r-1$$

成立. 对于 R' 的子整环 $F[x_1, \cdots, x_n; y_1, \cdots, y_r; \gamma_1^{-1}, \cdots, \gamma_{r-1}^{-1}]$ 使用引理4的推论即可.

这个定理还提供一个事实，即上述推论中所出现的 F－同态(7.7.3)不必是唯一的. ■

在此顺便提及一个简单的事实，若从拓扑的角度来看，将是非常明显的. 设 $f(X_1, \cdots, X_n)$ 是域 $(F, \leqslant)$ 上一个 n 元有理函数，为方便起见，不妨取多项式. 任取 $F^{(n)}$ 中的点 $(a_1, \cdots, a_n)$. 若 h 是 $\dot{F}$ 中任一正元素，则必有另一正元素 $l \in \dot{F}$，使得当 $\| b_j - a_j \| < l$ 时，$j = 1, \cdots, n$，恒有

$$\| f(b_1, \cdots, b_n) - f(a_1, \cdots, a_n) \| < h$$

成立，此处$(b_1,\cdots,b_n)\in F^{(n)}$. 它的证明与通常分析中类似结论的证明相同，今从略.

利用这个定理，可证明以下的命题：

命题 1(Lang－嵌入定理) 设K是$(F,\leqslant)$上有限生成的实函数域，其超越次数为n. 又设R是一个包含$(F,\leqslant)$的实闭域. 如果R关于F的超越次数不小于n，则存在从K到R内的F－嵌入.

证明 不妨设$K=F(t_1,\cdots,t_n,y)$，其中

$$T=\{t_1,\cdots,t_n\}$$

是K/F的一个超越基. 又设y所满足的不可约多项式为

$$f(T,Y)=Y^m+a_1(T)Y^{m-1}+\cdots+a_m(T)$$

与引理3的证明一样，取$\{h_j(T)\}_{j\in J}$是由$t_i,a_k(T)(i=1,\cdots,n;\ k=1,\cdots,m)$，以及$f(T,Y)$关于$Y$的 Sturm 列中每个有理式所组成. 按定理 7.11，存在F－同态τ，使得对每个$j\in J$，$h_j(T)$与$h_j(\bar{c})$有相同的符号，此处$(\bar{c})=(\tau t_1,\cdots,\tau t_n)\in R^{(n)}$. 如在命题之前所指出，$h_j(\bar{c})$在$(\bar{c})$的充分小的邻域之内将保持定号，在$R$中取一组适当的代数无关元素$(z)=(z_1,\cdots,z_n)$，使得$h_j(\bar{c}+\bar{z})$与$h_j(\bar{c})$有相同的符号，$j\in J$. 于是多项式$f(\bar{c}+\bar{z},Y)$在$R$内至少有一个零点$u$. 这就证明了$R$中有子域$F(\tau t_1+z_1,\cdots,\tau t_n+z_n;u)$，它与$K=F(t_1,\cdots,t_n;y)$是$F$－同构的. ■

在定理 7.11 中，如果取K为有理函数域$F(X_1,\cdots,X_n)$，结论尚可做进一步的改进. 据命题 1 之前所提到的事实，使用命题 1 证明中所用的方法，即可得到定理 7.11 的一个推论：

命题 2 设$(F,\leqslant)$在它的实闭包R内是稠密的，又设有理函数域$K=F(X_1,\cdots,X_n)$是$(F,\leqslant)$的序扩张. 若K中有限多个$g_j=g_j(X_1,\cdots,X_n)$，$j=1,\cdots,r$满足不等式

$$g_1<g_2<\cdots<g_r$$

则存在某个F－同态$\tau:F[X_1,\cdots,X_n;g_1,\cdots,g_r]\to F$，使得

$$\tau(g_1)<\tau(g_2)<\cdots<\tau(g_r)$$ ■

这个结论就是引理 2 在多元情形下的推广.

7.8 实零点定理

设$A=F[X_1,\cdots,X_n]$是序域(F,P)上的n元多项式环，R为(F,P)的实闭包. P在R上有唯一的拓展，其所确定的序关系记以"$\leqslant$"，又以Ω为F的代数闭包. 按定理 7.6，$\Omega=R(\sqrt{-1})$. 取A中任一理想$I\neq A$，在6.4节中曾对I在$\Omega^{(n)}$

中的零点集证明了 Hilbert 零点定理. I 在 $R^{(n)}$ 中的零点称为**实零点**，今以 $V_R(I)$ 记 I 的实零点组成的集. 显然有 $V_R(I)=V(I)\cap R^{(n)}$. 在本节中，我们将对此进行探讨，以获得相应于 6.4 节中的结论.

今以 $S_A(P)$ 表示 A 中由所有表如 $\sum a_ih_i^2$ 的有限和所成的集，其中 $a_i\in P$，$h_i=h_i(X_1,\cdots,X_n)\in A$.

引理(Prestel) 所设如上. 令 $f=f(X_1,\cdots,X_n)\in A$. 若对于 $R^{(n)}$ 中每个点 $(b_1,\cdots,b_n)$ 均有 $f(b_1,\cdots,b_n)>0$，则存在 $s_1,s_2\in S_A(P)$，使得

$$f=(1+s_1)s_2^{-1} \tag{7.8.1}$$

证明 假若结论不成立，则不论取 $S_A(P)$ 中任何 s_1,s_2，等式(7.8.1) 皆不成立. 因此有关系式

$$f\cdot S_A(P)\cap(1+S_A(P))=\varnothing$$

作子集

$$Q_0=S_A(P)-f\cdot S_A(P) \tag{7.8.2}$$

今往证 Q_0 为 A 的亚序. 按定义，(7.1.5) 和(7.1.6) 都不难验知，现在来验证(7.1.7). 若 $-1\in Q_0$，则有

$$-1=s_1-f\cdot s_2,s_1,s_2\in S_A(P)$$

从而有 $1+s_1=f\cdot s_2$，与所设矛盾. 因此(7.1.7) 成立，即 Q_0 是 A 的一个亚序. 按 7.1 节的命题 3，Q_0 可以扩大成 A 的一个序 Q. 设 $\mathrm{supp}(Q)=J$. 又以 K 作为整环 A/J 的商域. 令

$$\sigma:A\to A/J \tag{7.8.3}$$

为自然同态. 于是有 $K=F(x_1,\cdots,x_n)$，$x_i=\sigma(x_i)$, $i=1,\cdots,n$. 从 A 的序 Q 可以作 A/J 上的序

$$\bar{Q}=\{\bar{g}=\bar{g}\bmod J\mid g\in Q\}$$

由此又得出 K 的一个序 P'，它显然是 P 在 K 上的拓展，故 $(F,P)\subsetneq(K,P')$，令 R' 为 (K,P') 的实闭包. 除同构不计外，可设 $R\subsetneq R'$. R' 所确定的序关系"$\leqslant'$"自然是"$\leqslant$"的延伸. 由(7.8.3) 有 $f\in-Q_0\subseteq-Q$. 又据(7.8.2) 有

$$\sigma(f)=f(\sigma(X_1),\cdots,\sigma(X_n))=f(x_1,\cdots,x_n)\leqslant'0$$

再按定理 7.11，有 $F-$ 同态 τ，使得

$$\tau:F[x_1,\cdots,x_n]\to R$$

$$\tau(x_i)=b_i,\ i=1,\cdots,n$$

$$\tau(f)=f(\tau(x_1),\cdots,\tau(x_n))=f(b_1,\cdots,b_n)\leqslant 0$$

而与所设矛盾，因此有(7.8.1) 成立，证毕. ■

在 7.4 节中，从命题 4 得知，对于 A 中任一真理想 I，必有 $V(I)\neq\varnothing$. 但 $V_R(I)$ 就不同了.

命题 1 设 (F,P)，A 如前，对于 A 中任一真理想 I，$V_R(I)$ 为非空集的充要

条件是

$$(1+S_A(P))\cap I=\varnothing \tag{7.8.4}$$

证明 必要性. 设$(b_1,\cdots,b_n)\in V_R(I)$，即对每个$f\in I$均有$f(b_1,\cdots,b_n)=0$. 显然，$(b_1,\cdots,b_n)$不能使$1+S_A(P)$中任何一多项式为0，故有(7.8.4)成立.

充分性. 首先，据Hilbert基本定理，A是个Noether环. 设$I=(f_1,\cdots,f_r)$，其中每个$f_i\in A$. 若I在$R^{(n)}$中无零点. 由于F为实域$f=\sum_1^r f_i^2$对$R^{(n)}$中任何一点$(b_1,\cdots,b_n)$均有$f(b_1,\cdots,b_n)>0$. 按引理，有$s_1,s_2\in S_A(P)$使得$f=(1+s_1)s_2^{-1}$，从而有$fs_2=1+s_1\in(1+S_A(P))\cap I$，矛盾！因此在(7.8.4)成立的情况下，应有$V_R(I)\neq\varnothing$. 证毕. ■

称满足(7.8.4)的理想I为A中的实理想. 于是上述命题可改述为：

命题2 设(F,P)，A如前. A中理想I有非空的实零点集，当且仅当I为实理想. ■

这个命题相当于7.4节中的命题4，故被称作**弱实零点定理**.

在论述零点定理之前，先引入如下的定义：

定义7.6 设(F,P)，A如前，I为A中任一理想，规定

$$\sqrt[r]{I}=\{f\in A\mid \text{对某个自然数 } m\text{，以及某个 } s\in S_A(P)\text{，有 } f^{2m}+s\in I\}$$

并且称它为I的实根.

将Hilbert零点定理做如下的推广：

定理7.12(Dubois) 设(F,P)，A如前，对于A的每个理想I，恒有

$$g(V_R(I))=\sqrt[r]{I} \tag{7.8.5}$$

此定理又可陈述为：凡在I的实零点集上取零值的多项式必然属于I的实根；反之亦然.

证明 设$f\in\sqrt[r]{I}$. 对于I的每个实零点$(b_1,\cdots,b_n)$，有

$$(f(b_1,\cdots,b_n))^{2m}+s(b_1,\cdots,b_n)=0$$

由于$s\in S_A(P)$，故由该式给出$(f(b_1,\cdots,b_n))^{2m}=0$，从而$f(b_1,\cdots,b_n)=0$，即$f\in g(V_R(I))$，这证明了$\sqrt[r]{I}\subseteq g(V_R(I))$.

为证明反向的包含关系，与定理6.9的证明一样，再另取一元Y添入A，令

$$B=A[Y]=F[X_1,\cdots,X_n,Y]$$

在B中作由I及$1-fY$生成的理想J. 又从$f\in g(V_R(I))$知J不能有实零点. 按命题1，应有

$$(1+S_B(P))\cap J\neq\varnothing$$

因而存在某个等式

$$1+\sum c_i h'^{2}_i=\sum_{i=1}^{r} f_i g'_i+(1-fY)g' \qquad (7.8.6)$$

其中 $I=(f_1,\cdots,f_r)$，$h'_i,g'_i,g'\in B$，$i=1,\cdots,r$.

在(7.8.6)中以 $1/f$ 代替 Y. 然后又以 f 的一个适当的幂项，设为 f^{2m} 乘等式的两边，使得等式成为含 $X_1,\cdots,X_n$ 的整式. 此时等式的左边具有形式 $f^{2m}+s$，$s\in S_A(P)$；右边属于理想 I，即 $f^{2m}+s\in I$. 这就按定义为 $f\in\sqrt[r]{I}$. 从而证明了 $g(V_R(I))\subseteq\sqrt[r]{I}$. 结合前面所得，(7.8.5)即已成立，证毕. ■

上述证明与定理 6.9 的证法是相同的，所使用的方法在文献中被称为 'Rabinowitsch trick'.

7.9 具有 Hilbert 性质的序域

Hilbert 于 1900 年提出如下的问题：设 $f(X_1,\cdots,X_n)$ 是实系数的一个 n 元有理函数. 若对于每组使 $f(X_1,\cdots,X_n)$ 的分母不为 0 的实数 $(a_1,\cdots,a_n)$，皆有 $f(a_1,\cdots,a_n)\geqslant 0$. 问 $f(X_1,\cdots,X_n)$ 是否能表示成实系数的有理函数的平方和？这就是著名的 Hilbert 第十七问题. 在 $n=2$ 时，Hilbert 曾对它做过肯定的解答. 1927 年，E. Artin 在以他和 O. Schreier 所建立的实域理论的基础上，就 n 为任何正整数的情形，对这个问题做了肯定的解答. 他所获得的结论实际上较 Hilbert 的原始问题有所推广，即对于只有一个序，而且是阿基米德的任何序域都能适用. 六十年来，在这个问题上已有了不少的推广和改进. 在本节中，我们采用 Mckenna 的观点来论述①. 从而把 Hilbert 的原始问题，以及 Artin 的解答都作为一般理论的特殊情形而得出.

设序域 (F,P)，$K=F(X_1,\cdots,X_n)$ 是 F 上的 n 元有理函数域. 令 $f(\overline{X})=f(X_1,\cdots,X_n)\in K$. 若对于 F 中任何一组元素 $(a_1,\cdots,a_n)$，只要 $f(\overline{X})$ 的分母在该处不等于 0，就有 $f(a_1,\cdots,a_n)\in P$，或者写如 $f(a_1,\cdots,a_n)\geqslant 0$，我们就称 $f(\overline{X})$ 在 F 上是正定的，或者称它是 F 上的**正定有理函数**. 设 R 是 (F,P) 的实闭包. 若对于 R 中任何一组使得 $f(\overline{X})$ 的分母不等于 0 的元素 $(\alpha_1,\cdots,\alpha_n)$，恒有 $f(\alpha_1,\cdots,\alpha_n)\geqslant 0$，则称 $f(\overline{X})$ 在 R 上是正定的. K 中的元素，当它在 R 上是正定的，在 F 上自然也是正定的.

定义 7.7 设序域 (F,P). 若对于任何正整数 n，F 上每个含 n 元的正定有理函数总可以表如形式

① 见文献[4].

$$\sum_{j=1}^{m} c_j (g_j(\overline{X}))^2 \qquad (7.9.1)$$

其中 $c_j \in P, g_j(\overline{X}) \in F(X_1, \cdots, X_n), j=1, \cdots, m$，则称 (F,P) 具有**弱 Hilbert 性质**. 又如果 F 上每个 n 元正定有理函数总可以表如平方和

$$\sum_{j=1}^{m} (g_j(\overline{X}))^2 \qquad (7.9.2)$$

则称 (F,P) 具有 **Hilbert 性质**.

我们先对具有弱 Hilbert 性质的序域来做一刻画.

命题 1 (F,P) 具有弱 Hilbert 性质，当且仅当对于每个正整数 n，F 上每个 n 元正定有理函数在 R 上也是正定的，此处 R 是 (F,P) 的实闭包.

证明 必要性. 设 $f(\overline{X})$ 在 F 上是正定的. 于是

$$f(\overline{X}) = \sum_{j=1}^{m} c_j (g_j(\overline{X}))^2, c_j \in P$$

因此 $f(\overline{X})$ 在 R 上也是正定的.

充分性. 假若 (F,P) 不具有弱 Hilbert 性质，则对于某个 n，F 上有某个正定有理函数 $f(\overline{X})$，它不能表如(7.9.1)的形式. 按 7.5 节命题 4，对于 P 在 $K = F(X_1, \cdots, X_n)$ 上的某个拓展应有 $f(\overline{X}) < 0$. 设 $h(\overline{X})$ 是 $f(\overline{X})$ 的分母. 按定理 7.11，应有 F－同态 τ，即

$$\tau: F(X_1, \cdots, X_n; f(\overline{X}), h(\overline{X})^{-1}) \to R$$

使得就 K 的这个序而言，由 $f(\overline{X}) < 0$ 可以得出 $\tau(f(\overline{X})) < 0$，即 $f(\tau X_1, \cdots, \tau X_n) < 0$. 令 $\alpha_j = \tau X_j \in R$，则有 $f(\alpha_1, \cdots, \alpha_n) < 0$，而与 $f(\overline{X})$ 在 R 上为正定的所设相抵触. ■

现在来看一个例子，说明在 F 上的正定有理函数并不一定在 R 上也是正定的.

例 取 $\mathbf{Q}$ 上的超越元 t，令 $K = \mathbf{Q}(t)$. 又规定 $0 < t < a$ 对每个正有理数 a 都成立(见 7.6 节的例)，作关于这个序的实闭包 R；又在其中子域 $F \supseteq \mathbf{Q}$，使得 K 的每个正元素都是其中的完全平方. F 自然只有唯一的序，它的实闭包就是 R. 在有理函数域 $F(X)$ 中，取

$$f(X) = (X^3 - t)^2 - t^2$$

根据所规定的序，可以证明，$f(X)$ 在 F 上是正定的[①]. 但在 R 上则否，因为 $f(1) > 0$，但 $f(\sqrt[3]{t}) = -t^3 < 0$. 因此，$f(X)$ 不能表示成 $F(X)$ 中，甚至 $R(X)$ 中的平方和.

在命题 1 的基础上，我们很容易进一步对具有 Hilbert 性质的序域做出刻

① 见 Dubois, D. W. : Bull. Amer. Math. Soc. 1967, 73, 540-541.

画.如果 P 是 F 唯一的序,据定理 7.2,应有 $P=S_F$. 此时(7.9.1) 演化为(7.9.2),从而弱 Hilbert 性质就是 Hilbert 性质.反之,若(F,P) 具有 Hilbert 性质,它一方面自然包括弱 Hilbert 性质;另一方面,P 中元素作为正定的有理函数看待,又可表如平方和.因此有 $P=S_F$ 成立.从而它是 F 唯一的序.

命题 2 序域(F,P) 具有 Hilbert 性质的必要充分条件是:

(ⅰ)P 是 F 唯一的序;

(ⅱ)F 上是正定的有理函数(含任意有限个元) 在(F,P) 的实闭包 R 上也同样是正定的. ■

命题 1 和 2 中有关正定函数的条件还可以用 F 在 R 中的稠密性来代替.我们知道,如果 F 在 R 中是稠密的,根据在 7.8 节定理 7.11 后面所提到的事实,在 F 上是正定的有理函数在 R 上也同样是正定的,因此命题 1 和命题 2 中的(ⅱ) 成立.现在来证明它的逆理,设每个在 F 上正定的有理函数在 R 上仍然保持正定.假若 F 在 R 内不是稠密的,按 7.5 节末段所论,R 中必然有关于 F 的孤立元,且孤立元在 F 上的极小多项式的次数必然大于 1.选取一个孤立元 α,使得它的极小多项式 $m(X)$ 具有可能最低的次数 $d=\deg m(X)$.由于 $d>1$,$m(X)=0$ 在 R 中可能尚有其他的根,设为 $\alpha_2,\cdots,\alpha_r\ (r\geqslant 2)$.

首先可以证明,这些 α_j 都是孤立元.因若不然,令 α_2 是个极限元,即 $\alpha_2\in\widetilde{F}_R$,则 $m(X)/X-\alpha_2$ 是 $\widetilde{F}_R$ 上 $d-1$ 次的多项式,并且以 α 为其零点.按 7.5 节引理 5,存在 F 上某个 $d-1$ 次多项式,它有一个充分接近 α 的零点,从而也是关于 F 的孤立元.但这与 $\alpha=\alpha_1$ 的取法相矛盾.因此,$\alpha_2,\cdots,\alpha_r$ 都是孤立元.

从 7.5 节知道,对于每个 α_j,都有某个 $h_j\in\dot{P}$,使得区间$(\alpha_j-h_j,\alpha_j+h_j)$ 与 F 是分离的,$j=1,\cdots,r$.令 $h=\min\limits_{1\leqslant j\leqslant r}\{h_j\}$.于是 $\alpha_j+h/2$,$j=1,\cdots,r$,都是孤立元.多项式

$$s(X)=m(X-h/2)\in F[X]$$

有零点 $\alpha_1+h/2,\alpha_2+h/2,\cdots,\alpha_r+h/2$,而且在 R 中无其他零点.

现在令 $f(X)=m(X)s(X)$.我们断言,这是 F 上一个正定的单元多项式.为此只需证明,对于 F 的每个元素 x,总有 $m(x)s(x)>0$,或者写如

$$m(x)m(x-h/2)>0$$

如若不然,设对某个 a 有 $m(a)m(a-h/2)<0$,则 $m(X)=0$ 在$(a-h/2,a)$ 内有一个解 $\beta\in R$.根据上面的证明,β 应是某个 α_j,即 $a-h/2<\alpha_j<a$.从而有 $\alpha_j<a<\alpha_j+h/2$.但这与 α_j 是孤立元以及 h 的取法相抵触.因此 $f(X)$ 在 F 上是正定的.但另一方面,当 X 通过 α_j 或者 $\alpha_j+h/2$ 时,$m(X)$ 与 $s(X)$ 两者有一个改变符号,而另一个则不变号.因此 $f(X)$ 改变符号,从而 $f(X)$ 在 R 上不是正定的,矛盾.

归结以上的论证,即得:

定理 7.13(McKenna) 序域(F,P)具有弱 Hilbert 性质的必要充分条件是,F在它的实闭包R内是稠密的;又(F,P)具有 Hilbert 性质的必要充分条件是,除上述条件外,P 又是 F 唯一的序. ■

不论我们从命题 2,或是从定理 7.13,都可以直接得到 Hilbert 原始问题的解答. 因为 $\mathbf{R}$ 只有唯一的序,而且是实闭域,定理 7.13 的条件自然成立. 一般来说,如果 F 只有唯一的序,而且是阿基米德序,例如 $\mathbf{Q}$,此时定理条件也成立,从而 F 上的正定有理函数必可表示为有理函数的平方和. 这就是 Artin 对 Hilbert 问题所获得的解答.

我们还应当注意到一个事实:定理 7.13 的论证,实际上只涉及 F 上的单元有理函数. 从这一事实可以得知:**(F,P) 具有弱 Hilbert 性质的必要充分条件是,F 上每个单元正定有理函数在 R 上也是正定的**. 这个结论又可表述如下:

推论 (F,P) 具有弱 Hilbert 性质(或者 Hilbert 性质),当且仅当 F 上每个单元正定有理函数都能表如 $\sum_{j=1}^{m} c_j(g_j(X))^2$ (或者 $\sum_{j=1}^{m}(g_j(X))^2$). ■

但就单元的情形而论,平方和的结论还可以有进一步的改进.

定理 7.14 设 F 是可序域. 若单元多项式 $f(X) \in F[X]$ 能表示成 $F(X)$ 中的平方和,则 $f(X)$ 也能表示成 $F[X]$ 中的平方和.

证明 设 $\deg f(X)=n$. 对 n 使用归纳法. 当 $n=0$ 时,结论显然. 设对次数小于或等于 $n-1$ 的多项式,结论已成立.

不失一般性,不妨设 $f(X)$ 在 $F[X]$ 中无次数大于 1 的平方因式. 若 $f(X)=\sum_{j=1}^{m}(g_j(X))^2$ 是在 $F[X]$ 中的一个平方和表达式,同时 $b(X) \in F(X)$ 是 $g_1(X),\cdots,g_m(X)$ 的分母的最低公倍式. 于是有

$$(b(X))^2 f(X) = \sum_{j=1}^{m}(a_j(X))^2 \tag{7.9.3}$$

其中 $a_j(X) \in F[X]$. 在所有形式如上的分解式中,令 $b(X)$ 是具有可能最低次数的一个. 在这样的选择下,$a_1(X),\cdots,a_m(X)$ 无次数大于或等于 1 的公因式. 如若不然,设

$$a_j(X)=h(X)a'_j(X), j=1,\cdots,m$$

则有

$$(h(X))^2 \mid (b(X))^2 f(X)$$

但$(h(X))^2 \nmid f(X)$,因此

$$(h(X))^2 \mid (b(X))^2$$

因此导出

$$(b'(X))^2 f(X) = \sum_{j=1}^{m}(a'_j(X))^2$$

$$b'(X), a'_j(X) \in F[X]$$

其中 $\deg b'(X) < \deg b(X)$，与 $b(X)$ 的选择相抵触. 现在令

$$a_j(X) = q_j(X) f(X) + r_j(X), j = 1, \cdots, m$$

其中 $q_j(X), r_j(X) \in F[X]$，$\deg r_j(X) \leqslant n-1$，而且并非所有的 $r_j(X)$ 为零多项式. 将它们代入(7.9.3)，经化简可得

$$e(X) f(X) = \sum_{j=1}^{m} (r_j(X))^2 \tag{7.9.4}$$

其中 $c(X) \in F[X]$. 上式右边的次数小于或等于 $2n-2$，因此 $\deg c(X) \leqslant n-2$. 现在设 $c(X)$ 是所有满足形式如(7.9.4)的多项式中具有最低次数 k 的一个，$k \leqslant n-2$. 若

$$r_j(X) = c(X) b_j(X), j = 1, \cdots, m$$

代入(7.9.4)，可得

$$f(X) = c(X) \sum_{j=1}^{m} (b_j(X))^2$$

但另一方面，从(7.9.4)可知 $c(X)$ 在 $F(X)$ 中是个平方和. 按归纳法的假设，$c(X)$ 是 $F[X]$ 中的平方和，从而 $f(X)$ 也是 $F[X]$ 中的平方和，即定理的结论成立.

现在设

$$r_j(X) = c(X) p_j(X) + h_j(X), j = 1, \cdots, m \tag{7.9.5}$$

其中 $\deg h_j(X) \leqslant k-1$，且 $h_j(X)$ 不全为 0. 由上式有

$$r_j(X) \equiv h_j(X) (\bmod c(X)),\ j = 1, \cdots, m$$

因此

$$\sum_{j=1}^{m} (h_j(X))^2 = c(X) d(X) \neq 0$$

其中 $\deg d(X) \leqslant k-2$. 由恒等式

$$\sum_{j=1}^{m} (r_j(X))^2 \cdot \sum_{j=1}^{m} (h_j(X))^2 =$$

$$\Big(\sum_{j=1}^{m} r_j(X) h_j(X)\Big)^2 +$$

$$\sum_{1 \leqslant i < j \leqslant m} (r_j(X) h_i(X) - r_i(X) h_j(X))^2$$

知等式左边等于 $f(X)(c(X))^2 d(X)$，右边是个平方和. 由

$$\sum_{j=1}^{m} r_j(X) h_j(X) \equiv$$

$$\sum_{j=1}^{m} (r_j(X))^2 - c(X) f(X) \equiv 0 (\bmod c(X))$$

以及

$$r_j(X)h_i(X)-r_i(X)h_j(X)\equiv 0(\bmod c(X))$$

有

$$\Big(\sum_{j=1}^{m}r_j(X)h_i(X)\Big)^2=(c(X))^2(e_0(X))^2$$

以及

$$(r_j(X)h_i(X)-r_i(X)h_i(X))^2=(c(X))^2e_{ij}(X)$$

从而有

$$(c(X))^2f(X)d(X)=$$
$$(c(X))^2[(e_0(X))^2+\sum_{1\leqslant i<j\leqslant m}(e_{ij}(X))^2]$$

即

$$d(X)f(X)=(e_0(X))^2+\sum_{1\leqslant i<j\leqslant m}(e_{ij}(X))^2$$

上式具有(7.9.4)的形式，但 $\deg d(X)\leqslant k-2<\deg c(X)$，这与 $c(X)$ 的取法矛盾. 因此定理对 n 次多项式也成立. ■

按类似的论证可得：若在序域 (F,P) 上，单元多项式 $f(X)$ 有表达式

$$f(X)=\sum_{j=1}^{m}c_i(g_j(X))^2 \tag{7.9.6}$$

其中 $c_i\in P, g_j(X)\in F(X), j=1,\cdots,m$，则 $f(X)$ 必有形式如(7.9.6)的另一表达式，其中 $g_j(X)\in F[X]$.

推论 序域 (F,P) 具有弱 Hilbert 性质，当且仅当 F 上每个单元正定多项式 $f(X)$ 都有形式如(7.9.6)的表达式，其中 $g_i(X)\in F(X)$. 又在 P 是 F 的唯一的序时，(F,P) 具有 Hilbert 性质，当且仅当 F 上每个单元正定多项式 $f(X)$ 都可以表如

$$f(X)=\sum_{j=1}^{m}(g_j(X))^2$$

其中 $g_j(X)\in F(X), j=1,\cdots,m$. ■

附注 定理 7.14 对于多元的情形是不能成立的. 此一事实早经 Hilbert 指出；Motzkin 证明

$$f(X,Y)=1+X^2Y^2(X^2+Y^2-3)$$

在 $\mathbf{R}(X,Y)$ 中可表示为 4 个有理函数的平方和，但不能表示为(无论多少个)多项式的平方和①.

我们还可以对实域做类似的讨论. 设 F 是实域，$f(X_1,\cdots,X_n)$ 是 F 上的 n

① 见文献[5][7].

元有理函数. 若对于F的每个序,$f(X_1,\cdots,X_n)$都是正定的,则称它在F上是**正定的**,或者F上的一个正定有理函数. 与定义7.6相似有如下定义:

定义7.8 设F是实域. 如果对于任何正整数n,F上每个n元正定有理函数总能表如平方和

$$\sum_{j=1}^{m}(g_j(\overline{X}))^2$$

其中$g_j(\overline{X})=g_j(X_1,\cdots,X_n)\in F(X_1,\cdots,X_n)$,则称$F$具有**Hilbert性质**.

今有一个与定理7.13部分类似的结论:

命题3 设F是实域,若F在它的每个实闭包(关于每个序的实闭包)内都是稠密的,则F有Hilbert性质.

证明 假若结论不成立,即存在一个正定的有理函数$f(X_1,\cdots,X_n)$,它在$K=F(X_1,\cdots,X_n)$中不是一个平方和,按定理7.2,对于K的某个序,应有$f(X_1,\cdots,X_n)<0$. 设这个序在F上的限制为P;又以R记(F,P)的实闭包. 按所设,F在R内是稠密的. 据7.8节命题2,存在一个F-同态

$$\tau:F[X_1,\cdots,X_n;\ f(\overline{X}),(h(\overline{X}))^{-1}]\to F$$

其中$h(\overline{X})$是$f(\overline{X})$的分母,使得$\tau(f(\overline{X}))<0$. 但

$$\tau(f(\overline{X}))=f(\tau X_1,\cdots,\tau X_n)$$

由于$\tau(h(\overline{X}))^{-1}\neq\infty$,故

$$\tau(h(\overline{X}))=h(\tau X_1,\cdots,\tau X_n)\neq 0$$

从而$f(\tau X_1,\cdots,\tau X_n)<0$. 这与$f(X_1,\cdots,X_n)$为正定有理函数的所设相矛盾. ■

7.10 序域的相容赋值,实位的拓展

从域的序结构可以作出域的一个赋值和位. 本节首先从这方面来刻画序域的极大阿基米德子域;然后讨论序域中与序结构有关的一类赋值和位;最后给出关于实位的拓展定理.

设A是序域$(F,\leqslant)$中关于子域k的所有有限元素组成的集,M是其中所有关于k为无限小的元素所成的子集. 按7.6节中的定义,以及元素绝对值$\|\ \|$的性质,易知A是F的一个赋值环(可以是平凡的),M是它的极大理想. 我们称这个A为$(F,\leqslant)$关于子域k的**标准赋值环**. 由此又可以按6.4节的方式作出F的位和赋值如下

$$\pi:F\to A/M\cup\{\infty\}\tag{7.10.1}$$

$$\varphi:F\to F/U\cup\{0\}\tag{7.10.2}$$

其中 U 是由 A 中单位所成的乘法群. 我们称 π 和 φ 分别为$(F, \leqslant)$ 关于子域 k 的**标准位和标准赋值**.

若 A 是$(F, \leqslant)$ 关于 k 的标准赋值环,显然有 $A \supseteq k$. 因此 A/M 包含一个同构于 k 的子域,且 π 在 k 上的限制是同构映射,这表明了关于 k 的标准位 π 是 F 的一个 k - 位.

现在就 k 成为极大阿基米德子域来给一个刻画:

命题 1 设 k 是$(F, \leqslant)$ 的一个子域. k 成为 F 的极大阿基米德子域,当且仅当 $A/M \simeq k$. A,M 的意义如上.

证明 设 $A/M \simeq k$. 若 k 不是$(F, \leqslant)$ 的极大阿基米德子域,则 F 中有某个真包含 k 的子域,它关于 k 是阿基米德的,从而包含在 A 内. 因此,除同构不计外,A/M 有一个真包含 k 的子域,与所设矛盾.

反之,若 A/M 真包含一个同构于 k 的子域,此时 A 中有单位 $u \notin k$. 于是 $k(u)$ 是 k 在 F 内的真扩张,而且它关于 k 是阿基米德的,即 k 不是 F 的极大阿基米德子域. ■

设 φ 是$(F, \leqslant)$ 的一个赋值. 对于 F 中任何两元素 x,y,若由 $\|x\| \leqslant \|y\|$ 可以导出 $\varphi(x) \leqslant \varphi(y)$[①],我们就称 φ 是$(F, \leqslant)$ 的一个**相容赋值**,或者说 φ 与 F 的序"$\leqslant$"是**相容的**. 又若 A 是 F 的任一赋值环,从 $\|x\| \leqslant \|y\|$ 以及 $y \in A$,可得出 $x \in A$,则称 A 是$(F, \leqslant)$ 的一个**相容赋值环**,或者说 A 与"$\leqslant$"**是相容的**.

若 A 是赋值 φ 的赋值环,可以证明,φ 与"$\leqslant$"是相容的. 等价于 A 与"$\leqslant$"是相容的. 设 φ 与"$\leqslant$"相容,又设 $\|x\| \leqslant \|y\|$,以及 $0 \neq y \in A$. 易知 $\|x/y\| \leqslant 1$,从而 $\varphi(x/y) \leqslant 1$,即 $x/y \in A$. 由此有 $x \in A$,故 A 与"$\leqslant$"是相容的. 反之,设 A 是一个相容赋值环,φ 是以它为赋值环的一个赋值. 从 $\|x\| \leqslant \|y\|$,以及 $y \neq 0$,知有 $\|x/y\| \leqslant 1$,故 $x/y \in A$. 因此 $\varphi(x/y) \leqslant 1$,即 $\varphi(x) \leqslant \varphi(y)$. 因此,$\varphi$ 是$(F, \leqslant)$ 的一个相容赋值.

从定义可知$(F, \leqslant)$ 中关于任何一个子域的标准赋值环都是$(F, \leqslant)$ 的相容赋值环. 这个事实又可用来刻画标准赋值环.

命题 2 $(F, \leqslant)$ 的赋值环 A 是关于某个子域的标准赋值环,当且仅当 A 与"$\leqslant$"是相容的.

证明 只需证明它的充分性. 由于 A 是相容赋值环,所以 A 包含 $\mathbf{Q}$. 设 k 是含在 A 内的极大子域,又设$(F, \leqslant)$ 关于 k 的标准赋值是 A'. 包含关系 $A \supseteq A'$ 显然成立. 若 $A \neq A'$,则有 $u \in A \backslash A'$. 由于 A' 是赋值环,故 $u^{-1} \in A' \subseteq A$,即 u 是 A 的单位. 考虑子域 $k(u)$. 若 $k(u) = k$. 则 $u \in k \subseteq A'$,此为不可能. 因此

---

① 此处 $\varphi(x) \leqslant \varphi(y)$ 是指值群中的序关系.

$k(u) \neq k$. 按所设,$k(u)$ 不包含在 A 内. 设元素

$$a_0 u^m + \cdots + a_m / (b_0 u^n + \cdots + b_n) \notin A \tag{7.10.3}$$

其中 $a_j, b_i \in k$. 上式等同于

$$b_0 u^n + \cdots + b_n \in M \tag{7.10.4}$$

从(7.10.4) 又可得到

$$w = 1 + c_1 u^{-1} + \cdots + c_n u^{-n} \in M \subseteq M' \tag{7.10.5}$$

这里 M' 是 A' 的极大理想. 由于 $u^{-1} \in M'$,从(7.10.5) 又可得到 $1 = w - c_1 u^{-1} - \cdots - c_n u^{-n} \in M'$,矛盾. ■

推论 $(F, \leqslant)$ 的赋值环 A 成为相容赋值环,当且仅当它的极大理想 M 仅含关于 F 的无限小.

证明 若 A 是相容的,由命题,A 包含标准赋值环,从而 M 的元素只能是关于 F 的无限小. 反之,设 M 仅含关于 F 的无限小. 若

$$0 < \| x \| \leqslant \| a \|, \ a \in A$$

则 $1 \leqslant \| a/x \|$. 故 $a/x \notin M$,从而 $x/a \in A$,即 $x \in Aa \subseteq A$. 这证明了 A 是相容的. ■

当 A 是$(F, \leqslant)$ 的一个相容赋值环时,我们可以对剩余域 $\bar{F} = A/M$ 来规定一个序;规定 $\bar{F}$ 的元素 $\bar{x} = x + M$ 为正元素,当且仅当 x 是$(F, \leqslant)$ 中的正元素. 根据上面的推论,不难见到,这个规定是有效的,同时又满足定义 7.1 中的条件. 我们称它是 F 的序在剩余域 $\bar{F}$ 上**诱导出的序**. 现在来讨论一个逆问题:如果 F 的某个剩余域 $\bar{F} = A/M$ 是可序的,对于 $\bar{F}$ 上给定的序,问能否在 F 上作出至少一个序,使得它在 $\bar{F}$ 上诱导出的序恰是事先所给出的?

以 U 表示 A 中所有单位所成的乘群. 设 S 是 $\dot{F}$ 的一个子集(可能是空集). 如果 S 中任意有限个元素乘积不能表如 ec^2 的形式,其中 $e \in U, c \in \dot{F}$,就称 S 关于 A 是**平方无关的**. 在确定某个 A 的情况下,简称作平方无关的. F 的元素 a,若乘以 S 中有限多个元后能表如 ec^2 的形式,就称 a 与 S 是**平方相关的**. 当 a 本身具有 ec^2 的形式时,不论 S 如何选择,a 与 S 总是平方相关的. 根据 Zorn 引理,在 $\dot{F}$ 中必然存在极大的平方无关的子集. 设 S 是个这样的子集. 于是 $\dot{F}$ 中任何 x,经乘以 S 的有限多个之后就具有 ec^2 的形式. 这个事实又可表示为

$$x = eb^2 s_1 \cdots s_m \tag{7.10.6}$$

其中 $s_j \in S$, $e \in U$. 若 x 又可写如 $e'b'^2 s'_1 \cdots s'_n$,其中 $s'_j \in S, e' \in U$. 从 S 的平方无关性,可知 $s'_1, \cdots, s'_n$ 除次序外,应与 $s_1, \cdots, s_m$ 相同. 但(7.10.6) 并无唯一性,因为 e 与 b 都可以有其他的取法.

设 $\bar{P}$ 是 $\bar{F}$ 的序,现在要作出 F 的一个序 P,使得能满足问题的要求. 首先,令 S 与 F^2 都是 P 的子集. 取 $x \in \dot{F}$,若

$$x = eb^2 s_1 \cdots s_m$$

规定

$$x \in \dot{P} \text{ 当且仅当 } e \text{ 在 } \bar{F} \text{ 中的剩余类 } \bar{e} \in \bar{P} \tag{7.10.7}$$

这个规定是有效的，如若 x 又可表如 $e'b'^2 s_1 \cdots s_m$，则 $e'/e = (b/b')^2$，从而

$$\overline{e'e^{-1}} = \overline{(bb'^{-1})^2} \in \dot{\bar{P}}$$

这表明了 $\bar{e}$ 与 $\bar{e}'$ 必然同时属于 $\dot{\bar{P}}$ 或否，即(7.10.7)是有效的. 这个 P 显然满足定义 7.1 的条件(1)与(2). 有待验证的是 $P + P \subseteq P$ 和 $PP \subseteq P$. 据规定的方式，后者是成立的，所以只需验证前者. 先考虑 S 中两元素 s_1, s_2 之和. 由于它们平方无关，所以必有 $s_1/s_2 \in M$，或者 $s_2/s_1 \in M$. 若 $s_1/s_2 \in M$，则

$$s_1 + s_2 = s_2(1 + s_1/s_2)$$

其中 $1 + s_1/s_2 \in U$. 再由

$$\overline{1 + s_1/s_2} = \bar{1} \in \dot{\bar{P}}$$

按(7.10.7)，即得 $s_1 + s_2 \in \dot{P}$，其次来看 $\dot{F}^2$ 中两元素之和 $b^2 + c^2$. 若 b/c 或 c/b 有一个属于 M，则与上面所讨论的情形一样，可得出 $b^2 + c^2 \in \dot{P}$. 设 $b/c \in U$. 此时 $b^2 + c^2 = c^2(1 + (b/c)^2)$. 由于 $\bar{F}$ 是实域，所以

$$\overline{1 + (b/c)^2} + \bar{1} + \overline{(b/c)^2} \neq \bar{0}$$

并且属于 $\dot{\bar{P}}$. 这证明了 $b^2 + c^2 \in \dot{P}$. 最后就 $\dot{P}$ 中任意两元素 x, y 来看它们的和. 设 $x = eb^2 s_1 \cdots s_m$. 由于 A 是赋值环，不妨设 $yx^{-1} \in A$. 从 $\overline{yx^{-1}} \cdot \bar{x} = \bar{y}$，有

$$\overline{y(b^2 s_1 \cdots s_m)^{-1}} = \overline{yx^{-1}} \cdot \bar{e} \in \bar{P}$$

以及

$$\overline{x(b^2 s_1 \cdots s_m)^{-1}} = \bar{e} \in \dot{\bar{P}}$$

因此

$$\overline{(x+y)(b^2 s_1 \cdots s_m)^{-1}} =$$

$$\overline{x(b^2 s_1 \cdots s_m)^{-1}} + \overline{y(b^2 s_1 \cdots s_m)^{-1}} \in \dot{\bar{P}}$$

因此得出 $x + y \in \dot{P}$，从而证明了 $P + P \subseteq P$.

上面的论证指出，我们已经作出了 F 的一个序，使得它在 $\bar{F}$ 上所诱导出的序正是事先所给的 $\bar{P}$. 还应指出，当极大的平方无关集 S 为空集时，$\dot{P} = \dot{F}^2$，此时 F 只有唯一的序. 从以上的构作方式可以见到，对应于 S 中元素的任何一个符号选择，就有 F 的一个序，它能满足问题的要求. 因为，当以 $-s_j$ 代换 S 中的 s_j 时，就得到另一个 S'，从而给出 F 的另一个序. 因此，F 有多少个序能满足问题的要求，可由 S 的基数给出. 后者又可以如因子群的阶. 设 φ 是以 A 为赋值环的一个赋值，Γ 是它的值群. 于是

$$\{\gamma = \varphi(s) \mid s \in S\}$$

就是因子群 Γ/Γ^2 的一个代表系. 因此, 阶 $|\Gamma/\Gamma^2| =$ 基数 $|S|$.

最后有待证明的是, 赋值环 A 与所作的序 P 是相容的. 这一事实可由以下的引理得到:

引理 1 设 A 是 $(F, \leqslant)$ 的一个赋值环, $\bar{F}$ 是它的剩余域, 有序 $\bar{P}$. 又设 π: $F \to \bar{F} \cup \{\infty\}$ 是正规位. 若对于 F 中每个 $x > 0$, 总有 $\pi(x) = \infty$, 或者 $\pi(x) \in \bar{P}$, 则 A 是 $(F, \leqslant)$ 的相容赋值环.

证明 设 F 的元素 a, b 满足

$$0 < a < b \tag{7.10.8}$$

其中 $b \in A$. 若 $b^{-1}a \in A$, 则 $a \in Ab \subseteq A$. 结论成立. 设 $ba^{-1} \in A$. 由 (7.10.6), 有 $ba^{-1} > 0$. 按所设应有

$$\pi(ba^{-1} - 1) = \infty$$

或者

$$\pi(ba^{-1} - 1) \in \bar{P}$$

由此又可导出

$$\pi(ba^{-1}) = \infty \text{ 或者 } \pi(ba^{-1}) \in \dot{\bar{P}} \tag{7.10.9}$$

若 $a \notin A$, 则 $\pi(a) = \infty$. 结合 (7.10.9), 可得 $\pi(b) = \infty$, 而与所设 $b \in A$ 相矛盾. 因此有 $a \in A$. ■

按我们对 P 的作法, 知引理的条件成立. 因此 A 是 $(F, \leqslant)$ 的相容赋值环.

定理 7.15 (Baer-Krull) 设 A 是域 F 的一个赋值环, 它的剩余域 $\bar{F}$ 上有给定的序 $\bar{P}$. 于是, 可作出 F 的序 P, 使得 A 与 P 是相容的, 而且 P 在 $\bar{F}$ 上诱导出 $\bar{P}$. 若 φ 是以 A 为赋值环的赋值, 它的值群是 Γ, 则满足上述要求的 P, 与 Γ/Γ^2 的特征标群 $\mathrm{Hom}(\Gamma/\Gamma^2, \{\pm 1\})$ 成一一对应. ■

再引入一个称谓: 设 π 是 F 的一个 Ω - 值位. 如果 Ω 是实域, 我们就称 π 是 F 的一个**实位**. 由定理可得:

推论 1 实位的剩余域是实域; 具有实位的域必然是实域. ■

推论 2 设 F 是实闭域, π 是 F 的一个实位; A 是它的赋值环. 于是, A 与 F 的唯一的序是相容的. ■

作为本节的结束, 我们再来证明一个有关实位的拓展定理, 它可以作为定理 6.8 在实域上的平行结果, 同时也可以作为定理 7.15 的深化. 为此, 先有一条引理:

引理 2 设 F 是实闭域, A 是 F 的一个赋值环, $\bar{F}$ 是它的剩余域, 若 A 与 F 的唯一的序是相容的, 则 $\bar{F}$ 是实闭域.

证明 设 $\hat{F}$ 是 F 的代数闭包; $B_1, \cdots, B_r$ 是 A 在 $\hat{F}$ 上的拓展; $M_1, \cdots, M_r$ 分别是它们的极大理想. 由于 $\hat{F}$ 是代数闭域, 易知 B_j/M_j 都是代数闭域. 按 6.5 节

引理 1,有

$$[B_j/M_j : \bar{F}] \leqslant [\hat{F} : F] = 2$$

因此,$\bar{F}$ 或者是代数闭域,或者有 $[B_j/M_j : \bar{F}]=2$,此时 $\bar{F}$ 是实闭域(定理 7.6).但由于 A 是个相容赋值环,所以 F 的序在 $\bar{F}$ 上诱导出一个序,从而 $\bar{F}$ 不能是代数闭域,即 $\bar{F}$ 是实闭域. ■

定理 7.16 设 R 是序域 (F,P) 的实闭包,Ω 是实闭域. 又设

$$\pi : F \to \Omega \cup \{\infty\}$$

是 F 的一个位,A 是它的赋值环. 于是,π 能拓展成 R 的一个 Ω 值位 Π,当且仅当 A 与 P 是相容的.

证明 设 π 能拓展成 R 的 $\Omega-$ 值位 Π,其赋值环为 B,满足 $B \cap F=A$. 由于 R 是实闭域,按定理 7.15 的推论 2,B 与 R 的序是相容的,从而 A 与 P 是相容的.

现在设 A 与 P 是相容的. 由命题 2,A 是关于 F 的某个子域 k 的标准赋值环. 令 B 是 R 中关于 k 的标准赋值环. 显然,B 是 A 在 R 上的一个拓展,并且它与 R 的序是相容的. 从而 R 的序在剩余域 $\bar{R}$ 上诱导出一个序,这个序在 $\bar{F}$ 上的限制等于 P 在 $\bar{F}$ 上所诱导出的序. 按引理 2,$\bar{R}$ 是个实闭域. 另一方面,它又是 $\bar{F}$ 的代数扩张. 因此,$\bar{R}$ 是 $\bar{F}$ 关于上面指出的那个序的实闭包. 但 P 在 $\bar{F}$ 上诱导出的序使得 π 诱导出 $\bar{F}$ 到 Ω 内的保序嵌入. 从实闭包的唯一性,可知该保序嵌入只能唯一地拓展成由 $\bar{R}$ 到 Ω 内的保序嵌入. 这就证明了 π 得以唯一地拓展成 R 的一个 $\Omega-$ 值位. ■

结合定理 7.15,又有:

命题 3 设 F 是个实域,又设

$$\pi : F \to \Omega \cup \{\infty\}$$

是 F 的一个实位,此处 Ω 是个实闭域. 于是有:

(ⅰ) 至少可以确定 F 的一个序 P,使得 π 等价于 (F,P) 关于某个子域的标准位;

(ⅱ) π 可以拓展为 (F,P) 的实闭包 R 上的一个位. ■

习 题 7

1. 设 F 是特征不等于 2 的域,S 是 F 的一个非空子集. 若 S 的元素都不能表如 F 中的平方和,就称 F 为 $S-$ 实域. 证明以下的论断:

(1) $S-$ 实域必定是实域;

(2) $S-$ 实域的奇数次数扩张是 $S-$ 实域;

(3) 设 F 是 $S-$ 实域，$b\in F$，且 b 不能表如 $cs-d$ 的形式，其中 $s\in S$，c，$d\in S_F$. 于是 $F(\sqrt{b})$ 是 $S-$ 实域.

2. 设 F 是个 $S-$ 实域. 若 F 上不存在 $S-$ 实域的任何真代数扩张，则称 F 为 $S-$ 实闭域. 设 F 是个 $S-$ 实闭域. 试证以下的论断：

(1) F 是 Pythagoras 域；

(2) S 的元素都不是完全平方；

(3) F 中非平方元都可以表如形式 c^2s-d^2，$s\in S$；

(4) F 上所有的奇数次方程在 F 中至少有一个解；

(5) 凡满足 (1) $\sim$ (4) 的 $S-$ 实域必然是 $S-$ 实闭域.

3. 设 C 是域 F 的一个非空子集，满足条件：(ⅰ) $0\notin C$；(ⅱ) $1\in C$；(ⅲ) 由 $a,b\in C$，有 $ab\in C$，若 F 中不存在形式如下的等式

$$-1=c_1a_1^2+\cdots+c_ma_m^2 \qquad (*)$$

其中 $c_1,\cdots,c_m\in C$，则称 F 是一个以 C 为核的实域，简称作带核实域 (F,C). 带核实域自然是实域. 试证明：

(1) (F,C) 中存在序 P，使得 $P\supseteq C$. 这种序称为 (F,C) 的序；

(2) 元素 $a\in F$ 关于 (F,C) 的每个序都是正元素，当且仅当 a 可以表如形式

$$a=c_1b_1^2+\cdots+c_mb_m^2 \qquad (**)$$

其中 $c_1,\cdots,c_m\in C$；

(3) 若元素 $d\in F$ 不能表如 $(**)$ 的形式，则 $F(\sqrt{d})$ 是以 C 为核的实域.

4. 设 $f(X)$ 是序域 $(F,\leqslant)$ 上的一个不可约多项式，并且对于 F 中的元素 a,b 有 $f(a)f(b)<0$. 试证：F 的这个序可以拓展于 $F(\xi)$，这里 ξ 是 $f(X)=0$ 在 F 的某个代数闭包中的一个根.

5. 设 R 是 $(F,\leqslant)$ 的实闭包，$\alpha\in R$，又设 $m(X)$ 是 α 在 F 上的极小多项式. 若对于 F 中某两个元素 a,b，有 $m(a)m(b)<0$ 成立，则称 $m(X)$ 在 F 上变号. 如果 R 的每个元素关于 F 的极小多项式都在 F 上变号，那么称 $(F,\leqslant)$ 具有**变号性质**. 试证明：若 $(F,\leqslant)$ 在它的实闭包 R 内是稠密的，则 $(F,\leqslant)$ 有变号性质.

6. 设 $F=\mathbf{Q}(t)$，并且以超越元 t 作为正的无限小. 试以多项式

$$f(X)=(X^3-t)^2-t^3$$

来说明这样规定的序域 F，不具有变号性质.

7. 实闭域到它自身的自同构应是保序的.

8. 设 $F\subseteq C$. 若 F 是实域，则有 $F\subseteq R$.

9. 证明：阿基米德序域的保序自同构只能是恒同自同构.

10. 设 k 是 (F,P) 的子域，且 $(k,k\cap P)$ 是阿基米德序域. 若 $(k,k\cap P)$ 在

(F,P) 中稠密，试证 (F,P) 也是阿基米德序域.

11. 设序域 $(F,\leqslant)$，$F(X)$ 是其上的有理函数域. 对

$$f=f(X)=a_0X^n+\cdots+a_n\in F[X],\ a_0\neq 0$$

规定 $f>0$，当且仅当 $a_0>0$. 试证明：

(1) 以上的规定给出 $F(X)$ 的一个序，这个序不等于 $S_F(X)$；

(2) 若 $F(X,Y)=F(X)F(Y)$ 作为 $F(X)$ 上的有理函数域，则上面所规定的序又可拓展于 $F(X,Y)$，使得不等式

$$c<Y^n<X$$

对每个 $c\in F$，以及每个 $n\in \mathbf{N}$ 都成立.

12. 对实闭域 R 证明 Rolle 定理. 具体言之，设 $f(X)=a_0X^n+\cdots+a_n\in R[X]$，$f'(X)$ 是它的形式导式. 若有 $f(a)=f(b)=0$，$a,b\in R$，且 $a<b$，以及 $f(X)=0$ 在 (a,b) 内无其他的根，则 $f'(X)=0$ 在 (a,b) 内必然有解.

(提示，若 $f(X)=(X-a)^m(X-b)^n g(X)$，作辅助多项式 $h(X)=m\cdot(X-b)g(X)+n\cdot(X-b)\,g(X)+(X-a)(X-b)g'(X)$.)

13. 设 K 是 (F,P) 上的实函数域，K 关于 F 的超越次数 $n>0$. 证明，可作出 K 的一个序 P'，使得 $P'\cap F=P$，而且 (K,P) 关于 (F,P) 是非阿基米德的.

(提示：利用 7.8 节的嵌入定理.)

14. 对于实闭域 F 上的形式幂级数域 $F((t))$，证明：只有一个序使得

$$t>0$$

(提示：利用公式 $\dfrac{1}{1-t}=1+t+t^2+\cdots$，考虑等号两边的符号.)

15. 设 F 是实域，A 是 F 的一个 Hensel 赋值环. 试证明：对于 F 的每个序，A 都是相容的赋值环.

(提示：利用 7.10 节命题 2 的推论.)

16. 设 $k\subseteq k_1$ 都是 $(F,\leqslant)$ 的子域，并且 k 是 k_1 的极大阿基米德子序 (k_1 的序是"$\leqslant$"在 k_1 上的限制)，k_1 是 F 的极大阿基米德子域. 证明：k 也是 F 的极大阿基米德子域.

(提示：利用 7.10 节命题 1.)

第八章 赋值或序所确定的拓扑结构

本章所论，仅限于由域的赋值和序所引出的拓扑结构，并对它们进行刻画. 因此，只讨论与之直接有关的理论，而不涉及一般的拓扑代数的内容. 有关拓扑空间的基础知识，可参看任何一本这方面的书籍.

8.1 拓 扑 域

设域 F 同时是个拓扑空间. $\mathscr{T}$ 是 F 的零元"0"的一个邻域基，它的元素是 F 的子集，记以 $U,V,\cdots$，$\mathscr{T}$ 除了满足作为邻域基的要求外，现在还要求它满足以下各条件：

(1) 每个 $U\in\mathscr{T}$，必然有不等于 0 的元素，并且 $\bigcap\limits_{U\in\mathscr{T}}U=\{0\}$；

(2) 对于每个 $U\in\mathscr{T}$，必有某个 $V\in\mathscr{T}$，使得 $V\pm V\subseteq U$；

(3) 对于每个 $U\in\mathscr{T}$，必有某个 $V\in\mathscr{T}$，使得 $V\cdot V\subseteq U$；

(4) 对于每个 $U\in\mathscr{T}$，以及每个 $x\in F$，必有某个 $V\in\mathscr{T}$，使得 $xV\subseteq U$.

对于 F 的元素 $a\neq 0$，$a+\mathscr{T}=\{a+U,a+V,\cdots\}$ 构成 a 的一个邻域基. 因此，$\mathscr{T}$ 确定了 F 的一个拓扑，称为 F 的**环拓扑**. 在这个拓扑下，F 中的环运算都是连续的. 为简便起见，我们又以 $\mathscr{T}$ 记由它所确定出的拓扑. 如果 $\mathscr{T}$ 除满足上述条件外，还满足：

(5) 对于每个 $U\in\mathscr{T}$，必有某个 $V\in\mathscr{T}$，使得

$$(1+V)^{-1}\subseteq 1+U$$

则称由$\mathscr{T}$所确定的拓扑为 F 的**域拓扑**，因为在这个拓扑下，域的四则运算都是连续的，此时称 F 为关于拓扑$\mathscr{T}$的**拓扑域**，记作$(F,\mathscr{T})$.

从条件(1)得知，由$\mathscr{T}$所确定的无论环拓扑或域拓扑，它们都不是离散拓扑，同时还满足 T_1 — 公理. 与群的情形一样，此时又满足 T_2 — 公理. 就拓扑域而论，还有一个基本的事实：

命题 1 任何拓扑域只能是连通的，或者完全不连通的.

证明 若拓扑域 F 不是连通的，则 $F=S\cup T$，此处 S 与 T 是两个非空的开子集，且 $S\cap T=\varnothing$. 令 $a\in S, b\in T$；又令 c,d 是 F 中任何两个不同的元素. 作 F 到它自身的映射

$$x\to\frac{(x-b)c-(x-a)d}{a-b}\tag{8.1.1}$$

显然这是一个叠合映射，并且，它与它的逆映射在所给的拓扑下都是连续的. 因此，(8.1.1) 给出拓扑域 F 到自身的一个同胚映射，这个映射又使开集 S、T 分别映射到非空的、不相交的开集 S' 与 T'，满足 $F=S'\cup T'$，以及 $c\in S', d\in T'$. 这就证明了 F 是完全不连通的. ■

为了以后的需要，现在再介绍一些有关的概念. 设 S 是 F 的一个子集. 若对于每个$U\in\mathscr{T}$，总存在一个$V\in\mathscr{T}$，使得 $SV\subseteq U$，则称 S 是个**有界集**. 如果$\mathscr{T}$中每个 U 都是有界集，就称$\mathscr{T}$是 F 的**局部有界拓扑**.

子集 S，如果与$\mathscr{T}$中某个 U 不相交，就称 S 与 0 不相交. 当 S 是 F 中一个有界集时，可以选择 $U\in\mathscr{T}$，使得 $1\notin SU$. 由此可得 $S^{-1}\cap U=\varnothing$，换言之，S^{-1} 与 0 不相交，现在我们把这个事实逆转而作以下的定义：

定义 8.1 设$\mathscr{T}$给出 F 的环拓扑. 若对于每个与 0 不相交子集 S，S^{-1} 都是有界集，则称$\mathscr{T}$给出 F 的一个 **V — 拓扑**.

命题 2 域 F 的环拓扑$\mathscr{T}$，如果它又是个 V — 拓扑，则$\mathscr{T}$是 F 的域拓扑.

证明 只需验证条件(5). 设 $U\in\mathscr{T}$，欲证存在某个 $V\in\mathscr{T}$，使得

$$(1+V)^{-1}\subseteq 1+U$$

也就是对于任何 $x\in V$，恒有

$$(1+x)^{-1}-1\in U$$

据条件(1)和(2)，存在 $V_1\in\mathscr{T}$，使得 $-1\notin V_1+V_1$. 再据 V — 拓扑的定义，知有 $V_2\in\mathscr{T}$，使得$V_2(U^c)^{-1}\subseteq V_1$，此处 U^c 表示 U 在 F 中的补集 $F\backslash U$. 令 $V\subseteq V_1\cap V_2$. 于是

$$-1\notin V+V(U^c)^{-1}\tag{8.1.2}$$

从而对于任何 $0\neq x\in V$，皆有

$$-1\notin x+x(U^c)^{-1}$$

由上式又可得 $-(1+x)/x\notin(U^c)$，即 $-x/(1+x)\in U$，或者

$$(1+x)^{-1}-1\in U$$

这就证明了$(1+V)^{-1}\subseteq 1+U$. ■

根据这个结论，当$\mathscr{T}$给出F的一个$V-$拓扑时，可称$(F,\mathscr{T})$为**V－拓扑域**.

从定义立即可得到：

命题 3 $\mathscr{T}$给出F的一个$V-$拓扑，当且仅当对于每个$U\in\mathscr{T}$，$(U^c)^{-1}$总是有界集. ■

设$\mathscr{T}$给出F的一个$V-$拓扑，按条件(1)，存在某个不含1的$U\in\mathscr{T}$. 令$V\in\mathscr{T}$，满足$V\cdot V\subseteq U$. 对于$0\neq x\in V$，若$x\notin(V^c)^{-1}$，则应有$x^{-1}\in V$. 从而导出$1=x\cdot x^{-1}\in V\cdot V\subseteq U$，矛盾. 因此应有$V\backslash\{0\}\subseteq(V^c)^{-1}$. 按命题3，$(V^c)^{-1}$是有界的，从而$V$也是有界的.

命题 4 F的$V-$拓扑必然是局部有界的拓扑. ■

8.2 赋值与V－拓扑

设φ是F的一个非平凡绝对值或赋值，$\mathscr{T}_\varphi$是由所有形式如

$$\{x\in F\mid\varphi(x)\leqslant\gamma\}\tag{8.2.1}$$

的子集所成的族. 容易验证，$\mathscr{T}_\varphi$满足 8.1 中的条件(1)～(5). 因此，由它所给出的拓扑是一个域拓扑，我们记这个拓扑域为$(F,\mathscr{T}_\varphi)$. 从(8.2.1)直接可知$\mathscr{T}_\varphi$是局部有界的拓扑，但F本身不是有界集. 因为，$\mathscr{T}_\varphi$中有不含1的U，所以不论如何选择V，总不会得出$VF\subseteq U$.

从8.1节的命题3，还可以知道拓扑域$(F,\mathscr{T}_\varphi)$必然是$V-$拓扑域. 本节主要在于证明它的逆理，即F的任何一个$V-$拓扑，必然可由F的一个非平凡赋值或绝对值φ，按(8.2.1)的方式来给出. 为此，我们设$(F,\mathscr{T})$是个$V-$拓扑域. 这个假设对本节的引理1～3都成立，将不另一一指明.

按8.1节的命题4，我们可以在$\mathscr{T}$中取一个有界邻域U. 令

$$\mathscr{O}=\{x\in F\mid xU\subseteq U\}\tag{8.2.2}$$

于是有$\mathscr{O}U\subseteq U$，以及$\mathscr{O}\subseteq yU$，即$\mathscr{O}$是个有界集. 另一方面，由于U是有界的，故有$V\in\mathscr{T}$，使得$VU\subseteq U$，因此$V\subseteq\mathscr{O}$. 这证明了$\mathscr{O}$是零元"0"的一个有界邻域. 于是

$$\{u\mathscr{O}\mid 0\neq u\in F\}\tag{8.2.3}$$

是$\mathscr{T}$的一个基. 按$\mathscr{O}$的规定，它包含元素0与1，并且，关于乘法是封闭的.

现在引入两个称谓：由$x\in F$所作的序列$\{x^n\}_{n\in\mathbf{N}}$，如果在拓扑域$(F,\mathscr{T})$中是个零序列，即关于$\mathscr{T}$的极限$\mathscr{T}-\lim x^n=0$，就称x是**解析幂零元**，或者，**$\mathscr{T}-$幂零元**；又如果$0\neq x$与x^{-1}都不是$\mathscr{T}-$幂零元，则称x为$\mathscr{T}-$**中性元**.

引理 1 若 $x \neq 0$ 不是 $\mathscr{T}-$ 幂零元，则 $\{x^{-n}\}_{n\in\mathbf{N}}$ 是有界集.

证明 只需证明存在某个 $U \in \mathscr{T}$，使得 $\{x^n\}_{n\in\mathbf{N}} \subseteq U^c$. 用反证法. 假若对任何 $U \in \mathscr{T}$，都不能有 $\{x^n\}_{n\in\mathbf{N}} \subseteq U^c$，特别对由(8.2.2)所规定的 $\mathscr{O}$ 而论，必有某个 $n_0 \in \mathbf{N}$，使得 $x^{n_0} \in \mathscr{O}$，若 $x \in \mathscr{O}$，则 $x^{n_0+1} \in \mathscr{O} \cdot \mathscr{O} \subseteq \mathscr{O}$，即从某个 n_0 起，所有的 x^n 都属于 $\mathscr{O}$. 同样可知，对每个 $u\mathscr{O}$，从 x 的某个幂项开始，所有的 x^n 都属于它. 但

$$\{u\mathscr{O} \mid 0 \neq u \in F\}$$

是 $\mathscr{T}$ 的一个基，因此 $\mathscr{T}-\lim x^n = 0$，矛盾.

若 $x \notin \mathscr{O}$，此时同样有 $x^{n_0} \in \mathscr{O}$. 由此可以看到

$$\mathscr{T}-\lim (x^{n_0})^n = 0$$

从而导出 $\mathscr{T}-\lim x^n = 0$，矛盾. ■

现在我们先来考虑$(F, \mathscr{T})$中不含非零的 $\mathscr{T}-$ 幂零元的情形. 我们将从 $\mathscr{O}$ 作出 F 的一个非平凡的赋值环，并且证明，由这个赋值环所引起的拓扑，正是由 $\mathscr{T}$ 所确定的拓扑.

首先注意到 F 中必有某个 $z \neq 0$，使得对于 F 的每个 $x \neq 0$，总有 $x \in \mathscr{O}$ 或者 $x^{-1} \in \mathscr{O}z^{-1}$. 这是由于$(\mathscr{O}^c)^{-1}$ 为有界集，故有

$$0 \neq z \in F$$

使得 $z(\mathscr{O}^c)^{-1} \subseteq \mathscr{O}$，即$(\mathscr{O}^c)^{-1} \subseteq \mathscr{O}z^{-1}$. 作

$$\mathscr{O}_1 = \{x \in F \mid x\mathscr{O} \subseteq \mathscr{O}\{z^{-n}\}_{n=0,1,2,\cdots}\} \tag{8.2.4}$$

显然有 $\mathscr{O} \subseteq \mathscr{O}_1$，即 $\mathscr{O}_1$ 是 0 的一个邻域. 又因为 $\mathscr{O}$ 包含 1，故 $\mathscr{O}_1 \subseteq \mathscr{O}\{z^{-n}\}_{n=0,1,2,\cdots}$. 在 F 不含非零的 $\mathscr{T}-$ 幂零元的情形下，按引理 1，知 $\{z^{-n}\}_{n=0,1,2,\cdots}$ 是有界的，从而 $\mathscr{O}\{z^{-n}\}_{n=0,1,2,\cdots}$ 是有界的. 所以 $\mathscr{O}_1$ 也是有界集.

其次，$\mathscr{O}_1$ 关于乘法是封闭的. 如若 $x, y \in \mathscr{O}_1$，则有 $x\mathscr{O} \subseteq \mathscr{O}z^{-s}$，$y\mathscr{O} \subseteq \mathscr{O}z^{-t}$，从而 $xy\mathscr{O} \subseteq \mathscr{O}z^{-(s+t)}$，即 $xy \in \mathscr{O}_1$.

现在证明，对于 F 的每个元素 x，必有

$$x \in \mathscr{O}_1 \text{ 或者 } x^{-1} \in \mathscr{O}_1 \tag{8.2.5}$$

如若 $x \notin \mathscr{O}_1$，则 $x \in \mathscr{O}$. 此时有 $x^{-1}\mathscr{O}z^{-1} \subseteq \mathscr{O}_1$.

再考虑 $\mathscr{O}_1 \pm \mathscr{O}_1$. 从 $\mathscr{O}_1$ 是 $\mathscr{O}$ 的一个有界邻域这一事实，可知 $\mathscr{O}_1 \pm \mathscr{O}_1$ 也是有界集，故有 $0 \neq w \in F$，使得 $w(\mathscr{O}_1 \pm \mathscr{O}_1) \subseteq \mathscr{O}_1$，即 $\mathscr{O}_1 \pm \mathscr{O}_1 \subseteq \mathscr{O}_1 w^{-1}$. 因此

$$\underbrace{\mathscr{O}_1 \pm \cdots \pm \mathscr{O}_1}_{2^n\text{个}} \subseteq \mathscr{O}_1 w^{-n}$$

设 A 是 $\mathscr{O}_1$ 在 F 中生成的子环. 于是

$$A \subseteq \mathscr{O}_1\{w^{-n}\}_{n=0,1,2,\cdots}$$

这表明了 A 是 $\mathscr{O}$ 的一个有界邻域. 由它生成的拓扑，即以

$$\{uA \mid 0 \neq u \in F\}$$

为 0 的邻域基所得出的拓扑，与由 $\mathscr{T}$ 所生成的拓扑是一致的. 按(8.2.5)，知对于

每个 $x \in F$,必有 $x \in A$ 或者 $x^{-1} \in A$. 又由于 F 是无界集,故 $A \neq F$. 从而 A 是 F 的一个非平凡的赋值环. 设 φ 是以 A 为赋值环的一个赋值. 由 φ 所给出的拓扑,正是 $\mathscr{T}$ 所确定的域拓扑.

命题 1 设$(F,\mathscr{T})$中不含有非零的 $\mathscr{T}$－幂零元. 于是存在非平凡赋值 φ,使得$(F,\mathscr{T})=(F,\mathscr{T}_\varphi)$. ■

应当指出,命题中出现的这个 φ,不能是非阿基米德绝对值. 因为,如果它是非阿基米德绝对值,则 F 中必然有非零的解析幂零元.

以下我们来讨论另一种情形:F 中有非零的解析幂零元 t. 不失一般性,不妨设 $t \in \mathscr{O}_1$. 使用这个 t,可以作出 $\mathscr{T}$ 的一个邻域基,使得它的每个元都只含 $\mathscr{T}$－幂零元. 令 $W=\mathscr{O}_1 t$. 于是 $W^n=\mathscr{O}_1 t^n$. 由于 t 是 $\mathscr{T}$－幂零的,故$\{W^n\}_{n\in\mathbf{N}}$是 $\mathscr{T}$ 的一个邻域基. 因此,$(F,\mathscr{T})$满足第一可数公理. 此外,对于每个 $a \in \mathscr{O}_1$,都是 $\mathscr{O}$－幂零的,故$\{W^n\}_{n\in\mathbf{N}}$满足要求.

以 N 表示 F 中由所有 $\mathscr{T}$－中性元所成的集,N_1 表示由所有 $\mathscr{T}$－幂零元所成的集. 我们有:

引理 2 在以上的所设下,有:

(i) 若 $a \in N_1$,$b \in N_1 \cup N$,则 $ab \in N_1$;

(ii) N 是乘法群 $\dot{F}$ 的一个真子群.

证明 $b=0$ 时,(i) 显然成立. 设 $0 \neq b \in N_1 \cup N$. 我们知道,在拓扑域中,任何一个非零元与它的逆元,不可能同时成为 $\mathscr{T}$－幂零元. 因此,b^{-1} 不是 $\mathscr{T}$－幂零的,即$\{b^{-n}\}_{n\in\mathbf{N}}$与$\{0\}$不相交. 在 $\mathscr{T}$ 给出 F 的 V－拓扑的假设下,$\{b^{-n}\}_{n\in\mathbf{N}}$是有界的. 因此,对于每个 $a \in N_1$,有 $\mathscr{T}-\lim\,(ab)^n=0$,即 $ab \in N_1$,这证明了(i).

其次来看(ii). 首先,对于 $x \in N$,显然有 $x^{-1} \in N$. 设 $x,y \in N$. 若 $xy \notin N$,则有 $xy \in N_1$,或者 $x^{-1}y^{-1} \in N_1$,从(i)得知,此时应有 $x \in N_1$ 或者 $y \in N_1$,矛盾. 由于 F 中有非零的 $\mathscr{T}$－幂零元,故 N 是 $\dot{F}$ 的真子群. ■

现在来考虑因子群 $\dot{F}/N$,先对它规定一个二元关系"$\leqslant$"如下:对于陪集 aN,bN,规定

$$aN \leqslant bN \text{ 当且仅当 } ab^{-1} \in N_1 \cup N \tag{8.2.6}$$

首先,这个规定是有效的. 设 $aN=a'N$,以及 $bN=b'N$. 于是有

$$a'=an_1,\ b'=bn_2$$

其中 $n_1,n_2 \in N$. 按引理 2,有

$$a'(b')^{-1}=ab^{-1}n_1n_2^{-1} \in N_1 \cup N$$

所以同样可以得到 $a'N \leqslant b'N$. 又若 $ab^{-1} \notin N_1 \cup N$,则应有 $ab^{-1} \in N_1$,即 $bN \leqslant aN$. 这表明了对于 $\dot{F}/N$ 的任何两元素,都可以按(8.2.6)来规定二元关系"$\leqslant$".

引理 3　在以上的所设下，(8.2.6) 给出群 $\dot{F}/N$ 的一个阿基米德序.

证明　先证明由(8.2.6) 所规定的二元关系是 $\dot{F}/N$ 的一个序关系. 设 $bN \leqslant aN, aN \leqslant bN$. 于是，$a^{-1}b$ 与 ab^{-1} 同时属于 $N_1 \cup N$. 从而同时属于 N，即 $aN = bN$，故"$\leqslant$"具有反对称性. 再设 $cN \leqslant bN, bN \leqslant aN$. 于是 $a^{-1}b, b^{-1}c \in N_1 \cup N$. 按引理 2，有

$$a^{-1}c = (a^{-1}b)(b^{-1}c) \in N_1 \cup N$$

即 $cN \leqslant aN$，故"$\leqslant$"是可传递的. 至于自反性，显然可知，又由 $bN \leqslant aN$，立即有 $bxN \leqslant axN, x \in \dot{F}$. 因此，(8.2.6) 的规定使 $\dot{F}/N$ 成一个序群.

其次证明这是个阿基米德序群. 设 $a, b \in \dot{F}, N < bN$，即 $b^{-1} \in N_1$，此时 $\mathscr{T} - \lim ab^{-n} = 0$. 按前面所作的邻域基 $\{W^n\}_{n \in \mathbf{N}}$，当 n 充分大时，有 $ab^{-n} \in W^m$，即 ab^{-n} 是个 $\mathscr{T}-$ 幂零元. 这就证明了 $aN < b^n N$，换言之，"$\leqslant$"是个阿基米德序.

■

按 6.3 节命题 3，阿基米德序群序同构于乘群 $\dot{\mathbf{R}}$ 的一个子群. 因此

$$|\ | : \dot{F} \to \dot{F}/N \to \dot{\mathbf{R}} \tag{8.2.7}$$

给出一个从 $\dot{F}$ 到 $\dot{\mathbf{R}}$ 内的同态. 再规定 $|0| = 0$. 于是"$|\ |$"满足绝对值定义中的和条件(1) 和(2)，但它不一定能满足条件(3). 因此，在这里还需要补充一个结果：

命题 2(Artin)　设"$|\ |$"是从 F 到扩大的乘法群 $\dot{\mathbf{R}} \cup \{0\}$ 的一个乘法同态，$|0| = 0$. 若 F 的加法关于由"$|\ |$"所引起的拓扑是连续的，则存在实数 $k > 0$，使得"$|\ |^k$"是 F 的一个绝对值.

证明　首先证明实数集

$$\{(1 + |x|)/|1 + x| \mid x \in F\}$$

有非零的下界，换言之，存在实数 $\delta > 0$，使得

$$(1 + |x|)/|1 + x| \geqslant \delta$$

对所有的 $x \in F$ 都成立. 如若不然，则有序列 $\{x_n\}_{n \in \mathbf{N}}$，使得实数序列

$$\left\{\frac{1 + |x_n|}{|1 + x_n|}\right\}_{n \in \mathbf{N}}$$

的极限为 0. 由此又得到

$$\lim_{n \to \infty} \frac{1}{|1 + x_n|} = 0$$

以及

$$\lim_{n \to \infty} \frac{|x_n|}{|1 + x_n|} = 0$$

另一方面，从 $\lim\limits_{n \to \infty} |y_n| = 0$ 可以得出 $\{y_n\}_{n \in \mathbf{N}}$ 在由"$|\ |$"所给出的拓扑下是个零序列. 因此有

$$||-\lim \frac{1}{1+x_n}=0$$

以及

$$||-\lim \frac{x_n}{1+x_n}=0$$

对于由(8.2.7)所规定的"||"而言,它所给出的拓扑使得 F 中的加法是连续的,因此又有

$$1=||-\lim \frac{1+x_n}{1+x_n}=$$
$$||-\lim \frac{1}{1+x_n}+||-\lim \frac{x_n}{1+x_n}=$$
$$0+0=0$$

矛盾.现在令 $d=1/\delta$.于是 $(1+|x|)/|1+x|\geqslant\delta$ 可以改写成

$$|1+x|\leqslant d(1+|x|)$$

此处 $d>0$.特别对 F 中任何两元素 x,y,由上式又得到

$$|x+y|\leqslant d(|x|+|y|)\leqslant 2d\max\{|x|,|y|\} \tag{8.2.8}$$

若 $2d\leqslant 1$,上式就是关于"||"的强三角不等式.否则,总可选择实数 $k>0$,使得 $(2d)^k\leqslant 2$.以"$||^k$"代替(8.2.8)中的"||",即得

$$|x+y|^k\leqslant(2d)^k\cdot\max\{|x|^k,|y|^k\}\leqslant$$
$$2\max\{|x|^k,|y|^k\} \tag{8.2.9}$$

我们知道,由6.1节的条件上(1)(2),以及(8.2.9),可以导出6.1节的条件(3)(见第六章习题1).因此,"$||^k$"是 F 的一个绝对值. ■

"||"与"$||^k$"显然给出相同的拓扑.根据上述命题,不妨设由(8.2.7)所规定的"||"就是 F 的一个绝对值.今以 $\mathscr{T}_{||}$ 表示所有形式如

$$\{x\in F\mid |x|<\gamma\}$$

的子集作为0的邻域基而得到的拓扑.在拓扑域 $(F,\mathscr{T}_{||})$ 中,子集 $A=\{x\in F\mid |x|\leqslant 1\}$ 是有界的.因此,它与 $\mathscr{T}_{||}$ 生成相同的拓扑.

由于 $\mathscr{O}_1$ 是 $(F,\mathscr{T})$ 中的有界集,所以对于 $0\neq x\in\mathscr{O}_1$,x^{-1} 不能是 $\mathscr{T}-$幂零元.按(8.2.7)的规定,应有 $|x^{-1}|\not<1$,即 $|x^{-1}|\geqslant 1$.从而 $|x|\leqslant 1$,这表明 $\mathscr{O}_1\subseteq A$.

对于 $x\in A\backslash\mathscr{O}_1$,有 $x^{-1}\in\mathscr{O}_1$.从而 $|x^{-1}|\leqslant 1$.因此应有 $|x|=1$,即 x 是个 $\mathscr{T}-$中性元.在 $\mathscr{O}_1$ 中任取一个 $\mathscr{T}-$幂零元 t.此时 $|t|<1$,即 $t\in A$,并且又有 $At\subseteq\mathscr{O}_1$.这证明了 $\mathscr{T}$ 与 $\mathscr{T}_{||}$ 所生成的拓扑是一致的,即有:

命题3 若 $(F,\mathscr{T})$ 含有非零的 $\mathscr{T}-$幂零元,则可作出 F 的一个非平凡的绝对值"||",使得 $\mathscr{T}_{||}$ 与 $\mathscr{T}$ 生成相同的拓扑,即

$$(F,\mathscr{T})=(F,\mathscr{T}_{||})$$ ■

总结以上的讨论，得到：

定理 8.1(Kowalsky-Dürbaum) 拓扑域$(F,\mathscr{T})$成为一个 $V-$拓扑域，当且仅当它是由 F 的一个非平凡赋值或绝对值所生成的拓扑域. ■

8.3 局部紧致域

对于拓扑域$(F,\mathscr{T})$，如果 $\mathscr{T}$ 中某个 U 是紧致子集，就称$(F,\mathscr{T})$为**局部紧致的拓扑域**，以下简称作**局部紧致域**. 在本节中，我们将证明，它也是一种 $V-$拓扑域，而且是与第六章所讨论的局部域紧密有关的.

引理 1 在拓扑域$(F,\mathscr{T})$中，任何紧致子集都是有界集.

证明 设 S 是一个紧致子集，x 是其中任何元素. 从 $x\cdot 0=0$ 以及乘法的连续性，可知对于任一 $W\in\mathscr{T}$，必有 x 的某个邻域 U_x，以及某个 $V\in\mathscr{T}$，使得有 $U_x\cdot V\subseteq W$.

$\{U_x \mid x\in S\}$ 是 S 的一个覆盖. 由 S 的紧致性，故有

$$x_1,\cdots,x_n\in S$$

使得

$$U_{x_1}\cup\cdots\cup U_{x_n}\supseteq S$$

若以 V_i 记 $\mathscr{T}$ 满足 $U_{x_i}V_i\subseteq W$ 的元素，$i=1,\cdots,n$，又令

$$V=V_1\cap\cdots\cap V_n$$

则有

$$SV\subseteq(U_{x_1}\cup\cdots\cup U_{x_n})V\subseteq W\cup\cdots\cup W=W$$

因此 S 是有界集. ■

引理 2 设$(F,\mathscr{T})$是局部紧致域. 于是 F 中必然存在非零的 $\mathscr{T}-$幂零元.

证明 首先，由于$(F,\mathscr{T})$是个 T_2-空间，故有$V\in\mathscr{T}$，使得 $1\notin\overline{V}$，此处 $\overline{V}$ 是 V 的闭包. 设 $T\in\mathscr{T}$是一个紧致邻域，以及 $W=T\cap V$. 于是 $\overline{W}\subseteq T$. 按引理 1，$\overline{W}$ 是有界集，且 $1\notin\overline{W}$. 令 $S=\overline{W}\cup\{1\}$. 显然 S 也是个有界集，从而有元素 $t\neq 0$，使得 $tS\subseteq W$. 由此可知对于所有的 $n\in\mathbf{N}$ 皆有

$$t^nS\subseteq W \text{ 以及 } t^n\subseteq W \tag{8.3.1}$$

现在要证明 t 是一个 $\mathscr{T}-$幂零元. 如若 $\mathscr{T}-\lim t^n\neq 0$，则无限集$\{t^n\}_{n\in\mathbf{N}}$在 T 中应有聚点 $b\neq 0$. 对于 b 的任一邻域 U_b. 至少含有两个项 $t^m,t^n(n>m)$. 设 U_1 是 1 的任一邻域. 于是可选择 U_b，使得 $U_b\cdot U_b^{-1}\subseteq U_1$，从而有 $t^{n-m}\in U_1$. 按(8.3.1)，有 $t^{n-m}\in W$，即 1 的每个邻域都与 W 相交，即 $1\in\overline{W}$，矛盾. 这证明了$\{t^n\}_{n\in\mathbf{N}}$只有唯一的聚点 0，即 $\mathscr{T}-\lim t^n=0$. ■

现在设$(F,\mathscr{T})$是局部紧致域，我们要证明，它是个 $V-$拓扑域. 设 T 是 0 的

一个紧致邻域.作子集

$$\mathcal{O}=\{x\in F\mid xT\subseteq T\}$$

由引理1,T是有界集.因此,$\mathcal{O}$是非空的,并且包含0的一个邻域,从而$\mathcal{O}$也是0的一个邻域.又从$\mathcal{O}T\subseteq T$知$\mathcal{O}$也是有界集,故对某个$a\in F$,有$a\mathcal{O}\subseteq T$.由此又有$a\mathcal{O}\subseteq\overline{T}=T$[①],故闭子集$a\overline{\mathcal{O}}$是紧致的,从而$\overline{\mathcal{O}}$也是紧致的.此外,$\mathcal{O}$包含0,1,并且关于乘法是封闭的,如在8.2节中所示,$\{u\mathcal{O}\mid u\in\dot{F}\}$是$\mathcal{T}$的一个基.因此只需证明$(\mathcal{O}^c)^{-1}$是个有界集.

假若$(\mathcal{O}^c)^{-1}$不是有界的,则对于任何$V\in\mathcal{T}$,总有$(\mathcal{O}^c)^{-1}V\nsubseteq\mathcal{O}$.从引理2知$F$有$\mathcal{T}-$幂零元$t\neq 0$,不妨设$t\in\mathcal{O}$.于是有某个$t^n\in V$,使得$x_n\in\mathcal{O}^c$,满足$y_n=x_n^{-1}t^n\in\mathcal{O}^c$.从$t$的$\mathcal{T}-$幂零性,知存在正整数$r_n$,使得$x_nt^{r_n}\in\mathcal{O}$,以及$x_n\cdot t^{r_n-1}\in\mathcal{O}^c$.令$x'_n=x_nt^{r_n}$,同样又可以选择正整数$s_n$,使得$y'_n=y_nt^{s_n}\in\mathcal{O}$,以及$y_nt^{s_n-1}\in\mathcal{O}^c$.于是

$$x'_n,y'_n\in\mathcal{O}\cap(t\mathcal{O})^c=B$$

序列$\{x'_n\}_{n\in\mathbf{N}}$与$\{y'_n\}_{n\in\mathbf{N}}$在紧致子集$\overline{B}$中有聚点$x',y'$.由于$0\notin\overline{B}$,故$x',y'\neq 0$.按乘法的连续性,$\{x'_ny'_n\}_{n\in\mathbf{N}}$应有$x'_ny'_n$作为它的聚点.但

$$x'_ny'_n=t^{n+r_n+s_n}$$

且$\{t^{n+r_n+s_n}\}_{n\in\mathbf{N}}$只有一个聚点(极限)0,矛盾.这就证明了下面的定理:

定理8.2 局部紧致域必然是$V-$拓扑域,并且它的拓扑可由某个非平凡绝对值所给出. ■

以下,我们再进一步讨论局部紧致域的构造.为此,先有几个引理:

引理3 局部紧致域关于它的绝对值完全的.

证明 设$(F,\mathcal{T})$是个局部紧致域,φ是由上述定理所得的绝对值.考虑F中任何一个关于φ的Cauchy序列$\{a_n\}_{n\in\mathbf{N}}$.由于$(F,\mathcal{T})$的拓扑是由φ所引起的.故$\{a_n\}_{n\in\mathbf{N}}$也可以作为拓扑意义下的Cauchy序列.设$W\in\mathcal{T}$是个紧致邻域.于是,从某个n_0起,应有$a_n-a_{n_0}\in W,n\geqslant n_0$.子集$W+a_{n_0}$也是紧致的,对它添入有限多个点$a_1,\cdots,a_{n_0-1}$后所得到的集$T$,同样是个紧致子集,并且它包含$\{a_n\}_{n\in\mathbf{N}}$.设$a$是$\{a_n\}_{n\in\mathbf{N}}$在$T$中的一个突点.又对于$\mathcal{T}$中任何一个$U$,取$V\in\mathcal{T}$,满足$V+V\subseteq U$.于是可确定一个$n_0\in\mathbf{N}$,使得

$$a_n-a_m\in V,\ 对所有的\ n,m\geqslant n_0$$
$$a_m-a\in V,\ 对某个\ m\geqslant n_0$$

因此,对所有的$n\geqslant n_0$,恒有

$$a_n-a=a_n-a_m+a_m-a\in V+V\subseteq U$$

这证明了$\mathcal{T}-\lim a_n=a$,即$\{a_n\}_{n\in\mathbf{N}}$在$(F,\mathcal{T})$中是收敛的,从而它也是φ收敛的,

---

① 在T_2-空间中,紧致子集是闭的.

因此(F,φ)是完全域. ■

引理 4 若关于非阿基米德绝对值φ所给出的拓扑域$(F,\mathcal{T}_\varphi)$是个局部紧致域,则(F,φ)是局部域.

证明 首先证明φ是个离散赋值. 如若不然,则φ的值群Γ有聚点$\gamma\neq 0$. 不妨设$0<\gamma\leqslant 1$. 在Γ中任取一个以γ为极限的递增实数列$\{\delta_n\}_{n\in\mathbf{N}}$,又在$F$中取序列$\{a_n\}_{n\in\mathbf{N}}$,使得对每个$n$,皆有$\varphi(a_n)=\delta_n$. 于是$\lim\limits_{n\to\infty}\varphi(a_n)=\gamma$. 由$(F,\mathcal{T}_\varphi)$的局部紧致性,我们可以把$\{a_n\}_{n\in\mathbf{N}}$取在某个紧致子集之内. 于是,在该子集内,$\{a_n\}_{n\in\mathbf{N}}$有$\varphi$-收敛的子序列,仍记作$\{a_n\}_{n\in\mathbf{N}}$. 但另一方面,对于$n>m$,有

$$\varphi(a_n-a_m)=\max\{\varphi(a_n),\varphi(a_m)\}=\varphi(a_n)$$

所以$\{a_n\}_{n\in\mathbf{N}}$不能是φ-收敛的,此为一矛盾.

其次证明φ的剩余域$\bar{F}=A/M$是个有限域,此处A,M的意义如6.3节. 假若$\bar{F}$是无限的,则可取A中的序列$\{a_n\}_{n\in\mathbf{N}}$,使得$\varphi(a_n)=1$,以及$\varphi(a_n-a_m)=1$,对所有的$n\neq m$. 设

$$W=\{x\in F\mid\varphi(x)\leqslant\delta\}$$

是0的紧致邻域,$b\in W$. 于是,与引理3一样,可证明W中的序列$\{ba_n\}_{n\in\mathbf{N}}$有$\varphi$-收敛的子序列. 但$\varphi(ba_n-ba_m)=\varphi(b)$,即$\{ba_n\}_{n\in\mathbf{N}}$不能有任何$\varphi$-收敛的子序列,矛盾.

最后,结合引理3,即知(F,φ)是局部域. ■

我们再证明这个引理的逆理:

引理 5 局部域(F,φ)关于由φ所引起的拓扑$\mathcal{T}_\varphi$是局部紧致域,而且又是完全不连通的.

证明 首先,从φ是非阿基米德绝对值,可知其赋值环A在拓扑$\mathcal{T}_\varphi$下是开集,从而也是闭集. 引理的后一部分从8.1节的命题1即知. 今证A是0的紧致邻域.

从$\bar{F}=A/M$为有限域知A中有有限子集S,它的元素构成$\bar{F}$的完全代表系. 于是有

$$A=\bigcup_{x\in s}(x+tA) \tag{8.3.2}$$

此处$tA=M$,t是(F,φ)的素元. 设$\{\mathcal{O}_\lambda\}_{\lambda\in\Lambda}$是$A$的任何一个覆盖. 假若不能从其中取出一个有限子覆盖,则至少有某个$a_0\in S$,a_0+tA不能被有限多个$\mathcal{O}_\lambda$所覆盖. 由(8.3.2),知有

$$a_0+tA\subseteq\bigcup_{x\in s}(a_0+xt+t^2A) \tag{8.3.3}$$

再次使用S的有限性,可知对于某个$a_1\in S$,$a_0+a_1t+t^2A$不能被有限多个$\mathcal{O}_\lambda$所覆盖. 重复这一过程,并且令

$$b=a_0+a_1t+a_2t^2+\cdots,a_i\in S$$

从A的完全性知$b\in A$. 设$\mathcal{O}_{\lambda_0}$包含b. 由于$\mathcal{O}_{\lambda_0}$是开的,故有b的某个邻域$b+$

$U \subseteq \mathcal{O}_{\lambda_0}$，此处 $U = \{x \in F \mid \varphi(x) < \delta\}$. 取自然数 n，使得 $(\varphi(t))^n < \delta$. 于是对于任何 $y \in A$，皆有

$$\varphi(b + t^n y - b) = \varphi(t^n y) \leqslant (\varphi(t))^n < \delta$$

即当 n 为充分大的整数时，总有 $b + t^n A \subseteq \mathcal{O}_{\lambda_0}$. 但由 $a_0, a_1, \cdots$ 的取法知

$$a_0 + a_1 t + \cdots + a_{n-1} t^{n-1} + t^n A \tag{8.3.4}$$

不能被有限多个 $\mathcal{O}_\lambda$ 所覆盖. 另一方面，对于(8.3.4)中的任何一个元素 z，皆有 $z - b \in t^n A$，即 $\varphi(z - b) < \delta$. 因此 $z \in b + U \subseteq \mathcal{O}_{\lambda_0}$，而与 a_i 的取法矛盾. 这证明了 A 是 0 的一个紧致邻域. ■

结合引理 4,5，即得：

定理 8.3 非平凡的实数值赋值域 (F, φ) 成为局部域的必要充分条件是，由 φ 引起的拓扑域 $(F, \mathcal{T}_\varphi)$ 是个局部紧致域. ■

从定理 8.2 得知，每个局部紧致域 $(F, \mathcal{T})$，必然由某个非平凡的绝对值 φ 所给出. 如果 φ 是实数值赋值，按上述定理，(F, φ) 是局部域；如果 φ 是阿基米德绝对值"$|\,|$"，按引理 3，$(F, |\,|)$ 是完全域. 再据定理 6.4，它只能是 **R** 或者 **C**. 由于 **R** 和 **C** 关于拓扑"$\mathcal{T}_{|\,|}$"都是连通的，结合 4.1 节的命题 1 与定理 8.3，即有：

定理 8.4 连通的局部紧致域只能是 **R** 或者 **C**；完全不连通的局部紧致域只能是局部域. ■

这个定理的前一部分是 Pontrjagin 定理，后一部分是 Jacobson 定理. 这个定理还可以推广到非交换的情形，见文献[3]，以及第四章参考文献[1].

8.4 序域的拓扑

在 7.2 节中，我们已经在序域 $(F, \leqslant)$ 中引进了开区间和元素的绝对值诸概念. 若以所有包含 0 的开区间所成的集 $\mathcal{T}$ 作为 0 的邻域基，这就给出了 F 的一个拓扑结构，称为由序所确定的开区间拓扑，简称 $(F, \leqslant)$ 的序拓扑，记以"$\mathcal{T}_\leqslant$".

命题 1 序域 $(F, \leqslant)$ 关于序拓扑 $\mathcal{T}_\leqslant$ 成一个拓扑域.

证明 先证乘法的连续性. 设 $x, y \in F$. 不失一般性，我们考虑 xy 的一个开区间

$$xy + (-a, a), a > 0$$

证明，可选出 F 的元素 $b, c > 0$，使得有 $\| x \| b < a/3$，$\| y \| c < a/3$，以及 $bc < a/3$. 当 $x = 0$ 时，b 可取任何正元素. 设 $x \neq 0$，由

$$\| x \| a/4 \| x \| = \frac{a}{4} < a/3$$

故可取 $b=a/4\|x\|$，对 c 做类似的选择，使得有 $\|y\|c<a/3$. 若已经有 $bc<a/3$，则所选的 b,c 已满足要求. 设 $bc\geqslant a/3$. 于是可用同样的方法来找个 $d>0$，使得 $bd<a/3$. 此时应有 $d<c$. 如若 $c\leqslant d$，则有 $bc\leqslant cd<a/3$，矛盾. 对于这个 d，又有

$$\|y\|d<\|y\|c<a/3$$

以及 $bd<a/3$，从而满足要求. 根据这样得来的 b,c，就有

$$(x+(-c,c))(y+(-b,b))\subseteq xy+(-a,a) \tag{8.4.1}$$

因为，对于任何 $u\in(-c,c)$，以及 $v\in(-b,b)$，我们有

$$\begin{aligned}(x+u)(y+v)&=xy+uy+xv+uv\leqslant\\ \|xv\|&+\|yu\|+\|uv\|<\\ \|x\|b&+\|y\|c+bc<\\ \frac{a}{3}&+\frac{a}{3}+\frac{a}{3}=a\end{aligned}$$

即(8.4.1)成立. 因此乘法关于 $\mathscr{T}_{\leqslant}$ 是连续的.

加法运算的连续性易知，今从略. 现在证除法的连续性. 设 $x\neq 0$ 是 F 任一元素. 考虑映射 $\rho: x\to x^{-1}$. 不失一般性，取 x^{-1} 的邻域 (a,b)，它不包含 0，即 $0<a<x^{-1}<b$，或者 $a<x^{-1}<b<0$. 于是 $(1/b,1/a)$ 就是 x 的一个邻域，且 $\rho((1/b,1/a))\subseteq(a,b)$. 这证明了映射 ρ 是连续的，从而 $(F,\leqslant)$ 关于 $\mathscr{T}_{\leqslant}$ 是个拓扑域. ■

从序拓扑的定义，立即可知 $\mathscr{T}_{\leqslant}$ 是满足 T_2－公理的；此外，它还是 F 的一个 V－拓扑. 因为，若子集 $S^{-1}\cap(-a,a)=\varnothing$，则有 $S\subseteq[-a^{-1},a^{-1}]$，闭区间 $[-a^{-1},a^{-1}]$ 显然是有界的.

本节的主要问题是：设 $\mathscr{T}$ 是 F 的一个域拓扑，问在什么条件下，$\mathscr{T}$ 是由 F 的某个序所确定出的序拓扑？这个问题有如下的回答：

定理 8.5 F 的域拓扑 $\mathscr{T}$，能由 F 的某个序所给出，当且仅当 $(F,\mathscr{T})$ 是 V－拓扑域，并且 S_F 与 -1 是分离的.

证明 当 $\mathscr{T}=\mathscr{T}_{\leqslant}$ 时，我们已经知道它是 V－拓扑. 至于 S_F 与 -1 显然是分离的，因为 $-1\notin S_F$ 只要取 $(-1/2,1/2)$，就有

$$(-1+(-1/2,1/2))\cap S_F=\varnothing$$

现在来证充分性. 由于 $\mathscr{T}$ 是 F 的 V－拓扑，按定理 8.1，$\mathscr{T}$ 由 F 的某个非平凡绝对值"$|\,|$"所给出，或者由某个非平凡赋值 φ 所给出. 先考虑前一种情形. 由于此时"$|\,|$"是阿基米德的(非阿基米德绝对值作为赋值的情形)，由 6.2 节知，F 可以作为 $\mathbf{C}$ 的子域. 按所设 $-1\notin S_F$，所以 F 是个实域. 我们知道，包含在 $\mathbf{C}$ 中的实域必然是 $\mathbf{R}$ 的子域(第七章习题 8)，从而拓扑 $\mathscr{T}$ 就是由通常实数的绝对值所给出的拓扑.

其次考虑$\mathscr{T}$由赋值φ所给出的情形. 设φ的赋值环为A. 此时$\mathscr{T}$是由A的非零理想作为0的邻域基而定的拓扑. 设U是0的一个邻域,满足$(-1+U)\cap S_F=\varnothing$,又设$I\neq(0)$是包含在$U$中的理想.

令Q是F中由所有形如$x^2(1+m)$的元素所生成的加法半群,此处$x\in F$, $m\in I$. 易知,Q满足以下的条件

$$Q+Q\subseteq Q$$

$$Q\cdot Q\subseteq Q$$

以及

$$S_F\subseteq Q$$

证明,$-1\notin Q$. 如若$-1\in Q$,则有$-1=\sum_{j=1}^{n}x_j^2(1+m_j)$,或改写为$\sum_{j=1}^{n+1}x_j^2(1+m_j)=0$. 不失一般性,设

$$\varphi(x_1)\geqslant\varphi(x_i),\ i=2,\cdots,n+1$$

以x_1^2除前面的等式,得

$$\sum_{j=1}^{n+1}y_j^2(1+m_j)=0,y_1=1$$

此式又可写如

$$1+m_1+\sum_{j=2}^{n+1}y_j^2(1+m_j)=0$$

其中$y_j\in A$. 从而有

$$\sum_{j=2}^{n+1}y_j^2\in-1+I\subseteq-1+U$$

此为一矛盾. 因此Q是F的一个亚序. 再按7.1节,Q可以拓展成为F的一个序P. 根据Q的作法,知$1+I\subseteq Q\subseteq P$. 因此,在由$P$所给出的开区间拓扑下,有$I\subseteq(-1,1)$. 这就证明了拓扑$\mathscr{T}$与由$P$所给出的序拓扑是一致的. ■

索　　引

七划

八划

九划

十划

其 他

参考文献

第一章

[1] ARTIN E. Galois theory[M]. San Francisco: Edwards Brothers, Inc. 1944(有中文译文,伽罗瓦理论,李同孚译,上海科学技术出版社,1979).

[2] BASTIDA J R. Field extensions and Galois theory[M]. Cambridge: Cambridge University Press, 1984.

[3] COHN P M. Algebra Vol. 2[M]. New York: John Willy & Sons, 1979.

[4] ISAACS, L. M. Algebra[M]. San Francisco: Wadsworth Inc. 1994.

[5] MCCARTHY P J. Algebraic extensions of fields[M]. Waltham Mass: Blaisdell Pub. Co., 1966.

[6] STEINITZ E. Algebraische theorie der körper[J]. Chelsea Pub. Co., 1950.

[7] ZARISKI O, Samuel P. Commutative algebra I[M]. New York: D. Van Nostrand, 1958.

[8] 谢邦杰. 抽象代数学[M]. 上海:上海科学技术出版社,1982

第二章

[1] DIEUDONNÉ J. A panorama of pure mathematics[M]. New York: Academic Press, 1982.

[2] HADLOCK C R. Field theory and its classical problems[J]. Amer. Math. Asso. 1978.

[3] HUNGERFOLD T W. Algebra[M]. New York: Springer-Verlag, 1980(有中文译本. 代数学,冯克勤译,聂灵沼校,湖南教育出版社,1985).

[4] JACOBSON N. Lectures in abstract algebra. Vol. 3[M]. New York:

D. Van Nostrand，1964.

第　三　章

[1] COHN P M. Algebra，Ⅱ[M]. New York：John Willy & Sons，1979.
[2] KRULL W. Galoische theorie der unendlichen algebraischen erweiterungen[J]. Math. Ann. 1928,100(1)：687-698.

第　四　章

[1] JACOBSON N. Basic algebra Ⅱ[M]. San Francisco：W. Freeman & Co. 1980.
[2] WINTER D J. The structure of fields[M]. New York：Springer-Verlag. 1974.
[3] WITT E. Zyklische körper und algebren der charakteristik p vom grad pn[J]. Jour. fur Math. 1937,176:126-140.

第　五　章

[1] LANG S. Algebra[M]. London：Addison-Wesley，Pub. Co.，1971.
[2] GREEN BERG M J. Lectures on forms in many variables[M]. New York-Amsterdam：Benjamin Pub. Co.，1967.
[3] LORENZ F. Einführung in die algebra，Ⅱ[M]. Spektrum Akademischer. Verlag. 1997.
[4] NAGATA M. Field theory[M]. M. Dekker，Inc.，1977.
[5] TSEN C C(曾炯之). Zur stufentheorie der quasi algebraisch-abgeschlossenheit kommutativer körper[J]. Jour. Chinese Math. Soc,1936,1:81-92.

第 六 章

[1] ARTIN E. Theory of algebraic numbers[M]. Gottingen, 1959.
[2] ENDLER O. Valuation theory[M]. New York: Springer-Verlag, 1972.
[3] HUNGERFORD T W. Algebra[M]. New York: Springer-Verlag, 1974.
[4] KRULL W. Allgemeine bewertungstheorie[J]. Jour. fur Math,1932, 167:160-196.
[5] ZARISKI O, SAMUEL P. Commutative algebra, Ⅱ[M]. New York: D. Van Nostrand, 1960.
[6] 戴执中. 赋值论概要[M]. 北京:高等教育出版社,1982.

第 七 章

[1] ARTIN E, SCHREIER O. Algebraische konstruktion reeler körper[C]//. Abh. Math. Sem. Ham, 1927,5(1):85-99.
[2] ARTIN E. Über die zerlegung definiter funktionen in quadrate[C]// ibid, 1927,5(1):100-115.
[3] JACOBSON N. Lectures in abstract algebra. Vol. 3[M]. New York: D. Van Nostrand Co. Inc. , 1946.
[4] MCKENNA K. New facts about Hilbert's seventeenth problem[J]. Springer-Verlag, Leet. Notes Math. , 1975, 498:200-230.
[5] MOTZKIN T S. The arithmetic-geometric inequality, in "Inequalities" ed[J]. by Sechisia, O. , Aead. Press, 1967:205-224.
[6] PRESTEL A. Lectures on formally real fields[J]. Lect, Lotes Math. vol. 1093, Springer-Verlag, 1984.
[7] RIBENBOIM P. L'arithmetique des corps[J]. Hermann, Paris, 1972.
[8] 曾广兴. 实域论[M]. 北京:科学出版社,2003

第八章

[1] KOWALSKY H J. DÜRBAUM H. Arithmetische kennseichnung von körpertopologie[M]. Jour. f. die Math. 1953,191:135-152.

[2] PRESTEL A. Model theoretic methods in the theory of topological fields[J]. Jour. f. die Math. ,1978,299(300):318-341.

[3] VAN DER WAERDEN B L. Algebra, Ⅱ[M]. New York: Springer-Verlag, 1960.

后　　记

本书曾于1990年由高等教育出版社出版，印行1900册.20多年来市上久无此书.鉴于当年与该社所订之合同已告终止，故对原书稍做增改，改由哈尔滨工业大学出版社出版，特此说明.

戴执中

2017年5月

刘培杰数学工作室
已出版(即将出版)图书目录——高等数学

书　　名	出版时间	定　价	编号
距离几何分析导引	2015－02	68.00	446
大学几何学	2017－01	78.00	688
关于曲面的一般研究	2016－11	48.00	690
近世纯粹几何学初论	2017－01	58.00	711
拓扑学与几何学基础讲义	2017－04	58.00	756
物理学中的几何方法	2017－06	88.00	767
几何学简史	2017－08	28.00	833

复变函数引论	2013－10	68.00	269
伸缩变换与抛物旋转	2015－01	38.00	449
无穷分析引论(上)	2013－04	88.00	247
无穷分析引论(下)	2013－04	98.00	245
数学分析	2014－04	28.00	338
数学分析中的一个新方法及其应用	2013－01	38.00	231
数学分析例选:通过范例学技巧	2013－01	88.00	243
高等代数例选:通过范例学技巧	2015－06	88.00	475
三角级数论(上册)(陈建功)	2013－01	38.00	232
三角级数论(下册)(陈建功)	2013－01	48.00	233
三角级数论(哈代)	2013－06	48.00	254
三角级数	2015－07	28.00	263
超越数	2011－03	18.00	109
三角和方法	2011－03	18.00	112
随机过程(Ⅰ)	2014－01	78.00	224
随机过程(Ⅱ)	2014－01	68.00	235
算术探索	2011－12	158.00	148
组合数学	2012－04	28.00	178
组合数学浅谈	2012－03	28.00	159
丢番图方程引论	2012－03	48.00	172
拉普拉斯变换及其应用	2015－02	38.00	447
高等代数.上	2016－01	38.00	548
高等代数.下	2016－01	38.00	549
高等代数教程	2016－01	58.00	579
数学解析教程.上卷.1	2016－01	58.00	546
数学解析教程.上卷.2	2016－01	38.00	553
数学解析教程.下卷.1	2017－04	48.00	781
数学解析教程.下卷.2	2017－06	48.00	782
函数构造论.上	2016－01	38.00	554
函数构造论.中	2017－06	48.00	555
函数构造论.下	2016－09	48.00	680
概周期函数	2016－01	48.00	572
变叙的项的极限分布律	2016－01	18.00	573
整函数	2012－08	18.00	161
近代拓扑学研究	2013－04	38.00	239
多项式和无理数	2008－01	68.00	22

刘培杰数学工作室
已出版(即将出版)图书目录——高等数学

书　　名	出版时间	定　价	编号
模糊数据统计学	2008－03	48.00	31
模糊分析学与特殊泛函空间	2013－01	68.00	241
常微分方程	2016－01	58.00	586
平稳随机函数导论	2016－03	48.00	587
量子力学原理·上	2016－01	38.00	588
图与矩阵	2014－08	40.00	644
钢丝绳原理:第二版	2017－01	78.00	745
代数拓扑和微分拓扑简史	2017－06	68.00	791
受控理论与解析不等式	2012－05	78.00	165
不等式的分拆降维降幂方法与可读证明	2016－01	68.00	591
实变函数论	2012－06	78.00	181
复变函数论	2015－08	38.00	504
非光滑优化及其变分分析	2014－01	48.00	230
疏散的马尔科夫链	2014－01	58.00	266
马尔科夫过程论基础	2015－01	28.00	433
初等微分拓扑学	2012－07	18.00	182
方程式论	2011－03	38.00	105
Galois 理论	2011－03	18.00	107
古典数学难题与伽罗瓦理论	2012－11	58.00	223
伽罗华与群论	2014－01	28.00	290
代数方程的根式解及伽罗瓦理论	2011－03	28.00	108
代数方程的根式解及伽罗瓦理论(第二版)	2015－01	28.00	423
线性偏微分方程讲义	2011－03	18.00	110
几类微分方程数值方法的研究	2015－05	38.00	485
N 体问题的周期解	2011－03	28.00	111
代数方程式论	2011－05	18.00	121
线性代数与几何:英文	2016－06	58.00	578
动力系统的不变量与函数方程	2011－07	48.00	137
基于短语评价的翻译知识获取	2012－02	48.00	168
应用随机过程	2012－04	48.00	187
概率论导引	2012－04	18.00	179
矩阵论(上)	2013－06	58.00	250
矩阵论(下)	2013－06	48.00	251
对称锥互补问题的内点法:理论分析与算法实现	2014－08	68.00	368
抽象代数:方法导引	2013－06	38.00	257
集论	2016－01	48.00	576
多项式理论研究综述	2016－01	38.00	577
函数论	2014－11	78.00	395
反问题的计算方法及应用	2011－11	28.00	147
数阵及其应用	2012－02	28.00	164
绝对值方程—折边与组合图形的解析研究	2012－07	48.00	186
代数函数论(上)	2015－07	38.00	494
代数函数论(下)	2015－07	38.00	495

刘培杰数学工作室
已出版(即将出版)图书目录——高等数学

书　名	出版时间	定　价	编号
偏微分方程论:法文	2015－10	48.00	533
时标动力学方程的指数型二分性与周期解	2016－04	48.00	606
重刚体绕不动点运动方程的积分法	2016－05	68.00	608
水轮机水力稳定性	2016－05	48.00	620
Lévy 噪音驱动的传染病模型的动力学行为	2016－05	48.00	667
铣加工动力学系统稳定性研究的数学方法	2016－11	28.00	710
时滞系统:Lyapunov 泛函和矩阵	2017－05	68.00	784
粒子图像测速仪实用指南:第二版	2017－08	78.00	790
数域的上同调	2017－08	98.00	799
图的正交因子分解(英文)	2018－01	38.00	881
吴振奎高等数学解题真经(概率统计卷)	2012－01	38.00	149
吴振奎高等数学解题真经(微积分卷)	2012－01	68.00	150
吴振奎高等数学解题真经(线性代数卷)	2012－01	58.00	151
高等数学解题全攻略(上卷)	2013－06	58.00	252
高等数学解题全攻略(下卷)	2013－06	58.00	253
高等数学复习纲要	2014－01	18.00	384
超越吉米多维奇.数列的极限	2009－11	48.00	58
超越普里瓦洛夫.留数卷	2015－01	28.00	437
超越普里瓦洛夫.无穷乘积与它对解析函数的应用卷	2015－05	28.00	477
超越普里瓦洛夫.积分卷	2015－06	18.00	481
超越普里瓦洛夫.基础知识卷	2015－06	28.00	482
超越普里瓦洛夫.数项级数卷	2015－07	38.00	489
超越普里瓦洛夫.微分、解析函数、导数卷	2018－01	48.00	852
统计学专业英语	2007－03	28.00	16
统计学专业英语(第二版)	2012－07	48.00	176
统计学专业英语(第三版)	2015－04	68.00	465
代换分析:英文	2015－07	38.00	499
历届美国大学生数学竞赛试题集.第一卷(1938—1949)	2015－01	28.00	397
历届美国大学生数学竞赛试题集.第二卷(1950—1959)	2015－01	28.00	398
历届美国大学生数学竞赛试题集.第三卷(1960—1969)	2015－01	28.00	399
历届美国大学生数学竞赛试题集.第四卷(1970—1979)	2015－01	18.00	400
历届美国大学生数学竞赛试题集.第五卷(1980—1989)	2015－01	28.00	401
历届美国大学生数学竞赛试题集.第六卷(1990—1999)	2015－01	28.00	402
历届美国大学生数学竞赛试题集.第七卷(2000—2009)	2015－08	18.00	403
历届美国大学生数学竞赛试题集.第八卷(2010—2012)	2015－01	18.00	404
超越普特南试题:大学数学竞赛中的方法与技巧	2017－04	98.00	758
历届国际大学生数学竞赛试题集(1994－2010)	2012－01	28.00	143
全国大学生数学夏令营数学竞赛试题及解答	2007－03	28.00	15
全国大学生数学竞赛辅导教程	2012－07	28.00	189
全国大学生数学竞赛复习全书(第 2 版)	2017－05	58.00	787

刘培杰数学工作室
已出版(即将出版)图书目录——高等数学

书　　名	出版时间	定　价	编号
历届美国大学生数学竞赛试题集	2009－03	88.00	43
前苏联大学生数学奥林匹克竞赛题解(上编)	2012－04	28.00	169
前苏联大学生数学奥林匹克竞赛题解(下编)	2012－04	38.00	170
大学生数学竞赛讲义	2014－09	28.00	371
普林斯顿大学数学竞赛	2016－06	38.00	669

初等数论难题集(第一卷)	2009－05	68.00	44
初等数论难题集(第二卷)(上、下)	2011－02	128.00	82,83
数论概貌	2011－03	18.00	93
代数数论(第二版)	2013－08	58.00	94
代数多项式	2014－06	38.00	289
初等数论的知识与问题	2011－02	28.00	95
超越数论基础	2011－03	28.00	96
数论初等教程	2011－03	28.00	97
数论基础	2011－03	18.00	98
数论基础与维诺格拉多夫	2014－03	18.00	292
解析数论基础	2012－08	28.00	216
解析数论基础(第二版)	2014－01	48.00	287
解析数论问题集(第二版)(原版引进)	2014－05	88.00	343
解析数论问题集(第二版)(中译本)	2016－04	88.00	607
解析数论基础(潘承洞,潘承彪著)	2016－07	98.00	673
解析数论导引	2016－07	58.00	674
数论入门	2011－03	38.00	99
代数数论入门	2015－03	38.00	448
数论开篇	2012－07	28.00	194
解析数论引论	2011－03	48.00	100
Barban Davenport Halberstam 均值和	2009－01	40.00	33
基础数论	2011－03	28.00	101
初等数论 100 例	2011－05	18.00	122
初等数论经典例题	2012－07	18.00	204
最新世界各国数学奥林匹克中的初等数论试题(上、下)	2012－01	138.00	144,145
初等数论(Ⅰ)	2012－01	18.00	156
初等数论(Ⅱ)	2012－01	18.00	157
初等数论(Ⅲ)	2012－01	28.00	158
平面几何与数论中未解决的新老问题	2013－01	68.00	229
代数数论简史	2014－11	28.00	408
代数数论	2015－09	88.00	532
代数、数论及分析习题集	2016－11	98.00	695
数论导引提要及习题解答	2016－01	48.00	559
素数定理的初等证明.第 2 版	2016－09	48.00	686
数论中的模函数与狄利克雷级数(第二版)	2017－11	78.00	837
数论:数学导引	2018－01	68.00	849

刘培杰数学工作室
已出版(即将出版)图书目录——高等数学

书 名	出版时间	定 价	编号
新编 640 个世界著名数学智力趣题	2014－01	88.00	242
500 个最新世界著名数学智力趣题	2008－06	48.00	3
400 个最新世界著名数学最值问题	2008－09	48.00	36
500 个世界著名数学征解问题	2009－06	48.00	52
400 个中国最佳初等数学征解老问题	2010－01	48.00	60
500 个俄罗斯数学经典老题	2011－01	28.00	81
1000 个国外中学物理好题	2012－04	48.00	174
300 个日本高考数学题	2012－05	38.00	142
700 个早期日本高考数学试题	2017－02	88.00	752
500 个前苏联早期高考数学试题及解答	2012－05	28.00	185
546 个早期俄罗斯大学生数学竞赛题	2014－03	38.00	285
548 个来自美苏的数学好问题	2014－11	28.00	396
20 所苏联著名大学早期入学试题	2015－02	18.00	452
161 道德国工科大学生必做的微分方程习题	2015－05	28.00	469
500 个德国工科大学生必做的高数习题	2015－06	28.00	478
360 个数学竞赛问题	2016－08	58.00	677
德国讲义日本考题. 微积分卷	2015－04	48.00	456
德国讲义日本考题. 微分方程卷	2015－04	38.00	457
二十世纪中叶中、英、美、日、法、俄高考数学试题精选	2017－06	38.00	783

博弈论精粹	2008－03	58.00	30
博弈论精粹. 第二版(精装)	2015－01	88.00	461
数学 我爱你	2008－01	28.00	20
精神的圣徒 别样的人生——60 位中国数学家成长的历程	2008－09	48.00	39
数学史概论	2009－06	78.00	50
数学史概论(精装)	2013－03	158.00	272
数学史选讲	2016－01	48.00	544
斐波那契数列	2010－02	28.00	65
数学拼盘和斐波那契魔方	2010－07	38.00	72
斐波那契数列欣赏	2011－01	28.00	160
数学的创造	2011－02	48.00	85
数学美与创造力	2016－01	48.00	595
数海拾贝	2016－01	48.00	590
数学中的美	2011－02	38.00	84
数论中的美学	2014－12	38.00	351
数学王者 科学巨人——高斯	2015－01	28.00	428
振兴祖国数学的圆梦之旅:中国初等数学研究史话	2015－06	98.00	490
二十世纪中国数学史料研究	2015－10	48.00	536
数字谜、数阵图与棋盘覆盖	2016－01	58.00	298
时间的形状	2016－01	38.00	556
数学发现的艺术:数学探索中的合情推理	2016－07	58.00	671
活跃在数学中的参数	2016－07	48.00	675

刘培杰数学工作室
已出版(即将出版)图书目录——高等数学

书　　名	出版时间	定　价	编号
格点和面积	2012－07	18.00	191
射影几何趣谈	2012－04	28.00	175
斯潘纳尔引理——从一道加拿大数学奥林匹克试题谈起	2014－01	28.00	228
李普希兹条件——从几道近年高考数学试题谈起	2012－10	18.00	221
拉格朗日中值定理——从一道北京高考试题的解法谈起	2015－10	18.00	197
闵科夫斯基定理——从一道清华大学自主招生试题谈起	2014－01	28.00	198
哈尔测度——从一道冬令营试题的背景谈起	2012－08	28.00	202
切比雪夫逼近问题——从一道中国台北数学奥林匹克试题谈起	2013－04	38.00	238
伯恩斯坦多项式与贝齐尔曲面——从一道全国高中数学联赛试题谈起	2013－03	38.00	236
卡塔兰猜想——从一道普特南竞赛试题谈起	2013－06	18.00	256
麦卡锡函数和阿克曼函数——从一道前南斯拉夫数学奥林匹克试题谈起	2012－08	18.00	201
贝蒂定理与拉姆贝克莫斯尔定理——从一个拣石子游戏谈起	2012－08	18.00	217
皮亚诺曲线和豪斯道夫分球定理——从无限集谈起	2012－08	18.00	211
平面凸图形与凸多面体	2012－10	28.00	218
斯坦因豪斯问题——从一道二十五省市自治区中学数学竞赛试题谈起	2012－07	18.00	196
纽结理论中的亚历山大多项式与琼斯多项式——从一道北京市高一数学竞赛试题谈起	2012－07	28.00	195
原则与策略——从波利亚"解题表"谈起	2013－04	38.00	244
转化与化归——从三大尺规作图不能问题谈起	2012－08	28.00	214
代数几何中的贝祖定理(第一版)——从一道 IMO 试题的解法谈起	2013－08	18.00	193
成功连贯理论与约当块理论——从一道比利时数学竞赛试题谈起	2012－04	18.00	180
素数判定与大数分解	2014－08	18.00	199
置换多项式及其应用	2012－10	18.00	220
椭圆函数与模函数——从一道美国加州大学洛杉矶分校(UCLA)博士资格考题谈起	2012－10	28.00	219
差分方程的拉格朗日方法——从一道 2011 年全国高考理科试题的解法谈起	2012－08	28.00	200
力学在几何中的一些应用	2013－01	38.00	240
高斯散度定理、斯托克斯定理和平面格林定理——从一道国际大学生数学竞赛试题谈起	即将出版		
康托洛维奇不等式——从一道全国高中联赛试题谈起	2013－03	28.00	337
西格尔引理——从一道第 18 届 IMO 试题的解法谈起	即将出版		
罗斯定理——从一道前苏联数学竞赛试题谈起	即将出版		
拉克斯定理和阿廷定理——从一道 IMO 试题的解法谈起	2014－01	58.00	246
毕卡大定理——从一道美国大学数学竞赛试题谈起	2014－07	18.00	350
贝齐尔曲线——从一道全国高中联赛试题谈起	即将出版		
拉格朗日乘子定理——从一道 2005 年全国高中联赛试题的高等数学解法谈起	2015－05	28.00	480
雅可比定理——从一道日本数学奥林匹克试题谈起	2013－04	48.00	249
李天岩－约克定理——从一道波兰数学竞赛试题谈起	2014－06	28.00	349
整系数多项式因式分解的一般方法——从克朗耐克算法谈起	即将出版		

刘培杰数学工作室
已出版(即将出版)图书目录——高等数学

书　　名	出版时间	定　价	编号
布劳维不动点定理——从一道前苏联数学奥林匹克试题谈起	2014－01	38.00	273
伯恩赛德定理——从一道英国数学奥林匹克试题谈起	即将出版		
布查特－莫斯特定理——从一道上海市初中竞赛试题谈起	即将出版		
数论中的同余数问题——从一道普特南竞赛试题谈起	即将出版		
范·德蒙行列式——从一道美国数学奥林匹克试题谈起	即将出版		
中国剩余定理:总数法构建中国历史年表	2015－01	28.00	430
牛顿程序与方程求根——从一道全国高考试题解法谈起	即将出版		
库默尔定理——从一道 IMO 预选试题谈起	即将出版		
卢丁定理——从一道冬令营试题的解法谈起	即将出版		
沃斯滕霍姆定理——从一道 IMO 预选试题谈起	即将出版		
卡尔松不等式——从一道莫斯科数学奥林匹克试题谈起	即将出版		
信息论中的香农熵——从一道近年高考压轴题谈起	即将出版		
约当不等式——从一道希望杯竞赛试题谈起	即将出版		
拉比诺维奇定理	即将出版		
刘维尔定理——从一道《美国数学月刊》征解问题的解法谈起	即将出版		
卡塔兰恒等式与级数求和——从一道 IMO 试题的解法谈起	即将出版		
勒让德猜想与素数分布——从一道爱尔兰竞赛试题谈起	即将出版		
天平称重与信息论——从一道基辅市数学奥林匹克试题谈起	即将出版		
哈密尔顿－凯莱定理:从一道高中数学联赛试题的解法谈起	2014－09	18.00	376
艾思特曼定理——从一道 CMO 试题的解法谈起	即将出版		
一个爱尔特希问题——从一道西德数学奥林匹克试题谈起	即将出版		
有限群中的爱丁格尔问题——从一道北京市初中二年级数学竞赛试题谈起	即将出版		
贝克码与编码理论——从一道全国高中联赛试题谈起	即将出版		
帕斯卡三角形	2014－03	18.00	294
蒲丰投针问题——从 2009 年清华大学的一道自主招生试题谈起	2014－01	38.00	295
斯图姆定理——从一道“华约”自主招生试题的解法谈起	2014－01	18.00	296
许瓦兹引理——从一道加利福尼亚大学伯克利分校数学系博士生试题谈起	2014－08	18.00	297
拉姆塞定理——从王诗宬院士的一个问题谈起	2016－04	48.00	299
坐标法	2013－12	28.00	332
数论三角形	2014－04	38.00	341
毕克定理	2014－07	18.00	352
数林掠影	2014－09	48.00	389
我们周围的概率	2014－10	38.00	390
凸函数最值定理:从一道华约自主招生题的解法谈起	2014－10	28.00	391
易学与数学奥林匹克	2014－10	38.00	392
生物数学趣谈	2015－01	18.00	409
反演	2015－01	28.00	420
因式分解与圆锥曲线	2015－01	18.00	426
轨迹	2015－01	28.00	427
面积原理:从常庚哲命的一道 CMO 试题的积分解法谈起	2015－01	48.00	431
形形色色的不动点定理:从一道 28 届 IMO 试题谈起	2015－01	38.00	439
柯西函数方程:从一道上海交大自主招生的试题谈起	2015－02	28.00	440

刘培杰数学工作室
已出版(即将出版)图书目录——高等数学

书　　名	出版时间	定　价	编号
三角恒等式	2015－02	28.00	442
无理性判定:从一道 2014 年"北约"自主招生试题谈起	2015－01	38.00	443
数学归纳法	2015－03	18.00	451
极端原理与解题	2015－04	28.00	464
法雷级数	2014－08	18.00	367
摆线族	2015－01	38.00	438
函数方程及其解法	2015－05	38.00	470
含参数的方程和不等式	2012－09	28.00	213
希尔伯特第十问题	2016－01	38.00	543
无穷小量的求和	2016－01	28.00	545
切比雪夫多项式:从一道清华大学金秋营试题谈起	2016－01	38.00	583
泽肯多夫定理	2016－03	38.00	599
代数等式证题法	2016－01	28.00	600
三角等式证题法	2016－01	28.00	601
吴大任教授藏书中的一个因式分解公式:从一道美国数学邀请赛试题的解法谈起	2016－06	28.00	656
易卦——类万物的数学模型	2017－08	68.00	838
"不可思议"的数与数系可持续发展	2018－01	38.00	878
最短线	2018－01	38.00	879
从毕达哥拉斯到怀尔斯	2007－10	48.00	9
从迪利克雷到维斯卡尔迪	2008－01	48.00	21
从哥德巴赫到陈景润	2008－05	98.00	35
从庞加莱到佩雷尔曼	2011－08	138.00	136
从费马到怀尔斯——费马大定理的历史	2013－10	198.00	Ⅰ
从庞加莱到佩雷尔曼——庞加莱猜想的历史	2013－10	298.00	Ⅱ
从切比雪夫到爱尔特希(上)——素数定理的初等证明	2013－07	48.00	Ⅲ
从切比雪夫到爱尔特希(下)——素数定理 100 年	2012－12	98.00	Ⅲ
从高斯到盖尔方特——二次域的高斯猜想	2013－10	198.00	Ⅳ
从库默尔到朗兰兹——朗兰兹猜想的历史	2014－01	98.00	Ⅴ
从比勃巴赫到德布朗斯——比勃巴赫猜想的历史	2014－02	298.00	Ⅵ
从麦比乌斯到陈省身——麦比乌斯变换与麦比乌斯带	2014－02	298.00	Ⅶ
从布尔到豪斯道夫——布尔方程与格论漫谈	2013－10	198.00	Ⅷ
从开普勒到阿诺德——三体问题的历史	2014－05	298.00	Ⅸ
从华林到华罗庚——华林问题的历史	2013－10	298.00	Ⅹ
数学物理大百科全书. 第 1 卷	2016－01	418.00	508
数学物理大百科全书. 第 2 卷	2016－01	408.00	509
数学物理大百科全书. 第 3 卷	2016－01	396.00	510
数学物理大百科全书. 第 4 卷	2016－01	408.00	511
数学物理大百科全书. 第 5 卷	2016－01	368.00	512
朱德祥代数与几何讲义. 第 1 卷	2017－01	38.00	697
朱德祥代数与几何讲义. 第 2 卷	2017－01	28.00	698
朱德祥代数与几何讲义. 第 3 卷	2017－01	28.00	699

刘培杰数学工作室
已出版(即将出版)图书目录——高等数学

书　　名	出版时间	定　价	编号
闵嗣鹤文集	2011－03	98.00	102
吴从炘数学活动三十年(1951～1980)	2010－07	99.00	32
吴从炘数学活动又三十年(1981～2010)	2015－07	98.00	491
斯米尔诺夫高等数学.第一卷	2017－02	88.00	770
斯米尔诺夫高等数学.第二卷.第一分册	2017－02	68.00	771
斯米尔诺夫高等数学.第二卷.第二分册	2017－02	68.00	772
斯米尔诺夫高等数学.第二卷.第三分册	2017－02	48.00	773
斯米尔诺夫高等数学.第三卷.第一分册	2017－06	48.00	774
斯米尔诺夫高等数学.第三卷.第二分册	2017－02	58.00	775
斯米尔诺夫高等数学.第三卷.第三分册	2017－02	68.00	776
斯米尔诺夫高等数学.第四卷.第一分册	2017－02	48.00	777
斯米尔诺夫高等数学.第四卷.第二分册	2017－02	88.00	778
斯米尔诺夫高等数学.第五卷.第一分册	2017－04	58.00	779
斯米尔诺夫高等数学.第五卷.第二分册	2017－02	68.00	780
zeta 函数,q-zeta 函数,相伴级数与积分	2015－08	88.00	513
微分形式:理论与练习	2015－08	58.00	514
离散与微分包含的逼近和优化	2015－08	58.00	515
艾伦·图灵:他的工作与影响	2016－01	98.00	560
测度理论概率导论,第 2 版	2016－01	88.00	561
带有潜在故障恢复系统的半马尔柯夫模型控制	2016－01	98.00	562
数学分析原理	2016－01	88.00	563
随机偏微分方程的有效动力学	2016－01	88.00	564
图的谱半径	2016－01	58.00	565
量子机器学习中数据挖掘的量子计算方法	2016－01	98.00	566
量子物理的非常规方法	2016－01	118.00	567
运输过程的统一非局部理论:广义波尔兹曼物理动力学,第 2 版	2016－01	198.00	568
量子力学与经典力学之间的联系在原子、分子及电动力学系统建模中的应用	2016－01	58.00	569
算术域:第 3 版	2017－08	158.00	820
算术域	2018－01	158.00	821
高等数学竞赛:1962—1991 年的米洛克斯·史怀哲竞赛	2018－01	128.00	822
用数学奥林匹克精神解决数论问题	2018－01	108.00	823
代数几何(德语)	即将出版		824
丢番图近似值	2018－01	78.00	825
代数几何学基础教程	2018－01	98.00	826
解析数论入门课程	2018－01	78.00	827
中正大学数论教程	即将出版		828
数论中的丢番图问题	2018－01	78.00	829
数论(梦幻之旅):第五届中日数论研讨会演讲集	2018－01	68.00	830
数论新应用	2018－01	68.00	831
数论	2018－01	78.00	832

刘培杰数学工作室
已出版(即将出版)图书目录——高等数学

书　　名	出版时间	定　价	编号
数学王子——高斯	2018－01	48.00	858
坎坷奇星——阿贝尔	2018－01	48.00	859
闪烁奇星——伽罗瓦	2018－01	58.00	860
无穷统帅——康托尔	2018－01	48.00	861
科学公主——柯瓦列夫斯卡娅	2018－01	48.00	862
抽象代数之母——埃米·诺特	2018－01	48.00	863
电脑先驱——图灵	2018－01	58.00	864
昔日神童——维纳	2018－01	48.00	865
数坛怪侠——爱尔特希	2018－01	68.00	866

联系地址:哈尔滨市南岗区复华四道街 10 号　哈尔滨工业大学出版社刘培杰数学工作室
网　　址:http://lpj.hit.edu.cn/
邮　　编:150006
联系电话:0451－86281378　　13904613167
E-mail:lpj1378@163.com